莊政義 著

自動控制

Automatic Control

東華書局

國家圖書館出版品預行編目資料

自動控制／莊政義著. -- 初版. -- 臺北市：臺灣東華，
　　民 99.08
　424 面；19x26 公分

參考書目：面

　ISBN 978-957-483-614-7(平裝)

　1. 自動控制

448.9　　　　　　　　　　　　　　　　　　99015653

版權所有 ・ 翻印必究

中華民國九十九年八月初版
中華民國一○二年八月初版二刷

自動控制

（外埠酌加運費匯費）

著　者　　莊　　政　　義
發 行 人　　卓　　劉　慶　弟
出 版 者　　臺灣東華書局股份有限公司
　　　　　　臺北市重慶南路一段一四七號三樓
　　　　　　電　話：(02) 2311-4027
　　　　　　傳　眞：(02) 2311-6615
　　　　　　郵　撥：0 0 0 6 4 8 1 3
　　　　　　網　址：www.tunghua.com.tw
直營門市 1　臺北市重慶南路一段七十七號一樓
　　　　　　電　話：(02) 2371-9311
直營門市 2　臺北市重慶南路一段一四七號一樓
　　　　　　電　話：(02) 2382-1762

編輯大意

一、本書全一冊，適合作為大學及技術學院之電子、電機、機械、化工等科系「自動控制」、「控制系統」、「線性控制系統」等課程，每週二至三小時一學期講授之用。

二、本書之教學目標為：
1. 認識自動控制基本原理。
2. 熟悉自動控制功能及特性。
3. 培養自動控制應用的能力。

三、本書採用口語化之敘述，以淺顯的文字、配合圖表引發學習動機；例題力求易懂易學、習題深入淺出，可增進學習興趣與效果。

四、本書編輯力求完善，校對要求嚴謹，唯舛誤之處在所難免。尚祈各先進、專家不吝剔正。文中重要的定義、術語、重點摘要以顯耀的套色字體呈現出來，附以英文名詞，以利參考文獻之查照。

五、本書得以順利出版，特別地感謝北台灣科學技術學院同仁之鼓勵，東華書局全體同仁的大力協助，與家人之全力支持。編者自料才疏學淺，錯誤在所難免，敬祈海內外先進、學者專家大力斧正，以匡不逮。

莊政義　謹識

中華民國九十九年春月

自動控制 Automatic Control

編輯大意　iii

作者簡介　viii

▶第一章　自動控制概論

1-1　引　言 2
1-2　控制系統之分類 2
1-3　自動控制系統之構成 5
1-4　自動控制之應用範圍 28
1-5　本章重點回顧 40
　　　習　題 45

▶第二章　控制系統的數學基礎

2-1　引　言 50
2-2　微分方程式 50
2-3　拉氏變換 58
2-4　拉氏反變換 73
2-5　以拉氏變換解微分方程式 80
2-6　本章重點回顧 85
　　　習　題 88

▶第三章　控制系統的表示法

3-1　引　言 92
3-2　方塊圖 92

3-3 信號流程圖 103

3-4 系統模型的轉換 113

3-5 本章重點回顧 124

習　題 127

▶第四章　時域分析

4-1 引　言 134

4-2 典型測試輸入信號 134

4-3 暫態響應 143

4-4 時域性能及規格 149

4-5 穩態誤差分析 159

4-6 本章重點回顧 171

習　題 175

▶第五章　穩定度分析

5-1 穩定度的定義 184

5-2 穩定度的判斷 187

5-3 羅斯穩定度準則 193

5-4 赫維茲穩定度準則 204

5-5 本章重點回顧 206

習　題 208

▶第六章　根軌跡法

6-1 引　言 212

6-2 根軌跡的定義 213

6-3 根軌跡的構成 218

6-4 根軌跡的一些其他特性 227

	6-5 本章重點回顧	240
	習　題	244

▶第七章　頻域分析

7-1	頻率響應的定義	249
7-2	頻率響應的規格	261
7-3	極座標圖	264
7-4	奈奎斯特穩度分析	268
7-5	波德圖	284
7-6	本章重點回顧	294
	習　題	298

▶第八章　控制系統的設計

8-1	引　言	308
8-2	補償設計實例	310
8-3	PID 控制器設計法簡介	315
8-4	吉爾敏-突魯克索設計法	326
8-5	頻率補償器	329
8-6	本章重點回顧	335
	習　題	339

附　錄	343
習題解答	363
參考文獻	415

作者簡介

莊政義

學歷　美國西北大學電機工程博士
　　　　國立台灣大學電機研究所碩士
　　　　國立交通大學控制工程學系學士

現職　北台灣科學技術學院電子工程系教授

經歷　美國賓州 Drexel 大學訪問及兼任教授
　　　　國立台灣海洋大學教授
　　　　國立台灣海洋大學電子計算機中心主任
　　　　國立台灣海洋大學電子工程學系主任
　　　　國立台灣海洋大學電子工程研究所所長

著作　線性系統　東華書局出版
　　　　線性系統與自動控制　徐氏基金會出版社出版
　　　　電子電路分析與設計　徐氏基金會出版社出版
　　　　自動控制　東華書局出版
　　　　自動控制【部審工職用書】　東華書局出版
　　　　五專電子電路（共四冊）【部審用書】　東華書局出版
　　　　五專電子學【部審用書】　大中國圖書公司出版
　　　　線性控制系統【部編大學用書】　中央圖書公司印行
　　　　基本網路理論【部編大學用書】　大中國圖書公司印行
　　　　自動控制　大中國圖書公司出版
　　　　自動控制【部審工職用書】　大中國圖書公司出版
　　　　線性系統設計【部編大學用書】　明文書局印行
　　　　及學術性論文約 120 篇

第一章
自動控制概論

在本章我們要討論下列主題：
1. 控制系統之分類
2. 自動控制系統之構成
3. 控制系統之元件
4. 自動控制之應用範圍

1-1 引言

　　控制 (control) 意味著：命令、追隨、操縱與調整等行為。一組相關的元件在一起執行預定的工作，達成某一共同目的，即構成**系統** (system)。因此若一系統依某一參考信號或命令輸入工作，使其輸出響應表現如預期所需之功能者，即成為**控制系統** (control system)。如果輸出響應可以跟隨著輸入或命令信號的變化而作相對應改變，即為**自動控制** (automatic control) 之要義。

1-2 控制系統之分類

　　控制系統依其結構或組件特性、使用信號與資訊處理方式、控制對象與控制行為等，大致可以分類如下：

一、開環式與閉路式控制系統

　　一個控制系統可依結構方式區分為兩類：**開環** (open-loop) 與**閉路** (closed-loop)。開環式控制系統中，驅動信號只與參考輸入信號有關，參見圖 1.1(a)；而在閉路式控制系統中，驅動信號則與由輸出檢測回來的**反饋** (feedback) 信號有關連，參見圖 1.1(b)。

　　驅動信號係推動**控制體** (plant)，或稱**程序** (process) 之特定功率信號：如電流、氣油壓或機械力。在閉路式系統中，輸入信號與檢測回來的反饋信號做比較而產生**誤差** (error) 信號，以做為**控制器** (controller) 動作之**自動矯正** (self-correcting) 所依。依此原理控制器可以產生驅動信號做修正，達成閉路式**反饋控制** (feedback control) 之行為，參見圖 1.1(b)。閉路式反饋控制又稱閉路控制或回授控制。因此，反饋系統就是具有自動矯正控制行為的閉路式系統。

```
                    驅動              干擾
                    信號               ↓
    參考輸入  →  ┌──────┐    ┌──────┐
              │控制器│ →  │控制體│  → 輸出
              └──────┘    └──────┘

              (a) 開環式控制系統


                       驅動            干擾
                       信號             ↓
    參考輸入    誤差  ┌──────┐      ┌──────┐
         →  ○  →  │控制器│  →  │控制體│  → 輸出
             ↑     └──────┘      └──────┘
             │                        │
     反饋信號│         ┌──────┐       │
             └─────── │測驗器│ ←─────┘
                       └──────┘

              (b) 閉路式控制系統
```

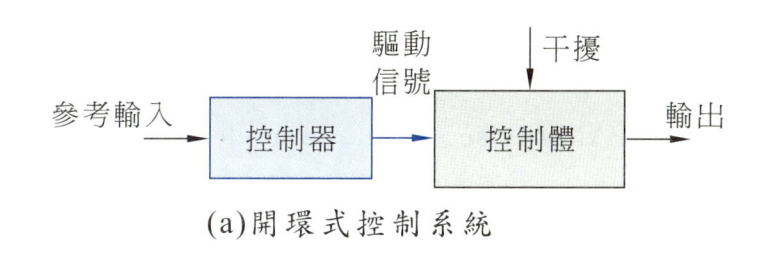

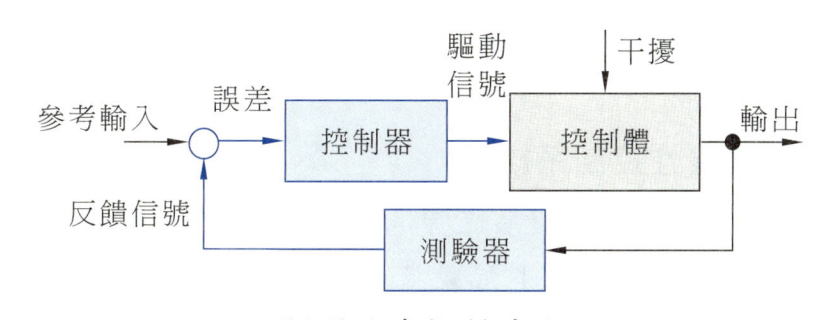

▶ 圖 1.1　控制系統：(a)開環式，(b)閉路式

二、位置、速度與加速度控制系統

控制系統依其欲調整之輸出變數的物理性質分類如此。常見的控制系統為**伺服機構** (servo-mechanism)，其受控對象常為電動機或油壓器具，可以提供較高功率或能量以驅動笨重的機械負載。

三、電機、機械、油壓、氣壓控制系統

控制系統依其使用的**功率驅動器** (actuator) 或**終控制元件** (final control element) 之性質分類如此。

四、連續信號與抽樣數據控制系統

控制系統依工作信號的形式或相關資訊的處理方式分類如此。**連續時間** (continuous-time, CT) 信號控制系統又有直流 (dc) 與交流 (ac) 兩種。交流控制系統又稱載波調變控制系統，訊號以交流**載波** (carrier) **調變** (modulation) 方式傳送之，以避免雜訊的干擾或影響，利於長距離或惡劣環境之使用。常見的實例有**同步子** (synchros) 控制系統，應用於火

第一章　自動控制概論

砲、輪機、船舶電羅經等。

抽樣數據 (sampled data) 系統中，信號為**離散時間** (discrete-time, DT) 脈波，可做 **PAM** (pulse amplitude modulation)、**PCM** (pulse code modulation) 等數位式調制及編碼，以做為數位**計算機控制** (computer control)。CT 信號，簡稱**類比** (analog) 信號，可使用**類比至數位轉換器** (ADC) 將之轉化成數位信號；數位信號，可使用**數位至類比轉換器** (DAC) 將之轉化成類比信號。

五、線性與非線性控制系統

嚴格來說，所有的物理系統皆是非線性系統；但當操作信號在元件的線性工作範圍（稱為小信號操作），則系統之特性可用線性數學，如微分方程式、拉氏變換或片段線性近似方式描述之，以利系統的分析與設計。用以描述輸出與輸入行為之數學即為系統的**數學模式** (mathematical model)。

線性系統 (linear system) 可用線性常微分方程式描述其輸出與輸入之行為，非線性系統則須以非線性微分方程式或偏微分方程式描述之。**線性非時變系統** (linear time-invariant system, LTI) 之參數或特性不隨時間變化，可使用線性常係數常微分方程式 (LCDE) 描述其輸出與輸入之行為。本書所描述之系統皆是線性非時變。

六、最佳控制、適應控制、強韌控制系統

在環境或資源限制下，若設計系統使其**性能指標** (performance index) 達到最佳化，此稱為**最佳控制** (optimal control)，又稱為尋優控制系統。若設計系統使其行為表現可隨環境改變或干擾下無往不利，稱之為**適應控制系統** (adaptive control system)。

一個**強韌控制** (robust control) 系統之總體穩定度可於容許的**外界干擾** (disturbance) 或**參數擾變** (parameter variation) 範圍內，仍固若金湯，且其性能表現亦能悉數達成所預期之評量。**強韌性** (robustness) 意味著：系統的特性表現對於干擾或參數的變化甚不靈敏。亦即，強

韌控制須同時達到系統的穩定度及性能表現不受到外界干擾或不明因素參數變化的影響。

七、計算機控制、數位控制、分散控制系統

控制系統中以數位計算機擔任控制器，是為**計算機控制系統** (computer control system)。早期的應用多為工作流程及過程變數之監視與督導，是為**監督控制** (supervisory control)。爾後，直接將電腦用於控制迴路中，擔負變數擷取、計算分析及決策控制，是為**直接數位控制** (direct digital control, DDC)。近年來以**嵌入式** (embedded) 微處理機為基礎，電腦通訊網路做連結，視覺圖像化以為**人機介面** (man-machine interface)，資料處理及程式應用分散於各工作站的**分散式控制系統** (distributed control system, DCS) 已成為工業控制及整合科技應用的新主流，使得工廠自動化、彈性製造、**智慧型控制** (intelligent control) 等皆可付之實現。

1-3 自動控制系統之構成

我們將在本節針對機械、電機電子、氣油壓及微電腦等自動控制系統，分別介紹各種組成元件之功能及說明其相關工作原理。

◆1-3.1 機械控制系統

一、基本系統元件

機械運動系統分為**平移式** (translational) 及**轉動式** (rotational) 兩種，分別敘述之。

1. 平移系統元件

平移式機械運動元件有：慣性質量 (M)、線性摩擦 (b) 及線性彈簧 (k) 等三種功率消耗的元件；力 (F)、位移 (x) 及速度 (v) 是所要分析的主要變數。圖 1.2 所示為上述元件的符號，其中 k 為彈力係數

（單位：牛頓/米，Nt/m），假設兩端的位移分別為 x_1 及 x_2，則由虎克定律可知：彈簧的應力與其兩端的壓縮量成正比，參見圖 1.2(a)，因此

$$F = k(x_1 - x_2) \tag{1.1}$$

如果平移系統中某一點的速度為

$$v = Dx \quad （D = d/dt：對時間微分） \tag{1.2}$$

則其瞬間遭受到的摩擦力為

$$F = B(v_1 - v_2) = BD(x_1 - x_2) \tag{1.3}$$

參見圖 1.2(b)，B 為線性動態摩擦係數。慣性質量可視為剛體，永不變形，符號如圖 1.2(c)。若剛體之質量為 M（單位：仟克，kg），x 為質量中心之位移量，則其力與位移的關係是

$$F = MD^2 x = MDv \tag{1.4}$$

機械系統的運動方程式由**德愛侖伯特**（D'Alembert）定理陳述為

$$\sum F = 0 \tag{1.5a}$$

或

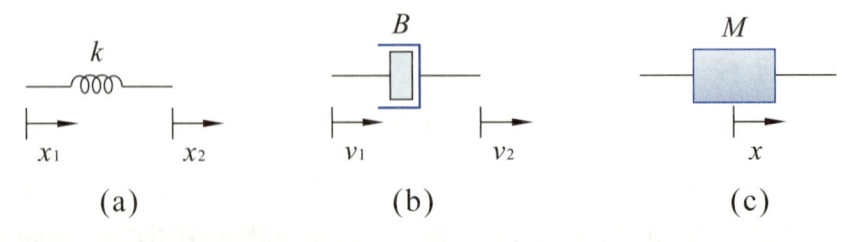

$$\sum F_{(外力)} - \sum F_{(反抗力)} = MD^2 x \tag{1.5b}$$

● 圖 1.2　平移式機械運動元件：(a)彈簧，(b)線性摩擦，(c)質量

其意義為：對一質量 M，加諸其上的外力扣掉所有因運動產生的反抗力，所得的淨力才可產生加速度。

2. 轉動系統元件

轉動式機械運動元件有：轉動慣量 (J)、轉動摩擦 (B') 及扭轉彈簧 (k') 等三種消耗功率的元件；力矩 (T)、轉角 (θ) 及轉速 (ω) 是所要分析的參數。圖 1.3 所示為上述元件的符號，其中 k' 為彈簧的扭轉彈力係數（單位：牛頓米／弳，Nt-m/rad）。假設彈簧兩端的旋轉角度分別為 θ_1 及 θ_2，T 為扭轉力矩（單位：牛頓米，Nt-m），則由虎克定律可知彈簧的扭轉應力矩為

$$T = k'(\theta_1 - \theta_2) \tag{1.6}$$

同理，因轉動產生的摩擦反抗力矩為

$$T = B'D(\theta_1 - \theta_2) = B'(\omega_1 - \omega_2) \tag{1.7}$$

式中 $\omega = D\theta$，為扭轉角速度。扭轉力矩使轉動慣量 J（單位：kg-m²）產生角加速度 α，此即為牛頓運動定律

$$T = J\alpha = JD\omega = JD^2\theta \tag{1.8}$$

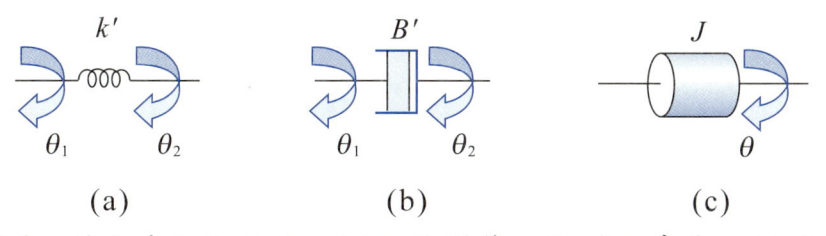

▶ 圖 1.3 轉動式運動元件：(a)扭轉彈簧，(b)轉動摩擦，(c)轉動慣量

二、耦合元件

兩個同樣物理性質的系統藉耦合元件可以做能量的傳遞與交換。平移式運動系統的耦合元件為**槓桿** (level)，轉動系統則為**齒輪組** (gears)，其工作原理分別敘述於後。

図 1.4 槓桿耦合元件

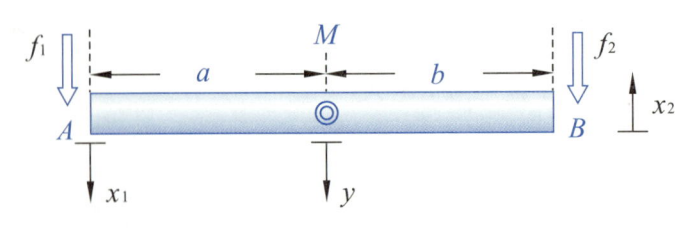

1. 槓桿耦合元件

在伺服機構中，槓桿常應用於油壓器具輸出與機械負載之間，做往復式運動的力矩傳遞與功率交換。圖 1.4 的槓桿中，a 與 b 分別代表兩個力臂長，x_1 與 x_2 代表兩端的位移，則在中間點 M 之位移為

$$y = \frac{b}{a+b}x_1 - \frac{a}{a+b}x_2 \tag{1.9}$$

如果中間點為**支點** (pivot)，即令 $y=0$，則

$$\frac{x_1}{x_2} = \frac{a}{b} \tag{1.10}$$

如果 f_1 與 f_2 為槓桿中兩端的施力，因力矩的平衡須使得

$$af_1 + bf_2 = 0$$

因此

$$\frac{-f_2}{f_1} = \frac{a}{b} \tag{1.11}$$

圖 1.5 所示的輔助翼駕駛或導航自動控制系統係由螺線管伺服閥、油壓伺服機構等構成。當駕駛員在駕駛桿（轉盤）輸入一微小的位移操作，帶動 P 點，經連動槓桿使得 B 點作動。B 點帶動了油壓伺服機構，使 C 點從動，造成輔助翼的運動，因而控制航機升降或方向之動作姿態。

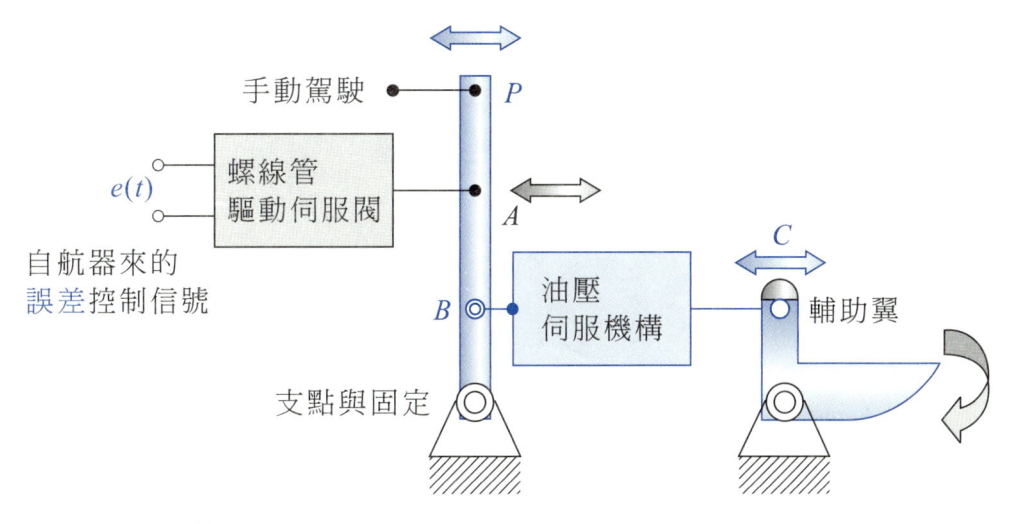

▶ 圖 1.5　航機輔助翼油壓伺服控制系統

在航機或船舶中，皆備有電羅經或電子儀表以檢測出航行器的實際高度、方位與機體的橫搖，其拾取信號反饋回計算機或電子控制系統產生誤差信號 $e(t)$。此誤差信號送入一螺線管電動伺服閥作動 A 點，也造成 B 點從動，達成了反饋自動控制之矯正行為。

2. 齒輪組

伺服機構中，馬達轉軸輸出與機械負載之間常安排齒輪組，使得高轉速、小轉矩的馬達轉軸輸出經由齒輪耦合，轉變成為低轉速、大轉矩以推動重型機械負載。

我們以圖 1.6 的變速齒輪組說明之。圖中 θ_1 及 θ_2 分別為輸入及輸出轉角；ω_1 及 ω_2 分別為輸入及輸出轉速。N_1 及 N_2 分別為輸入及輸出齒輪的齒數，T_1 及 T_2 分別為輸入及輸出轉矩。令

$$N = \frac{N_2}{N_1} = \text{齒數比 (gear ratio)}$$

則

$$\frac{\omega_1}{\omega_2} = \frac{\theta_1}{\theta_2} = \frac{N_2}{N_1} = N \text{,即} \quad \omega_1 = N\omega_2 \qquad (1.12)$$

$$\frac{T_1}{T_2} = \frac{N_1}{N_2} = \frac{1}{N} \text{,即} \quad T_2 = NT_1 \qquad (1.13)$$

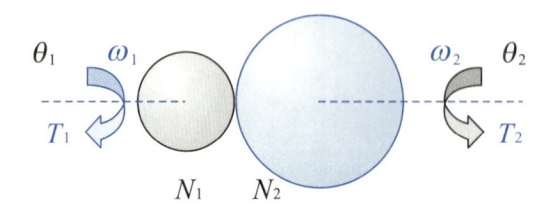

● 圖 1.6　變速齒輪組：$\omega_1 = N\omega_2$，$T_2 = NT_1$

例題 1.1

有一馬達驅動系統，在 750 rpm 時，輸出轉矩為 2 oz-in.，現以圖 1.7 之齒輪組與機械負載耦合，試求推動的負載轉矩及其轉速。

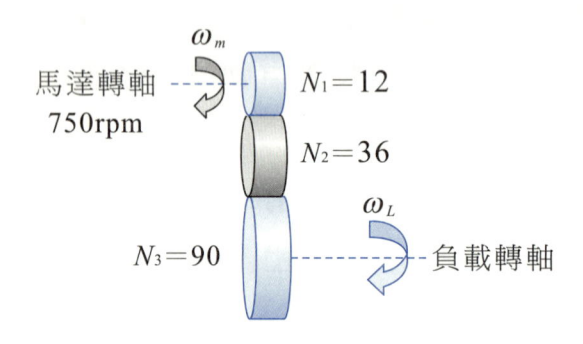

● 圖 1.7　例題 1.1

解 馬達驅動軸至負載之總齒數比為

$$N = \frac{N_2}{N_1} \times \frac{N_3}{N_2} = \frac{36}{12} \times \frac{90}{36} = 7.5$$

由 (1.12) 式可知，負載轉速為

$$\omega_L = \frac{\omega_m}{N} = \frac{750}{7.5} = 100 \text{ rpm}$$

由 (1.13)式，可推動的負載轉矩為

$T_L = T_m \cdot N = 2 \times 7.5 = 15$ oz-in.。

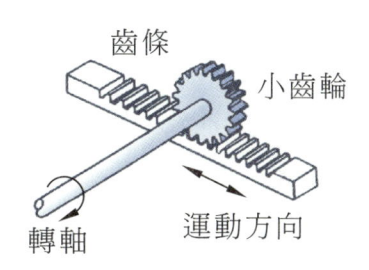

(a)靴刺型齒輪　　　　　　　(b)齒條齒輪

▶ 圖 1.8　各種齒輪：(a)靴刺型，(b)齒條齒輪

圖 1.8 所示是兩種常用型式的齒輪組合：(a)為**靴刺型齒輪** (spur gear)，使用於轉軸相互平行的場合，以小齒輪耦合大齒輪做**減速** (step down) 之驅動，使高轉速、小轉矩的馬達轉軸輸出轉變成為低轉速、大轉矩以推動重型機械負載。在轉軸相互垂直的場合則使用**斜角齒輪** (bevel gear)，例如差分齒輪。

圖 1.8(b) 為**小齒輪及齒條** (pinion and rack) 組合：小齒輪的轉動可轉換為齒條的直線式運動；相對地，齒條的直線位移也可以轉換為小齒輪的轉動。齒條亦可以鏈條代替之，達成直線位移與旋轉運動之轉換。齒條亦可用**螺桿齒輪** (worm gear) 取代之，螺桿及驅動齒輪之構造與一般螺絲相似，以方便於左右旋轉的精密式轉動或往復式進退，常見於伺服機構儀表裝置。

◆ 1-3.2　電機電子控制系統

電機或電子元件及其相關裝置的種類最多，有各種電網路、電機械、放大器、轉換器、類比及數位電子電路等。

▶ 表 1.1　基本 RLCM 電元件

元　件	符　　號	電壓電流關係
電阻器 (R)	$i_R \longrightarrow \overset{+\ \ v_R\ \ -}{\relax}$	$v_R = R \cdot i_R$
電感器 (L)	$i_L \longrightarrow \overset{+\ \ v_L\ \ -}{\relax}$	$v_L = LD \cdot i_L$ (註：$D = d/dt$)
電容器 (C)	$i_C \longrightarrow \overset{+\ \ v_C\ \ -}{\relax}$	$i_C = CD \cdot v_C$ (註：$D = d/dt$)
理想變壓器 (M)	$I_1 \rightarrow\ V_1\ \ \ \ V_2\ \leftarrow I_2$	$V_1/V_2 = n_1/n_2$ $I_2/I_1 = n_1/n_2$ (匝比為 $n_1 : n_2$)

一、基本元件

電系統中我們要分析的變數是**電壓**及**電流**，基本的電元件有：電阻器、電容器、電感器等，理想變壓器為耦合元件，總稱 RLCM 元件。表 1.1 敘述基本電路符號、電壓及電流之關係。

電網路及電子電路之分析可以利用**克希荷夫電壓定律** (KVL) 及**克希荷夫電流定律** (KCL)，其分析之方法有節點分析及網目分析法，其相關應用及原理請參考一般電路學或電子電路的教科書，不再贅述。

二、放大器

控制系統中，**放大器** (amplifier) 極為重要，應用於**信號處理** (signal processing)、**移位** (level shifting)、**放大** (amplification)、雜訊及干擾消除、**阻抗匹配** (impedance matching) 及**頻率響應補償** (compensation) 等。在伺服機構中因為必須以伺服馬達驅動機械負載，所以需使用電子電機放大器，其結構示意如圖 1.9。

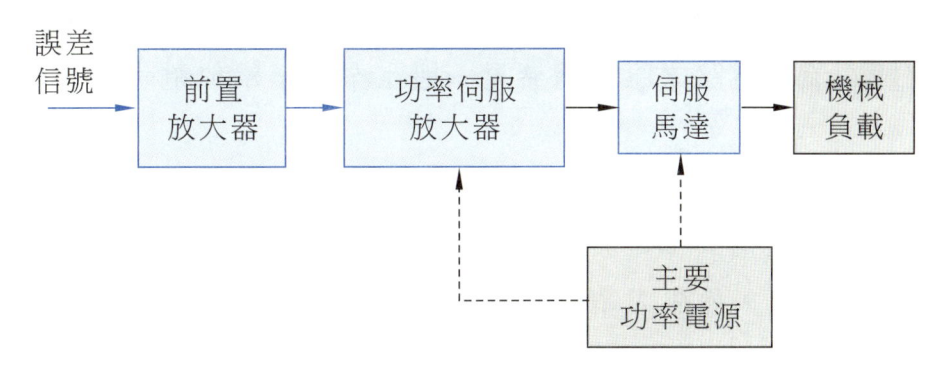

```
誤差
信號  →  前置      →  功率伺服   →  伺服   →  機械
         放大器        放大器       馬達      負載
                         ↑           ↑
                         └─────┬─────┘
                            主要
                            功率電源
```

● 圖 1.9　放大器與馬達的控制組態安排

1. 前置放大器

電子式**前置放大器** (preamplifier) 由電晶體或運算放大器 (OP AMP) 電子電路擔任之，具高輸入阻抗及電功率放大功能，其輸入電路有：單端輸入式或差動輸入式；輸出電路亦復如此。此類放大器有直接交連式 DC 放大器，或以電容器、電感器耦合之 ac 放大器；結構可以是單級，也可以是複級式。有關電子放大器的工作原理，請參考一般電子學或電子電路的教科書。

2. 功率伺服放大器

功率伺服放大器 (servo-amplifier)，又稱後級驅動器，其輸出電路又有變壓器耦合式、推挽式或電橋式以 DC 交連，直接推動大功率電負載：如大電力馬達之線圈、電磁伺服閥之線圈及其他電螺管驅動器。其工作原理於一般工業電子學或電子電路的教科書皆有詳細介紹，不再贅述。

矽控整流體 (SCR) 及交觸體 (TRIAC) 係操作於交流電源，藉閘極之電脈波作**相控制** (phase control) 同步觸發而導電，又稱**閘流體** (thyristor) 電路，用以推動高功率 ac 電負載，或作平均電功率之調節。SCR 及 TRIAC 電路並可達成三相全波或半波整流，用以供給 DC 電力。職是故，此類**控制整流體** (controlled rectifier) 電路可視為

功率放大器。適當安排的 SCR 電路也可以使得直流電力轉換成為接近於弦波之交流電力，稱為**變流器** (inverter)，供給二相或三相 ac 輸出。有關閘流體電路之原理請參見一般工業電子學或電子電路的教科書。

DC 發電機又稱**旋轉放大器** (rotating amplifier)，利用一定轉速的感應式交流馬達帶動 DC 發電機的轉子，藉其磁場電壓的控制，將機械能轉換成電能，產生大電力之輸出。

三、伺服馬達

1. 直流伺服馬達

直流伺服馬達 (DC servo-motor) 類似一般的直流馬達，但較小型，其電樞繞線之長度對線徑比值較高，使得轉部之轉動慣量減少。如果磁場用永久磁鐵擔任，則稱為 **PM 馬達** (PM motor)，只能作電樞控制；如果換向片及電樞之結構使用高功率之雙面印刷電路，則稱為 **PC 馬達** (PC motor)，此種電樞之質量低，故其轉動慣量也很低。

直流伺服馬達之控制電力為直流，產生可正可負的力矩，因此應用上很方便。其控制法採取**電樞控制** (armature control) 或**磁場控制** (field control)；電樞線圈可以接上電壓電源，或是電流電源，各種控制下表現出來的力矩對轉速之關係有所不同，特性參照表 1.2 所示。

圖 1.10 所示為 DC 馬達的電路符號，其中 R_f 及 L_f 分別為**磁場線**

▶ 表 1.2　不同控制法之 DC 伺服馬達特性

特　性	磁場控制法	電樞控制法
驅動功率	需要驅動功率較少	需要驅動功率較大
轉部繞組	繞線式	繞線式或 PM 式
繞組電機特性與馬達之特性	磁場線圈之電機特性會影響馬達之特性	電樞繞線之電機特性與馬達之特性無關

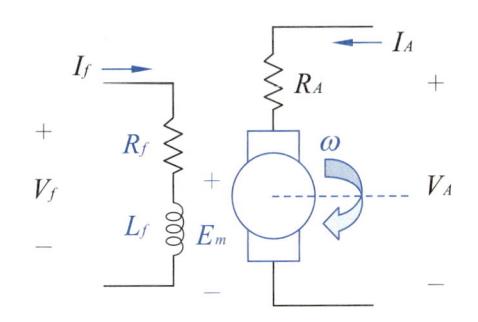

▶ 圖 1.10　直流馬達之符號

圈 (field) 之電阻及電感；R_A 為**電樞繞線** (armature) 之電阻，一般電樞線圈之電感量甚小，不予計及。E_m 稱為**反電動勢** (back emf)，係由於轉部切割磁場而在電樞線圈上產生的感應電壓。參見圖 1.10，磁場線圈之電感量 L_f 省略不計，由磁場電流 I_f 產生的磁通為

$$\Phi = K_f I_f = k \frac{V_f}{R_f} \tag{1.14}$$

因此由轉部產生的力矩為

$$T = K_T \Phi I_A \tag{1.15}$$

式中 K_T 稱為馬達的**力矩常數** (torque constant)。如果轉速 $\omega = N$ (rad/s)，則反電動勢 E_m 為

$$E_m = K_n N \Phi \tag{1.16}$$

2. 二相感應馬達

在轉角伺服系統中，如果需要高額定功率，則須使用一般習用的 ac 馬達。最常使用的 ac 馬達為鼠籠式轉子型**二相感應馬達** (two-phase induction motor)，參見圖 1.11 的示意圖。控制繞組由伺服放大器供給交流電信號 $V_c \sin \omega t$，控制其幅度 V_c 變化著；參考繞組電壓 $V_r \cos \omega t$ 係由電源電壓供給，其與控制線圈之電壓有 90° 相位差。通常

控制繞組　　　鼠籠式轉子

$V_c \sin \omega t$

Ω

$V_r \cos \omega t$　參考繞組

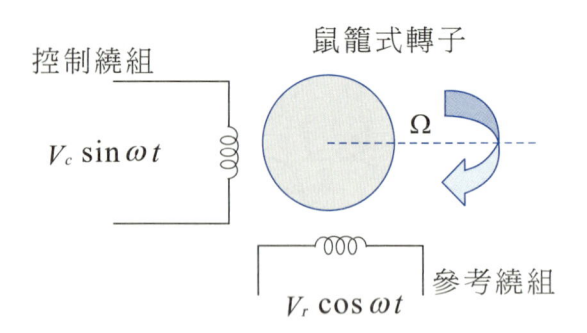

● 圖 1.11　二相感應馬達示意圖

電源頻率為 50、60 或 400 赫，且 $V_c \leq V_r$。如果以 $G_M(s)$ 代表轉速 Ω 與控制電壓幅度 V_c 之間的**轉換函數**，s 為拉氏變換之操作子（考慮交流定態時，$s = j\omega$），則

$$G_M(s) = \frac{K_M}{(1+sT_M)} \tag{1.17}$$

式中 K_M 為一增益常數；T_M 為機械常數，由負載之機械特性決定之。

3. 步進馬達

在數位電子或工具機數值控制的應用中，**步進馬達** (stepping motor) 可以使用二進位數碼直接驅動，相當方便且重要。這種裝置外型精小，力矩與慣量比甚大，響應速度也很高，常應用於機器手臂、自動化定位機具及精密工具機等；在液壓伺服系統中，可擔任伺服閥之力矩馬達。

步進馬達之**靜部** (stator) 常有好幾極，以繞線形成磁場；其轉部通常為**永久磁鐵型**，也可以是槽型軟鐵心成為**可變磁阻型**，或是以上的組合，稱之為混合型。在靜部線圈依次施加脈波數位信號，可使磁場的磁軸因 N、S 極強迫對正，依次旋轉至固定安排的平衡位置。

四、轉換器

轉換器 (transducer) 有如人的感官，做檢測及能量的變換，將各

種物理變數變換成為電信號，以為控制系統的參考或反饋之用。例如，電位計可將轉角轉換為成比例的電壓信號；溫度計將溫度轉換為成比例的電壓信號。常見的檢測變數有：

1. **電機系統之參數**：電壓、電流、電阻值、電容及電感量等。
2. **機械系統之參數**：位移、轉角、速率、加速度、力與力矩等。
3. **流體系統之參數**：液位、壓力、流量、流速等。
4. **其他程序之參數**：溫度、溼度、密度、酸鹼度、光度等。

這些物理變數須經由**感測器** (sensor) 將之變換為電信號。上述變換而來的信號還要先用電子電路做**信號條件** (signal conditioning) 處理，以配合控制器的數位或類比電路之電位準、頻率響應、阻抗程度等規格。職是故，大部分的轉換器可視為電機電子式元件。

依照感測器轉換物理原理，轉換器又區分有：(1) 電阻變換式、(2) 電容變換式、(3) 電感變換式、(4) 電磁變換式、(5) 磁阻變換式、(6) 張力或應變計變換式、(7) 壓電變換式及 (8) 光電變換式等。

電位計 (potentiometer) 可將轉角或位移等運動量轉換為成比例的電壓信號，是一種很重要的轉換器。如圖 1.12 為電位計符號：(a) 為旋轉型，(b) 為直線式符號。當轉軸轉動了某一角度時，帶動了掃臂改變電阻線的接觸點，而拾取成比例的電阻值。在圖中，如果我們在接點 a 與 b 間施加參考電壓，則因轉軸轉動的角度帶動電阻改變，在接點 m 端可取出比例電壓。

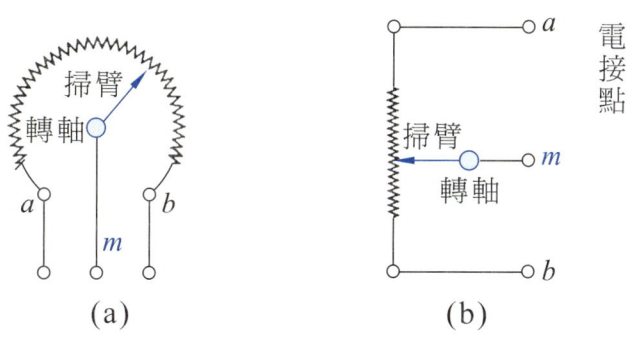

▶ 圖 1.12　電位計：(a)旋轉型符號，(b)直線式符號

第一章　自動控制概論

例題 1.2

在圖 1.13 的電位計中,電接點 a 與 b 間施加參考電壓 $E_r = 24$ 伏,且電阻線總電阻為 $R_T = 1$ kΩ,電阻繞線總角度為 $\theta_T = 300$ 度,(a)試求此電位計轉角至電壓之**靈敏度** (sensitivity) K_P,(b)如果轉軸旋轉一角度 $\theta = 30°$,試求接點 m-b 間取出的電壓 E_o。

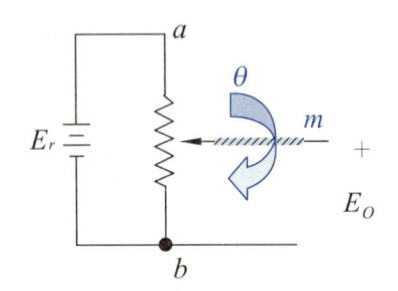

▶ 圖 1.13　電位計之靈敏度

解 (a) 電位計之轉角至電壓靈敏度等於

$$K_P = E_r / \theta_T = 0.08 \text{ V}/\text{度} \tag{1.18}$$

(b) $E_O = K_P \theta = 0.08 \text{ V} \cdot (30) = 2.4 \text{ V}$

圖 1.14(a) 所示為惠斯敦電橋之基本型式,當

$$\frac{R_A}{R_B} = \frac{R_C}{R_D} \tag{1.19}$$

造成電橋平衡,輸出電壓 $E_O = 0$。如果其中某一元件因某種緣故改變了電阻值,例如溫度變化使得**熱敏電阻** R_C 發生變化,E_O 輸出將產生電壓與溫度變化成比例。因此任何電阻式感測器皆可應用於此種電阻電橋,做為轉換器。如果將某些元件置換為電容器或電感器電阻抗,參考電壓改成交流電源 V_R,如圖 1.14(b) 所示,則電橋輸出 V_O 不但可測出電壓幅度大小,也可測出相位的關係。

(a)電阻電橋　　　　　　　　(b)阻抗電橋

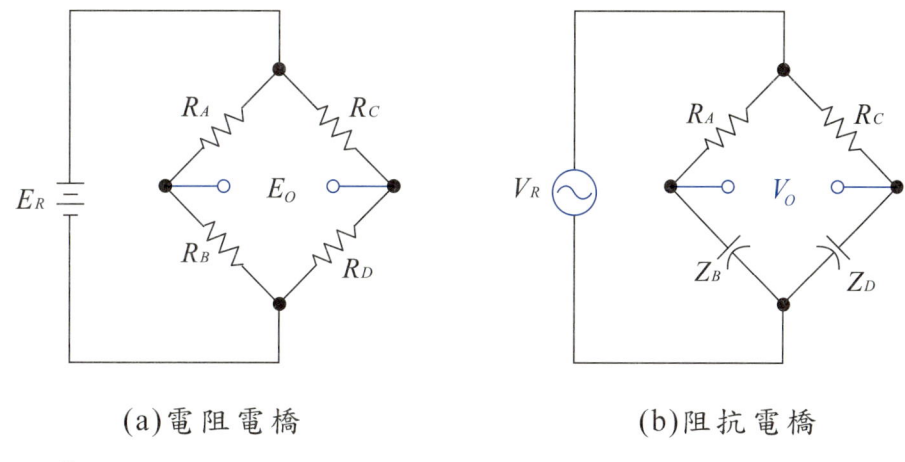

▶ 圖 1.14　惠斯敦電橋：(a)電阻電橋，(b)阻抗電橋

在伺服控制系統中，圖1.14(a) 之電阻 R_A 及 R_B 係以電位計取代之，電阻 R_C 及 R_D 以另一電位計擔任，構成了**誤差產生器** (error detector)。例如在圖 1.15 中，輸入及輸出電位計擔任轉角至電壓轉換器，即

$$E_r = K_P \theta_R$$
$$E_O = K_P \theta_O$$

式中，K_P 為電位計的靈敏度，θ_R 及 θ_O 分別為輸入參考轉角及輸出轉角，且 E_r 及 E_O 分別是輸入及輸出參考電壓。所以由雙電位計電橋構成的誤差產生器，其轉換出來的誤差電信號為

$$e = E_r - E_O = K_P (\theta_R - \theta_O) \tag{1.20}$$

因為使用差動放大器 (OPAMP)，所以驅動直流伺服馬達之電壓為

$$E_m = Ae = AK_P(\theta_R - \theta_O)$$

式中，A 為 OPAMP 的開環電壓增益。伺服機構中，若驅動電壓 E_m 至輸出轉角 θ_O 之轉換函數為 $T(s)$，由簡單的數學推導可得

$$\theta_O = \frac{AK_P T(s)}{1 + AK_P T(s)} \theta_R \tag{1.21}$$

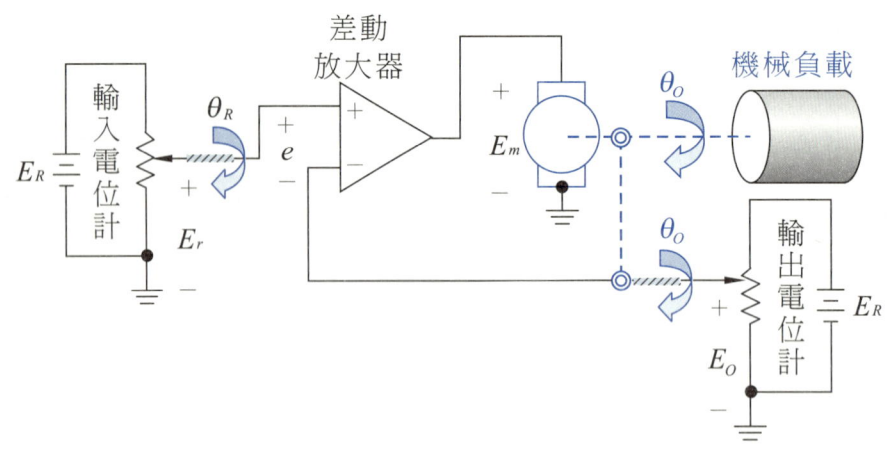

▶ 圖 1.15　轉角伺服控制系統

五、機電類比

電元件之電流、電壓關係與機械元件之力、速度關係不但形式一樣，且對稱，因此稱為**類比系統** (analogous system)。通常我們採用**力與電流類比** (f-i analogous)，因此使得速度與電壓類比，電導 ($G=1/R$) 與摩擦 (B) 類比，電感 (L) 與應變 ($1/k$) 類比，電容 (C)與慣性質量 (M) 類比，參見表 1.3。我們以下述的關係說明力與電流類比：

電系統	平移式機械系統	轉動式機械系統
$i = Ge$	$f = Bv$	$T = B'\omega$
$i = CDe$	$f = JDv$	$T = JD\omega$
$e = LDi$	$f = kx$	$T = k'\theta$

▶ 表 1.3　f-i 類比

機械元件		電元件
轉動系統	平移系統	
T（力矩）	f（力量）	i（電流）
$\omega = D\theta$（角速度）	$v = Dx$（線速度）	e（電壓）
B'（摩擦）	B（線摩擦）	G（電導）
$1/k'$（扭轉應變係數）	$1/k$（線性應變係數）	L（電感量）
J（轉動慣量）	M（質量）	C（電容量）

◆ 1-3.3 氣油壓控制系統

液系統 (fluid system) 又分類為**油壓系統** (hydraulic system) 及**氣壓系統** (pneumatic system) 兩種，常見於船舶、航機、機器人及其他**自動化** (automation)、軍事的應用場合。

一、基本元件

1. 油壓系統

如果

Q = 流量 (m^3/S)

H = 液位 (m-NT/kg)

C = 容量 (kg-m^2/NT)

R = 阻尼

L = 慣性係數

則在油壓液體系統中，各參數之關係描述如下：

$$Q = cDh \tag{1.22}$$

$$h = RQ \tag{1.23}$$

$$h = LDQ \tag{1.24}$$

由上述關係可以觀察出液電類比：流量 (Q) 類比於電流 (i)，液位 (h) 類比於電壓 (e)；容量 (c) 類比於電容 (C)，阻尼 (R) 類比於電阻 (R)，慣性 (L) 類比於電感 (L)，參見表 1.4。

如果容器有兩個活塞，面積比為 n；且 h_1 及 h_2 分別為各容器中的液位高，Q_1 及 Q_2 分別為各容器中的液位流量，則兩容器間有如下關係：

$$h_2 = nh_1 \tag{1.25}$$

$$Q_1 = nQ_2 \tag{1.26}$$

則容器活塞類比於電系統的理想變壓器。

▶ 表 1.4　液電類比

油壓系統	電系統
流量 (Q)	電流 (i)
液位 (h)	電壓 (e)
容量 (c)	電容 (C)
阻尼 (R)	電阻 (R)
慣性 (L)	電感 (L)

2. **氣壓系統**

氣壓系統與油壓液體系統相似，若

w = 流量 (kg/s)

p = 氣壓 (NT/m^2)

c = 儲藏容量 (kg-m^2/NT)

R = 阻尼 (1/m-s)

L = 慣性係數

則在氣壓液體系統中，各參數之關係描述如下：

$$w = cDp \tag{1.27}$$
$$p = Rw \tag{1.28}$$
$$p = LDw \tag{1.29}$$

由上述關係可以觀察出氣電類比：流量 (w) 類比於電流 (i)，氣壓 (p) 類比於電壓 (e)；儲存容量 (c) 類比於電容 (C)，阻尼 (R) 類比於電阻 (R)，慣性 (L) 類比於電感 (L)，參見表 1.5。

表 1.5　氣電類比

氣壓系統	電系統
流量 (w)	電流 (i)
氣壓 (p)	電壓 (e)
儲存容量 (c)	電容 (C)
阻尼 (R)	電阻 (R)
慣性 (L)	電感 (L)

二、流體放大器

流體放大器係輸出油壓（或氣壓）或液體流量，但其輸入控制信號可以是機械位移、電信號，以及微小的氣壓或液壓等。流體放大器又稱為**終控制元件** (final control element)，可分類如下：

1. 油壓放大器

常見的油壓放大器有**噴射管** (jet pipe)、**噴嘴檔葉** (flapper nozzle)、**短管閥** (spool valve) 及**活塞圓缸** (piston) 等。

2. 氣壓放大器

常見的氣壓放大器有噴嘴檔葉、**柯恩德** (Coanda) 放大器、氣壓放大器等。

三、流體轉換器

1. 壓力轉換器

液壓轉換器與氣壓轉換器類似，有下述各種型式：

(1) 差壓式壓力計 (manometer)

(2) 壓電式 (piezoelectric) 壓力計

(3) 布爾登管 (Bourdon tube)

(4) 膜片式 (diaphragm)

(5) 伸縮囊 (bellow)

(6) 扁囊 (capsule)

2. 流量、流動率轉換器

常見的液體動態的測定裝置有：
(1) 差壓式流量計
(2) 可變面積式流量計
(3) 主動式位移流量計
(4) 速率式流量計
(5) 熱質量式流量計

3. 液位轉換器

儲存槽或容器中**液位** (liquid level) 之測定依照感測方式分類有：
(1) 目測式
(2) 力感測式
(3) 壓力感測式
(4) 電機電子式
(5) 輻射感應式

◆ 1-3.4　微電腦控制系統

當微電子元件的製作技術進步改良、成本降低，使得**微處理器** (microprocessor)、**微控制器** (micro-controller)、記憶體及其相關**應用晶片** (ASIC) 大量地製作與推廣應用。除了硬體技術進步，相關系統軟體的標準化及視窗介面應用軟體的開放也使得電腦控制系統的實現變得方便、經濟且容易。當電腦技術結合通訊技術，使微電腦統系統變成人們生活上不可或缺。在今日，以微處理器及相關周邊裝置構成的**個人電腦** (PC) 系統幾乎無所不在。

3C 產品將改變這一世代的物質文明。所謂 3C 就是：**計算機** (computer)、**通訊** (communication) 與**生活消費性產品** (consumer products)。由於電子通訊的進步、電訊應用的生活化，3C 產品將改變這一世代的精神生活文明。電腦網路的使用已經存在於各行各業及社會各階層，因此 3C 工業或產品將使得這一世代人們生活方式發生

改變，二十一世紀即是為數位時代。

一、微電腦系統

工業界之控制領域中，微電腦或**個人電腦基底** (PC-based) 的系統具有如下特性：快速大量的資料擷取、快速且大量的資料處理、可程式化具親和力的視窗化人機介面、豐富的硬體及軟體支援及強大的網路通訊能力等。

電腦系統的作業為：(1)輸入、(2)處理、(3)輸出及(4)儲存。輸入及輸出功能由各種**周邊設備** (peripheral) 完成。電腦系統處理的**資料型態** (data type) 有四種：(1)文字、(2)圖形、(3)語音與(4)視訊。**處理器** (processor) 又稱為**中央處理單元** (CPU)，例如 Pentium 或 PowerPC 處理器。儲存設備有(1)主要的儲存設備：半導體**記憶體** (memory)，如 RAM、ROM 等；(2)次要的儲存設備：硬碟、軟碟、CD、DVD、磁帶等。

硬體 (hardware, H/W) 即是組成電腦系統的實體物件，如 CPU、輸入出周邊設備及各種儲存設備。**軟體** (software, S/W) 指電腦程式，區分為 (1)**作業系統** (operating system, O/S) 軟體，如 WIN98、MAC OS、LINUX、XP、VISTA 等；(2)**應用軟體** (application, A/P)，如程式語言、OFFICE 文書處理、影像及多媒體處理、網際網路瀏覽器等。

各專業領域工程師因為應用目的不同，個別研發出介面卡及其**驅動程式** (driver)，稱為協力產品。各行各業研發出各種協力產品，使得個人電腦應用無限，幾乎無所不能。這些介面卡涵蓋有各種輸入及輸出周邊裝置、各種程序變數（如溫度、壓力、位移、角度、速率等）之**類比至數位轉換器** (ADC)、BCD 數碼至電壓的**數位至類比轉換器** (DAC)，甚至於機械位移與 BCD 數碼之間的轉換器。

若將這些介面以一系列的積木式裝置做插卡方式裝填，在個人電腦系統上依照工作任務做組合，即形成具有特殊功能的工業電腦，或**可程式控制站** (PCS)。參見圖 1.16 所示，控制器的 CPU 以微電腦及

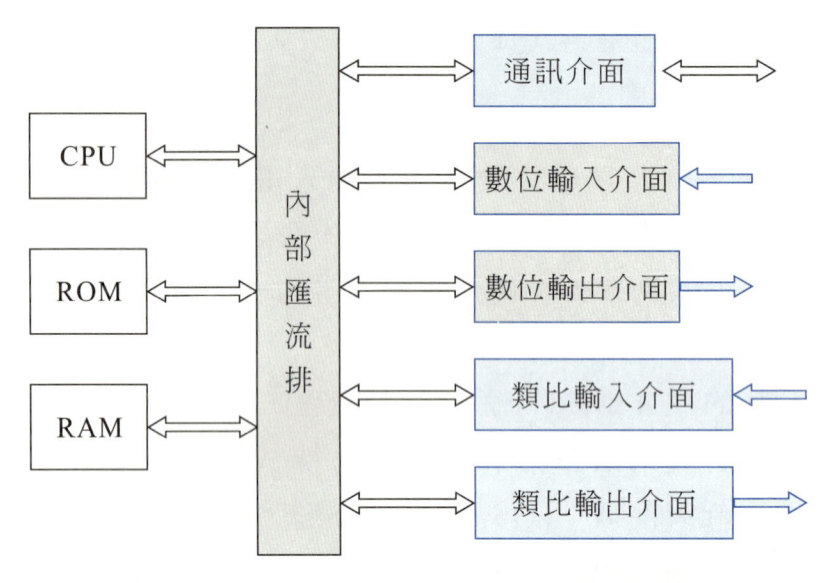

```
                    ┌─────────────┐
            ┌──┐    │      ↔ 通訊介面 ↔
            │CPU│←→ │
            └──┘    │ 內
                    │ 部  ↔ 數位輸入介面 ←
            ┌──┐    │ 匯
            │ROM│←→│ 流  ↔ 數位輸出介面 →
            └──┘    │ 排
                    │    ↔ 類比輸入介面 ←
            ┌──┐    │
            │RAM│←→│    ↔ 類比輸出介面 →
            └──┘    └─────────────┘
```

▶ 圖 1.16　程序控制站之結構方塊圖

計數器 (timer) 構成，ROM 用來儲存控制器的程式，RAM 用來儲存使用者設計的程式指令、暫時的處理資料與轉換而來的輸入資料。通訊介面接連至其他通訊設備達成網路通訊。因此 PCS 提供的通訊與控制功能為：數據擷取、信號條件處理、調節與警示、布林邏輯運算、代數運算、信號或狀況之圖形或曲線之顯示、事件之計數、各個 PCS 之間的通訊與資料傳送、操作人員與 PCS 之間的人機介面控制。

若介面卡做為各種機械開關、控制器及各種順序器具之驅動器，且其軟體代表相關的開關及順序器具之**階梯圖** (ladder diagram)，取代了所有的繼電器，即是**可程式邏輯控制器** (programmable logic controller, PLC)。

以微電腦為基礎，集結區域網路、電腦圖形、人機介面及容錯等技術，即形成了**分散式控制系統** (distributed control system, DCS)，又稱是整合式控制系統，可以達成彈性化製造及整體工廠管理自動化。分散式控制系統之優點為：

1. 良好的度量性與擴張性

2. 全數位式控制性能
3. 方便的人機介面
4. 系統功能之整合容易
5. 單點故障對系統整體運作之影響較少
6. 系統維護性較優

　　在 DCS 系統中，數據資料分散在各處存於本地**伺服器** (server)。遠端工作站需透過網路做資訊傳送，達成**用戶／伺服器式** (client/server) 工作環境，執行*遠端程序處理*及*圖控*。

二、數位控制系統

　　數位控制系統 (digital control system) 係使用電腦擔任控制器。因電腦只接受數位信號，當外界輸入類比信號時，須先經 ADC 將之轉換成為數位式信號；同理，由電腦處理所得離散時間式數據也要經 DAC 轉換成為類比信號，驅動外界設備，作動外界程序。職是故，電腦系統與物理系統之間須有 ADC 及 DAC 介面電路做交連，此形成**直接數位控制** (DDC) 系統，或電腦控制系統，參見圖 1.17 所示。

　　數位電腦輸出數位信號，經 DAC 轉成類比信號（連續時間式），供驅動器做控制放大、推動控制程序之用。控制程序（受控體）之輸出經感測器或轉換器檢測出回饋信號，經 ADC 得到數位信號（離散時間式），以為電腦之輸入。整個閉路系統之控制法則以程式預先儲存於電腦之記憶體中，所以電腦根據參考輸入及回饋來的數位數據，計算出控制信號，完成閉路控制行為。

　　這類電腦控制系統通常程式以高階語言，如 C++、VBASIC 等設計，其輸入輸出數據經由**可程式輸入出** (PIO) 晶片擔任介面電路，做 RS232C 串列式傳輸，或經平行埠做數位資料的傳送。

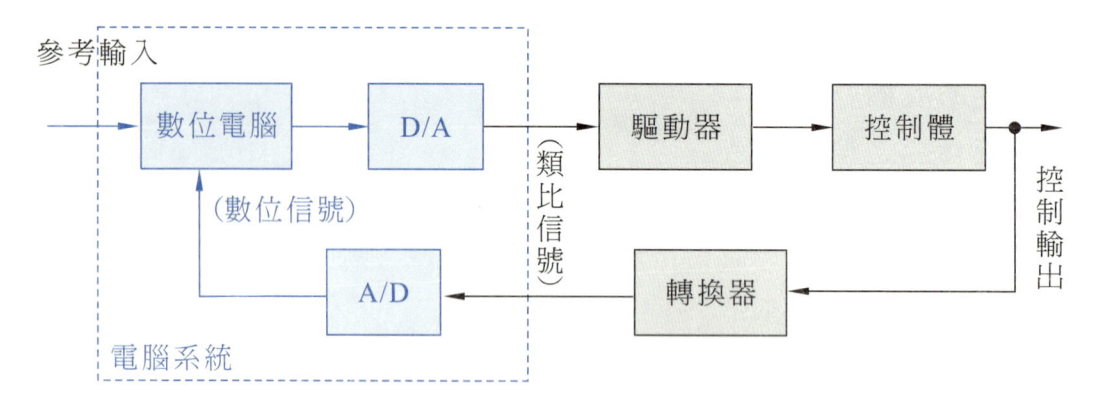

▶ 圖 1.17　電腦控制系統

　　在視窗多工式作業系統下，如 XP 系統，因為作業系統握有電腦系統所有的資源，使用者必須設計**硬體驅動程式** (kernel driver) 才能對低階的硬體周邊做**即時控制** (real-time control)。此種程式設計有賴於**物件導向程式** (OOP) 程式設計技術之應用，做軟體元件之**積木式** (building block) 組合。

　　軟體發展的方式由以往的程序導向式改為軟體元件組合。高階語言，如 C++、VBASIC、LabView、MATLAB/SIMULINK 等都有這種功能可資利用。此種高階語言程式在系統之工作測試無誤後，可經編譯程式轉換成與 CPU 匹配的**機器碼** (machine code)，再燒錄於 ROM 中以執行控制，成為**系統入晶片** (system on chip, SoC)。現今 SoC 將 CPU、RAM、ROM 及一些必要的通訊與控制功能之介面電路製作於同一晶片上，因此上述的機器碼可以燒錄於此種晶片上。此種技術廣用於 3C 家電、通信、商用事務機器中，成為**嵌入式設計** (embedded design)。

1-4　自動控制之應用範圍

　　自動控制系統係為閉路反饋系統，一般要求的**工作性能** (performance) 為：

1. 穩定性 (stability)：系統在有限輸入下造成的輸出亦為有限。

2. **準確性** (accuracy)：系統在基準參考輸入下，輸出之誤差必須保持在可容許的範圍內。
3. **速應性** (response speed)：系統在基準參考信號輸入下，輸出變數能夠快速達到要求程度。
4. **干擾拒斥** (disturbance rejection)：系統的工作性能不受外界干擾而有所影響。
5. **雜訊抑制** (noise suppressing)：系統的工作性能不受檢測器夾雜而來的雜訊而有所影響。
6. **強韌性** (robustness)：不明因素參數變動在可估計的範圍下，系統的穩定性及其他工作性能仍舊維持正常運作。

　　自動控制系統依應用目的可分為：順序控制、程序控制、自動調整與伺服控制，其應用範圍概述如表 1.6。

◆ 1-4.1　順序控制

　　順序控制系統的實際應用可依照控制迴路之性質分為：

1. **油壓迴路**：依控制對象可區分為壓力控制、流量／流速控制、導向控制、油壓馬達或壓缸伺服控制及電機與液壓控制等。
2. **氣壓迴路**：依控制對象區分為壓力控制、流速控制與邏輯氣體控制等。
3. **電機迴路**：順序電機控制對象一般為電動機械、電磁螺線管、電磁離合器及制動器等，因此順序電機控制迴路有：直流馬達之啟動、加速控制，交流馬達之啟動、加速控制，與交流馬達之反向、寸動及速率控制等。

▶ 表 1.6　自動控制應用範圍

控制應用	控制對象（受控體）	受控變數
順序控制	電磁、電動器具（機械）或開關 油（液）壓器具（機械）或閥體 氣（空）壓器具（機械）或閥體	開關 ON，OFF 狀態 電動器具作動順序及其狀態遷移條件
程序控制	產品**製造程序** (process)	溫度、壓力、流量、流速、密度、成分、溼度等程序變數
伺服控制	電動（電磁閥作動）機械 油（液）壓、氣（空）壓機械 **伺服機構** (servo-mechanism)	位移、速度、力矩 轉角、轉速、轉矩
自動調整	電源供給器、電動機械 油（液）壓、氣（空）壓機械、泵及馬達	速度、力矩、轉速 電壓、頻率、壓力

一、順序控制系統的結構

　　順序控制系統依其結構可分為：電機電子式、流體式（油壓或氣壓）及機械式或是以上的綜合體。圖 1.18 為一般順序控制系統結構的示意圖。作業命令 p 係人為或是程式指令，可供順序控制系統做自動操作、數據處理或程序狀態轉移之依據。由檢出轉換器所得的檢出信號 q 可以是電子或是機械信號，脈波式或是開關的 ON/OFF 狀態，使得命令及資訊處理單元憑之發生控制命令 r，作動終控制元件（功率操作器）。操作信號 w 通常具有一定的能量或功率。上述元件通常具備標準電機電子介面規格用以驅動電磁**螺線管** (solenoid) 終控制元件。輸出及狀態即為輸出**過程變數** (process variable)：如機械轉角、轉速、位移、力矩等；電壓、電流或電阻值；溫度、壓力、密度、液位等。輸出也可以是程序或事件的邏輯（開關）狀態。顯示及警報器用以監視、查用程序輸出信號及狀態，可做圖像顯示、紀錄，或觸動蜂鳴器、電鈴、閃光燈做程序狀態或故障情況之顯示。

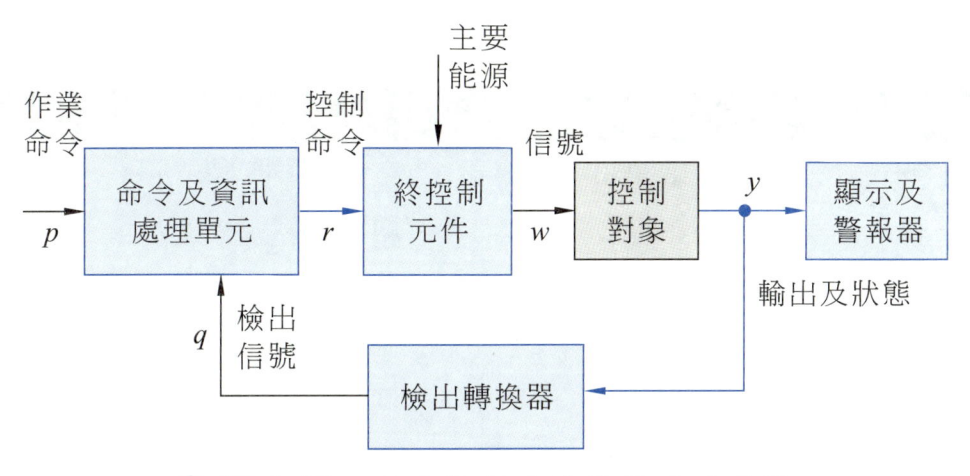

▶ 圖 1.18　順序控制系統結構的示意圖

二、油、氣壓系統的組成

　　油壓控制系統係用**油壓泵浦** (hydraulic pump) 將機械能轉換成為流體壓力能，經由**伺服控制閥** (servo-control valve) 調節流體的流向、壓力或流量，以此含有能量的高壓油傳輸至**油壓缸** (piston) 或**油壓馬達** (hydraulic motor) 驅動笨重的機械負載。

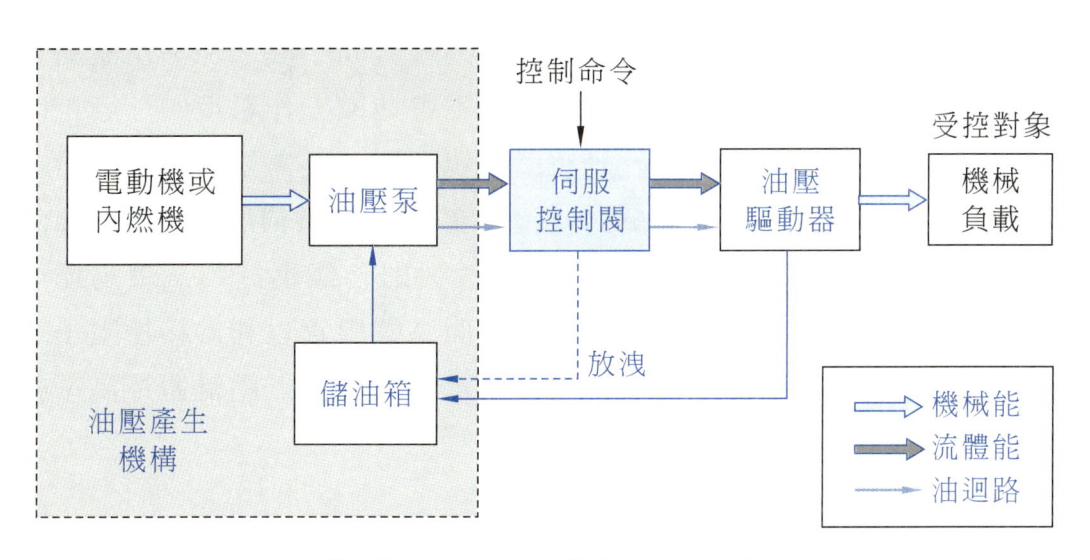

▶ 圖 1.19　油壓系統的組成

表 1.7　順序控制流體器具

組成部分	油壓系統	氣壓系統
油氣壓產生機構	油壓泵、儲油箱、過濾器、蓄壓器、冷卻器	空氣壓縮機、調壓閥、過濾器、潤滑器
控制機構	方向控制閥、壓力控制閥、流量控制閥	方向控制閥、壓力控制閥、流量控制閥、止回閥、梭動閥
驅動機構	油壓缸、油壓馬達	氣壓缸、氣壓馬達
顯示檢出器	壓力計、流量計、壓力開關	壓力計、氣壓開關、流量計

　　油壓系統係由(1)儲油箱，(2)油壓泵，(3)伺服控制閥，(4)油壓驅動器，即其他附屬元件構成之，參見圖 1.19。圖中虛線所示的方塊為**油壓產生機構**，可將機械能轉換成油壓能，通常備有壓力、流量等自動調整控制之特性以確保工作安全及符合性能要求。在油壓控制系統中，油的傳輸必須為封閉迴路（封閉管路），不得外洩，以免汙染工作環境，如圖中所示的油迴路。由伺服閥體作調節，放洩而來的回油亦須經儲油槽中的濾網排除雜物，供給油壓泵之需。

　　氣壓控制系統的組成、原理與油壓系統大同小異，係利用壓縮空氣作為傳輸的媒介，比油壓系統乾淨，不會造成工作環境的汙染；因為空氣取之不盡、用之不竭，與油壓系統不同，不需建構傳輸迴路。在氣壓控制系統中，能量的調節及導引係利用**氣壓伺服閥** (pneumatic servo-valve) 達成，驅動器（終控制元件）則為氣壓缸及氣壓馬達。氣壓控制伺服閥常為電磁閥，其輸入介面為螺線管以利於接續電子電路或繼電器迴路做邏輯控制。表 1.7 所示為油壓與氣壓流體控制系統使用器具之對照。

三、順序控制系統的電器具

　　順序控制系統之電器具甚多，茲依照圖1.18各組成單元分別介紹之，參見表1.8。電器具中，開關的種類最為複雜。手動開關有扳

▶ 表 1.8　順序控制電器具

命令及資訊處理單元	檢出轉換器	操作器	顯示警報器	控制對象
手動開關	極限開關	電磁接觸器	指示燈	電動機
繼電器	查用開關	熱繼電器	閃光燈	電磁離合器
可程式控制器	變壓器	固態開關	蜂鳴器	電磁制動器
微電腦系統	比流器		電鈴	電熱器
	光電開關		監視器	電磁螺線管

　　手式或閘刀式的命令開關，有常開式 (NO)、常閉式 (NC) 按鈕開關、多刀多投式選擇開關或**旋轉開關** (rotary switch)，其接點有按扣式、殘留接點式等，不勝枚舉。電磁**繼電器** (relay) 的變化更多，有上述各種接點形式的控制繼電器，有通路延遲型及斷路延遲型**限時繼電器** (timer relay)、**電磁接觸器** (MC)、**遮斷器** (Magnetic Circuit Breaker, MCB) 等。

◆ 1-4.2　程序控制

　　有關溫度、壓力、流量、流速、密度、黏度、溼度等的自動控制稱為**程序控制** (process control)。程序控制系統所使用的器具有油壓式、氣壓式、機械式與電子電機式，其工作原理與電機式伺服機構非常相似，基本上屬於回饋（閉路）控制系統，參見圖 1.20。在此系統中，θ_r 係為**基準設定值** (reference set-point)，θ_c 為欲調整的**受控變數** (controlled variable)，r 為**基準參考電信號** (reference signal)，b 為**回饋信號** (feedback signal)，e 為**誤差信號** (error signal)，t 為**控制信號** (control variable)，a 為**驅動信號** (actuating signal)。

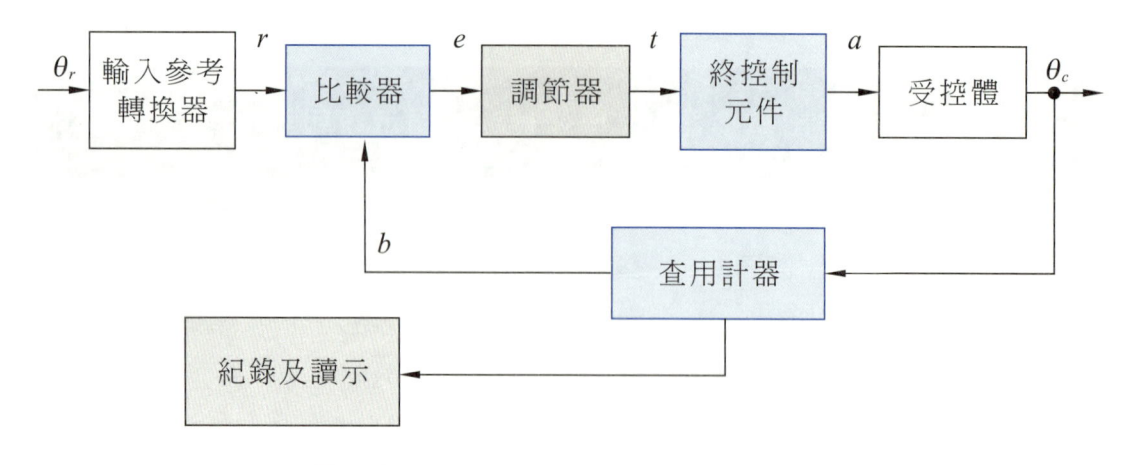

▶ 圖 1.20　程序控制結構示意圖

　　程序控制系統使用的感測器、儀表及計器種類非常多，常用的有：紙帶或顯示幕型**記錄器** (recorder)、類比式指針或數字型**指示計** (indicator)、PID **調節器** (controller)、**微控制器** (micro-controller) 等。其間相關的物理**程序變數** (process variable) 種類也多，廣泛地涵蓋了聲、光、力、熱、化學與電學等各種變數。

　　程序控制系統所用的**終控制元件**（操作器）有：

1. 氣油壓控制閥
2. 活塞圓缸
3. 檔葉阻尼板
4. 電磁開關與電螺線管
5. 各種電機、電子、液體或氣體放大器
6. 變速馬達、SCR 或 TRIAC 電功率調節器

　　程序控制的實際應用範圍包括：

1. 鍋爐與燃燒控制：瓦斯、氣體混合燃燒及溫度控制等。
2. 食品製造：酸鹼度、鹽分等成分控制，保溫殺菌、儲存控制等。
3. 水質處理：污水處理、軟水處理、淤泥控制等。

4. 石油加工業：原油及天然油氣提煉、分解與下游產品之加工。
5. 造紙工業：木屑、紙漿之處理，造紙等。
6. 織物與染整：紡織物染整、布匹紡紗製作等。
7. 其他：倉儲溫度及溼度控制、集油或集氣塔處理及控制、冷氣中央空調控制、反應爐控制等。

程序控制之受控體（程序）一般皆為**非線性** (nonlinear)，其原理、應用在**化學工程** (chemical engineering) 領域皆有介紹，且為主要學科技能，本書不再贅述。

◆ 1-4.3 自動調整

自動**調整** (regulation) 是用於保持電壓、電流、轉速、壓力之定值控制，或使之維持於容許範圍內的**適應式**反饋自動控制。在工業實務上，有時自動調整的系統本身就是一個獨立的高科技現成商用裝備，或是精密的儀表裝置，例如交換式不斷電供給電源系統。

自動調整系統亦為閉路反饋控制系統，其主要功能係在某一基準的**設定值** (set point) 下，使系統之指定輸出也保持於一定程度，不受干擾及參數之變異而有所影響。自動調整系統之工作原理與電機式伺服機構非常相似，基本上屬於反饋（閉路）控制系統。在**工作性能** (performance) 的考量，伺服機構控制著重於**追蹤** (tracking) 是否準確、**速應性** (response speed) 是否足夠；而自動調整系統則注重外界**干擾拒斥** (disturbance rejection)、**雜訊抑制** (noise suppressing) 及**適應性** (adaption)。所有的回饋控制系統皆需要**穩定** (stable) 之安全操作。表 1.9 是各種回饋控制系統要求的工作性能比較。

▶ 表 1.9　各種反饋控制系統之比較

控制系統	控制量	控制目的	要求工作性能	應　用
伺服控制	轉角、位置、速率	追蹤控制、程式控制	穩定性、準確性、速度、功率轉換	電機式、氣油壓式伺服機構
程序控制	溫度、溼度、壓力、密度、液位、流量	定值控制、追值控制、程式控制	穩定性、準確性、干擾及雜訊拒斥能力、適應性	化工、紡織、機械或食品加工、製造
自動調整	電壓、電流、轉速、壓力、力矩	定值控制、程式控制	穩定性、準確性、干擾及雜訊拒斥能力、響應速度	定電源供給、定流量或壓力之氣油壓源

◆ 1-4.4　伺服控制

伺服控制 (servo control) 即是閉路式反饋自動控制系統，自動地將參考信號與反饋信號做比較，產生誤差信號，以憑矯正或調節控制對象的行為，使其受控輸出達到預期的功效，使得笨重的機械負載跟隨著輸入信號作動。常見的伺服控制應用實例如下：

1. 位置、轉角控制系統：如火炮、遙控天線座之定位、船舶之操舵控制、飛機輔助翼及仰角控制、x-y 紀錄器筆針之控制等。
2. 速率、轉速控制系統；各種旋轉電動機之轉速伺服控制。
3. 加速度控制與力矩控制等。

　　伺服控制系統是反饋控制中最具代表性的一種應用系統。圖 1.21 所示為伺服系統構成之方塊圖。伺服控制之目的在要求受控輸出 θ_c 可以很快速且準確地追隨著輸入 θ_r 作從動。如果輸出為轉角、轉速等機械量，則此種反饋系統稱之為**伺服機構** (servo-mechanism)。

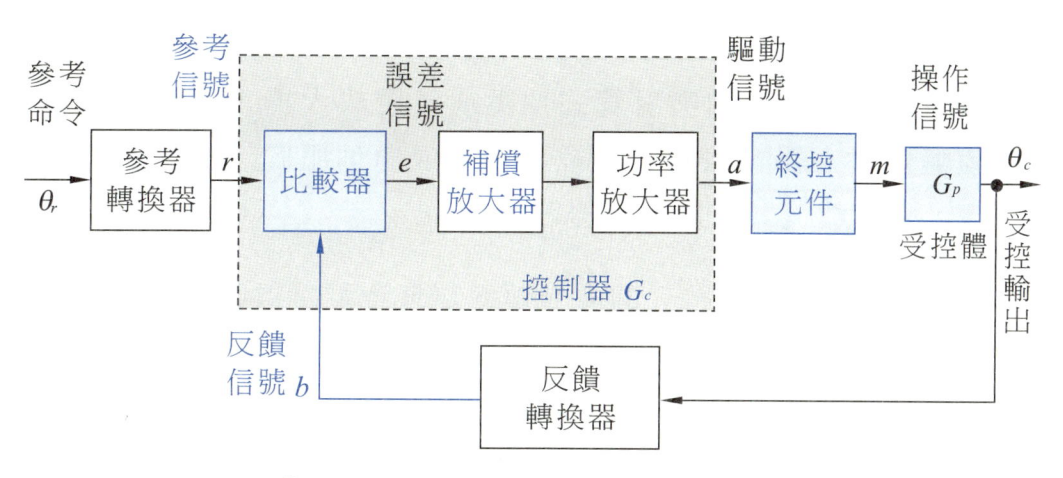

▶ 圖 1.21　伺服系統構成之方塊

職是故,受控輸出及命令輸入需經轉換器將機械信號變換成為電信號 b,反饋於比較器中產生誤差信號 e,以為控制器作**自動矯正** (self-correcting) 所依。其驅動信號 a 再作動終控制元件(驅動器)產生操作信號 m,以操縱受控本體 G_p 達成反饋伺服之功能。

圖中虛線所示部分為**控制器** (controller) G_c,包含電子放大器做頻率響應的補償、矯正及電功率的放大。比較器又稱為**誤差產生器** (error detector),係使用**負反饋** (negative feedback) 方式產生了參考信號 r 與反饋信號 b 之差異,而形成誤差信號 e,即:$e=r-b$。最常見到的誤差產生器有雙電位計電橋(電阻環)或差動電子放大器等,如前所述。有些船舶的羅經**自航儀** (auto-pilot) 或操舵伺服控制系統中,回饋而來的轉角信號可使用行星式差分齒輪等機械裝置以為誤差產生器,或以同步子控制變壓器做 ac 載波調制之誤差信號傳送。

終控制元件又稱**驅動器** (actuator),通常為電動式或電磁作動的機構,故其輸入常為電磁線圈、螺線管或 TTL/MOS 電子電路。終控制元件又可分類為電機電子式與流體機械式,分別敘述如下:

1. **電機電子式終控制元件**:如電子前置或功率放大器、DC 發電機、SCR 或 TRIAC 等矽控整流式閘流體功率放大器、變流器、磁放大

器、直流或交流伺服馬達、步進馬達等。
2. **流體終控制元件**：如噴射管式油壓或氣體放大器、噴嘴檔葉式流體或氣體放大器、短管活塞缸油壓或氣體伺服閥、油壓泵及油壓馬達、附著噴流式氣體放大器等。

參考輸入轉換器將輸入的命令轉換為參考電壓信號；反饋轉換器係用以量測輸出轉角、位移或轉速的感測器。感測原理有：電阻型、電磁感應型、靜電容量式、光電式及超音波檢測型等。常見的裝置有：電位計、電橋、電阻環、差動變壓器、**同步子** (synchros)、轉速發電機、**轉軸編碼器** (shaft encoder) 等電機電子式器具或儀表。

例題 1.3 （轉角位置伺服系統）

圖 1.22 所示為直流馬達、放大器、電位計等構成的轉角位置伺服系統。操作時我們加一轉角命令（目標設定值）為 θ_r，經電位計取得電壓信號 V_r 以為參考電壓。DC 馬達帶動的機械負載由減速齒輪耦合之，其查用轉角（亦為機械負載的輸出轉角 θ_o）經另一只電位計取得反饋電壓信號 V_f。這兩個電壓信號在差動放大器的輸入處產生誤差電壓 $V_e = V_r - V_f$，再經放大成為 V_A 以驅動馬達作動，產生轉角位置之伺服控制。

此系統的負反饋伺服修正原理敘述如下：

若　　　$\theta_o < \theta_r \Rightarrow V_o < V_r \Rightarrow V_e > 0 \Rightarrow V_A \downarrow \Rightarrow \theta_o \uparrow$

若　　　$\theta_o > \theta_r \Rightarrow V_o > V_r \Rightarrow V_e < 0 \Rightarrow V_A \downarrow \Rightarrow \theta_o \downarrow$

最後當 $\theta_o = \theta_r$ 時，$V_e = 0$，使得負載之轉軸角位置保持於設定值 θ_r，達到位置之伺服控制。

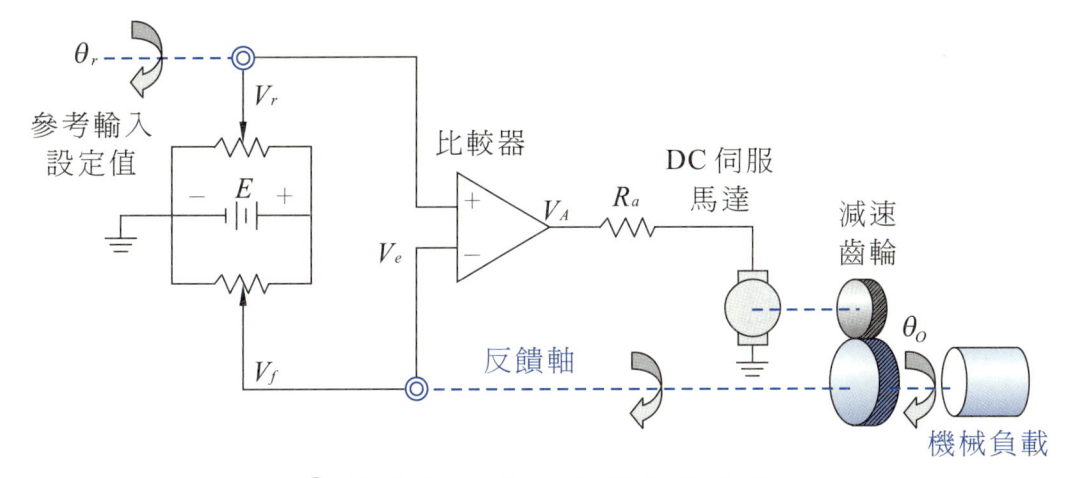

● 圖 1.22　轉角位置伺服系統

例題 1.4　（轉速伺服系統）

圖 1.23 所示係由直流馬達、**轉速機** (tachometer)、放大器、電位計等構成的轉速伺服系統。轉速之目標值設定為 V_R；馬達與轉速機的轉軸直接耦合一起，因此產生的回饋電壓 V_f 與馬達的轉速 ω 成正比，即

$$V_f = K_g \omega \tag{1.30}$$

式中 K_g 為轉速機的發電機常數。誤差信號為 $V_e = V_R - V_f = V_R - K_g \omega$。此系統的負反饋伺服修正原理與上一個例題是相似的，最後可使得馬達的轉速 ω 與設定的目標值 V_R 成正比。

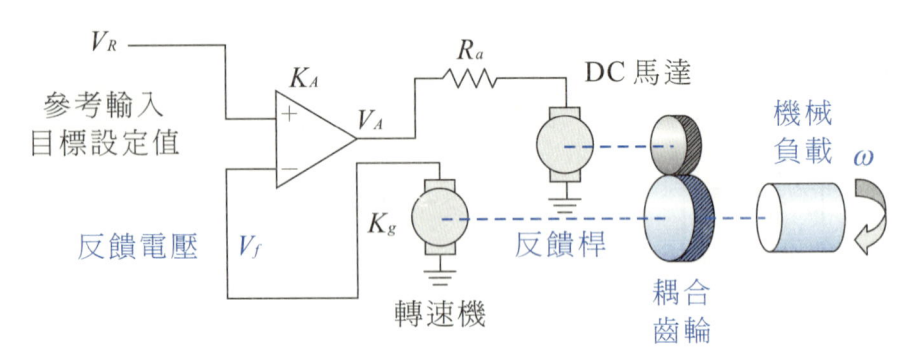

▶ 圖 1.23　轉速伺服系統

1-5　本章重點回顧

1. 控制意味著：命令、追隨、操縱與調整等行為。
2. 自動控制系統的輸出響應可以跟隨著輸入或命令信號的變化而作相對應改變。
3. 開環控制系統中，驅動信號只與參考輸入信號有關。
4. 閉路式控制系統中，驅動信號與由輸出檢測回來的反饋信號有關連，輸入信號與檢測回來的反饋信號做比較而產生誤差信號，以做為控制器動作之自動矯正所依，達成反饋控制。
5. 反饋系統就是具有自動矯正控制行為的閉路系統。
6. 伺服機構之受控對象為電動機或油壓器具，可提供較高功率或能量以驅動笨重的機械負載。
7. 交流控制系統又稱載波調變控制系統，訊號以交流載波調變方式傳送，以避免雜訊的干擾，利於長距離或惡劣環境之使用。
8. 抽樣數據信號為離散時間 (DT) 脈波，可經由 PAM、PCM 等數位調制及編碼，做為數位計算機控制。
9. 類比信號（CT 信號）使用類比至數位轉換器 (ADC) 轉化成數位信號；數位信號使用數位至類比轉換器 (DAC) 轉化成類比信號。

10. 用以描述系統的輸出與輸入行為之數學即為此系統的**數學模式**。
11. **線性非時變 (LTI) 系統**之參數或特性不隨時間變化,可使用線性常係數常微分方程式 (LCDE) 描述其輸出與輸入之行為。
12. 在資源限制下設計系統使其性能指標達到最佳化,稱為**最佳控制**。
13. 設計系統使其表現隨環境或干擾改變下無往不利,稱為**適應控制**。
14. **強韌控制**同時達到系統的穩定度及性能表現不受外界干擾或不明因素參數變化的影響。
15. 將電腦用於控制迴路中,擔負數據擷取、計算分析及決策控制,是為**直接數位控制 (DDC)**。
16. 機械運動系統區分為平移式及轉動式兩種。
17. 平移機械元件有:慣性質量 (M)、線性摩擦 (b) 及線性彈簧 (k) 等三種功率消耗的元件;力 (F)、位移 (x) 及速度 (v) 是所要分析的主要變數。
18. **德愛侖伯特定理**:對一質量 M,加諸其上的外力扣掉所有因運動產生的反抗力,所得的淨力才可產生加速度。
19. 轉動機械元件有:轉動慣量 (J)、轉動摩擦 (B') 及扭轉彈簧 (k') 等三種消耗功率的元件;力矩 (T)、轉角 (θ) 及轉速 (ω) 是所要分析的變數。
20. 兩個同樣物理性質的系統藉**耦合元件**可以做能量的傳遞與交換:平移式運動系統的耦合元件為**槓桿**,轉動系統則為**齒輪組**。
21. 槓桿常應用於油壓器具輸出與機械負載間,作往復式運動的力矩傳遞與功率交換。
22. 伺服機構中,高轉速、小轉矩的馬達輸出轉軸經由減速齒輪耦合,轉變成為低轉速、大轉矩,用以推動重型機械負載。
23. 直線位移與旋轉運動之轉換可使用小齒輪及齒條組合達成之。

24. 電系統要分析的變數是**電壓**及**電流**,基本的電元件有:電阻器、電容器、電感器等,理想變壓器為耦合元件。
25. 電子式前置放大器用於信號處理、移位、放大、雜訊及干擾消除、阻抗匹配及頻率響應補償等。
26. 伺服機構中以伺服馬達驅動機械負載,需使用電子電機放大器。
27. 功率伺服放大器之輸出有變壓器耦合式、推挽式或電橋式以 DC 交連,直接推動大功率電負載:如大電力馬達之線圈、電磁伺服閥之線圈及其他電螺管驅動器。
28. DC 發電機即**旋轉放大器**,將機械能轉成大電力電能輸出。
29. 直流伺服馬達之控制電力為直流,產生可正可負的力矩,其控制採取電樞控制或磁場控制。
30. 轉部切割磁場而在電樞線圈上產生的感應電壓稱為**反電動勢**。
31. 轉角伺服系統中,如需高額定功率,則須使用 AC 馬達。
32. 步進馬達可以使用二進位數碼直接驅動,在數位電子或工具機數值控制的應用中,相當方便且重要。
33. 轉換器做檢測及能量的變換,將各種物理變數變換成為電信號,以為控制系統的參考或反饋之用。
34. 依照物理原理,轉換器又區分有:(1)電阻變換式、(2)電容變換式、(3)電感變換式、(4)電磁變換式、(5)磁阻變換式、(6)張力或應變計變換式、(7)壓電變換式及(8)光電變換式等。
35. 伺服控制系統中可使用電位計擔任**誤差產生器**。
36. 力與電流類比 (f-i 類比):速度 (v) 與電壓類 (e) 類比,電導 ($G=1/R$) 與摩擦 (b) 類比,電感 (L) 與應變 ($1/k$) 類比,電容 (C) 與慣性質量 (M) 類比。
37. 液電類比:流量 (Q) 類比於電流 (i),液位 (h) 類比於電壓 (e),容量 (c) 類比於電容 (C),阻尼 (R) 類比於電阻值 (R),慣性 (L) 類比於電感值 (L)。

38. 氣電類比：流量 (w) 類比於電流 (i)，氣壓(p)類比於電壓 (e)，儲存容量(c)類比於電容值(C)，阻尼 (R) 類比於電阻值 (R)，慣性 (L) 類比於電感值 (L)。

39. 油壓放大器有：噴射管、噴嘴檔葉、短管閥及活塞圓缸等。

40. 氣壓放大器有：噴嘴檔葉、柯恩德放大器、氣壓放大器等。

41. 液（氣）壓轉換器有各種型式：差壓式壓力計、壓電式壓力計、布爾登管、膜片、伸縮囊及扁囊等。

42. 流量、流動率轉換器有：差壓式流量計、可變面積式流量計、主動式位移流量計、速率式流量計及熱質量式流量計等。

43. 液位測定方式有：目測式、力感測式、壓力感測式、電機電子式及輻射感應式等。

44. 3C 產品將改變這一世代的物質文明。所謂 3C 就是：計算機、通訊與生活消費性產品。

45. 電腦系統的作業為：(1) 輸入、(2) 處理、(3) 輸出及 (4) 儲存。

46. 電腦系統處理的資料型態有：(1) 文字、(2) 圖形、(3)語音與 (4) 視訊等四種。

47. 電腦系統的儲存設備有：(1)主要的儲存設備：半導體記憶體，如 RAM、ROM 等；(2)次要的儲存設備：硬碟、軟碟、CD、DVD、磁帶等。

48. 軟體 (S/W) 指電腦程式，區分為：(1)作業系統 (O/S) 軟體，(2)應用軟體 (A/P) 等。

49. 以微電腦為基礎，集結區域網路、電腦圖形、人機介面及容錯等技術，即形成分散式控制系統 (DCS)，又稱是整合式控制系統，達成彈性化製造及整體工廠管理自動化。

50. 高階語言程式經編譯程式轉換成機器碼，燒錄於 ROM 中執行控制，且將 CPU 及一些必要的通訊與控制功能之介面電路製作於同一晶片上成為系統置入晶片 (SoC)。

51. SoC 技術廣用於 3C 事務機器中，成為嵌入式設計。

52. 自動控制系統要求的工作性能為：(1)穩定性、(2)準確性、(3)速應性、(4)干擾拒斥、(5)雜訊抑制及(6)強韌性。
53. 自動控制系統依應用目的可分為：(1)順序控制、(2)程序控制、(3)自動調整與(4)伺服控制。
54. 順序控制的控制對象為電磁、電動器具（機械）或開關、油（氣）壓器具（機械）或閥體。其受控變數為：開關 ON、OFF 狀態、電動器具作動順序及其狀態遷移條件。
55. 程序控制的控制對象為產品製造程序，其受控變數為：溫度、壓力、流量、流速、密度、成分、溼度等程序變數。
56. 伺服控制的控制對象為電動（電磁閥作動）機械、油（氣）壓機械等伺服機構，其受控變數為：位移、速度、力矩；轉角、轉速、轉矩等。
57. 自動調整的控制對象為電源供給器、電動機械油（氣）壓機械，泵及馬達，其受控變數為：速度、力矩、轉速、電壓、頻率、壓力等。
58. 油壓控制系統係用油壓泵浦將機械能轉換成為流體壓力能，經由伺服控制閥調節流體的流向、壓力或流量，以此含有能量的高壓油傳輸至油壓缸或油壓馬達驅動笨重的機械負載。
59. 氣壓控制系統利用壓縮空氣作為傳輸的，比較乾淨，不會造成工作環境的汙染；且空氣取之不盡、用之不竭，與油壓系統不同。
60. 程序控制系統使用的感測器、儀表及計器種類非常多，其間相關的物理程序變數種類也多，廣泛地涵蓋了聲、光、力、熱、化學與電學等各種變數。
61. 自動調整系統亦為閉路回饋控制系統，在某一基準設定值下，使系統之指定輸出保持於一定程度，不受干擾及參數之影響。
62. 伺服機構工作性能控制著重於追蹤是否準確、速應性是否足夠；而自動調整系統則注重外界干擾拒斥、雜訊抑制及適應性。
63. 常見的伺服控制應用實例：位置、轉角控制系統、速率、轉速控制系統及加速度控制與力矩控制等。

習 題

Ⓐ 填 充 題 ▶▶▶

1. 控制意味著：_____、_____、_____等行為
2. 反饋系統就是具有_____控制行為的閉路系統。
3. 伺服機構之受控對象為_____，可提供較高功率或能量以驅動笨重的機械負載。
4. 類比信號使用_____轉化成數位信號；數位信號使用_____轉化成類比信號。
5. 線性非時變 (LTI) 系統使用_____描述其數學模式。
6. 機械運動系統區分為_____及_____二種。
7. 平移機械元件有：_____、_____及_____等三種功率消耗的元件。
8. 轉動機械元件有：_____、_____及_____等三種消耗功率的元件。
9. 平移式運動系統的耦合元件為_____，轉動系統則為_____。
10. 伺服機構中，馬達轉軸經_____耦合，推動機械負載。
11. 直線位移與旋轉運動之轉換可使用_____達成之。
12. 直流伺服馬達之控制法有：_____及_____二種。
13. 伺服控制系統中常使用_____擔任誤差產生器。
14. 油壓放大器有：_____、_____、_____及_____等。
15. 氣壓放大器有：_____、_____、_____等。
16. 液（氣）壓轉換器有：_____、_____、_____、_____及_____形式。

17. 流量、流動率轉換器有：_____、_____、_____、_____及_____等形式。
18. 液位測定方式有：_____、_____、_____、_____及_____等。
19. 3C 產品就是：_____、_____與_____。
20. 電腦系統處理的資料型態有：_____、_____、_____與_____等四種。
21. 軟體 (S/W) 區分為_____及_____等。
22. 自動控制系統要求的工作性能為_____、_____、_____、_____及_____。
23. 自動控制依應用範圍可分為：_____、_____、_____與_____。
24. 油壓系統用_____將機械能轉換成為流體壓力能，經由_____調節流體的流向、壓力或流量，以此含有能量的高壓油傳輸至_____驅動笨重的機械負載。
25. 程序變數種類也多，涵蓋了_____、_____、_____、_____、_____與_____等各種變數。
26. 伺服機構控制工作性能著重於_____是否準確、_____是否足夠；而自動調整系統則注重_____、_____及_____。

Ⓑ 問答題 ▶▶▶

1. 何謂「自動控制系統」？
2. 何謂「閉路控制系統」？
3. 何謂系統的「數學模式」？
4. 何謂「最佳控制」？
5. 何謂「適應控制」？
6. 何謂「強韌控制」？

7. 何謂「德愛侖伯特定理」？
8. 何謂「耦合元件」？
9. 何謂「前置放大器」？
10. 何謂「伺服放大器」？
11. 何謂「旋轉放大器」？
12. 何謂「反電動勢」？
13. 依物理原理，轉換器之區分為何？
14. 何謂「力與電流類比」？
15. 何謂「液電類比」？
16. 何謂「氣電類比」？
17. 何謂「分散式控制系統」？
18. 何謂「嵌入式設計」？
19. 何謂「順序控制」？
20. 何謂「程序控制」？
21. 何謂「伺服控制」？
22. 何謂「自動調整」？
23. 程序控制的實際應用範圍為何？
24. 伺服控制應用實例為何？

第二章
控制系統的數學基礎

在本章我們要討論下列主題：
1. 微分方程式
2. 拉氏變換及其性質
3. 轉移函數
4. 以拉氏變換解微分方程式

2-1 引言

連續時間 (CT) 線性控制系統可用微分方程式描述之（**數學模型化**）。雖然一般物理系統，例如氣體或液壓系統，為非線性系統，有時須使用**偏微分方程式** (partial differential equation) 描述，但在適當的工作條件及合理的工作範圍，例如**小信號** (small-signal) 工作，系統的動態特性可用**線性常係數常微分方程式** (LCDE) 描述之。

另一方面，**離散時間線性非時變** (DT-LTI) 系統係使用線性常係數**差分方程式** (LDE) 描述。本書主要討論 CT-LTI 系統，及相關 LCDE 的性質、解答方式。CT-LTI 系統之時間響應分析將在第四章再介紹之。

拉氏變換 (Laplace transformation) 是做 CT-LTI 系統分析及設計時非常重要的工具，這些將在往後章節再介紹之。拉氏變換可將 LCDE 轉變成為代數方程式，使解答程序變得直接、方便且容易。CT 信號，如 $x(t)$，經拉氏變換為 $X(s)$ 複變函數，因此利用拉氏變換所做的分析是為**頻域分析** (frequency-domain analysis)。在頻域分析及設計工作中，系統輸出與輸入變數之間的**轉移函數** (transfer function) 是非常重要的工具，將在往後討論之。

2-2 微分方程式

本節要討論 LCDE 的性質，以做為 LTI 系統分析及設計所需的數學基礎。

◆ 2-2.1 線性微分方程式的性質

一個 n 階（n 次）LCDE 表達如下：

$$\frac{d^n y}{dt^n} + a_{n-1}\frac{d^{n-1} y}{dt^{n-1}} + \cdots + a_1\frac{dy}{dt} + a_0 y(t) = b_m \frac{d^m x}{dt^m} + \cdots + b_1 \frac{dx}{dt} + b_0 x(t) \tag{2.1}$$

於上式中，各係數：$a_k (k=1, 2, \cdots, n)$，$b_k (k=1, 2, \cdots, m)$ 皆為常係數（與時間變數 t 無關）。$x(t)$ 為系統的**輸入** (input) 變數，$y(t)$ 為**輸出** (output)。在討論線性系統的輸出入關係時，常將 (2.1) 式的右方**激勵函數**(excitation) 以單一項 $u(t)$ 簡潔地表達如下

$$\frac{d^n y}{dt^n} + a_{n-1}\frac{d^{n-1} y}{dt^{n-1}} + \cdots + a_1 \frac{dy}{dt} + a_0 y(t) = u(t) \tag{2.2}$$

我們定義**微分操作子** (differential operator) 如下

$$D := \frac{d}{dt} \tag{2.3}$$

則 (2.2) 式可以寫成，

$$L(D)[y] := (D^n + a_{n-1}D^{n-1} + \cdots + a_1 D + a_0) y(t) = u(t) \tag{2.4}$$

於是，系統的輸出入數學模式 (2.2) 可以簡單地表達為

$$L[y] = u \tag{2.5}$$

上式中，$L(D)$ 稱為是系統的**線性運算操作子** (linear operator)，其為微分操作子 D 的運算函數，如 (2.4) 式所定義。此意味：激勵輸入 $u(t)$ 造成響應輸出 $y(t)$。(2.5) 式可再簡潔地表示成：

$$u(t) \xrightarrow{L} y(t)，或 L:u(t) \rightarrow y(t) \tag{2.6}$$

在 (2.4) 式中，如果 $u(t)=0$，則 LCDE 為**齊次性** (homogeneous)，或稱為同次性，此時響應 $y(t)$ 完全由**初始條件** (initial condition) 所造成的。齊次 LCDE 系統的解答代表線性系統的**自由響應** (free response)；而非齊次 LCDE（即 $u \neq 0$）的解是為系統的**強迫響應** (forced response)。

一、齊次解

在討論齊次性時，令 $u(t)=0$，此時 LCDE 為下式

$$L(D)[y]=(D^n+a_{n-1}D^{n-1}+\cdots+a_1D+a_0)y(t)=0 \tag{2.7}$$

若 $y_1(t)$ 及 $y_2(t)$ 皆為**齊次解** (homogeneous solution)，即：

$$L[y_1(t)]=0 \quad 且 \quad L[y_2(t)]=0$$

則

$$L[C_1y_1(t)+C_2y_2(t)]=C_1L[y_1]+C_2L[y_2]=C_1y_1+C_2y_2$$

亦即，

若 $y_1(t)$ 及 $y_2(t)$ 皆為齊次解，則 $C_1y_1+C_2y_2$ 亦為齊次解。

此意味著**重疊原理** (superposition)：如果 $\{y_i(t), i=1,2,\ldots,n\}$ 為 (2.7) 式之一組 n 個獨立的齊次解，則 (2.7) 式所述 LCDE 之齊次解 $y_h(t)$ 為下式

$$y_h=\sum_{i=1}^{n}C_iy_i(t) \tag{2.8}$$

此式中，C_i $(i=1,2,\cdots,n)$ 為 n 個未定係數，將由系統的初始條件決定之。

欲求獨立齊次解，可令

$$y_h(t)=Ye^{st}\neq 0 \tag{2.9}$$

將上式代入 (2.7) 式可得：$L(s)Ye^{st}=0$。因此，

$$CE:L(s)=s^n+a_{n-1}s^{n-1}+\cdots+a_1s+a_0=0 \tag{2.10}$$

上式稱為**特性方程式** (characteristic equation, CE)，滿足 (2.10) 式之解稱為**特性根** (characteristic root, CR)。因此如果 s_i $(i=1,2,\cdots,n)$ 為特性方程式的 n 個獨立特性根，則齊次解為 (2.8) 式所示，亦即：

$$y_h(t) = \sum_{i=1}^{n} C_i \, e^{s_i t}(t) \tag{2.11}$$

式中，$C_i\,(i=1,2,\cdots,n)$ 為 n 個未定係數，將由系統的 n 個初值條件：$y(0)$，$Dy(0) = y'(0)$，$\cdots$，$D^{n-1}y(0) = y^{(n-1)}(0)$ 決定之，如此即可得到**自由響應** (free response)。自由響應與特性根之關係整理成表 A1.1，請參見附錄 A1。

二、特　解

如果 $y_P(t)$ 滿足了 (2.2) 式，則 $y_P(t)$ 稱為**特解** (particular solution)，或**強迫響應** (forced response)。所以，(2.2) 式 LCDE 的**完全解** (complete solution) 為

$$y(t) = y_h(t) + y_P(t) \tag{2.12}$$

(2.2) 式右邊的激勵函數 $u(t)$（或稱為電源函數），代表 LTI 系統的外加輸入，可用下述**複數指數** (complex exponential) 函數

$$u(t) = Ue^{s_P t} \tag{2.13}$$

表示之。式中 U 及 s_P 分別為**複數振幅** (complex amplitude) 及**複數信號頻率** (complex signal frequency)。常見的信號如下表所述：

$u(t)$	$Ue^{s_P t}$ 表達式	U	s_P
A	Ae^0	A	0
Ae^{-at}	Ae^{-at}	A	$-a$
$A\cos\omega t$	$\text{Re}\{Ae^{j\omega t}\}$	A	$j\omega$
$A\sin\omega t$	$\text{Im}\{Ae^{j\omega t}\}$	A	$j\omega$
$Ae^{-at}\cos(\omega t+\theta)$	$\text{Re}\{(Ae^{j\omega\theta})\cdot(e^{(-a+j\omega)t})\}$	$A\angle\theta$	$-a+j\omega$

因此，特解 $y_P(t)$ 可表示為

$$y_P(t) = Ye^{s_P t} \tag{2.14}$$

此原理亦請參見附錄 A1 表 A1.2。將 (2.13) 式及 (2.14) 式代入 (2.4) 式，可得

$$(s_P^n + a_{n-1}s_P^{n-1} + \cdots + a_1 s_P + a_0)Y = U$$

亦即，

$$H(s_P) := \frac{Y}{U} = \frac{1}{s_P^n + a_{n-1}s_P^{n-1} + \cdots + a_1 s_P + a_0} \tag{2.15}$$

稱為**輸出入轉移函數** (I/O transfer function)。

◆ 2-2.2 一階 LCDE

一階（一次）LCDE 為如下形式

$$(D+a)y(t) = x(t) \tag{2.16}$$

其特性方程式為：$L(s) = s + a = 0$，特性根為：$s = -a$，因此齊次解為

$$y_h(t) = Ce^{st} = Ce^{-at} \tag{2.17}$$

令 LCDE 右方激勵函數為 $x(t) = Xe^{s_P t}$ 型式，則特解為

$$y_P(t) = Ye^{s_P t} \tag{2.18}$$

之形式，且轉移函數為

$$L(s_P) = \frac{Y}{X} = \frac{1}{s_P + a} \tag{2.19}$$

因此完全解為

$$y(t) = y_h(t) + y_P(t) = Ce^{-at} + L(s_P)Xe^{s_P t} \tag{2.20}$$

如果知道初值條件：$y(0)$，則將之代入上式，即可求出未定係數 C。

對於一般 n 階系統，如 (2.2)式，則需要同時代入 n 個初值條件：$y(0)$，$Dy(0) = y'(0)$，$\cdots$，$D^{n-1}y(0) = y^{(n-1)}(0)$，形成聯立方程式，即可解出 n 個未定係數 C_i, $(i = 1, 2, \cdots, n)$。

綜上所述，欲解 (2.2) 式之 LCDE，其步驟為：

1. 由特性方程式 (2.10) 解出特性根 s_i $(i = 1, 2, \cdots, n)$，所以齊次解為 $y_h(t) = \sum_{i=1}^{n} C_i e^{s_i t}$ 之形式，常數 C_i 為未定係數，尚待決定，參見 (2.11) 式。
2. 將 LCDE 右方激勵函數表達成 $u(t) = Ue^{s_p t}$ 的形式，特解之形式為 $y_P(t) = Ye^{s_p t}$。利用轉移函數 (2.15) 式求出 Y。
3. LCDE 的完全解為 $y(t) = y_h(t) + y_P(t)$。
4. 再將初值條件 $y(0)$，$Dy(0)$，$\cdots$ 等代回 $y(t)$，即可聯立解得未定係數 C。

◆ 2-2.3 二階 LCDE

二階（次）LCDE 在工程應用上，特別是電路及機械系統振動的研究及討論最為重要。二階 LCDE 形式如下

$$(D^2 + a_1 D + a_0)y(t) = x(t) \tag{2.21}$$

特性方程式為

$$L(s) = s^2 + a_1 s + a_0 = 0 \tag{2.22}$$

因為特性根之形式不同，齊次解的形式亦有不同，茲討論於後。

一、過阻尼響應（over-damped response）

當特性方程式 $L(s) = 0$ 有不等的兩實根，即

$$L(s) = (s - s_1)(s - s_2) = 0 \tag{2.23}$$

式中特性根 $s_1 \neq s_2$ 皆為實數根，則 $e^{s_1 t}$ 與 $e^{s_2 t}$ 為獨立函數。因此 LCDE 之解為如下形式：

$$y_h(t) = C_1 e^{s_1 t} + C_2 e^{s_2 t} \tag{2.24}$$

其中 C_1 及 C_2 皆為未定係數，可以利用初始條件 $y(0)$ 及 $Dy(0)$ 決定之。我們用例題 A2.1 說明之，請參見附錄 A2。

二、臨界阻尼響應（critical-damped response）

當 $a_1^2 = 4a_0$ 時，特性方程式 (2.22) 兩實數根相等，即

$$L(s) = (s - \lambda)^2 = 0$$

特性根為 $\lambda = -a_1/2$，因此齊次解為

$$y_h(t) = (C_1 + C_2 t) e^{\lambda t} \tag{2.25}$$

其中 C_1 及 C_2 為未定係數，可以利用初始條件 $y(0)$ 及 $Dy(0)$ 決定之。我們用例題 A2.2 說明之，請參見附錄 A2。

三、阻尼振盪響應（damped oscillation response）

當 $a_1^2 < 4a_0$ 時，特性方程式 (2.22) 有一對共軛複數根，即

$$L(s) = (s - \lambda)(s - \lambda^*) = 0 \tag{2.26a}$$

式中，特性根為

$$\begin{matrix}\lambda \\ \lambda^*\end{matrix} = \alpha \pm j\beta \quad (\alpha \cdot \beta \text{ 皆為實數}) \tag{2.26b}$$

且

$$\alpha = -\frac{a_1}{2}, \quad \beta = \frac{\sqrt{4a_0 - a_1^2}}{2}$$

齊次解為

$$y_h(t) = e^{\alpha t}[C_1\cos(\beta t) + C_2\sin(\beta t)] \quad (2.27)$$

其中 C_1 及 C_2 為未定係數，可以利用初始條件 $y(0)$ 及 $Dy(0)$ 決定之。我們用例題 A2.3 說明之，請參見附錄 A2。

四、二階 LCDE 的強迫響應

非齊次二階 LCDE 為

$$L(D)[y] = (D^2 + a_1 D + a_0)y(t) = x(t) \quad (2.28)$$

右邊激勵函數 $x(t)$ 可用複數形指數函數 $x(t) = Xe^{s_p t}$ 表示之，式中 X 及 s_P 分別為複數振幅及複數頻率，因此，特解 $y_P(t)$ 可表示為

$$y_P(t) = Ye^{s_p t} \quad (2.29)$$

式中，Y 稱為響應振幅，可由如下轉移函數式決定之

$$Y = \frac{1}{L(s_P)}X = \frac{1}{s_P^2 + a_1 s_P + a_0}X \quad (2.30)$$

因此，二階 LCDE 的完全響應為

$$y(t) = y_P(t) + y_h(t) = Ye^{s_p t} + C_1 e^{s_1 t} + C_2 e^{s_2 t} \quad (2.31)$$

式中齊次解 $y_h(t)$ 應依照特性根的性質，而各種不同的形式，請參照表 A1-1 所示。未定係數 C_1 及 C_2 可以利用初值條件：$y(0)$ 及 $Dy(0)$ 決定之。我們用例題 A1.2～A1.5 及例題 A2.4 說明之，請參見附錄 A2。

◆ 2-2.4　高階 LCDE

高階 LCDE 的解法與上述二次系統類似，不同地方在齊次解與特解之形式因特性根情況而有差異。我們以例題 A3.1 及例題 A3.2 說明之，請參見附錄 A3。

2-3 拉氏變換

在線性系統的分析及設計中，**拉普拉斯變換** (Laplace transform)，簡稱**拉氏變換**，非常重要、且應用廣泛。我們在第二章討論過 CT-LTI 系統的微分方程式之時域解法，但當系統的階次很高時，其解答程序變得繁雜且不方便。現在我們要介紹拉氏變換法，將**時間領域** (time-domain) 的題目轉變到複數 s-**頻率領域** (frequency-domain)，使得 LTI 微分方程式變換成為代數方程式，以克服上述的困難。拉氏變換法之重要性有下列諸點：

1. 將初值條件及激勵函數輸入項一併考慮。
2. 拉氏變換法之解答為代數程序，比較方便，且較系統化。
3. 可利用查表 (table look-up) 的方式做拉氏變換或反變換。
4. **奇異函數** (singularity function) 也可以處理。
5. 系統的**暫態響應** (transient-state response) 及**穩態響應** (steady-state response) 可一併解答之。

線性非時變 (LTI) 系統中，拉氏變換是頻率領域分析及設計的基礎，應用於往後要介紹的系統轉移函數、方塊圖、信號流程圖、穩定性分析、頻率響應分析及補償設計等，甚為重要。

◆ 2-3.1 一些簡單函數的拉氏變換

一、拉氏變換之定義

首先做如下的定義：

1. $f(t)$ 為 CT **有因果函數** (causal function)，在 $t<0$ 時，$f(t)=0$。
2. 若 $F(s)$ 為 $f(t)$ 的拉氏變換式，s 為**複變數** (complex variable)，則

$$\mathscr{L}[f(t)] := F(s) = \int_0^\infty f(t)\, e^{-st} dt \tag{2.32}$$

式中，$\mathscr{L}$ 為拉氏變換的運算符號，":=$F(s)$" 之意義是「定義為 $F(s)$」，如 (2.32) 式所示。$f(t)$ 變換成 $F(s)$ 之關係也可表達成：

$$f(t) \xrightarrow{\mathscr{L}} F(s) \tag{2.33}$$

複變數 $s = \sigma + j\omega$，σ 為 s 的**實部** (real part)，可以表示為 $\sigma = \text{Re}[s]$；ω 為**虛部** (imaginary part)，可以表示為 $\omega = \text{Im}[s]$。

相對地，由拉氏變換式 $F(s)$ 求出時間函數 $f(t)$ 的程序為**拉氏反變換** (inverse Laplace transformation)，表達為

$$\mathscr{L}^{-1}[F(s)] = f(t) \quad \text{或} \quad F(s) \xrightarrow{\mathscr{L}^{-1}} f(t) \tag{2.34}$$

對於時間函數 $f(t)$，只當 (2.32) 式右方的積分存在，且可以收斂於一定的函數定義為 $F(s)$，其拉氏變換才有意義；對於 (2.34) 式，反變換所得的信號 $f(t)$ 只能定義在 $t \geq 0$。一般應用下，時間函數（信號）$f(t)$ 有所限制，敘述如下：

1. $f(t)$ 在有限時域，例如 $0 \leq t_1 \leq t \leq t_2$，為連續或片段連續。
2. $f(t)$ 為 t 的**指數級** (exponential order) 函數，即 $\exists \sigma$，使得

$$\lim_{t \to \infty} e^{-\sigma t} |f(t)| \to 0$$

第一項性質可以保證積分 (2.32) 式可以存在；第二項性質保證上述積分式存在，且收斂於一定的函數 $F(s)$。

再來我們要介紹一些基本 CT 時間函數的拉氏變換。表 2.1 所示為一些常用信號的拉氏變換對照表，非常重要；更詳細的拉氏變換對照表亦請參考附錄 B 之表 B.1。

二、指數函數 (exponential function)

考慮如下指數函數：

$$f(t) = \begin{cases} 0 & t < 0 \\ Ae^{-\alpha t} & t \geq 0 \end{cases} \quad (2.35)$$

參見圖 2.1，由 (2.32) 式可知，其拉氏變換式如下：

$$F(s) = \mathscr{L}[Ae^{-\alpha t}] = A\int_0^\infty e^{-\alpha t}e^{-st}dt = \frac{A}{s+\alpha} \quad (2.36)$$

此例中，積分 (2.36) 式可以收斂成為函數 $F(s) = A/(s+\alpha)$ 之條件稱為**收斂區** (region of convergence, ROC)，其為：$s > -\alpha$。如果 $f(t) = Ae^{-\alpha t}$，則由 (2.36) 式，其拉氏變換式亦為 $F(s) = A/(s+\alpha)$，請讀者自行驗證之。

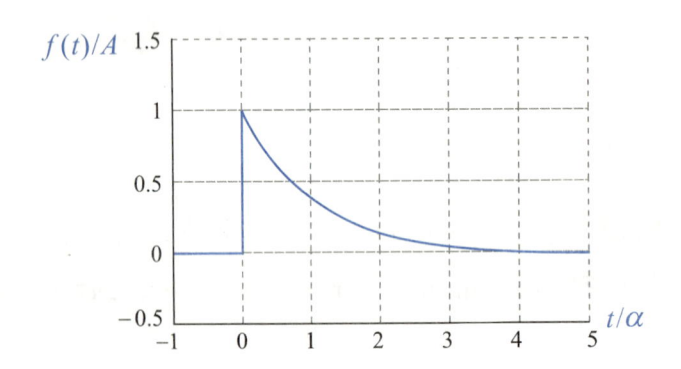

● 圖 2.1　指數函數：$Ae^{-\alpha t}$（$t \geq 0$）

三、步階函數 (step function)

考慮如下步階函數 $Au(t)$：

$$f(t) = \begin{cases} 0 & t < 0 \\ A & t \geq 0 \end{cases} := Au(t) \quad (2.37)$$

參見圖 2.2。與 (2.35) 式比較，此時 $\alpha = 0$，因此上式的拉氏變換為

$$F(s) = \mathscr{L}[A] = A\int_0^\infty e^{-st}dt = \frac{A}{s} \quad (2.38)$$

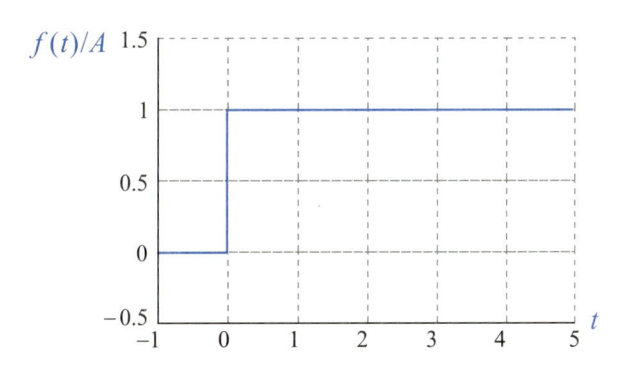

▶ 圖 2.2　步階函數：$Au(t)$（$t \geq 0$）

四、斜坡函數 (ramp function)

考慮如下斜坡函數 $Ar(t)$：

$$f(t) = \begin{cases} 0 & t < 0 \\ At & t \geq 0 \end{cases} = Atu(t) = Ar(t) \tag{2.39}$$

參見圖 2.3。其拉氏變換如下：

$$F(s) = \mathscr{L}[At] = A \int_0^\infty t e^{-st}\, dt$$

利用如下部分積分公式：

$$\int_a^b u\, dv = uv \Big|_a^b - \int_a^b v\, du \tag{2.40}$$

令 $u = t$，且 $dv = e^{-st}dt$，因此 $v = -\dfrac{1}{s}e^{-st}$，則

$$\mathscr{L}[At] = A \int_0^\infty t e^{-st} dt = A\left(t\frac{e^{-st}}{-s}\Big|_0^\infty - \int_0^\infty \frac{e^{-st}}{-s} dt\right)$$

$$\mathscr{L}[At] = \frac{A}{s} \int_0^\infty e^{-st} dt = \frac{A}{s^2} \tag{2.41}$$

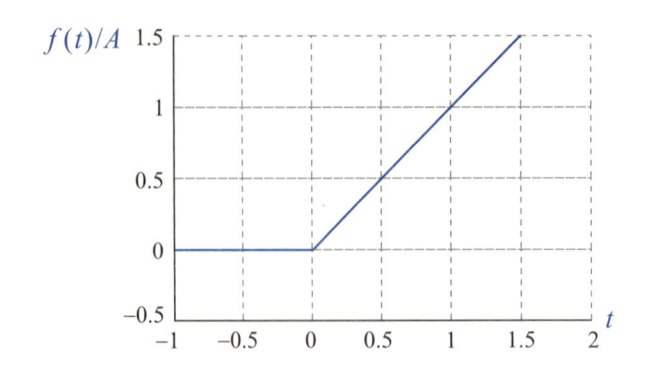

▶ 圖 2.3　斜坡函數：$Atu(t)$（$t \geq 0$）

例題 2.1

試求圖 2.4 所示 $f(t)$ 波形的拉氏變換。

解 因為，$f(t) = \begin{cases} 0 & t < 1 \\ t & t \geq 1 \end{cases}$

所以，$F(s) = \mathscr{L}[f(t)] = \int_1^\infty te^{-st}dt = \dfrac{e^{-s}(1+s)}{s^2}$。

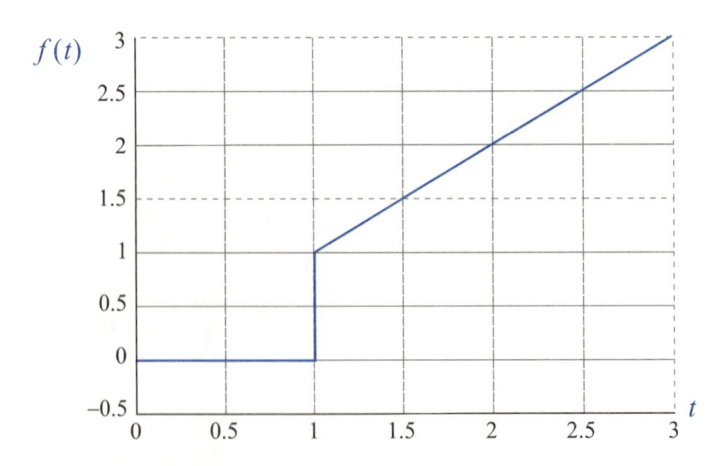

▶ 圖 2.4　例題 2.1 之波形

五、弦波函數 (sinusoidal function)

我們考慮如下正弦波函數

$$f(t) = \begin{cases} 0 & t < 0 \\ A\sin \omega t & t \geq 0 \end{cases} := [A\sin \omega t]\, u(t) \tag{2.42}$$

利用尤拉公式

$$\begin{aligned} e^{j\omega t} &= \cos \omega t + j\sin \omega t \\ e^{-j\omega t} &= \cos \omega t - j\sin \omega t \end{aligned} \tag{2.43}$$

因此，

$$\mathscr{L}[A\sin \omega t] = \frac{A}{2j}\int_0^\infty (e^{j\omega t} - e^{-j\omega t})e^{-st}dt$$

$$= \frac{A}{2j}\frac{1}{s-j\omega} - \frac{A}{2j}\frac{1}{s+j\omega} = \frac{A\omega}{s^2+\omega^2} \tag{2.44}$$

同理可證，餘弦函數之拉氏變換為

$$\mathscr{L}[A\cos \omega t] = \frac{As}{s^2+\omega^2} \tag{2.45}$$

例題 2.2

試求 $f(t) = 2\sin(2t - 45°)$ 之拉氏變換。

解

$f(t) = 2\sin(2t - 45°) = 2[\sin 2t \cos(-45°) + \cos 2t \sin(-45°)]$

$\quad = 2[\frac{1}{\sqrt{2}}\sin 2t + \frac{1}{\sqrt{2}}\cos 2t] = \sqrt{2}(\sin 2t - \cos 2t)$

由 (2.44) 式及 (2.45) 式可知，

$F(s) = \sqrt{2}(\frac{2}{s^2+4} - \frac{s}{s^2+4}) = \sqrt{2}(\frac{2-s}{s^2+4})$。

▶ 表 2.1 常用函數的拉氏變換表

	$f(t),\ t \geq 0$	$F(s)$
1	單位脈衝函數 $\delta(t)$	1
2	單位步階函數 $u(t)$	$1/s$
3	單位斜坡函數 $tu(t)$	$1/s^2$
4	$\dfrac{t^n}{n!}\ (n=1,2,3,\cdots)$	$1/s^{n+1}$
5	指數函數 $e^{-\alpha t}$	$\dfrac{1}{s+\alpha}$
6	$te^{-\alpha t}$	$\dfrac{1}{(s+\alpha)^2}$
7	$\dfrac{t^n}{n!}e^{-\alpha t}\ (n=1,2,3,\cdots)$	$\dfrac{1}{(s+\alpha)^{n+1}}$
8	$\sin \omega t$	$\dfrac{\omega}{s^2+\omega^2}$
9	$\cos \omega t$	$\dfrac{s}{s^2+\omega^2}$
10	$\dfrac{1}{b-a}(e^{-at}-e^{-bt})$	$\dfrac{1}{(s+a)(s+b)}$
11	$e^{-at}\cos \omega t$	$\dfrac{\omega}{(s+a)^2+\omega^2}$
12	$e^{-at}\cos \omega t$	$\dfrac{s+\omega}{(s+a)^2+\omega^2}$

◆ 2-3.2 拉氏變換的性質

本小節要介紹拉氏變換的一些定理或特性,這些將有助我們做拉氏變換或反變換時,獲得正確且快捷的答案。

一、線性運算 (linear operator)

若 a、b 為常數,與 s 及 t 無關,且 $f(t)$ 滿足前述可執行拉氏變換的特性,即 $F(s) = \mathscr{L}[f(t)]$,則

$$\mathscr{L}[af(t)] = a\mathscr{L}[f(t)] = aF(s) \tag{2.46}$$

上述之特性稱為**均勻性** (homogeneity)。

若 $f_1(t) \to F_1(s)$ 及 $f_2(t) \to F_2(s)$,分別為拉氏變換式,則

$$\mathscr{L}[f_1(t) + f_2(t)] = \mathscr{L}[f_1(t)] + \mathscr{L}[f_2(t)] = F_1(s) + F_2(s) \tag{2.47}$$

上述之特性稱為**加成性** (additivity),因此

$$\mathscr{L}[af_1(t) + bf_2(t)] = aF_1(s) + bF_2(s) \tag{2.48}$$

此性質為**重疊性** (superposition)。 亦即,拉氏變換係屬一種線性運算

$$[af_1(t) + bf_2(t)] \to aF_1(s) + bF_2(s)$$

二、時間移位 (time-shifting)

若 $F(s) = \mathscr{L}[f(t)]$,$f(t-a)u(t-a)$ 為函數 $f(t)u(t)$ 在時間軸上往右位移了 a 單位(a 秒時移),參見圖 2.5,則

$$\mathscr{L}[f(t-a)u(t-a)] = e^{-as}F(s) \tag{2.49}$$

因此當時間函數 $f(t)$**延遲** (delay) a 單位,則其拉氏變換須乘上 e^{-as}:

$$f(t-a)u(t-a) \to e^{-as}F(s)$$

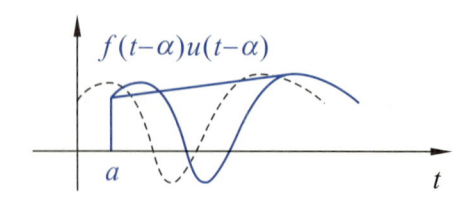

▶ 圖 2.5　a 秒時間移位

例題 2.3

試求圖 2.4 所示函數 $f(t)$ 之拉氏變換。

解　圖 2.4 函數可以表達為：

$$f(t) = u(t-1) + (t-1)u(t-1)$$

參見表 2-1，$u(t) \to 1/s$，因此，$u(t-1) \to e^{-s}/s$；又，$tu(t) \to 1/s^2$，因此，$(t-1)u(t-1) \to e^{-s}/s^2$。

所以，$f(t) = u(t-1) + (t-1)u(t-1) \to F(s) = \dfrac{1+s}{s^2} e^{-s}$。

此結果與例題 2.1 一致。

例題 2.4

試求圖 2.6 所示各波形之拉氏變換。

解　圖 2.6(a) 之波形描述為：

$$f_1(t) = A[u(t) - u(t-T)]$$

因此

$$f_1(t) \xrightarrow{\mathscr{L}} F_1(s) = \frac{A}{s} - e^{-Ts} \cdot \frac{A}{s} = \frac{A}{s}(1 - e^{-Ts})$$

圖 2.6(b) 之波形描述為

$$f_2(t) = A[u(t) - 2u(t-T) + 2u(t-2T) - + \cdots]$$

因此，　　$f_2(t) \xrightarrow{\mathscr{L}} F_2(s) = A\left(\dfrac{1}{s} - \dfrac{2}{s}e^{-Ts} + \dfrac{2}{s}e^{-2Ts} - + \cdots\right)$

$$= \dfrac{A}{s}[1 - 2e^{-Ts}(1 - e^{-Ts} + e^{-2Ts} - + \cdots)]$$

利用級數：

$$\sum_{n=0}^{\infty} x^n = 1 + x + x^2 + \cdots = \dfrac{1}{1-x} \quad (|x| < 1)$$

令 $x = -e^{-Ts}$，則

$$F_2(s) = \dfrac{A}{s}\left(1 - \dfrac{2e^{-Ts}}{1+e^{-Ts}}\right) = \dfrac{A}{s}\left(\dfrac{1-e^{-Ts}}{1+e^{-Ts}}\right) \circ$$

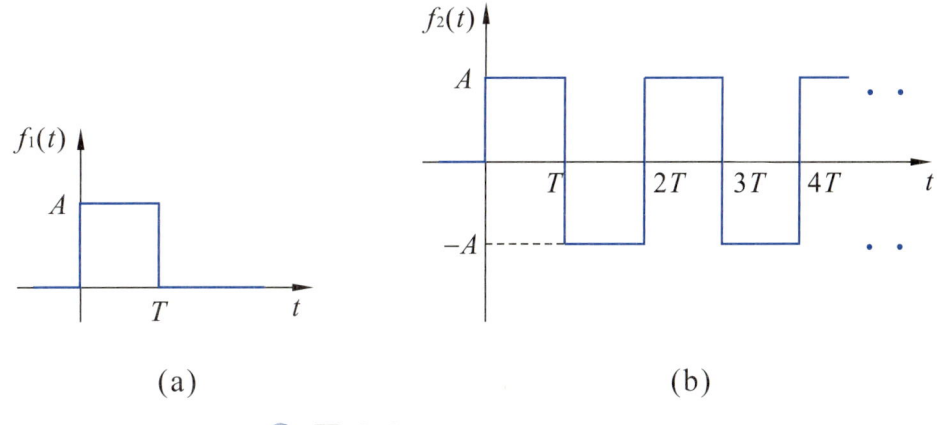

(a)　　　　　　　　　　(b)

● 圖 2.6　例題 2.4 之波形

三、複數微分

若 $F(s) = \mathscr{L}[f(t)]$，則

$$\mathscr{L}[tf(t)] = -\dfrac{d}{ds}F(s) \tag{2.50}$$

亦即，$tf(t) \to -\dfrac{d}{ds}F(s)$。

例題 2.5

試求 $f(t) = t^n/n!$ 之拉氏變換。

解 由表 2.1，$\mathscr{L}[t] = -\dfrac{d}{ds}\mathscr{L}[1] = -\dfrac{d}{ds}\left(\dfrac{1}{s}\right) = s^{-2}$

所以 $\mathscr{L}[t^2] = -\dfrac{d}{ds}\mathscr{L}[t] = -\dfrac{d}{ds}(s^{-2}) = 2s^{-3}$

即，$\mathscr{L}\left[\dfrac{t^2}{2}\right] = s^{-3}$

利用數學歸納法如下：假設 $\mathscr{L}\left[\dfrac{t^{n-1}}{(n-1)!}\right] = s^{-n}$，

即 $\mathscr{L}[t^{n-1}] = \dfrac{(n-1)!}{s^n}$

則，$\mathscr{L}[t^n] = -\dfrac{d}{ds}\mathscr{L}[t^{n-1}] = -\dfrac{d}{ds}\left(\dfrac{(n-1)!}{s^n}\right) = n \times (n-1)! \times s^{-(n+1)}$

因此，$f(t) = t^n/n! \xrightarrow{\mathscr{L}} F(s) = \dfrac{1}{s^{n+1}}$，如表 2.1 所述。

例題 2.6

試求 (a) $t\sin\omega t$ 及 (b) $t\cos\omega t$ 之拉氏變換。

解 (a) $\mathscr{L}[t\sin\omega t] = -\dfrac{d}{ds}\dfrac{\omega}{s^2+\omega^2} = \dfrac{1}{2\omega}\dfrac{s}{(s^2+\omega^2)^2}$。

(b) $\mathscr{L}[t\cos\omega t] = -\dfrac{d}{ds}\dfrac{s}{s^2+\omega^2} = \dfrac{s^2-\omega^2}{(s^2+\omega^2)^2}$。

四、複頻移位

若 $F(s) = \mathscr{L}[f(t)]$，則

$$\mathscr{L}[e^{at}f(t)] = F(s)|_{s \leftarrow s-a} = F(s-a) \tag{2.51}$$

亦即，若 $f(t)u(t) \xrightarrow{\mathscr{L}} F(s)$，則

$$e^{at}f(t)u(t) \xrightarrow{\mathscr{L}} F(s-a)。$$

五、時間微分

若 $F(s) = \mathscr{L}[f(t)]$，則

$$\mathscr{L}[\frac{d}{dt}f(t)] = sF(s) - f(0) \tag{2.52}$$

且

$$\mathscr{L}[\frac{d^2}{dt^2}f(t)] = s^2F(s) - sf(0) - Df(0) \tag{2.53}$$

式中，$Df(0) = \frac{df(t)}{dt}|_{t \to 0}$。對於 n 階微分，可由歸納法得知

$$\mathscr{L}[\frac{d^2}{dt^2}f(t)] = s^nF(s) - s^{n-1}f(0) - s^{n-2}Df(0) - \cdots - D^{n-1}f(0) \tag{2.54}$$

式中，$D^kf(0) = \frac{d^kf(t)}{dt^k}|_{t \to 0}$ $(k = 0, 1, \cdots, n-1)$。

(2.54) 式非常重要，可將 CT-LCDE 變換成為代數方程式，以解出時間響應，將在往後節次詳加討論之。我們先用例題 2.7 解釋之。

例題 2.7

如例題 2.1，欲解 LCDE：$(D+2)y(t)=0$，初值條件：$y(0)=2$。

解 利用 (2.50) 式，對上式 LCDE 做拉氏變換可得

$$[sY(s)-y(0)]+2Y(s)=0$$

因此解得 $Y(s)=\dfrac{2}{s+2}$。由表 2.1 可知，

$$y(t)=2e^{-2t} \ (t \geq 0)。$$

六、時間積分

若 $F(s)=L[f(t)]$，且 $f(t)$ 之時間積分為

$$D^{-1}f(t)=\int_0^t f(\tau)\,d\tau + D^{-1}f(0)$$

式中，$D^{-1}f(0)$ 為 $f(t)$ 之積分在時間 $t=0$ 之計值，則

$$\mathscr{L}[D^{-1}f(t)]=\frac{1}{s}F(s)+\frac{D^{-1}f(0)}{s} \tag{2.55}$$

因此，

$$\mathscr{L}\left[\int_0^t f(t)\,dt\right]=\frac{F(s)}{s}。 \tag{2.56}$$

七、複頻積分

$F(s) = \mathscr{L}[f(t)]$,且 $\lim_{t \to 0} \dfrac{f(t)}{t}$ 存在,則

$$\mathscr{L}\left[\dfrac{f(t)}{t}\right] = \int_s^\infty F(s)\,ds \text{。} \tag{2.57}$$

例題 2.8

試求下列函數的拉氏變換:(a) $t^2 \sin \omega t$,(b) $\dfrac{\sin \omega t}{t}$。

解 (a) 因為 $\mathscr{L}[\sin \omega t] = \dfrac{\omega}{s^2 + \omega^2}$,利用 (2.50) 式:

$$\mathscr{L}[t^2 \sin \omega t] = (-1)^2 \dfrac{d^2}{ds^2}\left[\dfrac{\omega}{s^2 + \omega^2}\right] = \dfrac{2\omega(3s^2 - \omega^2)}{(s^2 + \omega^2)^2}$$

(b) 利用 (2.57) 式:

$$\mathscr{L}\left[\dfrac{\sin \omega t}{t}\right] = \int_s^\infty \dfrac{\omega}{s^2 + \omega^2}\,d\omega = \tan^{-1}\left(\dfrac{s}{\omega}\right)\Big|_s^\infty$$

$$= \tan^{-1}\left(\dfrac{\omega}{s}\right) \text{。}$$

八、時間與頻率縮比

$F(s) = \mathscr{L}[f(t)]$,則

$$\mathscr{L}\left[f\left(\dfrac{t}{a}\right)\right] = aF(as) \tag{2.58}$$

因此,當時間軸壓縮(擴張)時,其相對的頻率分布為擴張(壓縮)。

九、初值定理

$F(s) = \mathscr{L}[f(t)]$,則

$$f(0) = \lim_{t \to 0} f(t) = \lim_{s \to \infty} sF(s) \text{。} \tag{2.59}$$

十、終值定理

$F(s) = \mathscr{L}[f(t)]$,則

$$f(\infty) = \lim_{t \to \infty} f(t) = \lim_{s \to 0} sF(s) \text{。} \tag{2.60}$$

上述一些重要拉氏變換之性質整理於表 2.2,以利於實行拉氏變換法之時間及頻率響應解答,請讀者參照之。

例題 2.9

有一函數的拉氏變換為 $F(s) = \dfrac{5}{s(s^2+s+2)}$,試求:(a) $f(0)$,(b) $f(\infty)$。

解 (a) 利用 (2.57) 式:

$$f(0) = \lim_{t \to 0} f(t) = \lim_{s \to \infty} sF(s) = \lim_{s \to \infty} \frac{5}{s^2+s+2} = 0 \text{。}$$

(b) 利用 (2.58) 式:

$$f(\infty) = \lim_{t \to \infty} f(t) = \lim_{s \to 0} sF(s) = 5/2 \text{。}$$

▶ 表 2.2　拉氏變換的性質

	時間函數	拉氏變換	$F(s) = \mathscr{L}[f(t)]$
1	$af_1(t) + bf_2(t)$	$aF_1(s) + bF_2(s)$	線性運算
2	$f(t-a)u(t-a)$	$e^{-as}F(s)$	時間移位
3	$tf(t)$	$-\dfrac{d}{ds}F(s)$	複數微分
4	$e^{at}f(t)u(t)$	$F(s-a)$	複頻移位
5	$Df(t)$	$sF(s) - f(0)$	時間微分
6	$D^2 f(t)$	$s^2 F(s) - sf(0) - Df(0)$	二階微分
7	$D^n f(t)$	$s^n F(s) - s^{n-1}f(0) - s^{n-2}Df(0) - \cdots - D^{n-1}f(0)$	n 階微分
8	$\int_0^t f(t)\,dt$	$\dfrac{F(s)}{s}$	時間積分
9	$\dfrac{f(t)}{t}$	$\int_s^\infty F(s)\,ds$	複頻積分
10	$f(\dfrac{t}{a})$	$aF(as)$	時間軸壓縮
11	$f(0)$	$\lim\limits_{s \to \infty} sF(s)$	初值定理
12	$f(\infty)$	$\lim\limits_{s \to 0} sF(s)$	終值定理

2-4　拉氏反變換

由拉氏變換式 $F(s)$ 求其相對應的時間函數 $f(t)$ 之程序，稱為**拉氏反變換** (inverse Laplace transformation)。在此程序中，通常我們先針對有理係數函數 $F(s)$ 做**部分分式展開** (partial-fractional expansion)，再參考表 2.1（或附錄表 A）的拉氏變換公式，利用**查表** (table look-up) 的方式決定時間函數 $f(t)$。注意：真分式才可以施行部分分式展開。

一、部分分式展開法

一個有理係數函數 $F(s)$ 可以分解成為好幾個簡單的有理係數函數，如下：

$$F(s) = F_1(s) + F_2(s) + \cdots + F_n(s) \tag{2.61}$$

根據重疊原理（線性運算），$F(s)$ 的拉氏反變換可以由幾個比較低階、簡單的函數：$F_1(s)$，$F_2(s)$，$\cdots$，$F_n(s)$ 各自的拉氏反變換組成之。如果反變換表示為：$\mathscr{L}^{-1}[F_i(s)] = f_i(s)$，則

$$\mathscr{L}^{-1}[F(s)] = \mathscr{L}^{-1}[F_1(s)] + \mathscr{L}^{-1}[F_2(s)] + \cdots + \mathscr{L}^{-1}[F_n(s)] = \sum_{i=1}^{n} f_i(t)$$

因此，欲求複雜函數 $F(s)$ 的拉氏反變換，則題目可以轉換成為幾個比較簡單低階函數 $F_i(s)$ 之反變換，利用查表的方式決定之，使得反變換的程序非常便捷、簡易。

有理係數函數 $F(s)$ 通常表達成如下之分式形式：

$$F(s) = \frac{N(s)}{D(s)} = \frac{N_m s^m + N_{m-1} s^{m-1} + \cdots + N_1 s + N_0}{s^n + D_{n-1} s^{n-1} + \cdots + D_1 s + D_0} \tag{2.62}$$

式中，$N(s)$ 及 $D(s)$ 分別為分子及分母多項式，皆為複變數 s 的有理實係數多項式。通常分子的次數不高於分母，即 $n \geq m$。如果 $m < n$，則上式稱為**嚴格適當** (strictly proper)，即真分式。若 $n = m$，可將 $F(s)$ 化成一常數項與一真分式之和。特別注意：在執行拉氏反變換時，我們只針對真分式做部分分式展開。

將 $N(s)$ 及 $D(s)$ 做如下因式分解：

$$F(s) = \frac{N(s)}{D(s)} = \frac{K(s+z_1)(s+z_2)\cdots(s+z_m)}{(s+p_1)(s+p_2)\cdots(s+p_n)} \tag{2.63}$$

式中，K 稱為系統**增益** (gain)；$s = -p_i$ ($i = 1, 2, \cdots, n$)，稱為**極點** (poles)；$s = -z_i$ ($i = 1, 2, \cdots, m$)，稱為**零點** (zeros)。因為 $N(s)$ 及 $D(s)$ 皆為有理係數

多項式,所以若零點或極點為複數,必定共軛成對出現之。

一般動態系統 (dynamic system) 的**轉移函數**皆為上式 (2.63) 之形式。因此,增益、極點與零點之意義很重要,特別注意之。

二、不等根極點的部分分式展開法

如果 $F(s)$ 的所有極點皆為**不相等根** (distinct roots),則 (2.63) 式可根據各極點做如下展開:

$$F(s) = \frac{N(s)}{D(s)} = \frac{A_1}{s+p_1} + \frac{A_2}{s+p_2} + \cdots + \frac{A_n}{s+p_n} \tag{2.64}$$

式中,A_k 為極點 $s = -p_k$ 的**餘值** (residue),其求法如下:

$$A_k = \left[(s+p_k) \frac{N(s)}{D(s)} \right]_{s=-p_k} \tag{2.65}$$

因為 $\mathscr{L}^{-1}[\frac{A_k}{s+p_k}] = A_k e^{-p_k t} u(t)$,則 $F(s)$ 的拉氏反變換為

$$f(t) = \mathscr{L}^{-1}[f(t)] = \sum_{k=1}^{n} A_k e^{-p_k t} \quad (t \geq 0) \tag{2.66}$$

注意:(2.66) 式之餘值 A_k 很容易地由視察法得知,我們以下面的例題解釋之。

例題 2.10

試求下列函數的拉氏反變換:$F(s) = \dfrac{s+3}{s^2 + 3s + 2}$。

解 做部分分式展開如下:

$$F(s) = \frac{s+3}{(s+1)(s+2)} = \frac{A_1}{s+1} + \frac{A_2}{s+2}$$

利用 (2.61) 式,分別求出在極點 $s = -1$、-2 的餘值:

$$A_1 = \left[(s+1)\frac{s+3}{(s+1)(s+2)}\right]_{s=-1} = \left[\frac{s+3}{s+2}\right]_{s=-1} = 2$$

$$A_2 = \left[(s+2)\frac{s+3}{(s+1)(s+2)}\right]_{s=-1} = \left[\frac{s+3}{s+1}\right]_{s=-1} = -1$$

所以，$f(t) = \mathscr{L}^{-1}\left[\dfrac{2}{s+1}\right] + \mathscr{L}^{-1}\left[\dfrac{-1}{s+2}\right] = 2e^{-t} - e^{-2t}$，$t \geq 0$

例題 2.11

試求下列函數的拉氏反變換：$F(s) = \dfrac{s^3 + 9s^2 + 23s + 17}{s^3 + 6s^2 + 11s + 6}$。

解 利用代數除法，將 $F(s)$ 化成一常數項與一真分式之和：

$$F(s) = 1 + \frac{3s^2 + 12s + 11}{s^3 + 6s^2 + 11s + 6}$$

再做部分分式展開如下：

$$F(s) = 1 + \frac{1}{s+1} + \frac{1}{s+2} + \frac{1}{s+3}$$

所以，查表（表 2.1）可得：

$$f(t) = \delta(t) + (e^{-t} + e^{-2t} + e^{-3t})u(t)$$

例題 2.12

試求下列函數的拉氏反變換：$F(s) = \dfrac{2s+8}{s^2+2s+5}$。

解 $F(s) = \dfrac{2s+8}{s^2+2s+5} = \dfrac{6+2(s+1)}{(s+1)^2+2^2} = 3\dfrac{2}{(s+1)^2+2^2} + 2\dfrac{s+1}{(s+1)^2+2^2}$

由表 2.1 可知

$$f(t) = 3e^{-t}\sin 2t + 2e^{-t}\cos 2t = \sqrt{13} \cdot e^{-t}(\frac{3}{\sqrt{13}}\sin 2t + \frac{2}{\sqrt{13}}\cos 2t)$$

$$= \sqrt{13} \cdot e^{-t} \cdot \sin(2t + \tan^{-1}(\frac{2}{3})) \, , \, t \geq 0$$

三、重根極點的部分分式展開法

當 $F(s)$ 的一些極點有相等根（重根）時，我們用下面的例子說明所需施行的部分分式展開程序。考慮如下函數

$$F(s) = \frac{N(s)}{D(s)} = \frac{s^2 + 2s + 3}{(s+1)^3}$$

因為極點有三重根，則 $F(s)$ 須做如下部分分式展開：

$$F(s) = \frac{N(s)}{D(s)} = \frac{B_3}{(s+1)^3} + \frac{B_2}{(s+1)^2} + \frac{B_1}{(s+1)} \tag{2.67}$$

式中 B_1、B_2、B_3 為未定係數，尚待決定。首先將上式兩邊同乘 $(s+1)^3$：

$$(s+1)^3 \frac{N(s)}{D(s)} = B_3 + B_2(s+1) + B_1(s+1)^2 \tag{2.68}$$

令 $s = -1$，代入 (2.68) 式，得：

$$[(s+1)^3 \frac{N(s)}{D(s)}]_{s=-1} = B_3$$

再將 (2.68) 式對 s 微分，

$$\frac{d}{ds}[(s+1)^3 \frac{N(s)}{D(s)}] = B_2 + 2B_1(s+1) \tag{2.69}$$

令 $s = -1$，代入上式可得：

$$\frac{d}{ds}[(s+1)^3 \frac{N(s)}{D(s)}]_{s=-1} = B_2$$

其次,再將上式對 s 微分,

$$\frac{d^2}{ds^2}[(s+1)^3 \frac{N(s)}{D(s)}] = 2B_1$$

綜合上述討論可知,未定係數 B_1、B_2、B_3 可以決定如下:

$$B_3 = [(s+1)^3 \frac{N(s)}{D(s)}]_{s=-1} = (s^2+2s+3)\big|_{s=-1} = 2$$

$$B_2 = \{\frac{d}{ds}[(s+1)^3 \frac{N(s)}{D(s)}]\}_{s=-1} = \frac{d}{ds}[(s^2+2s+3)]\big|_{s=-1} = (2s+2)\big|_{s=-1} = 0$$

$$B_1 = \frac{1}{2!}\{\frac{d^2}{ds^2}[(s+1)^3 \frac{N(s)}{D(s)}]\}_{s=-1} = \frac{1}{2!}\frac{d^2}{ds^2}[(s^2+2s+3)]\big|_{s=-1} = \frac{1}{2}(2) = 1$$

因此,拉氏反變換為

$$f(t) = \mathscr{L}^{-1}[F(s)] = \mathscr{L}^{-1}[\frac{2}{(s+1)^3} + \frac{0}{(s+1)^2} + \frac{1}{(s+1)}]$$

$$= t^2 e^{-t} + 0 + e^{-t} = (t^2+1)e^{-t} , \quad t \geq 0$$

註:我們以另一方式:長除法解題,施行方式如下:

$$\frac{N(s)}{(s+1)} = s+1+\frac{2}{(s+1)}$$

其次,
$$\frac{N(s)}{(s+1)^2} = 1+\frac{2}{(s+1)^2}$$

因此,
$$\frac{N(s)}{(s+1)^3} = \frac{N(s)}{D(s)} = \frac{1}{s+1}+\frac{2}{(s+1)^3}$$

此結果與上述所得一致。

例題 2.13

試求下列函數的拉氏反變換：$F(s) = \dfrac{5(s+2)}{s^2(s+1)(s+3)}$。

解 將 $F(s)$ 做部分分式展開如下（有二重根）：

$$F(s) = \frac{5(s+2)}{s^2(s+1)(s+3)} = \frac{B_2}{s^2} + \frac{B_1}{s} + \frac{A_1}{s+1} + \frac{A_2}{s+3}$$

各係數之求法如下：

$$A_1 = \frac{5(s+2)}{s^2(s+3)}\Big|_{s=-1} = \frac{5}{2}, \quad A_2 = \frac{5(s+2)}{s^2(s+1)}\Big|_{s=-3} = \frac{5}{18}$$

$$B_2 = \frac{5(s+2)(s+2)}{(s+1)(s+3)}\Big|_{s=0} = \frac{10}{3}$$

$$B_1 = \frac{d}{ds}\Big[\frac{5(s+2)}{(s+1)(s+3)}\Big]\Big|_{s=0}$$

$$= \frac{5(s+1)(s+3) - 5(s+2)(2s+4)}{(s+1)^2(s+3)^2}\Big|_{s=0}$$

$$= -\frac{25}{9}$$

因此，$F(s) = \dfrac{10}{3}\dfrac{1}{s^2} - \dfrac{25}{9}\dfrac{1}{s} + \dfrac{5}{2}\dfrac{1}{s+1} + \dfrac{5}{18}\dfrac{1}{s+3}$。

查表 2.1 可得：$f(t) = \dfrac{10}{3}t - \dfrac{25}{9} + \dfrac{5}{2}e^{-t} + \dfrac{5}{18}e^{-3t}, \quad t \geq 0$

註：我們以另一方式處理，先對單根極點部分，方式如下：

$$F_1(s) = \frac{5(s+2)}{s(s+1)(s+3)} = \frac{10/3}{s} + \frac{-5/2}{s+1} + \frac{-5/6}{s+3}$$

所以，$F(s) = \dfrac{5(s+2)}{s^2(s+1)(s+3)} = \dfrac{10/3}{s^2} + \dfrac{-5/2}{s(s+1)} + \dfrac{-5/6}{s[s+3]}$

$= \dfrac{10}{3}\dfrac{1}{s^2} - \dfrac{25}{9}\dfrac{1}{s} + \dfrac{5}{2}\dfrac{1}{s+1} + \dfrac{5}{18}\dfrac{1}{s+3}$

此結果與上述所得一致。

2-5 以拉氏變換解微分方程式

本節要應用拉氏變換的重要性質及其原理，求解線性常係數常微分方程式（LCDE）。具備有初值條件（初始狀態）的 LCDE，可以利用拉氏變換及反變換求得時間響應解答，其施行之程序大致上需要下列四個步驟（請參考圖 2.7）：

1. 利用 (2.52) 式、表 2.1 及 2.2，對微分方程式兩邊同時取拉氏變換，並將初始條件一併代入，得到 s-域代數方程式。
2. 解出響應的拉氏變換式：$Y(s) = \mathscr{L}[y(t)]$。
3. 將 $Y(s)$ 依其極點是否為單根或重根，施行部分分式展開。
4. 參考表 2.1，求取 $Y(s)$ 的拉氏反變換，而得到時間響應解答 $y(t)$。

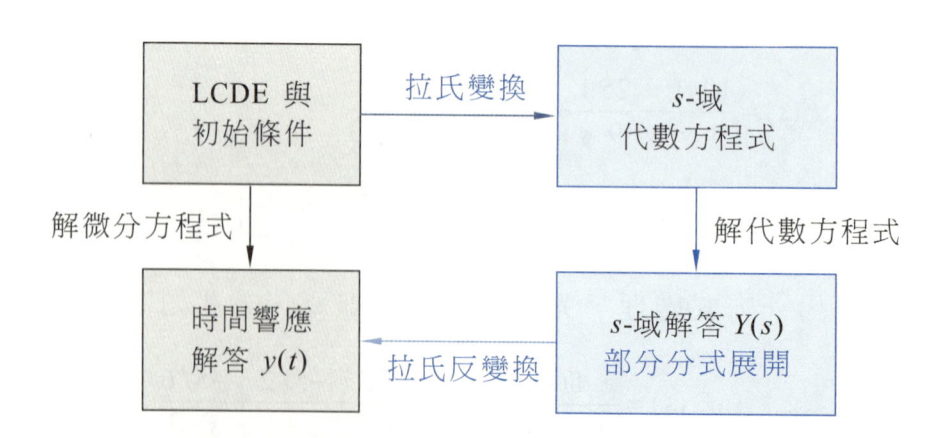

▶ 圖 2.7　利用拉氏變換解 LCDE 之程序

例題 2.14

試解 $(D+2)y(t)=2$ ； $y(0)=0$。

解 LCDE 即為： $(D+2)y(t)=2$

1. $\mathscr{L}[Dy]=sY(s)-y(0)=sY(s)-0=sY(s)$，且 $\mathscr{L}[2]=\dfrac{2}{s}$。

2. 對 LCDE 兩邊同時取拉氏變換，得 $sY(s)+2Y(s)=\dfrac{2}{s}$。

3. 解出 $Y(s)=\dfrac{2}{s(s+2)}=\dfrac{1}{s}+\dfrac{-1}{s+2}$（部分分式展開）。

4. 因此解答為 $y(t)=1-e^{-2t}$， $t\geq 0$。

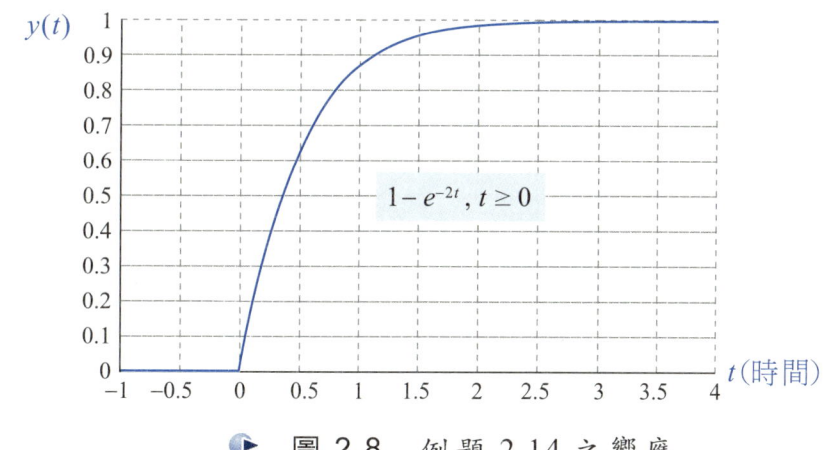

▶ 圖 2.8　例題 2.14 之響應

例題 2.15

試解 LCDE： $(D+2)y(t)=2e^{-t}$ ； $y(0)=1$。

解 LCDE 即為： $Dy(t)+2y(t)=2e^{-t}$

1. 對 LCDE 兩邊同時取拉氏變換，並代入初始條件 $y(0)$，得

$$[sY(s)-1] + 2Y(s) = \frac{2}{s+1}$$

2. 解出

$$Y(s) = \frac{s+3}{(s+1)(s+2)} = \frac{A}{s+1} + \frac{B}{s+2} \quad（單根極點）。$$

3. 部分分式展開得：

$$A = \frac{s+3}{s+2}\bigg|_{s=-1} = 2 \ ; \ B = \frac{s+3}{s+1}\bigg|_{s=-2} = -1 。$$

4. 因此解答為

$$y(t) = \mathscr{L}^{-1}[\frac{2}{s+1} + \frac{-1}{s+2}] = 2e^{-t} - e^{-2t} \ , \ t \geq 0 。$$

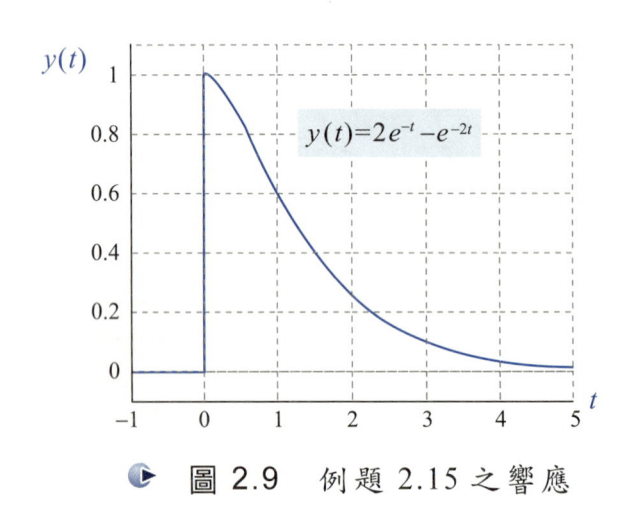

圖 2.9　例題 2.15 之響應

例題 2.16

試解 LCDE： $(D+2)y(t) = 10\cos t$ ； $y(0) = 0$ 。

解 LCDE 即為： $Dy(t) + 2y(t) = 10\cos t$

1. 對 LCDE 兩邊同時取拉氏變換，並代入初始條件 $y(0)$，得

$$[sY(s) - 1] + 2Y(s) = \frac{10s}{s^2 + 1}$$

2. 解出 $Y(s) = \dfrac{10s}{(s+2)(s^2+1)}$。

3. 用部分分式展開如下：

$$Y(s) = \dfrac{A}{s+2} + \dfrac{Bs+C}{s^2+1}$$

通分後，比較分子的係數，可得如下聯立方程式：

$$\left.\begin{array}{r} A + B = 0 \\ 2B + C = 10 \\ A + 2C = 0 \end{array}\right\} \text{聯立解得：} \begin{cases} A = -4 \\ B = 4 \\ C = 2 \end{cases}$$

4. 因此（參見圖 2.10），解答為

$$y(t) = \mathscr{L}^{-1}[\dfrac{-4}{s+2}] + \mathscr{L}^{-1}[\dfrac{4s+2}{s^2+1}] = -4e^{-2t} + [4\cos t + 2\sin t]$$

$$= -4e^{-2t} + 2\sqrt{5}[\dfrac{4}{2\sqrt{5}}\cos t + \dfrac{2}{2\sqrt{5}}\sin t]$$

$$= -4e^{-2t} + 2\sqrt{5}\cos(t - \tan^{-1}\dfrac{1}{2}), \quad t \geq 0$$

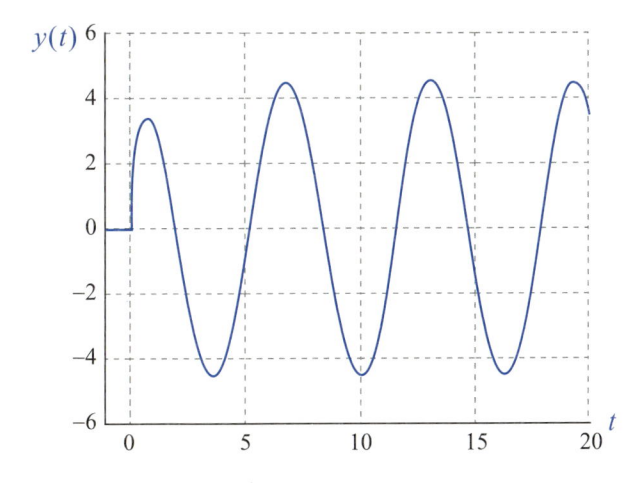

▶ 圖 2.10　例題 2.16 之響應

例題 2.17

試解 LCD：$(D^2+2D+10)y(t)=0$；初始條件為：$y(0)=4$，$Dy(0)=2$。

解 LCDE 即為：$D^2y+2Dy+10y(t)=0$

1. 對 LCDE 兩邊同時取拉氏變換，並代入初始條件 $y(0)$，得

$$[s^2Y(s)-4s-2]+2[sY(s)-4]+10Y(s)=0$$

2. 解出 $Y(s)=\dfrac{4s+10}{s^2+2s+10}=\dfrac{4(s+1)+2(3)}{(s+1)^2+(3)^2}$

$$=\dfrac{4(s+1)}{(s+1)^2+(3)^2}+\dfrac{2(3)}{(s+1)^2+(3)^2}$$

3. 因此，$y(t)=e^{-t}(4\cos 3t+2\sin 3t)=\sqrt{20}e^{-t}\cos(3t-\tan^{-1}\dfrac{1}{2})$，$t\geq 0$

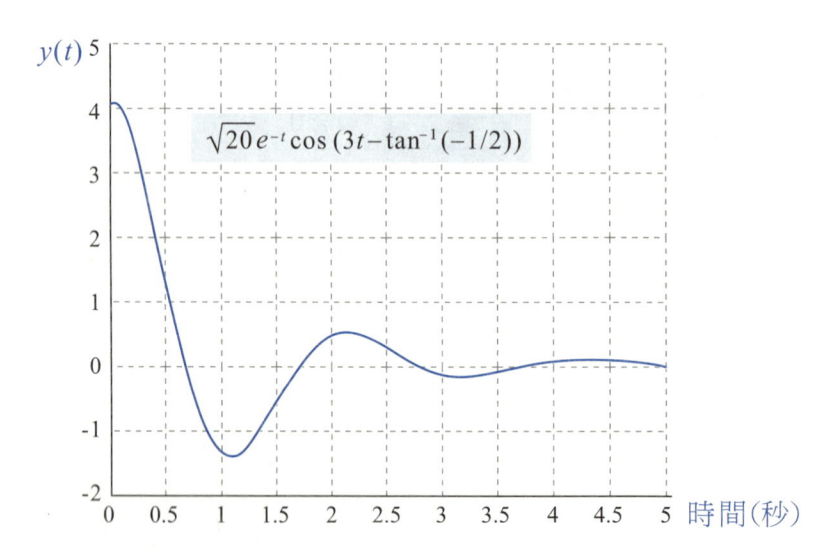

▶ 圖 2.11　例題 2.17 之阻尼振盪響應波形

2-6 本章重點回顧

1. 連續時間 (CT) 線性控制系統可用微分方程式 (LCDE) 描述之（數學模型化）。離散時間線性非時變 (DT-LTI) 系統係使用線性常係數差分方程式 (LDE) 描述。

2. 利用拉氏變換所做的分析是為**頻域分析** (frequency-domain analysis)。在頻域分析及設計工作中，系統輸出與輸入變數之間的**轉移函數** (transfer function) 是非常重要的工具。

3. LCDE：$\dfrac{d^n y}{dt^n} + a_{n-1}\dfrac{d^{n-1} y}{dt^{n-1}} + \cdots + a_1\dfrac{dy}{dt} + a_0 y(t) = x(t)$ 的線性運算操作子為 $L(D) = (D^n + a_{n-1}D^{n-1} + \cdots + a_1 D + a_0)$。
因此，系統描述成 $L(D)y = x(t)$。

4. $L(D)[y] = (D^n + a_{n-1}D^{n-1} + \cdots + a_1 D + a_0)y(t) = 0$（$x(t) = 0$），稱為齊次性，或稱為同次性，此時響應 $y(t) = y_h(t)$ 稱為**齊次解**，係完全由初始條件所造成的。此種響應又稱之為**自由響應**。

5. 若 $y_1(t)$ 及 $y_2(t)$ 皆為齊次解，則 $C_1 y_1 + C_2 y_2$ 亦為齊次解，此性質稱之為**重疊原理**。

6. $L(s) = s^n + a_{n-1}s^{n-1} + \cdots + a_1 s + a_0 = 0$ 稱之為**特性方程式** (CE)，其解稱之為**特性根**。

7. 如果 $s_i, (i = 1, 2, \cdots, n)$ 為 n 個獨立特性根，則齊次解為 $y_h = \sum_{i=1}^{n} C_i y_i(t)$，$C_i (i = 1, 2, \cdots, n)$ 為 n 個未定係數，將由系統 n 個初值條件：$y(0)$，$Dy(0) = y'(0)$，$\cdots$，$D^{n-1}y(0) = y^{(n-1)}(0)$ 決定之。

8. 滿足 $\dfrac{d^n y}{dt^n} + a_{n-1}\dfrac{d^{n-1} y}{dt^{n-1}} + \cdots + a_1 \dfrac{dy}{dt} + a_0 y(t) = x(t)$，
（即 $L(D)y = x(t)$，$x(t) \neq 0$）之解）$y(t) = y_p(t)$ 稱為**特解**或**強迫響應**。

9. $x(t) = Xe^{s_p t}$ 稱為**複數指數形**，其中 X 及 s_p 分別為複數振幅及複數信號頻率。

10. LCDE：$L(D)y = x(t)$ 之完全解為 $y(t) = y_h(t) + y_P(t)$，其中 $y_h(t)$ 為齊次解，$y_P(t)$ 為特解。

11. 若激勵函數 $x(t) = Xe^{s_P t}$，則特解為 $y_P(t) = Ye^{s_P t}$，且 $Y = H(s_P)X$；其中 $H(s_P) := \dfrac{Y}{X} = \dfrac{1}{s_P^n + a_{n-1}s_P^{n-1} + \cdots + a_1 s_P + a_0}$ 為輸出入轉移函數。

12. 二階 CT-LTI 系統中，若

    (1) 二特性根為相異不等根，則其自由響應為過阻尼響應之形式；

    (2) 二特性根為相等實數根，則其自由響應為臨界阻尼響應之形式；

    (3) 二特性根為共軛複數根，則其自由響應為阻尼震盪之形式。

13. 標準二階 CT-LTI 系統：

$$D^2 y + 2\zeta\omega_n Dy + \omega_n^2 y(t) = \omega_n^2 x(t)，0 < \zeta < 1$$

之單位步級響應式為

$$y(t) = 1 - \dfrac{1}{\sqrt{1-\zeta^2}} e^{-\zeta\omega_n t} \sin(\omega_n \sqrt{1-\zeta^2}\, t + \cos^{-1}\zeta)。$$

14. 如果 LCDE 等號的右邊激勵函數為 $e^{\alpha t}$ 形式，且 α 亦為特性根重複 r 次，則特解響應式必須再乘上 t^r。

15. 時間領域的 LCDE 利用拉氏變換轉變到 s-頻率領域，使得 CT-LTI 微分方程式變換成為代數方程式，其解答程序比較容易。

16. 拉氏變換法之重要性為：

    (1) 將初值條件及激勵函數輸入項一併考慮。

    (2) 解答為代數程序，比較方便。

    (3) 可利用查表的方式做拉氏變換或反變換。

    (4) 暫態響應及穩態響應可一併地解答之。

17. 若 $F(s)$ 為 $f(t)$ 的拉氏變換式，

$$\mathscr{L}[f(t)] := F(s) = \int_0^\infty f(t)e^{-st}dt$$

亦可以表達成：$f(t) \xrightarrow{\mathscr{L}} F(s)$。

18. $s = \sigma + j\omega$，σ 為 s 的實部：$\sigma = \text{Re}[s]$；ω 為虛部：$\omega = \text{Im}[s]$。

19. 拉氏反變換表達為：$\mathscr{L}^{-1}[F(s)] = f(t)$ 或 $F(s) \xrightarrow{\mathscr{L}^{-1}} f(t)$。反變換所得的信號 $f(t)$ 只能定義在 $t \geq 0$。

20. 常用函數的拉氏變換：請參見表 2.1。

21. 常用拉氏變換的性質：請參見表 2.2。

22. 真分式 $F(s)$ 才可以施行部分分式展開，再利用查表的方式決定時間函數 $f(t)$。

23. 有理係數函數
$$F(s) = \frac{N(s)}{D(s)} = \frac{N_m s^m + N_{m-1} s^{m-1} + \cdots + N_1 s + N_0}{s^n + D_{n-1} s^{n-1} + \cdots + D_1 s + D_0}$$
中，$N(s)$ 及 $D(s)$ 分別為分子及分母多項式，當 $m < n$，$F(s)$ 稱為嚴格適當，即真分式。

24. 將 $F(s)$ 因式分解：
$$F(s) = \frac{N(s)}{D(s)} = \frac{K(s+z_1)(s+z_2)\cdots(s+z_m)}{(s+p_1)(s+p_2)\cdots(s+p_n)}$$
K 稱為增益；$s = -p_i$ $(i = 1, 2, \cdots, n)$，稱為極點；$s = -z_i$ $(i = 1, 2, \cdots, m)$，稱為零點。

25. 極點 $s = -p_k$ 的餘值：$A_k = [(s+p_k)\dfrac{N(s)}{D(s)}]|_{s=-p_k}$。

26. 具備有初值條件（初始狀態）的 LCDE，可以利用拉氏變換法求得時間響應解答。其施行之程序為：

    (1) 對微分方程式兩邊同時取拉氏變換，並將初始條件一併代入，得到 s-域代數方程式。

    (2) 解出響應的拉氏變換式：$Y(s) = \mathscr{L}[y(t)]$。

    (3) 依極點是否為單根或重根，施行部分分式展開。

    (4) 參考表 2.1，求取 $Y(s)$ 的拉氏反變換，而得到時間響應解答 $y(t)$。

27. 做拉氏反變換時，三角函數公式：
$$A \sin \omega t + B \cos \omega t = C \sin(\omega t + \phi)$$
常使用之：$C = \sqrt{A^2 + B^2}$ 且 $\phi = \tan^{-1}(B/A)$。

習 題

Ⓐ 問 答 題 ▶▶▶

1. 何謂「數學模型」？
2. 何謂「轉移函數」？
3. 何謂「齊次解」及「自由響應」？
4. 何謂「特解」及「強迫響應」？
5. 何謂「完全解」？
6. 何謂「過阻尼響應」、「臨界阻尼響應」及「阻尼震盪」？
7. 「拉氏變換法」之重要性為何？
8. 何謂「Re[s]」，何謂「Im[s]」？
9. 何謂「嚴格適當有理係數函數」？
10. 何謂「增益」、「極點」與「零點」？
11. 何謂極點的「餘值」？

Ⓑ 習 作 題 ▶▶▶

1. 試求 LCDE：$D^2 y + 3Dy + y(t) = 2$ 的線性運算操作子 $\mathscr{L}(D)$。

2. 試證明下列拉氏變換公式：

   (a) $\mathscr{L}[\sin(\omega t + \theta)] = \dfrac{s\sin\theta + \omega\cos\theta}{s^2 + \omega^2}$

   (b) $\mathscr{L}\left[\dfrac{1}{b-a}(be^{-bt} - ae^{-at})\right] = \dfrac{s}{(s+a)(s+b)}$

   (c) $\mathscr{L}\left\{\dfrac{1}{ab}[1 + \dfrac{1}{a-b}(be^{-at} - ae^{-bt})]\right\} = \dfrac{1}{s(s+a)(s+b)}$

   (d) $\mathscr{L}\left[\dfrac{1}{a^2}(at - 1 + e^{-at})\right] = \dfrac{1}{s^2(s+a)}$

3. 試證明微分方程式：$\dfrac{d^2 y}{dt^2}+3\dfrac{dy}{dt}+2y(t)=0$；$y(0)=a$，$Dy(0)=b$ 之解為 $y(t)=(2a+b)e^{-t}-(a+b)e^{-2t}$，$t\geq 0$。

4. 試求下列微分方程式之響應：

   (a) $\dfrac{d^2 y}{dt^2}+2\dfrac{dy}{dt}+5y(t)=5$；$y(0)=0$，$Dy(0)=0$

   (b) $\dfrac{d^2 y}{dt^2}+2\dfrac{dy}{dt}+y(t)=1$；$y(0)=0$，$Dy(0)=0$

   (c) $\dfrac{d^2 y}{dt^2}+1.5\dfrac{dy}{dt}+0.5y(t)=0.5$；$y(0)=0$，$Dy(0)=0$

   (d) $\dfrac{d^2 y}{dt^2}+\dfrac{dy}{dt}-2y(t)=2$；$y(0)=0$，$Dy(0)=0$

5. 若一函數 $F(s)$ 經部分分式展開後，如下式：

$$F(s)=\dfrac{A}{s-\sigma-j\omega}+\dfrac{A^*}{s-\sigma+j\omega}$$

式中，A 與 A^* 為共軛複數，且 $A=|A|e^{j\theta}$。試證明其拉氏反變換為 $f(t)=2|A|e^{\sigma t}\cos(\omega t+\theta)$，$t\geq 0$。

6. 試求下列函數的拉氏反變換：$F(s)=\dfrac{2s^2+4s+6}{s^2(s^2+2s+10)}$。

7. 試求下列函數的拉氏反變換：$F(s)=\dfrac{2s^2+5s+7}{s^3+3s^2+7s+5}$。

8. 若 $x(t)$ 的拉氏變換為 $X(s)=4/(s+2)^2$，試求下列信號的拉氏變換：

   (a) $x(t-2)$ (b) $x(2t)$ (c) $x(2t-2)$

   (d) $\dfrac{d}{dt}x(t)$ (e) $\dfrac{d}{dt}x(t-2)$ (f) $\dfrac{d}{dt}x(2t)$

9. 若 $x(t)=e^{-2t}u(t)\Leftrightarrow X(s)$，試求下列拉氏變換所對應的信號：

   (a) $X(2s)$ (b) $\dfrac{d}{ds}X(s)$ (c) $sX(s)$ (d) $s\dfrac{d}{ds}X(s)$

10. 若 $\mathscr{L}[f(t)] = F(s)$，$F(s) = \dfrac{s+3}{s^2+3s+2}$，求：

(a) $f(0^+)$ (b) $f(\infty)$

11. 若 $\mathscr{L}[f(t)] = F(s)$，$F(s) = \dfrac{2(s+2)}{s(s+1)(s+2)}$，求：

(a) $f(0^+)$ (b) $f(\infty)$

12. 若線性系統之轉移函數為 $H(s) = \dfrac{2s+2}{s^2+4s+4}$，試求由下列輸入產生的響應。

(a) $x(t) = \delta(t)$

(b) $x(t) = e^{-t}u(t)$

(c) $x(t) = te^{-t}u(t)$

(d) $x(t) = [4\cos(2t) + 4\sin(2t)]u(t)$

第三章
控制系統的表示法

在本章我們要討論下列主題：
1. 轉移函數
2. 方塊圖及化簡
3. 信號流程圖及梅生增益公式
4. 系統模型的轉換

3-1 引言

本章要介紹表示或描述控制系統的一些原理及圖示方法，包括：轉移函數、方塊圖及其化簡原理、信號流程圖及其增益公式。一個控制系統係由一些相關組件及次系統所組成的，我們已經在前兩章裡介紹過一些基本數學基礎及特性。通常我們先針對每一個元件或次系統，利用微分方程式（LCDE）描述其輸出入之關係，再經由拉氏變換後，便可以**方塊圖** (block diagram) 代表及化簡，因此得到輸出入之間的**轉移函數** (transfer function, TF) 敘述。系統的描述也可用**信號流程圖** (signal flow graph, SFG) 代表之，爾後利用**梅生增益公式** (Mason Gain Rule, MGR) 即可以求出任何一對輸出入變數之間的轉移函數。有關微分方程式及轉移函數之間的數學模型轉換也將在本章裡詳細介紹之。

3-2 方塊圖

一、基本觀念

一個線性非時變（LTI）系統的轉移函數係為其輸出變數之拉氏變換與其輸入變數拉氏變換之比，此時不需考慮任何的初始條件。例如圖 3.1(a)的**方塊圖**中，$x(t)$ 與 $y(t)$ 分別代表系統的輸入與輸出信號，$X(s)$ 與 $Y(s)$ 分別為其拉氏變換，$T(s)$ 為輸出與輸入之間的轉移函數。如果以節點分別代表輸入變數及輸出變數（X 及 Y），以帶有箭頭的弧線代表轉移函數，註記 $T(s)$ 為其間數學描述或轉移關係，則形成圖 3.1(b)的信號流程圖。本節先介紹方塊圖之觀念與其運算原理，有關信號流程圖及梅生公式之應用原理，將在往後討論之。

在圖 3.1(a)中，輸入與輸出變數之拉氏變換關係為

$$Y(s) = T(s) X(s) \tag{3.1}$$

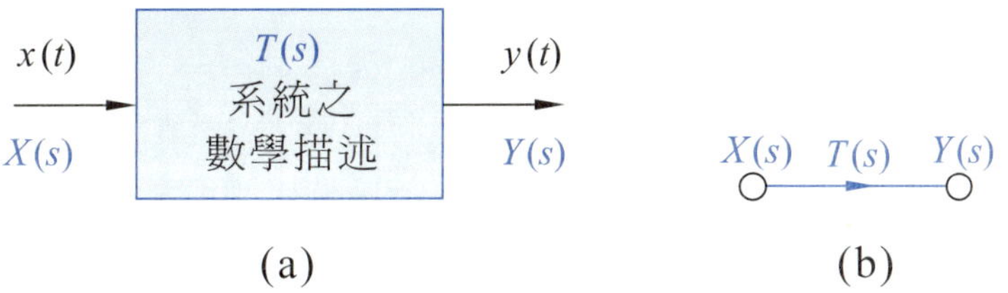

```
    x(t)      ┌─────────┐   y(t)
   ────→      │  T(s)   │  ────→              X(s)   T(s)   Y(s)
    X(s)      │ 系統之   │   Y(s)              ○──────────→──────○
              │ 數學描述 │
              └─────────┘
                  (a)                                  (b)
```

▶ 圖 3.1　(a)方塊圖，(b)信號流程圖

式中，$T(s)$ 為線性控制系統的轉移函數，亦即

$$\text{轉移函數 } T(s) = \frac{\text{輸出變數的拉氏變換}}{\text{輸入變數的拉氏變換}} = \left.\frac{Y(s)}{X(s)}\right|_{IC=0}$$

例題 3.1 （一次延遲系統）

一次系統之輸出 $y(t)$ 與輸入 $x(t)$ 關係可表達為

$$\tau \frac{d}{dt}y(t) + y(t) = Kx(t) \tag{3.2}$$

上式中，τ 稱為**時間常數** (time constant)。現在用 s 取代 d/dt，且分別用拉氏變換 $X(s)$ 及 $Y(s)$ 取代替 $x(t)$ 及 $y(t)$，則 (3.2) 式變成

$$(\tau s + 1)Y(s) = KX(s)$$

因此轉移函數為

$$T_1(s) = \frac{Y(s)}{X(s)} = \frac{K}{\tau s + 1} \tag{3.3}$$

此系統的方塊圖及信號流程圖分別如圖 3.2(a)及(b)所示。

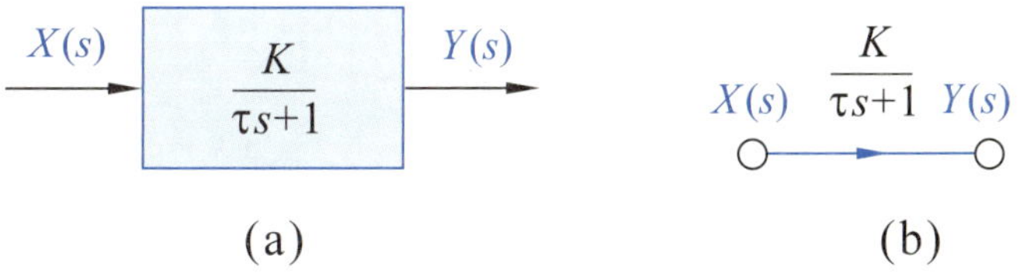

```
    X(s)   ┌──────────┐  Y(s)                  K
   ────→   │    K     │ ────→       X(s)   ─────────   Y(s)
           │  ─────   │              ○────── τs+1 ──────○
           │  τs+1    │
           └──────────┘
               (a)                           (b)
```

▶ 圖 3.2　一次系統之(a)方塊圖，(b)信號流程圖

例題 3.2 （標準二次系統）

二次系統之輸出 $y(t)$ 與輸入 $x(t)$ 關係可表達為

$$\frac{d^2}{dt^2}y(t)+2\zeta\omega_n\frac{dy(t)}{dt}+\omega_n^2 y(t)=K\omega_n^2 x(t) \tag{3.4}$$

式中，ζ 稱為**阻尼比** (damping ratio)，ω_n 為**無阻尼自然頻率** (natural frequency)。將上式拉氏變換後，可得如下轉移函數：

$$T_2(s):=\frac{Y(s)}{X(s)}=\frac{K\omega_n^2}{s^2+2\zeta\omega_n s+\omega_n^2}=\frac{K}{1+2\cdot\frac{\zeta}{\omega_n}s+(\frac{s}{\omega_n})^2} \tag{3.5}$$

如果 $\zeta \geq 1$，則上式可以因式分解成為

$$T_2(s)=\frac{K}{(1+\tau_1 s)(1+\tau_2 s)} \tag{3.6}$$

此時，τ_1 及 τ_2 是為二次系統的兩個時間常數（實數）。圖 3.3(a) 及 (b) 所示分別為方塊圖及信號流程圖描述。

▶ 圖 3.3　二次系統之(a)方塊圖，(b)信號流程圖

二、方塊圖化簡

方塊圖描述是一種簡便且有效的系統圖示工具。一個系統的方塊圖係由四個部分所構成：(1) **匯點** (summing point)、(2) **分點** (take-off

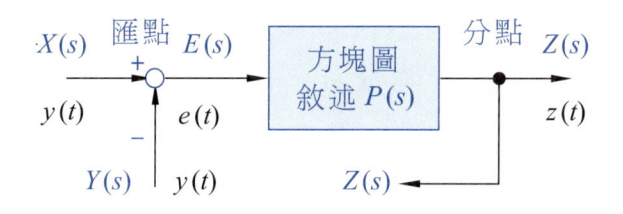

▶ 圖 3.4　方塊圖之組成解說

point)、(3) **描述方塊** (block) 及 (4) 代表信號傳送方向的**箭頭線** (arrow)。我們以圖 3.4 解說方塊圖的構成，圖中各變數如 x、y、z 係代表時間變數，即 $x(t)$、$y(t)$、$z(t)$ 等，此時方塊圖之敘述通常是微分方程式。如圖中所示，因為使用**負反饋**，所以誤差信號是 $e=x-y$；若是**正反饋**，則是 $e=x+y$。在實用上我們使用拉氏變換，如大寫字母 $X(s)$、$Y(s)$、$Z(s)$ 等代表變數，因此信號之間的關係可以轉移函數敘述之，例如：$Z(s)=P(s)E(s)$，或簡寫為 $Z=PE$ 比較方便。

對於**多輸入系統** (multi-input system)，例如圖 3.5 的 2-輸入、單輸出系統：R 是參考命令輸入，U 代表外界的干擾輸入，C 是受控輸出變數，E 為誤差信號，M 為功率驅動訊號。圖 3.5 代表的系統非常重要，幾乎所有自動控制系統（反饋控制系統）的結構皆是如此。$G(s)$ 為**受控本體** (controlled plant) 的轉移函數，$H(s)$ 代表反饋**轉換器** (transducer)，K 代表控制放大器（控制器）。通常 $G(s)$ 及 $H(s)$ 是已知的，因此自動控制系統的**設計** (design) 即在決定控制器 $K(s)$ 以滿足一些指定的工作性能或規格要求。

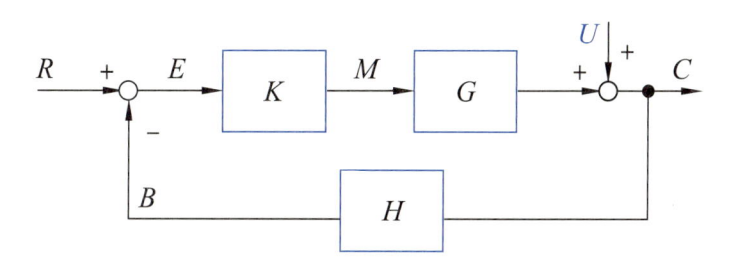

▶ 圖 3.5　多輸入回饋系統之方塊圖

如果控制器 $K(s)$ 知道了，我們就要求出系統中某一對輸出入之間的轉移函數，而實施時間響應分析，或是頻率響應分析，以便執行回饋系統性能的**評估** (estimation) 及穩定度的**驗證** (verification)。第五章將討論回饋系統穩定度的判斷，而時間響應及頻率響應的分析將分別在第四章及第六章討論之。本章先就方塊圖系統做討論，以便求出系統的轉移函數。

如果只要考慮某一輸入與某一輸出之間的關係，則相關反饋系統常以如圖 3.6(a) 的標準方塊圖形式表示之，其中 R 與 C 分別代表外輸入與受控輸出變數，B 及 E 分別代表反饋及誤差變數。反饋信號 B 進入匯點之處有註記符號「＋」或「－」，係分別代表**正反饋** (positive feedback) 或是**負反饋** (negative feedback)。在圖 3.6(a)中，

$$E = R - B \quad (負反饋) \tag{3.7}$$
$$C = GE \tag{3.8}$$
$$B = HC \tag{3.9}$$

將(3.7) 式及 (3.9) 式依次代入 (3.8) 式中，可得如下**閉路轉移函數** (closed-loop transfer function)，或稱**控制比** (control ratio)：

$$\frac{C}{R} = \frac{G}{1+GH} \quad (負反饋) \tag{3.10}$$

(a)

(b)

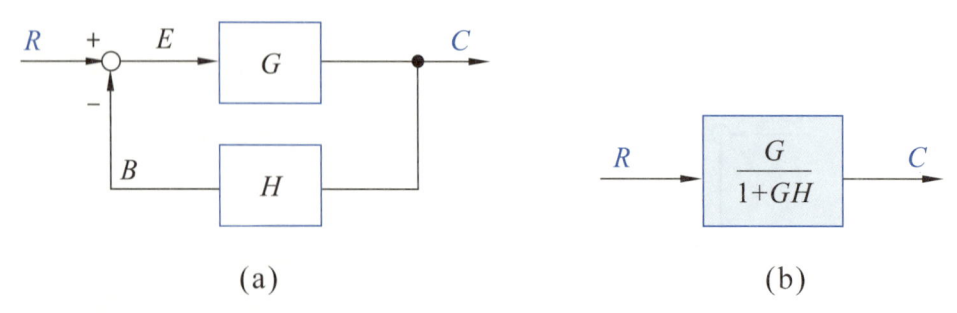

▶ 圖 3.6　單輸出入系統方塊圖：(a)標準型，(b)等效方塊

因此變數 C 與 R 之間的關係可用圖 3.6(b)等效方塊圖代表之。如果使用**正反饋**，則上式變成為

$$\frac{C}{R} = \frac{G}{1-GH} \quad （正反饋） \tag{3.11}$$

請讀者自行證明之。同理，對 E 及 B 做運算，也可得到下式：

$$\frac{E}{R} = \frac{1}{1+GH} \quad （\textbf{誤差比} \text{ (error ratio)}） \tag{3.12}$$

$$\frac{B}{R} = \frac{GH}{1+GH} \quad （\textbf{反饋比} \text{ (feedback ratio)}） \tag{3.13}$$

在上式中，

　　G　稱為**順向轉移函數** (forward transfer function)，
　　H　稱為**反饋轉移函數** (feedback transfer function)，
　　GH 稱為**開環轉移函數** (open-loop transfer function)。

　　表 3.1 為基本方塊圖化簡與等效方塊敘述。注意：(a)兩個系統**串聯** (series)，如表中第一列，則等效轉移函數為分別轉移函數之乘積，(b)**並聯** (parallel) 則為相加，如表中第二列，(c)**回饋系統**，如表中第三列，可做化簡如 (3.10) 式或 (3.11) 式，(d)**匯點前移**及(e)**匯點後移**之情形，如表中第四列及第五列，皆要作適當的路徑**增益補償** (gain compensation)。同理，(f) **分點前移**及 (g) **分點後移**之情形，如表中第六列及第七列，也皆要作相對應的**路徑增益補償**，其原理為：不該經過的，將增益除回來，而該經過而未經過的則將增益乘回去。

例題 3.3

試化簡圖 3.7 的方塊圖成為如圖 3.6 的標準型，然後求出轉移函數 C/R。

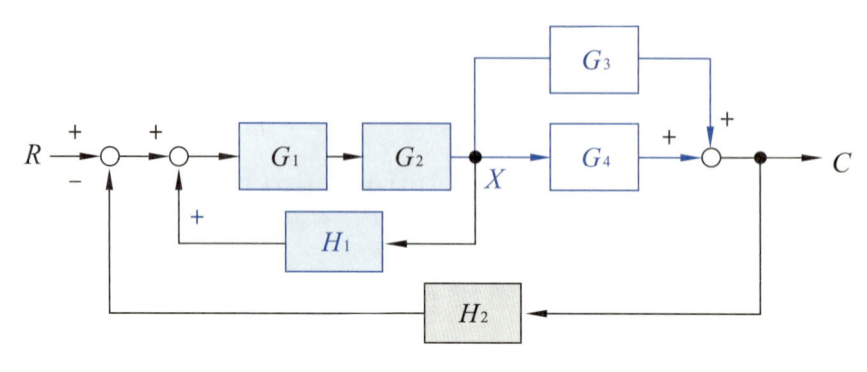

▶ 圖 3.7　例題 3.3

解 首先將 G_1 及 G_2 之**串聯**合併成為乘積 (G_1G_2)，且將 G_3 及 G_4 之**並聯**合併成為 (G_3+G_4)。再依**反饋**化簡方法（如圖 3.6，或表 3.1 之第三項**反饋**原理）可得如圖 3.8 之等效方塊圖。

於上圖中，再將順向路徑的兩個串聯方塊合併，即得如圖 3.6(a) 的標準型。因此，順向路徑的轉移函數 $G(s)$ 為

$$G(s) = \frac{G_1G_2}{1-G_1G_2H_1}(G_3+G_4)$$

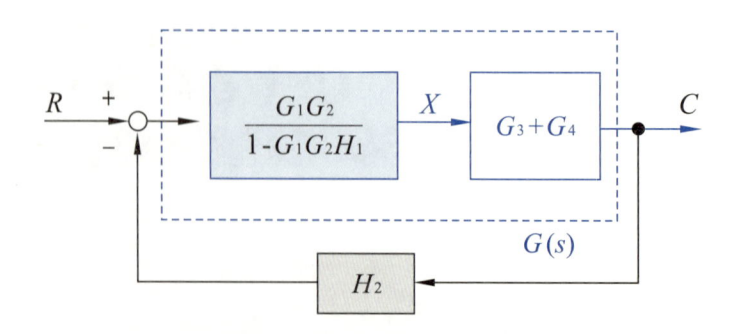

▶ 圖 3.8　等效方塊圖

表 3.1 方塊圖化簡與等效

方塊圖	等效方塊及轉移函數	數學敘述
$X \to [P_1] \to [P_2] \to Y$	$X \to [P_1 P_2] \to Y$	(a) 串聯 $Y = (P_1 P_2)X$
$X \to [P_1], [P_2] \to \pm \to Y$	$X \to [P_1 \pm P_2] \to Y$	(b) 並聯 $Y = (P_1 \pm P_2)X$
反饋方塊圖	$X \to \left[\dfrac{P_1}{1 \mp P_1 P_2}\right] \to Y$	(c) 反饋 $Y = \dfrac{P_1}{1 \mp P_1 P_2} X$
$X \to [P] \to \pm \to Z$, $Y \to \pm$	$X \to \pm \to [P] \to Z$, $Y \to [1/P] \to \pm$	(d) 匯點前移 $Z = PX \pm Y$
$X \to \pm \to [P] \to Z$, $Y \to \pm$	$X \to [P] \to \pm \to Z$, $Y \to [P] \to \pm$	(e) 匯點後移 $Z = P(X \pm Y)$
$X \to \bullet \to [P] \to Y$, $\downarrow Z$	$X \to [P] \to \bullet \to Y$, $Z \leftarrow [1/P] \leftarrow$	(f) 分點後移 $Y = PX$ $Z = X$
$X \to [P] \to \bullet \to Y$, $\downarrow Z$	$X \to \bullet \to [P] \to Y$, $Z \leftarrow [P] \leftarrow$	(g) 分點前移 $Y = PX$ $Z = PX$

最後，再依前述之**反饋**化簡方法（如圖 3.6，或表 3.1 之第三項**負反饋原理**），可得轉移函數 C/R 如下：

$$\frac{C}{R} = \frac{G}{1+GH} = \frac{G_1 G_2 (G_3 + G_4)}{1 - G_1 G_2 H_1 + G_1 G_2 H_2 (G_3 + G_4)}$$

三、方塊圖化簡方針

當系統方塊圖結構情形比較複雜，其一般化簡方針建議如下：

1. 對於多輸入系統，先個別考慮單一輸入的情形。根據重疊原理，則總輸出為個別單一輸入造成的輸出之總和。
2. 盡量調整匯點左移（表 3.1(d)匯點前移，往輸入方向移動）；盡量調整分點右移（表 3.1(f)分點後移，往輸出方向移動）。但是匯點與分點兩者不可相互跨越。
3. 套用表 3.1 的第 a 項至第 c 項做直接化簡，減少迴路。
4. 重複以上可能步驟，直到每一對轉移函數皆可求出。

例題 3.4

試化簡圖 3.9 的方塊圖，求出轉移函數 C/R。

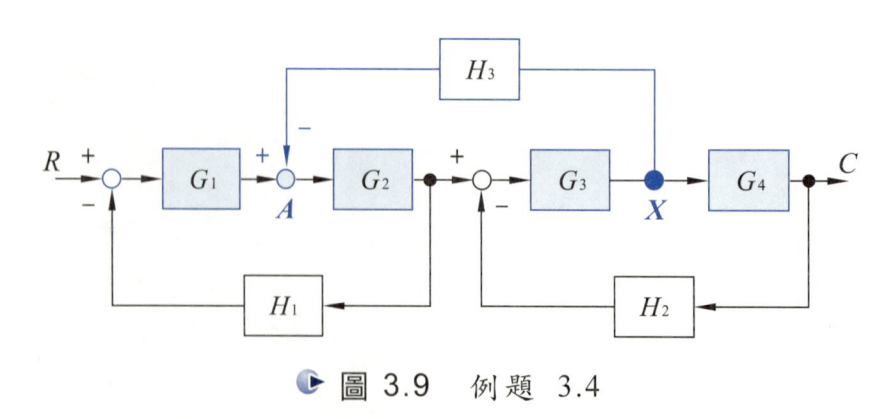

▶ 圖 3.9　例題 3.4

解 根據前述化簡方針,首先將匯點 A 往左移,分點 X 往右移,並參考表 3.1 做方塊圖及路徑增益調整,成為圖 3.10。

利用表 3.1 之反饋原理,可將圖 3.10 再化簡成為圖 3.11。再一次利用表 3.1 之反饋原理,可得最後的轉移函數為

$$\frac{C}{R} = \frac{\dfrac{G_1 G_2}{1+G_1 G_2 H_1} \cdot \dfrac{G_3 G_4}{1+G_3 G_4 H_2}}{1 + \dfrac{G_1 G_2}{1+G_1 G_2 H_1} \cdot \dfrac{G_3 G_4}{1+G_3 G_4 H_2} \cdot \dfrac{H_3}{G_1 G_4}}$$

$$= \frac{G_1 G_2 G_3 G_4}{(1+G_1 G_2 H_1) \cdot (1+G_3 G_4 H_2) + G_2 G_3 H_3}$$

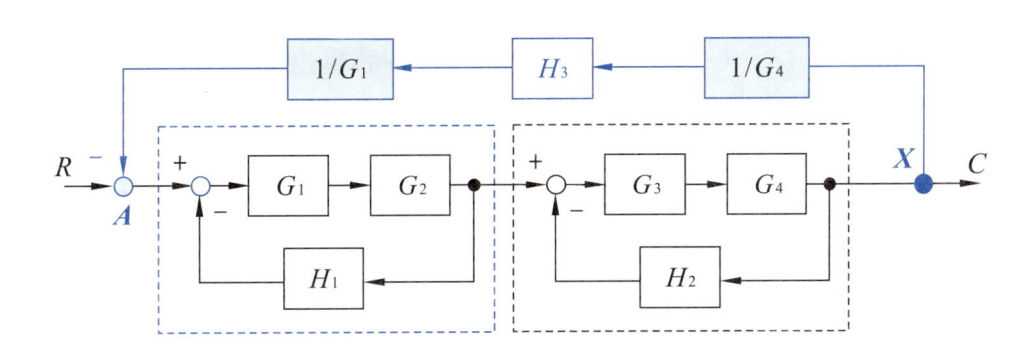

▶ 圖 3.10　調整匯點及分點的位置

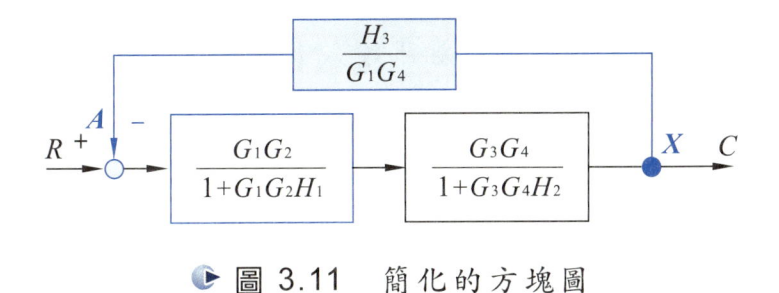

▶ 圖 3.11　簡化的方塊圖

例題 3.5

試化簡圖 3.12 的系統，求得輸出變數 C。

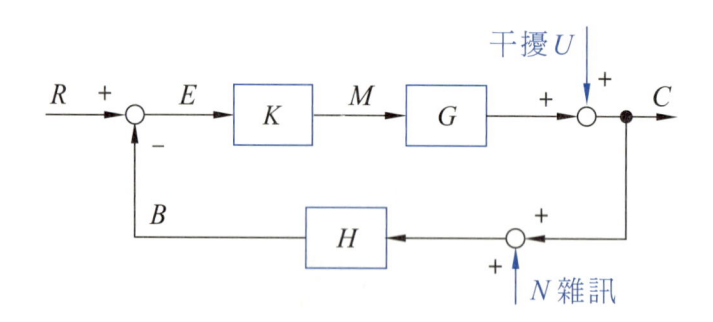

▶ 圖 3.12　例題 3.5

解 此為三輸入 (R, U, n) 系統，因此可利用重疊原理，分別求出各單一輸入造成的輸出，以得到總響應輸出。

(a) 令 $U = n = 0$，考慮僅由外輸入 R 造成的輸出 C_R，參見圖 3.13 (a)，可得轉移函數：$\dfrac{C_R}{R} = \dfrac{KG}{1+KGH}$。

(b) 令 $R = n = 0$，考慮僅由干擾輸入 U 造成的輸出 C_U，參見圖 3.13 (b)，可得：$\dfrac{C_U}{U} = \dfrac{1}{1+KGH}$。

(c) 令 $R = U = 0$，考慮僅由雜訊輸入 n 造成的輸出 C_N，參見圖 3.13 (c)，可得：$\dfrac{C_N}{N} = \dfrac{-KGH}{1+KGH}$。

因此根據重疊原理，總響應輸出 C 為

$$C = C_R + C_U + C_N = \dfrac{KGR + U - KGHN}{1+KGH}$$

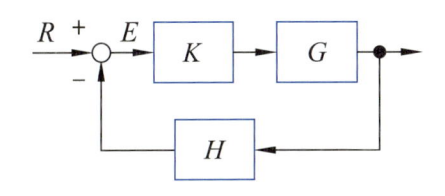

(a) C_R 響應

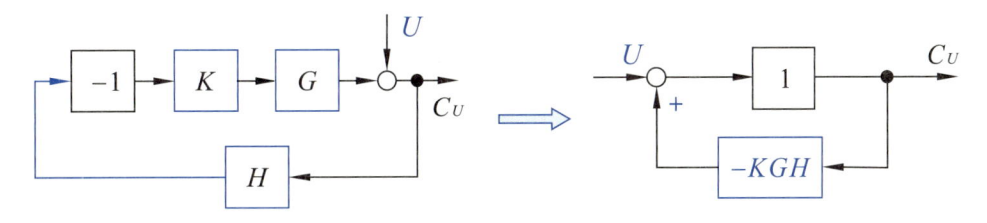

(b) C_U 響應（注意：此時為正回饋）

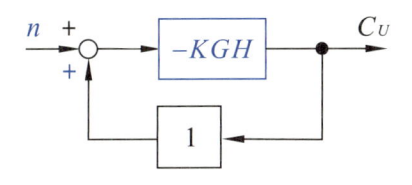

(c) C_N 響應（注意：此時為正回饋）

▶ 圖 3.13

3-3 信號流程圖

一、基本觀念

　　信號流程圖如方塊圖一樣，可以描述線性系統之結構，與其信號傳送的情形。一個系統的信號流程圖係由**節點** (node) 與**箭頭弧線** (arrow arc)，稱為**分支** (branch)，組成之。節點代表變數，區分為**源節點** (source)、**變數節點** (node) 及**沈節點** (sink) 三種。信號只從源節點流出，所以源節點通常用來代表輸入信號或電源信號；沈節點中只有信號流入，因此通常用來代表輸出變數；變數節點描述過程變數（中間變數），

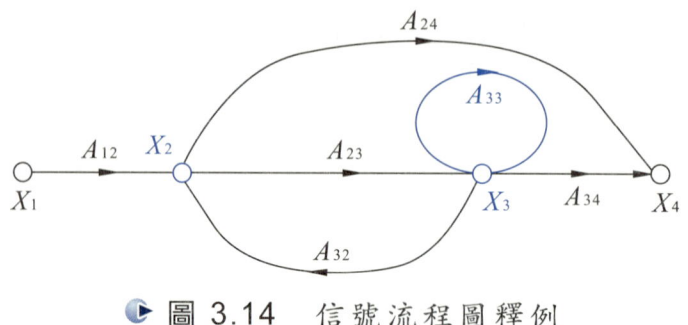

▶ 圖 3.14　信號流程圖釋例

可以是**匯點** (summing point)，也可以是分點，因此信號有進、也有出。箭頭代表信號傳遞的方向，箭頭線之旁加註數學敘述用來代表變數之間的數學關係，即信號傳遞時所賦予之增益或轉移函數，請參見圖 3.1 (b)。表 3.2 列出信號流程圖之合併及化簡的等效情形，我們用圖 3.14 說明之。

　　源節點 X_1 代表輸入變數（輸入節點），X_4 代表輸出變數（輸出節點）。X_2 及 X_3 代表某兩個重要過程的中間變數；A_{12}、A_{23}、……等分別代表增益，其正負符號須標明之。我們發現到，信號在 X_3 上可以傳送回 X_3，其**自迴路** (self-loop) 增益為 A_{33}。若 A_{33} 為負值，表示負反饋。在圖中，各變數有如下的代數關係：

$$X_2 = A_{12} X_1 + A_{32} X_3 \tag{3.14a}$$

$$X_3 = A_{23} X_2 + A_{33} X_3 \tag{3.14b}$$

$$X_4 = A_{24} X_2 + A_{34} X_3 \tag{3.14c}$$

若將中間變數 X_2 及 X_3 代入 (3.14c) 式中，消去 X_2 及 X_3 即可以得到 X_1 至 X_4 之轉移函數，其程序為：

1. 由 (3.14b) 式得到 X_3 與 X_2 的關係。
2. 由 (3.14a) 式得到 X_2 與 X_1 的關係及 X_3 與 X_1 的關係。
3. 將 X_2 及 X_3 與 X_1 的關係代入 (3.14c) 即可得到解答如下（讀者請自

行驗證之）：

$$\frac{X_4}{X_1} = \frac{A_{12}A_{24}(1-A_{33}) + A_{12}A_{23}A_{34}}{1 - A_{33} - A_{23}A_{32}}$$

(3.14d)

▶ 表 3.2　基本信號流程圖之化簡

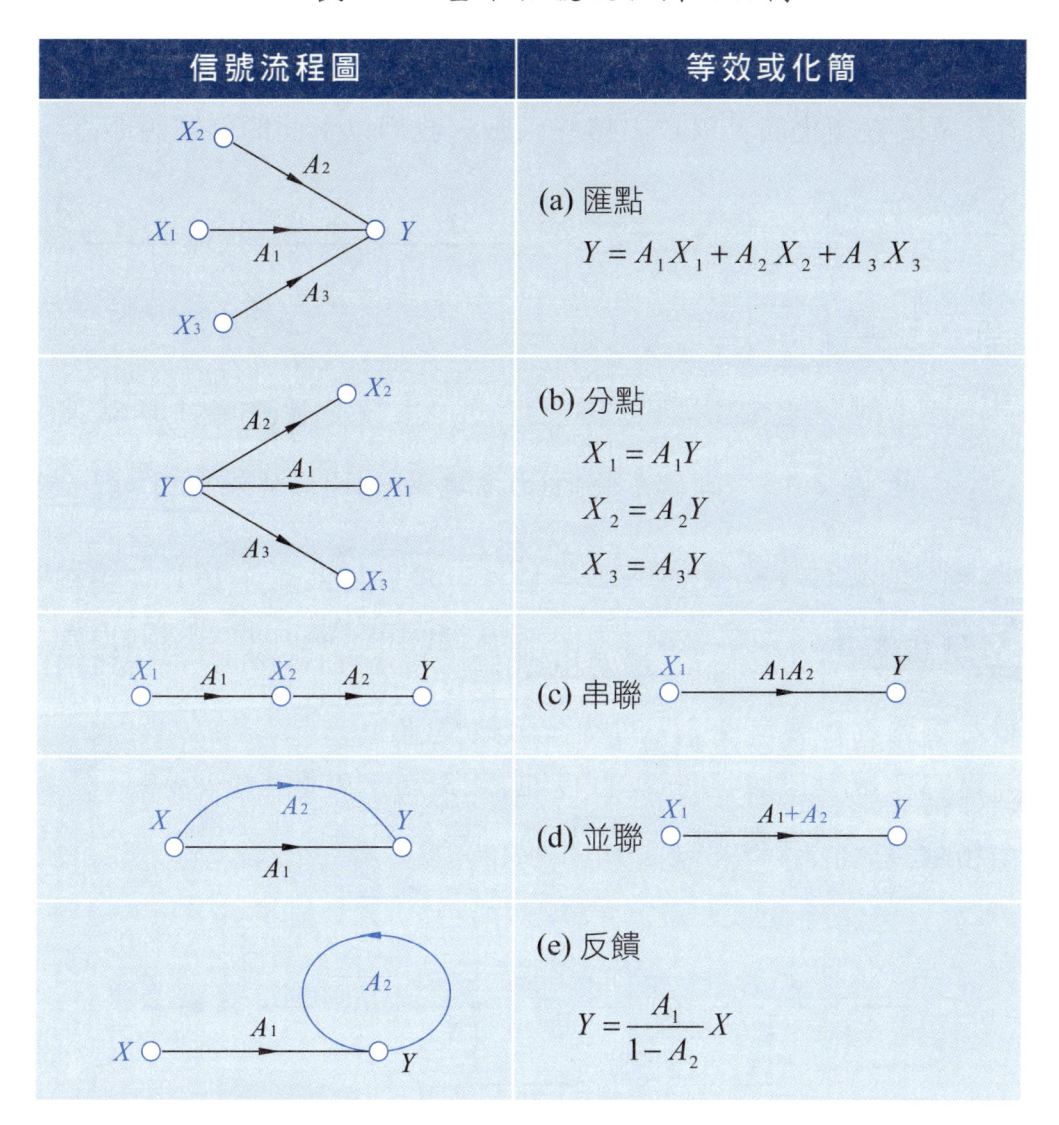

信號流程圖	等效或化簡
X_2, X_1, X_3 經 A_2, A_1, A_3 匯入 Y	(a) 匯點 $Y = A_1 X_1 + A_2 X_2 + A_3 X_3$
Y 分出經 A_2, A_1, A_3 到 X_2, X_1, X_3	(b) 分點 $X_1 = A_1 Y$ $X_2 = A_2 Y$ $X_3 = A_3 Y$
$X_1 \xrightarrow{A_1} X_2 \xrightarrow{A_2} Y$	(c) 串聯　$X_1 \xrightarrow{A_1 A_2} Y$
X 經 A_2 及 A_1 並行到 Y	(d) 並聯　$X_1 \xrightarrow{A_1+A_2} Y$
$X \xrightarrow{A_1} Y$，Y 經 A_2 回授	(e) 反饋 $Y = \dfrac{A_1}{1 - A_2} X$

二、信號流程圖的化簡

如圖 3.15(a) 的負回饋方塊圖：

$$E = R - HC \quad 且 \quad C = GE$$

$$\frac{C}{R} = \frac{G}{1+GH} \tag{3.15}$$

一般信號流程圖之合併及化簡亦可利用表 3.2 所列出的一些基本等效情形做流程圖化簡，以求出轉移函數。我們以下面的例題說明之。

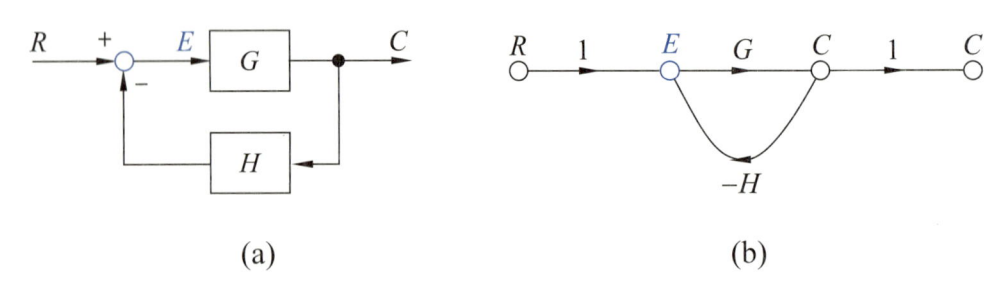

(a)　　　　　　　　　　　　(b)

▶ 圖 3.15　回饋系統的(a)方塊圖，(b)信號流程圖

例題 3.6

試利用信號流程圖求圖 3.7 的轉移函數 C/R。

解　圖 3.7 的方塊圖再一次出現在圖 3.16，R 為外輸入變數，C 為輸出；E 及 X 為中間變數，分析如下：

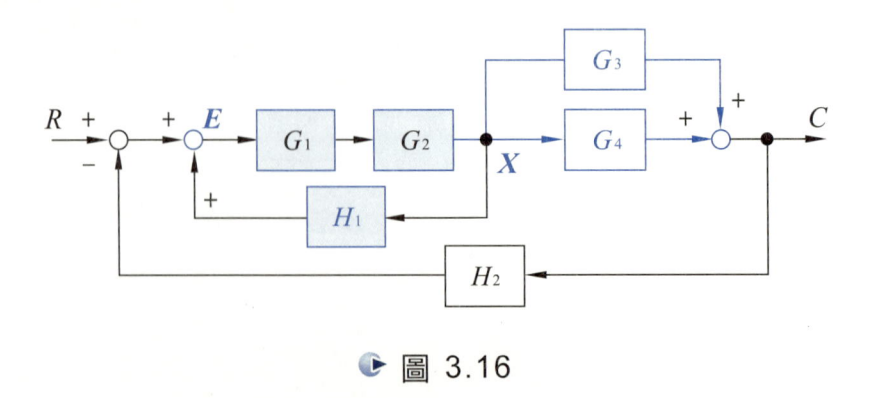

▶ 圖 3.16

$$E = R - H_1 X - H_2 C \quad 且 \quad C = (G_2 + G_3)X$$

則圖 3.16 的方塊圖可變換成為圖 3.17(a) 的信號流程圖。利用表 3.2 作化簡即得圖 3.17(b) 的信號流程圖。因此，轉移函數為

$$\frac{C}{R} = \frac{G_1 G_4 (G_2 + G_3)}{1 - G_1 G_4 H_1 + G_1 G_2 G_4 H_2 + G_1 G_3 G_4 H_2}$$

(a)

(b)

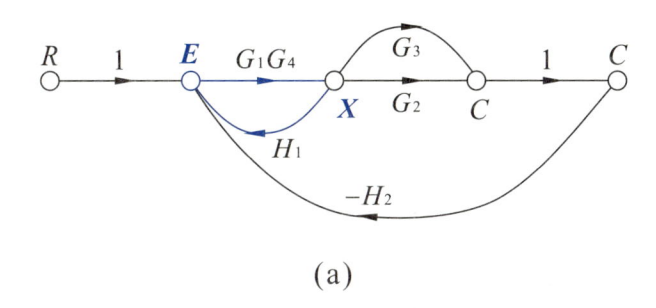

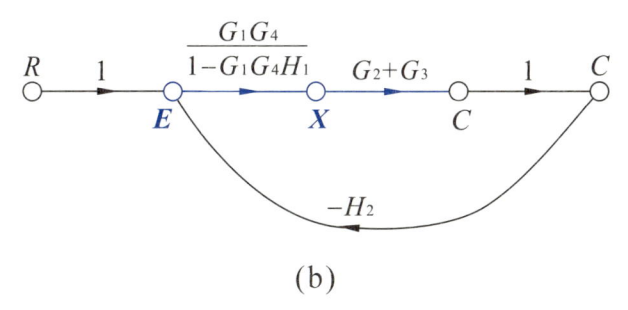

● 圖 3.17　例題 3.6 之信號流程圖

三、梅生增益規則

信號流程圖中，任何兩變數之間的轉移函數 T，或增益，可用**梅生** (S. J. Mason) 所發展出來的規則求得。此規則稱為**梅生增益規則** (Mason's Gain Rule, MGR) 或梅生公式，陳述如下：

$$T = \frac{\sum T_n \Delta_n}{\Delta} \tag{3.16}$$

式中，T_n 為輸入節點至輸出節點之間的第 n 個**順向路徑** (forward path)，而分母 Δ 為

$$\Delta = 1 - \sum L_1 + \sum L_2 - \sum L_3 + \cdots \tag{3.17}$$

上式中，L_k ($k=1, 2, \cdots$) 稱為第 k-階環路增益，亦即：

$L_1 =$ 任何封閉路徑之**環路增益** (loop gain)

$L_2 =$ 任何兩個不相接觸的封閉路徑之**環路增益乘積** (product of loop gains)

$L_3 =$ 任何三個不相接觸的封閉路徑之環路增益乘積…（依次類推）；

$\Delta_n = T_n$ 在 Δ 中的**配式** (cofactor)，即在原信號流程圖中，除去 T_n 上所有的路徑，剩下來的流程圖之 Δ 就是 Δ_n。

因此，Δ_n 不得包含任何與 T_n 相接觸的路徑。如果所有的封閉路徑皆與順向路徑相接觸，則 $\Delta_n = 1$。

使用梅生公式 (3.16) 時，須先觀察出所有封閉迴路，及各階封閉迴路 ($L_1, L_2, \cdots$) 等，以便決定 (3.17) 式。為了解釋 MGR 的應用，以及 (3.17) 式的形成，我們使用以下的例題說明之。

例題 3.7

求出圖 3.18 信號流程圖的轉移函數 C/R。

解 先考慮各階封閉路徑如下：

(1) L_1 有 4 個：$-G_2H_1$、$-G_5H_2$、$-G_1G_2G_3G_5$、$-G_1G_2G_4G_5$

$$\sum L_1 = -G_2H_1 - G_5H_2 - G_1G_2G_3G_5 - G_1G_2G_4G_5$$

(2) 其次考慮 L_2：$-G_2H_1$ 及 $-G_5H_2$ 這兩個封閉迴路不相接觸

$$\sum L_2 = (-G_2H_1)(-G_5H_2) = G_2G_5H_1H_2$$

(3) 再也找不到任何三個以上不相接觸的封閉迴路

$$\sum L_3 = \sum L_4 = \cdots = 0$$

(4) 因為 R 至 C 之間有兩個順向路徑，皆與各封閉迴路相接觸，因此 T_n 及 Δ_n 分別為

$$T_1 = G_1G_2G_3G_5 \text{，} \Delta_1 = 1 \text{；}$$
$$T_2 = G_1G_2G_4G_5 \text{，} \Delta_2 = 1$$

由 (3.16) 及 (3.17) MGR 公式可得出轉移函數如下：

$$\frac{C}{R} = \frac{G_1G_2G_3G_5 + G_1G_2G_4G_5}{1 + G_2H_1 + G_5H_2 + G_1G_2G_3G_5 + G_1G_2G_4G_5 + G_2G_5H_1H_2}$$

由上可知，利用信號流程圖及 MGR 可以很方便、很快捷地求出系統的轉移函數。

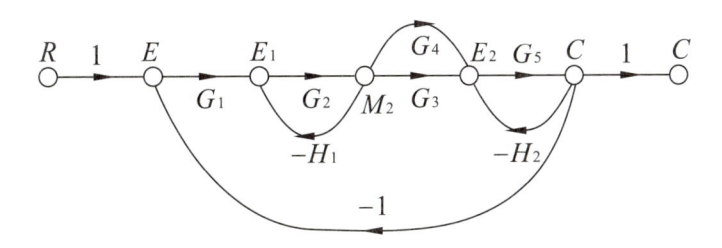

▶ 圖 3.18 例題 3.7 的信號流程圖

例題 3.8 （網路分析）

圖 3.19 所示為三段 RC 相移電網路，$V_i(t)$ 及 $V_o(t)$ 各為輸入及輸出電壓變數，每一電容器為 C 法拉，每一電阻器為 R 歐姆。試求電網路的轉移函數 $H(s) = V_o(s)/V_i(s)$。

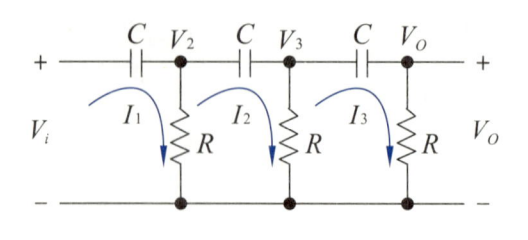

▶ 圖 3.19　例題 3.8 的電網路

解　圖中，V_i $(i=1,2,3)$ 為三個節據電壓，I_i $(i=1,2,3)$ 為網目電流。因電容器 C 的阻抗為 $Z(s)=1/sC$，由歐姆定律可知，

$$I_1 = sC(V_1 - V) = sCV_1 - sCV_2 \tag{3.18}$$

$$V_2 = R(I_1 - I_2) = RI_1 - RI_2 \tag{3.19}$$

$$I_2 = sC(V_2 - V_3) = sCV_2 - sCV_3 \tag{3.20}$$

$$V_3 = R(I_2 - I_3) = RI_2 - RI_3 \tag{3.21}$$

$$I_3 = sC(V_3 - V_o) = sCV_3 - sCV_o \tag{3.22}$$

$$V_o = RI_3 \tag{3.23}$$

以節點代表這些變數，依上述數學關係可繪得如圖 3.20 之信號流程圖，其建構步驟如下：

(1) 由 (3.18) 式：$I_1 = sCV_1 - sCV_2$；由 (3.19) 式：$V_2 = RI_1 - RI_2$，建構流程圖，代表成如圖 3.20(a)。

(2) 以 (3.20) 式及 (3.21) 式建構流程圖，如圖 3.20(b)。

(3) 以 (3.22) 式及 (3.23) 式建構流程圖，如圖 3.20(c)。

(4) 最後將上述圖 (a)、(b) 及 (c) 結合成為圖 (d) 之流程圖。

圖 (d) 的流程圖中有 5 個迴路：α、β、$\cdots$、ε，且各階迴路如下：

L_1：有 5 個迴路，其環路增益皆為 $-sRC$，因此 $\sum L_1 = -5sRC$。

L_2：兩個不相接觸迴路的可能集合有：$\{\alpha, \gamma\}$、$\{\alpha, \delta\}$、$\{\alpha, \varepsilon\}$，

$\{\beta, \delta\}$、$\{\beta, \varepsilon\}$、$\{\gamma, \varepsilon\}$ 等六組，因此 $\sum L_2 = 6s^2 R^2 C^2$。

L_3：三個不相接觸迴路的可能集合只有 $\{\alpha, \gamma, \varepsilon\}$，因此 $\sum L_2 = -s^3 R^3 C^3$。

L_4：再也沒有 4 階以上的不相接觸迴路。

由 (3.17) 式可知

$$\Delta = 1 - \sum L_1 + \sum L_2 - \sum L_3 + \cdots = 1 + 5sRC + 6s^2 R^2 C^2 + s^3 R^3 C^3$$

V_i 至 V_o 之間的順向路徑只有一組，皆與迴路相接觸，故

$$T_1 = s^3 R^3 C^3 \, , \, \Delta_1 = 1$$

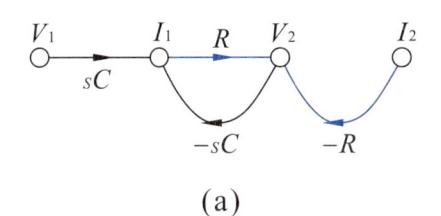

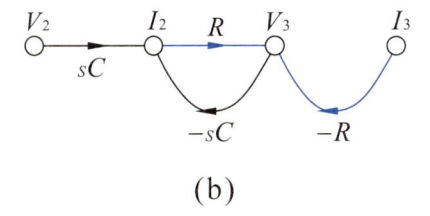

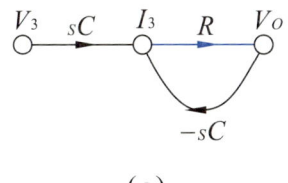

(a)

(b)

(c)

(d)

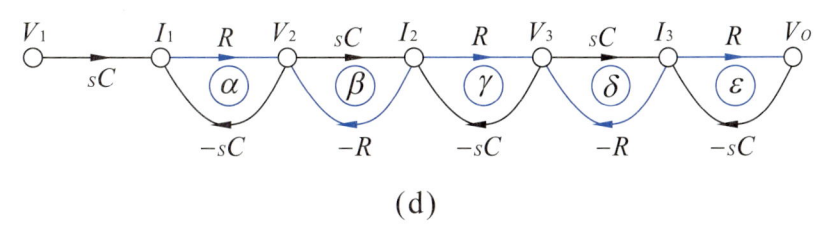

● 圖 3.20　例題 3.8 之流程圖建構

因此，由 (3.16) 式得出轉移函數為

$$H(s) = \frac{V_o(s)}{V_i(s)} = \frac{s^3 R^3 C^3}{s^3 R^3 C^3 + 6s^2 R^2 C^2 + 5sRC + 1}$$

例題 3.9 （三階轉移函數）

試求圖 3.21 所示的信號流程圖系統的轉移函數 $H(s) = Y(s)/X(s)$。

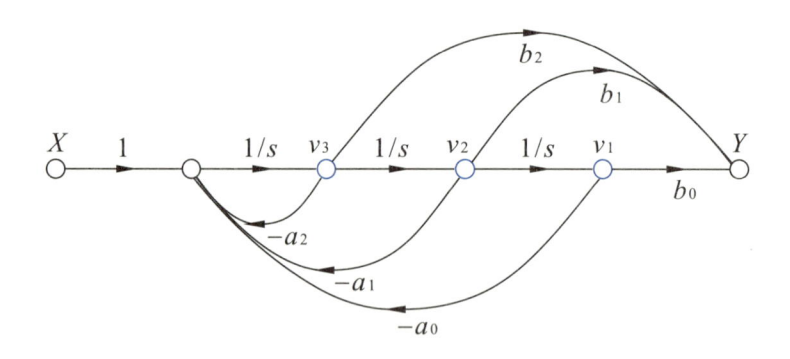

圖 3.21　例題 3.9

解 圖中有 3 個迴路，各階迴路如下：

L_1：共有 3 個迴路，其環路增益為 $-a_2 s^{-1}$、$-a_1 s^{-2}$、$-a_0 s^{-3}$，再沒有 L_2：以上的迴路了。因此

$$\Delta = 1 - \sum L_1 = 1 + a_2 s^{-1} + a_1 s^{-2} + a_0 s^{-3}$$

其次，3 條順向路徑皆與迴路相接觸，故

$$T_1 = b_2 s^{-1}，\Delta_1 = 1；T_2 = b_1 s^{-2}，\Delta_2 = 1；T_3 = b_0 s^{-3}，\Delta_3 = 1$$

因此，$H(s) = \dfrac{Y(s)}{X(s)} = \dfrac{b_2 s^{-1} + b_1 s^{-2} + b_0 s^{-3}}{1 + a_2 s^{-1} + a_1 s^{-2} + a_0 s^{-3}} = \dfrac{b_2 s^2 + b_1 s + b_0}{s^3 + a_2 s^2 + a_1 s + a_0}$。

註：上式為一般三階系統的轉移函數，各積分器的輸出變數：v_1、v_2、v_3 定義為**狀態變數** (state variable)。

3-4 系統模型的轉換

系統分析方法有兩類：時域分析及頻域分析。做時域分析時，所使用的系統數學模型有 CT-LCDE（微分方程式）及狀態方程式。CT 信號可藉由拉氏變換轉換成為 s-複數頻率函數，因此微分方程式可以利用拉氏變換法解答之；而系統輸出入間的數學模型係以轉移函數代表之，參見第二章所述。圖 3.22 所示為分析 CT 線性系統所使用的時域及頻域數學模型，及其間模型轉換原理的示意圖。

時域模型
脈衝響應、步階響應、迴旋積分、弦波穩態響應……

拉氏變換

頻域分析
幅度響應、相角響應、相對穩度、波德圖、頻譜分析

時域模型
CT 微分方程式

時域模型
狀態方程式

信號流程圖
（SFG）

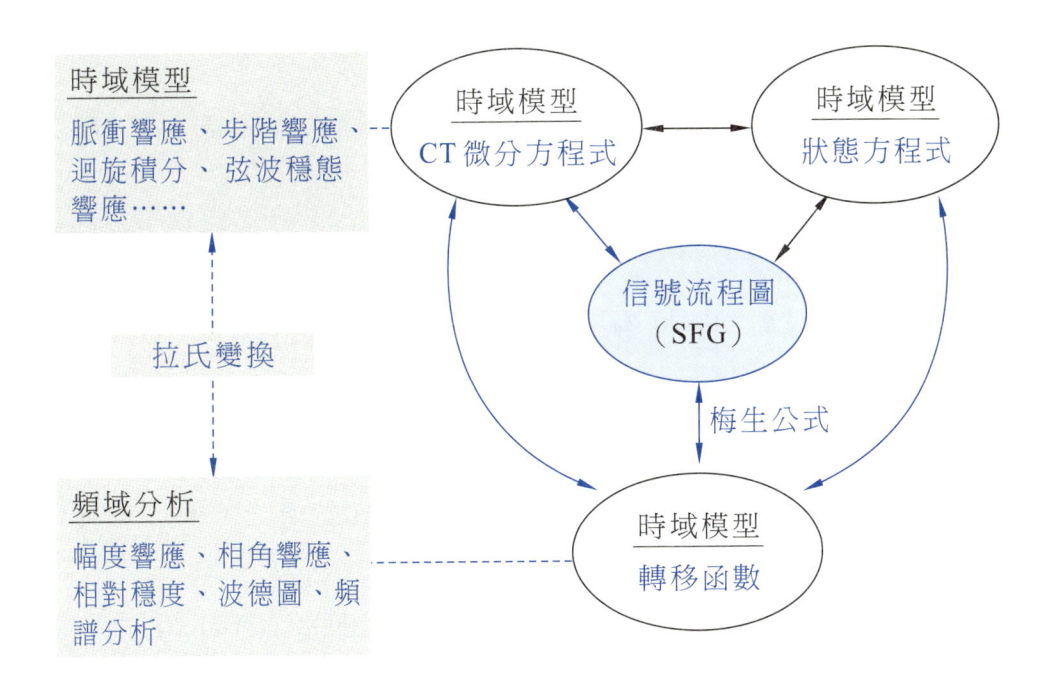

梅生公式

時域模型
轉移函數

▶ 圖 3.22 時域分析與頻域分析，以及各種 CT 數學模型之變換原理

本章節要強調的是：

時域及頻域數學之間的模型轉換方法可以借道經由信號流程圖 (SFG) 及梅生公式 (MGR) 之原理為之。

使用上述程序不但容易且快捷便利。本章節要討論的主要內容為：微分方程式與轉移函數之間的模型轉換、微分方程式與狀態方程式之間的模型轉換。

狀態方程式轉換成為轉移函數模型之程序可先經由信號流程圖之建構，及梅生公式之應用為之。有關轉移函數轉換成為狀態方程式模型之程序稱為**實現** (realization)，其答案有無窮多組，在本節只做可**控制型** (controllable form) 之標準**典式** (canonical form) 介紹。

一、微分方程式與轉移函數模型轉換

考慮如下 n 階微分方程式：

$$\frac{d^n y}{dt^n} + a_{n-1}\frac{d^{n-1} y}{dt^{n-1}} + \cdots + a_1\frac{dy}{dt} + a_0 y(t) = b_m \frac{d^m x}{dt^m} + \cdots + b_1\frac{dx}{dt} + b_0 x(t) \quad (3.24a)$$

定義 $D := d/dt$ 為微分操作子，則上式成為：

$$(D^n + a_{n-1}D^{n-1} + \cdots + a_1 D + a_0)y(t) = (b_m D^m + \ldots + b_1 D + b_0)x(t) \quad (3.24b)$$

或改寫為

$$y(t) = \frac{b_m D^m + \ldots + b_1 D + b_0}{D^n + a_{n-1}D^{n-1} + \cdots + a_1 D + a_0} x(t) := L(D)x(t) \quad (3.25)$$

式中，$L(D)$ 稱為**線性操作子** (linear operator)，即是 $y(t)$ 與 $x(t)$ 之間的轉移函數。若將微分操作子 D 改成拉氏變換子 s，則上式變成

$$Y(s) = \frac{b_m s^m + \ldots + b_1 s + b_0}{s^n + a_{n-1}s^{n-1} + \cdots + a_1 s + a_0} X(s) := H(s)X(s) \quad (3.26)$$

所以，對於 (3.24) 式之時域系統，其 s-頻率領域之**轉移函數**為

$$H(s) := \frac{Y(s)}{X(s)} = \frac{b_m s^m + \ldots + b_1 s + b_0}{s^n + a_{n-1} s^{n-1} + \cdots + a_1 s + a_0} \tag{3.27}$$

注意：微分方程式 (3.24) 等號左方的係數 $(1, a_{n-1}, \cdots, a_1, a_0)$ 現在是轉移函數 (3.27) 式分母的係數；(3.24) 式等號右方的係數 $(b_m, \cdots, a_1, a_0)$ 成為轉移函數 $H(s)$ 分子的係數。

因此，微分方程式模型與轉移函數模型之間的轉換非常直接且容易。我們用下面的例題解釋之。

例題 3.10

試將下列微分方程式轉換成為轉移函數模型。

(a) $D^3 y(t) + 3D^2 y(t) + 4Dy(t) + 2y(t) = 10x(t)$。

(b) $(D^2 + 2D + 2)(D + 5)y(t) = (D + 3)x(t)$。

(c) $D^3 y(t) - 11D^2 y(t) + 38Dy(t) - 40y(t) = 2D^2 x(t) + 6Dx(t) + x(t)$。

解 參見 (3.27) 式，

(a) $H(s) = \dfrac{10}{s^3 + 3s^2 + 4s + 2}$。

(b) 因為 $(D^2 + 2D + 2)(D + 5) = D^3 + 7D^2 + 12D + 10$，

$H(s) = \dfrac{s + 3}{s^3 + 7s^2 + 12s + 10}$。

(c) $H(s) = \dfrac{2s^2 + 6s + 3}{s^3 - 11s^2 + 38s - 40}$。

例題 3.11

若一系統的輸出與輸入之轉移函數為 $H(s) = \dfrac{2s^2 - 3}{s^3 + 6s^2 + 11s + 6}$，試將之轉換成為微分方程式模型。

解 參見 (3.27) 式，轉移函數為

$$H(s) = \frac{Y(s)}{X(s)} = \frac{2s^2 - 3}{s^3 + 6s^2 + 11s + 6}$$

上式交叉相乘得：

$$s^3 Y(s) + 6s^2 Y(s) + 11s Y(s) + 6Y(s) = 2s^2 X(s) - 3X(s)$$

取拉氏反變換可得微分方程式模型如下：

$$D^3 y(t) + 6D^2 y(t) + 11Dy(t) + 6y(t) = 2D^2 x(t) - 3x(t) \text{。}$$

二、微分方程式至狀態方程式

再考慮 n 階微分方程式 (3.28)：

$$\frac{d^n y}{dt^n} + a_{n-1} \frac{d^{n-1} y}{dt^{n-1}} + \cdots + a_1 \frac{dy}{dt} + a_0 y(t) = b_m \frac{d^m x}{dt^m} + \cdots + b_1 \frac{dx}{dt} + b_0 x(t) \qquad (3.28)$$

上式中，$n > m$，$x(t)$ 及 $y(t)$ 分別為輸入及輸出變數。對應於上式，其**可控制型** (controllable) 矩陣微分式**狀態方程式** (state equation) 為

$$\frac{d}{dt} \mathbf{v}(t) = \begin{bmatrix} 0 & 1 & 0 & \cdots & 0 \\ 0 & 0 & 1 & \cdots & 0 \\ \vdots & \vdots & \vdots & \vdots & \vdots \\ 0 & 0 & 0 & \cdots & 1 \\ -a_0 & -a_1 & -a_2 & \cdots & -a_{n-1} \end{bmatrix} \mathbf{v}(t) + \begin{bmatrix} 0 \\ 0 \\ \vdots \\ 0 \\ 1 \end{bmatrix} x(t) \qquad (3.29\text{a})$$

$$y(t) = [b_0 \quad b_1 \quad \cdots \quad b_m \quad \cdots 0] \mathbf{v}(t) + [0] x(t) \tag{3.29b}$$

此時，所定義的 n 個**狀態變數** (state variable)：$\{v_1(t), v_2(t), \cdots, v_n(t)\}$ 分別為 n 個**相變數** (phase variable)，亦即

$$v_1(t) = y(t)，v_2(t) = Dy(t)，\cdots，v_n(t) = D^{n-1}y(t)$$

(3.29) 式所敘述的矩陣式狀態方程式即為以下形式：

$$\begin{aligned}\dot{\mathbf{v}} &= A\mathbf{v} + Bx \\ \mathbf{y}(t) &= \mathbf{Cv}(t) + \mathbf{Dx}(t)\end{aligned} \tag{3.30}$$

因此，矩陣狀態方程式 (3.29) 所敘述的系統可稱為：系統 $\{\mathbf{A}, \mathbf{B}, \mathbf{C}, \mathbf{D}\}$；意味：微分方程式 (3.24) 現在轉換成為狀態方程式，可用 **A**、**B**、**C**、**D** 四個矩陣，如 (3.30) 式定義，代表之。在 (3.30) 式中，

$$\mathbf{v}(t) = \begin{bmatrix} v_1(t) \\ v_2(t) \\ \vdots \\ v_n(t) \end{bmatrix} := \text{狀態向量 (state vector)}$$

$$\mathbf{x}(t) = \begin{bmatrix} x_1(t) \\ x_2(t) \\ \vdots \\ x_m(t) \end{bmatrix} := \text{輸入向量 (input vector)}$$

矩陣 **A**、**B**、**C**、**D** 分別稱為**系統矩陣** (system matrix)、**輸入矩陣** (input matrix)、**輸出矩陣** (output matrix) 與**遷移矩陣** (transit matrix)。

注意：微分方程式 (3.24) 等號左方的係數 $(1, a_{n-1}, \cdots, a_1, a_0)$ 現在是系統矩陣 **A** 最後一列的係數，由右而左且變號，如 (3.29a) 式，此種形式稱為**伴式** (companion-form)；(3.24) 式等號右方的係數

$(0, \cdots, b_m, \cdots, a_1, a_0)$ 成為輸出矩陣 **C** 的係數，由右而左，如 (3.29b)。

因此，微分方程式模型 (3.24) 與狀態方程式模型 (3.29) 之間的轉換也是非常直接且容易，只需要由 (3.24) 式等號左右方的係數依次建構出矩陣 **A**、**B**、**C**、**D**，我們用下面的例題解釋之。

例題 3.12

試將下列微分方程式轉換成為狀態方程式模型。

(a) $D^3 y(t) + 3D^2 y(t) + 4Dy(t) + 2y(t) = 10x(t)$。

(b) $(D^2 + 2D + 2)(D + 5)y(t) = (D + 3)x(t)$。

(c) $D^3 y(t) - 11D^2 y(t) + 38Dy(t) - 40y(t) = 2D^2 x(t) + 6Dx(t) + x(t)$。

解 參見 (3.29) 式：

(a) $\mathbf{A} = \begin{bmatrix} 0 & 1 & 0 \\ 0 & 0 & 1 \\ -2 & -4 & -3 \end{bmatrix}$，$\mathbf{B} = \begin{bmatrix} 0 \\ 0 \\ 1 \end{bmatrix}$，$\mathbf{C} = \begin{bmatrix} 10 & 0 & 0 \end{bmatrix}$，$\mathbf{D} = 0$。

(b) 因為 $(D^2 + 2D + 2)(D + 5) = D^3 + 7D^2 + 12D + 10$，所以

$\mathbf{A} = \begin{bmatrix} 0 & 1 & 0 \\ 0 & 0 & 1 \\ -10 & -12 & -7 \end{bmatrix}$，$\mathbf{B} = \begin{bmatrix} 0 \\ 0 \\ 1 \end{bmatrix}$，$\mathbf{C} = \begin{bmatrix} 3 & 1 & 0 \end{bmatrix}$，$\mathbf{D} = 0$。

(c) $\mathbf{A} = \begin{bmatrix} 0 & 1 & 0 \\ 0 & 0 & 1 \\ 40 & -38 & 11 \end{bmatrix}$，$\mathbf{B} = \begin{bmatrix} 0 \\ 0 \\ 1 \end{bmatrix}$，$\mathbf{C} = \begin{bmatrix} 1 & 6 & 2 \end{bmatrix}$，$\mathbf{D} = 0$。

我們現在要換一個角度，經由轉移函數利用信號流程圖及梅生公式，可以將 (3.24) 式所示的微分方程式轉換成為矩陣微分式狀態方程式，參見圖 3.23 之示意。我們再以例題 3.9 之三階 CT-LTI 系統做討論，其微分方程式為

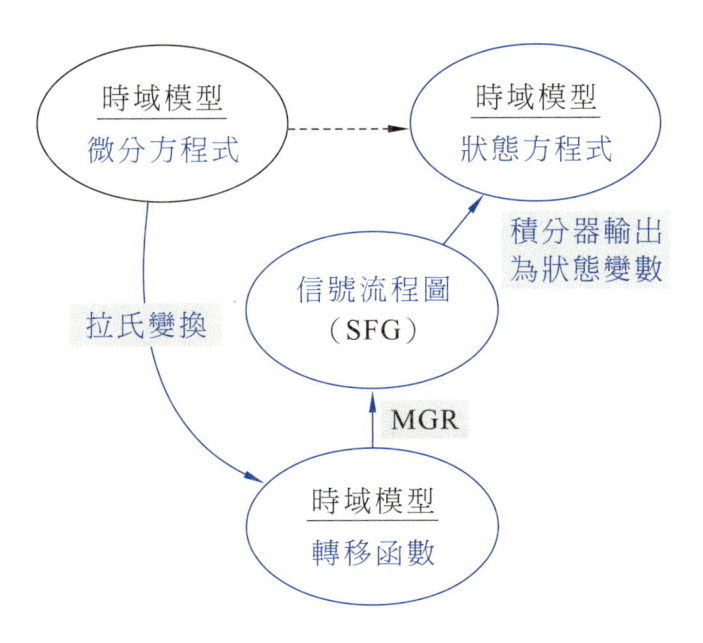

圖 3.23 微分方程式至狀態方程式之變換原理

$$\frac{d^3y}{dt^n}+a_2\frac{d^2y}{dt^2}+a_1\frac{dy}{dt}+a_0y(t)=b_2\frac{d^2x}{dt^2}+b_1\frac{dx}{dt}+b_0x(t) \quad (3.31)$$

請參考圖 3.23 所示的程序，施行步驟如下：

1. 令所有初始條件為零，取 (3.24) 式之轉移函數得

$$H(s)=\frac{Y}{X}=\frac{b_2s^2+b_1s+b_0}{s^3+a_2s^2+a_1s+a_0} \quad (3.32a)$$

$$=\frac{b_2s^{-1}+b_1s^{-2}+b_0s^{-3}}{1+a_2s^{-1}+a_1s^{-2}+a_0s^{-3}} \quad (3.32b)$$

2. 利用梅生公式 (MGR)，繪製信號流程圖實現 (3.31b)。先繪出三個積分器串聯，令積分器輸出為狀態變數：v_1、v_2、v_3。並使其具有三個迴路以及三條順向路徑，且每一順向路徑階與迴路相接觸，如此所有的 $\Delta_n=1$，因而產生如圖 3.21 之流程圖。

3. 由信號流程圖寫出變數之關係如下：

$$\dot{v}_1 = v_2 \ , \ \dot{v}_2 = v_3 \ , \ \dot{v}_3 = -a_0 v_1 - a_1 v_2 - a_2 v_3 + x(t) \tag{3.33a}$$

$$y(t) = b_0 v_1 + b_1 v_2 + b_2 v_3 \tag{3.33b}$$

再參見圖 3.24。令 $\mathbf{v}(t) = [v_1 \ \ v_2 \ \ v_3]^T$ 為狀態向量，則由 (3.33) 式可得矩陣狀態方程式為：

$$\dot{\mathbf{v}}(t) = \begin{bmatrix} 0 & 1 & 0 \\ 0 & 0 & 1 \\ -a_0 & -a_1 & -a_2 \end{bmatrix} \mathbf{v}(t) + \begin{bmatrix} 0 \\ 0 \\ 1 \end{bmatrix} x(t)$$

$$y(t) = \begin{bmatrix} b_0 & b_1 & b_2 \end{bmatrix} \mathbf{v}(t)$$

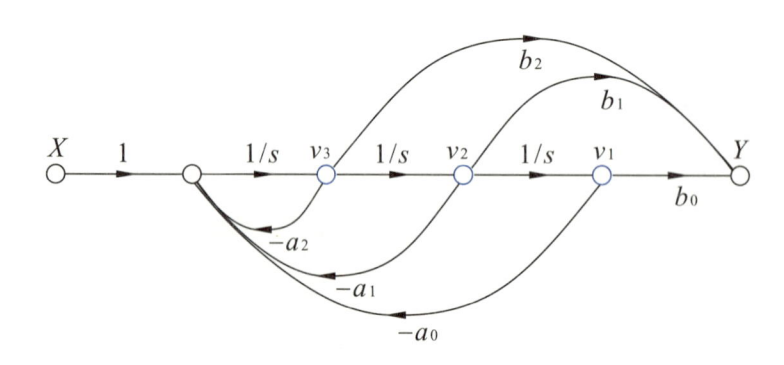

▶ 圖 3.24　三階系統

三、轉移函數至狀態方程式

我們已經以 (3.32) 式三階 CT-LTI 系統轉移函數至狀態方程式之轉換程序：以 (3.32b) 式套用 MGR、(3.33) 式定義狀態變數及建構流程圖 3.24 而寫出矩陣微分式狀態方程式，不再贅述。

四、狀態方程式至微分方程式

如果 **A** 矩陣為伴式型式，則狀態方程式 (3.29) 可先轉換成為轉移函數，如 (3.27) 式；則其微分方程式為 (3.24) 式之型式。如果 **A** 矩陣

不是伴式型式，則可先利用信號流程圖及梅生公式，將狀態方程式 (3.29) 轉換成為轉移函數，參見圖 3.25。然後轉移函數就可以直接地轉換成為微分方程式。

五、狀態方程式至轉移函數

狀態方程式 (3.29) 的轉移函數矩陣為

$$\mathbf{H}(s) = \mathbf{C}(s\mathbf{I} - \mathbf{A})^{-1}\mathbf{B} + \mathbf{D} \tag{3.34}$$

請參考附錄 C。(3.33) 式適用於任何形式之 **A** 矩陣，我們以例題說明之。

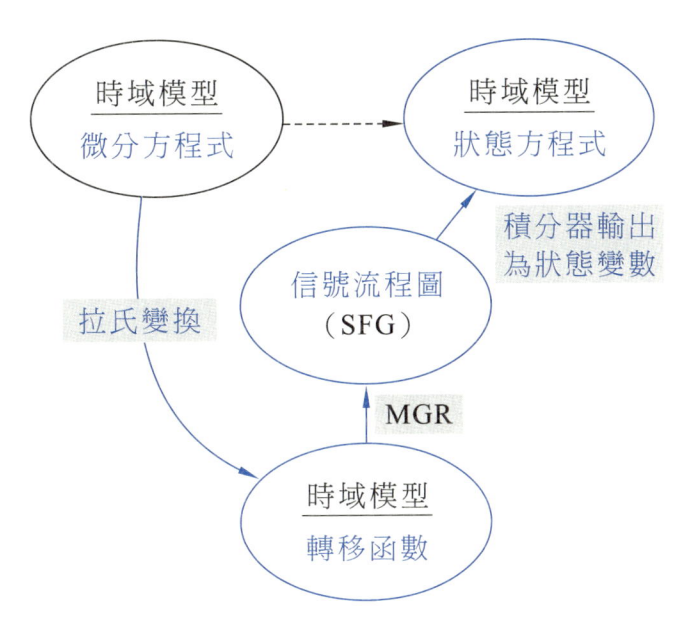

▶ 圖 3.25　狀態方程式至微分方程式之變換原理

例題 3.13 （A 矩陣不是伴式）

若系統之狀態方程式為

$$\dot{\mathbf{v}} = \begin{bmatrix} -1 & -1 \\ 1 & -3 \end{bmatrix} \mathbf{v}(t) + \begin{bmatrix} 0 \\ -1 \end{bmatrix} x(t)$$

$$y(t) = \begin{bmatrix} 2 & -1 \end{bmatrix} \mathbf{v}(t)$$

試求轉移函數 $H(s) = Y(s)/X(s)$。

解 (a) $s\mathbf{I} - \mathbf{A} = \begin{bmatrix} s & 0 \\ 0 & s \end{bmatrix} - \begin{bmatrix} -1 & -1 \\ 1 & -3 \end{bmatrix} = \begin{bmatrix} s+1 & 1 \\ -1 & s+3 \end{bmatrix}$

(b) 由 (3.33) 式，轉移函數為

$$H(s) = \begin{bmatrix} 2 & -1 \end{bmatrix} \begin{bmatrix} s+1 & 1 \\ -1 & s+3 \end{bmatrix}^{-1} \begin{bmatrix} 0 \\ -1 \end{bmatrix} = \frac{\begin{bmatrix} 2 & -1 \end{bmatrix} \begin{bmatrix} s+3 & -1 \\ 1 & s+1 \end{bmatrix} \begin{bmatrix} 0 \\ -1 \end{bmatrix}}{s^2 + 4s + 4}$$

$$= \frac{s+3}{s^2 + 4s + 4}$$

如果 A 矩陣不是伴式形式，我們也可先建構信號流程圖，其次利用梅生公式 (MGR)，將狀態方程式 (3.29) 轉換成為轉移函數，參見圖 3.25。這樣就可以直接地轉換成為微分方程式了，我們以例題說明之。

例題 3.14 （A 矩陣不是伴式）

對於例題 3.13 的系統，試以信號流程圖及梅生公式方法求轉移函數 $H(s) = Y(s)/X(s)$。

解 (a) 因為 **A** 矩陣不是伴式，且此系統為二階 ($n=2$)，我們建構 2 個積分器 ($1/s$) 為骨幹，令積分器 ($1/s$) 輸出為狀態變數：$v_1(t)$，$v_2(t)$。

(b) 再來將狀態變數與輸入變數之關係以及輸出與狀態變數之關係：

$$\dot{v}_1 = -v_1 - v_2 \text{，} \dot{v}_2 = v_1 - 3v_2 + x(t) \text{；} y(t) = 2v_1 - v_2$$

建構於積分器骨幹上，形成如圖 3.26 所示的信號流程圖。因為 **A** 矩陣不是伴式，所以建構出來的信號流程圖比較複雜。

由信號流程圖（圖 3.26）可知：

$$\Delta = 1 - (-3s^{-1} - s^{-1} - s^{-2}) + (-3s^{-1})(-s^{-1}) = 1 + 4s^{-1} + 4s^{-2}$$

$$T_1 = 2s^{-2} \text{，} \Delta_1 = 1 \text{；} T_1 = s^{-1} \text{，} \Delta_2 = 1 + s^{-1}$$

因此，由梅生公式得轉移函數為

$$H(s) = \frac{Y(s)}{X(s)} = \frac{2s^{-2} + s^{-1}(1 + s^{-1})}{1 + 4s^{-1} + 4s^{-2}} = \frac{s + 3}{s^2 + 4s + 4}$$

此結果與前面例題一致。

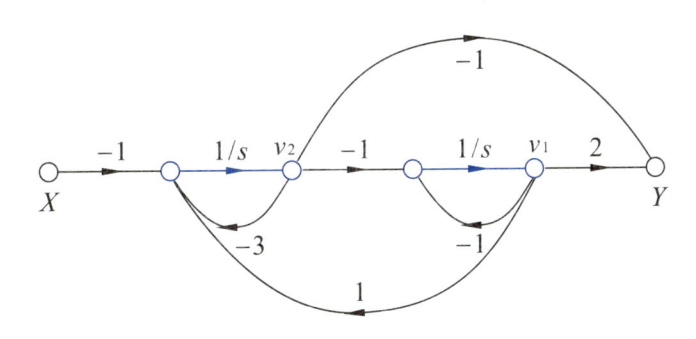

● 圖 3.26　例題 3.14 之狀態方程式導出信號流程圖

3-5 本章重點回顧

1. 一個線性非時變 (LTI) 系統的轉移函數係為其輸出變數之拉氏變換與其輸入變數拉氏變換之比，此時不要考慮任何的初始條件。

2. 一次系統：

$$\tau \frac{d}{dt} y(t) + y(t) = Kx(t)$$

   τ 稱為時間常數，其轉移函數為 $T_1(s) = \dfrac{Y(s)}{X(s)} = \dfrac{K}{\tau s + 1}$。

3. 二次系統：

$$\frac{d^2}{dt^2} y(t) + 2\zeta\omega_n \frac{dy(t)}{dt} + \omega_n^2 y(t) = K\omega_n^2 x(t)$$

   ζ 稱為阻尼比，ω_n 為無阻尼自然頻率，其轉移函數為

$$T_2(s) := \frac{Y(s)}{X(s)} = \frac{K\omega_n^2}{s^2 + 2\zeta\omega_n s + \omega_n^2}$$

4. 一個系統的方塊圖係由四個部分所構成：(1)匯點、(2)分點、(3)描述方塊及(4)代表信號傳送方向的箭頭線構成之。

5. 自動控制系統的設計在決定控制器 $K(s)$ 以滿足一些指定的工作性能或規格要求。

6. 如果控制器 $K(s)$ 知道了，我們就要求出系統中某一對輸出入之間的轉移函數，而實施時間響應分析，或是頻率響應分析，以便執行回饋系統性能的評估及穩定度的驗證。

7. 若 R 與 C 分別代表外輸入與受控輸出變數，$G(s)$ 為順向轉移函數，$H(s)$ 代表反饋轉移函數，則當負反饋時，閉路轉移函數為 $\dfrac{C}{R} = \dfrac{G}{1+GH}$；正反饋時，$\dfrac{C}{R} = \dfrac{G}{1-GH}$。

8. 對於多輸入系統，先個別考慮單一輸入的情形。根據重疊原理：總輸出為個別單一輸入造成的輸出之總和。

9. 做方塊圖化簡時，儘量調整匯點往輸入方向移動；調整分點往輸出方向移動，但是匯點與分點兩者不可相互跨越。

10. 系統的信號流程圖係由節點與分支（箭頭弧線），組成之。

11. 節點代表變數，區分為：源節點、變數節點及沈節點三種。

12. 梅生增益規則 (MGR)，或梅生公式：$T = \dfrac{\sum T_n \Delta_n}{\Delta}$，$T_n$ 為輸入節點至輸出節點之間的第 n 個順向路徑，

$$\Delta = 1 - \sum L_1 + \sum L_2 - \sum L_3 + \cdots，L_k \ (k = 1, 2, \cdots)$$

稱為第 k-階環路增益。

13. 時域及頻域數學之間的模型轉換方法可以借道經由信號流程圖 (SFG) 及梅生公式 (MGR) 之原理為之。

14. $\dfrac{d^n y}{dt^n} + a_{n-1}\dfrac{d^{n-1} y}{dt^{n-1}} + \cdots + a_1 \dfrac{dy}{dt} + a_0 y(t) = b_m \dfrac{d^m x}{dt^m} + \cdots + b_1 \dfrac{dx}{dt} + b_0 x(t)$

之 s-頻率領域之轉移函數為：

$$H(s) := \dfrac{Y(s)}{X(s)} = \dfrac{b_m s^m + \ldots + b_1 s + b_0}{s^n + a_{n-1} s^{n-1} + \cdots + a_1 s + a_0}。$$

15. 若 $y(t)$ 為輸出，則 n 個狀態變數：$\{v_1(t), v_2(t), \cdots, v_n(t)\}$ 分別為 n 個相變數，亦即：$v_1(t) = y(t)$，$v_2(t) = Dy(t)$，$\cdots$，$v_n(t) = D^{n-1} y(t)$。

16. 系統 {**A**，**B**，**C**，**D**} 的狀態方程式為：$\dot{\mathbf{v}} = \mathbf{A}\mathbf{v} + \mathbf{B}\mathbf{x}$，$\mathbf{y}(t) = \mathbf{C}\mathbf{v}(t) + \mathbf{D}\mathbf{x}(t)$。

17. 微分方程式等號左方的係數 $(1, a_{n-1}, \cdots a_1, a_0)$ 是系統矩陣 **A** 最後一列的係數，由右而左且變號，此種形式稱為伴式；微分方程式等號右方的係數 $(0, \cdots, b_m, a_1, a_0)$ 成為輸出矩陣 **C** 的係數，由右而左。

18. 繪製信號流程圖實現時，先繪出 n 個積分器串聯，令積分器輸出為狀態變數：$\{v_1(t), v_2(t), \cdots, v_n(t)\}$。

19. 如果狀態方程式的 **A** 矩陣不是伴式形式，則可先利用信號流程圖及梅生公式，將狀態方程式轉換成為轉移函數，然後轉移函數就可以直接地轉換成為微分方程式。

20. 系統 {**A**, **B**, **C**, **D**} 的轉移函數矩陣為：$\mathbf{H}(s) = \mathbf{C}(s\mathbf{I} - \mathbf{A})^{-1}\mathbf{B} + \mathbf{D}$。

習 題

1. 試化簡圖 P3.1 方塊圖系統，並求出轉移函數 C/R。

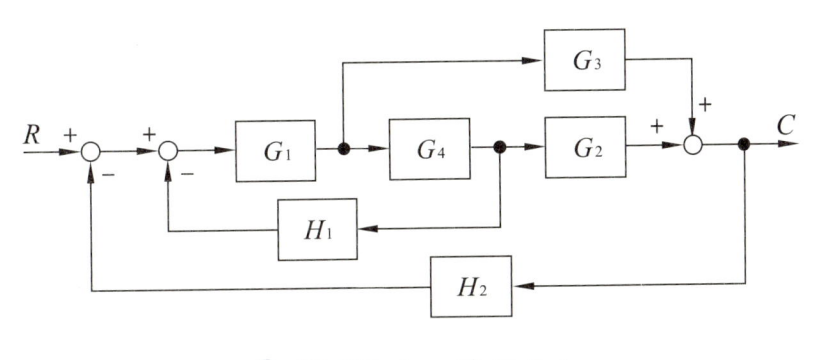

● 圖 P3.1　習題 3.1

2. 試化簡圖 P3.2 方塊圖系統，並求出轉移函數 C/R。

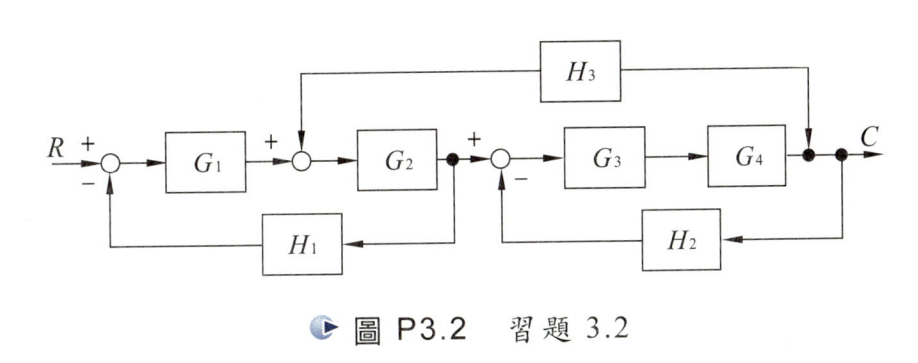

● 圖 P3.2　習題 3.2

3. 試利用梅生公式，求出圖 P3.1 方塊圖系統之轉移函數 C/R。

4. 試利用梅生公式，求出圖 P3.2 方塊圖系統之轉移函數 C/R。

5. (a) 試化簡圖 P3.5 方塊圖系統，並求出轉移函數 C/R。

(b) 試利用梅生公式，求出系統之轉移函數 C/R。

▶ 圖 P3.5　習題 3.5

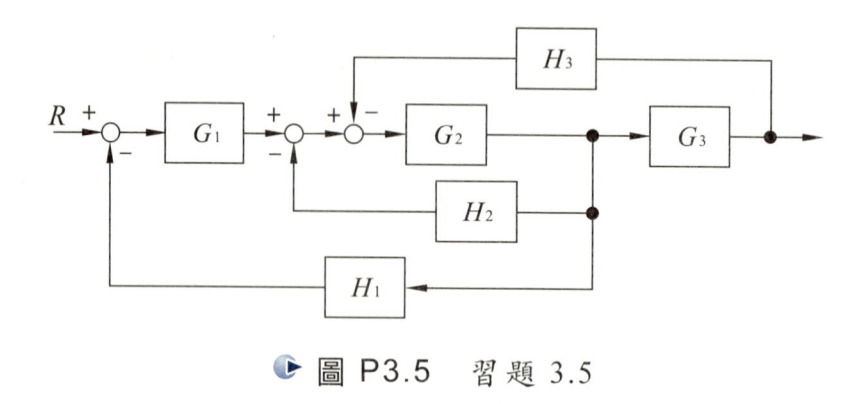

6. 如圖 P3.6 方塊圖系統，試求出響應 C。

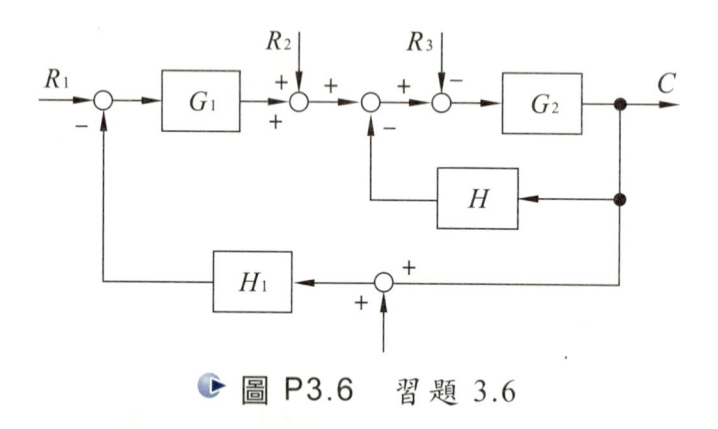

▶ 圖 P3.6　習題 3.6

7. 試求圖 P3.7 方塊圖系統的轉移函數 C/R。

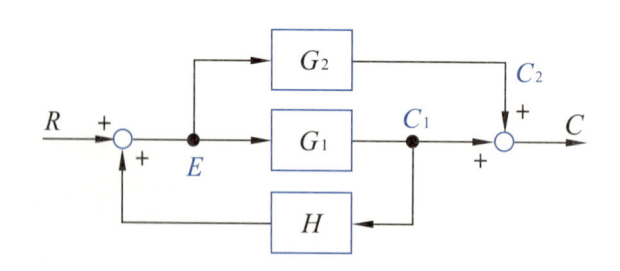

▶ 圖 P3.7　習題 3.7

8. 試求圖 P3.8 方塊圖系統的轉移函數 C/R。

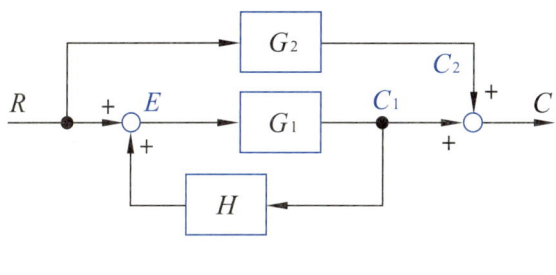

▶ 圖 P3.8　習題 3.8

9. 試求圖 P3.9 方塊圖系統的轉移函數 C/R。

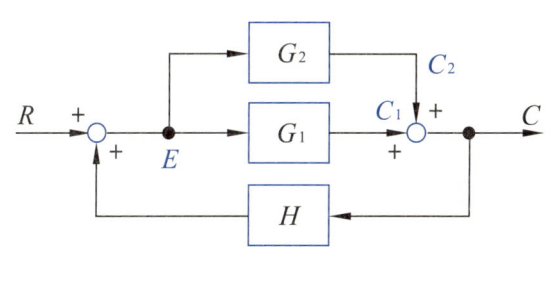

▶ 圖 P3.9　習題 3.9

10. 試化簡圖 P3.10 方塊圖，再求出系統的轉移函數 C/R。

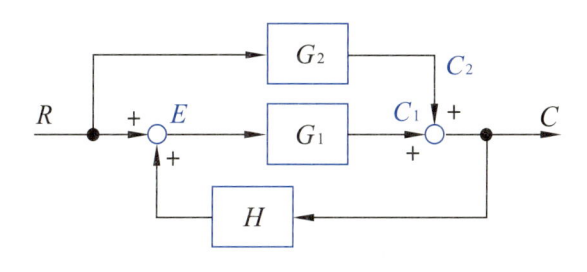

▶ 圖 P3.10　習題 3.10

11. 試求出圖 P3.11 信號流程圖的轉移函數 C/R。

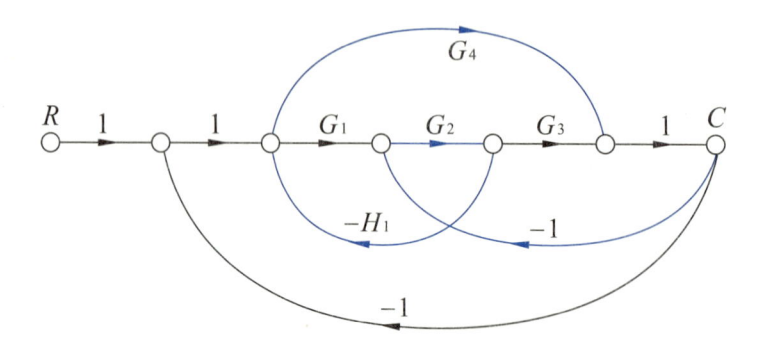

◆ 圖 P3.11　習題 3.11

12. 試將下列微分方程式轉換成為轉移函數：
    (a) $D^3 y(t) + 3D^2 y(t) + 4Dy(t) + 2y(t) = 10x(t)$
    (b) $(D^2 + 2D + 2)(D + 5)y(t) = (D + 3)x(t)$
    (c) $D^3 y(t) + 11D^2 y(t) + 38Dy(t) + 40y(t) = 2D^2 x(t) - 6Dx(t) + x(t)$

13. 試將下列微分方程式轉換成為信號流程圖：

    $D^3 y(t) + a_2 D^2 y(t) + a_1 Dy(t) + a_0 y(t) = b_3 D^3 x(t) + b_2 D^2 x(t) + b_1 Dx(t) + b_0 x(t)$

14. 試將下列微分方程式轉換成為狀態方程式：
    (a) $D^3 y(t) + 3D^2 y(t) + 4Dy(t) + 2y(t) = 10x(t)$
    (b) $(D^2 + 2D + 2)(D + 5)y(t) = (D + 3)x(t)$
    (c) $D^3 y(t) + 11D^2 y(t) + 38Dy(t) + 40y(t) = 2D^2 x(t) - 6Dx(t) + x(t)$

15. 試將下列狀態方程式轉換成為轉移函數：

$$\dot{\mathbf{v}} = \begin{bmatrix} 0 & 1 & 0 \\ 0 & 0 & 1 \\ -6 & -11 & -6 \end{bmatrix} \mathbf{v}(t) + \begin{bmatrix} 0 \\ 0 \\ 1 \end{bmatrix} x(t), \quad y(t) = \begin{bmatrix} -1 & 2 & 1 \end{bmatrix} \mathbf{v}(t)$$

16. 試將下列狀態方程式轉換成為轉移函數：

$$\dot{\mathbf{v}} = \begin{bmatrix} 0 & 1 & 0 \\ 0 & 0 & 1 \\ -6 & -11 & -6 \end{bmatrix} \mathbf{v}(t) + \begin{bmatrix} 0 \\ 0 \\ 1 \end{bmatrix} x(t) \;,\; y(t) = \begin{bmatrix} -1 & 2 & 1 \end{bmatrix} \mathbf{v}(t) + 6x(t)$$

17. 有一線性系統之轉移函數為

$$H(s) = \frac{Y}{X} = \frac{2s^2 - s - 10}{s^3 + 8s^2 + 17s + 10}$$

(a) 此系統**最簡階次** (irreducible order) 為何？

(b) 試以狀態方程式實現之。

(c) 需用幾個積分器合成此系統？

18. 有一線性系統之轉移函數為

$$H(s) = \frac{Y}{X} = \frac{36}{(s+1)^2(s+2)(s+3)^2}$$

(a) 試建構出模擬方塊圖。

(b) 寫出狀態方程式實現之。

第四章
時域分析

在本章我們要討論下列主題：
1. 系統典型的測試輸入信號
2. 線性系統的暫態響應
3. 線性系統的性能及規格
4. 線性系統的穩態誤差

4-1 引言

　　本章主要討論線性控制系統的時間響應行為。時間響應分析的目的在評估系統的時間領域表現是否合乎**性能** (performance) 及**規格** (specification) 之要求。藉由暫態表現可以評估系統的**穩定性** (stability) 及**速應性** (response)。系統的**準確性** (accuracy) 可由穩態誤差分析評估之。一個控制系統要求的性能即是：穩定性、準確性與速應性。如果控制系統的表現不如理想，則需藉由回饋或補償 (compensation) 以修正或改善系統的表現。此點留待往後章節再予討論。

　　線性控制系統藉由第二章的數學描述，或第三章的方塊圖及信號流程圖代表後，就可以求得輸入與輸出之間的**轉移函數** (transfer function) 或微分方程式以代表系統的數學特性。線性系統的轉移函數通常為 s 的分式，s 為拉氏變換的運算子。轉移函數分母的根稱為**極點** (pole)，其分子的根稱為**零點** (zero)。極點在平面的位置可以用來評估穩定性，將在第五章討論之。控制系統的時間響應亦可由開環轉移函數的零點與極點在平面的位置決定之，此點留待往後根軌跡法相關章節再予討論。

　　系統時間響應的特性將配合簡單的一次或二次系統之步級響應或脈衝響應分析，在本章裡討論之，以評估時域性能及其相關表現規格。建立在開環轉移函數之常態誤差分析，以評估時域準確性、穩態誤差，也會在本章裡探討之。

4-2 典型測試輸入信號

　　控制系統使用的輸入信號可以利用時間函數或者是波形代表之。例如在伺服控制系統中，參考輸入即是一定的曲線或是運動之軌跡，而要求控制系統的響應能夠追隨著此一曲線或參考之軌跡作動。現在我們介紹一些控制系統典型的測試輸入信號，這些信號常做為標準參考輸入，其幅度通常定為單位化，以利驗查系統的輸出響應：

1. 單位步階函數：$u(t)$
2. 單位斜坡函數：$r(t)$
3. 單位拋物線函數：$a(t)$
4. 單位脈衝函數：$\delta(t)$
5. 弦波函數：$\sin\omega t$ 或 $\cos\omega t$

上述前四種函數又稱為**奇異函數** (singularity function)，在測試系統的暫態響影及穩態響應時最為重要。弦波函數則常用於做頻率響應分析，參見第六章。現在我們分別介紹這些常用的奇異函數。

一、單位步階函數

步階函數 (step function) 定義如下：

$$f(t)=\begin{cases} 0 & t<0 \\ A & t\geq 0 \end{cases} := Au(t) \tag{4.1}$$

參見圖 4.1，其拉氏變換為：$\dfrac{A}{s}$，式中 A 稱為幅度。若 $A=1$，則 $f(t)=u(t)$ 稱為**單位步階函數** (unit step function)。因此，在 $t<0$ 時，$f(t)=0$；而在 $t\geq 0$ 以後，$f(t)=1$。單位步階函數之拉氏變換式為 $F(s)=s^{-1}$，因此有時以 $f(t)=u_{-1}(t)$ 稱呼之。

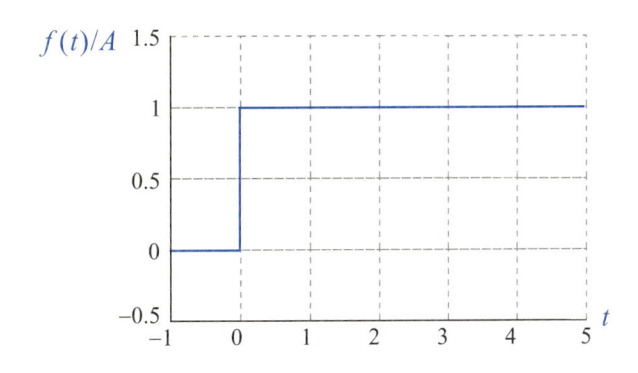

▶ 圖 4.1　步階函數 $Au(t)$

單位步階函數通常作為線性系統的輸入測試信號，以評估一個系統的時間響應表現，或判斷穩定度。如果單位步階函數延遲 τ 秒再發生，即

$$f(t) = \begin{cases} 0 & t < \tau \\ 1 & t \geq \tau \end{cases} := u(t-\tau) \tag{4.2}$$

參見圖 4.2，數學上亦可表達成

$$f(t) = u_{-1}(t-\tau) \tag{4.3}$$

上式之拉氏變換式為 $F(s) = (s^{-1})e^{-\tau s}$。

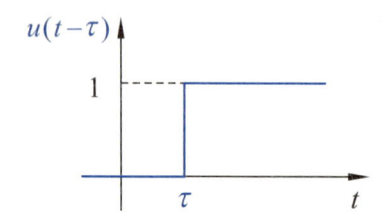

▶ 圖 4.2　延遲 τ 秒的單位步階函數 $u(t-\tau)$

例題 4.1

如圖 4.3 所示為**脈波** (pulse) $p_\Delta(t)$，脈波寬度為 Δ，高度為 $1/\Delta$，因此所涵蓋的面積等於 1。試以步階函數表達脈波 $p_\Delta(t)$。

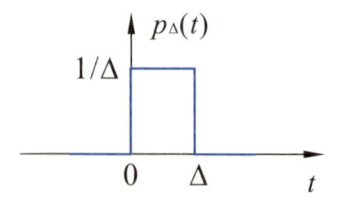

▶ 圖 4.3　例題 4.1：脈波函數

解 參見圖 4.2，此時 $\tau = \Delta$，因此

$$p_\Delta(t) = (1/\Delta)u(t) - (1/\Delta)u(t-\Delta)$$

即

$$p_\Delta(t) = \frac{u(t) - u(t-\Delta)}{\Delta} \text{。} \tag{4.4}$$

二、單位斜坡函數

斜坡函數 (ramp function) 定義如下：

$$f(t) = \begin{cases} 0 & t < 0 \\ At & t \geq 0 \end{cases} = Atu(t) := Ar(t) \tag{4.5}$$

其拉氏變換為 As^{-2}，式中 A 為斜率 (slope)。若 $A=1$，則 $r(t)=tu(t)$ 稱為**單位斜坡函數** (unit ramp function)，參見圖 4.4。因此，在 $t<0$ 時，$r(t)=0$；而在 $t \geq 0$ 以後，$r(t)=t$。單位斜坡函數之拉氏變換為 $F(s)=s^{-2}$，因此有時以 $f(s) = u_{-2}(t)$ 稱呼之。單位斜坡函數係做為控制系統的參考**速度輸入** (velocity input)，以評估響應速度及穩態誤差；而單位步階函數係做為控制系統的參考**位置輸入** (positional input)，以評估響應速度、穩度及準確性。

如果單位斜坡函數延遲 τ 秒再發生，即

$$f(t) = \begin{cases} 0 & t < \tau \\ t-\tau & t \geq \tau \end{cases} := r(t-\tau) \tag{4.6}$$

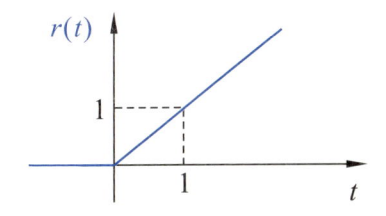

▶ 圖 4.4　單位斜坡函數：$r(t)=tu(t)$

參見圖 4.5，數學上亦可表達成

$$f(t) = u_{-2}(t-\tau) \tag{4.7}$$

上式之拉氏變換式為 $F(s) = (s^{-2})e^{-\tau s}$，或寫成 $r(t-\tau)$。

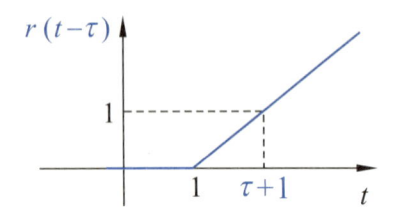

● 圖 4.5　延遲 τ 秒的單位斜坡函數：$r(t-\tau) = (t-\tau)u(t-\tau)$

由 (4.2) 式及 (4.5) 式之定義可以證得單位斜坡函數之時間微分即是單位步級函數，亦即：

$$\frac{d}{dt}r(t-\tau) = u(t-\tau) \tag{4.8}$$

例題 4.2

試繪製：(a) $tu(t-1)$，(b) $(t-1)u(t)$，(c) $(t+1)u(t)$

解　分別詳見圖 4.6(a)、(b) 及 (c) 所示。

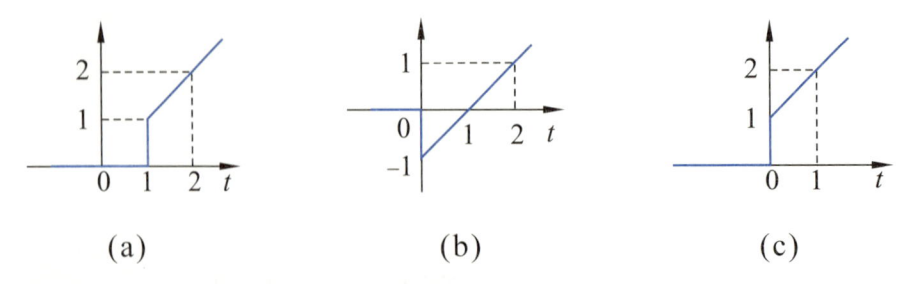

(a)　　　　　　(b)　　　　　　(c)

● 圖 4.6　例題 4.2(a) $tu(t-1)$，(b) $(t-1)u(t)$，(c) $(t+1)u(t)$ 等波形

三、單位拋物線函數

拋物線函數 (parabolic function) 定義如下：

$$f(t) = \begin{cases} 0 & t < 0 \\ (\dfrac{A}{2})t^2 & t \geq 0 \end{cases} = (A/2)t^2 u(t) := Aa(t) \tag{4.9}$$

其拉氏變換為 As^{-3}。若 $A=1$，則 $a(t)=(t^2/2)u(t)$ 稱為**單位拋物線函數** (unit parabolic function)。單位拋線函數之拉氏變換式為 $F(s)=s^{-3}$，因此有時以 $f(t)=u_{-3}(t)$ 稱呼之，參見圖 4.7。

單位拋線函數係作為控制系統的參考加速度輸入，以評估響應速度及常態誤差。

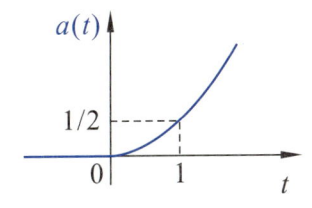

● 圖 4.7　單位拋線函數：$a(t)=(t^2/2)u(t)$

四、單位脈衝函數

單位脈衝函數 (unit impulse function) $\delta(t)$，參見圖 4.8，又稱為**狄拉克**-Δ (Dirac delta) 函數，須滿足以下兩個性質：

(a) $\delta(t) = \begin{cases} 0, & t \neq 0 \\ \infty, & t = 0 \end{cases}$ \hfill (4.10a)

(b) $\displaystyle\int_{-\infty}^{\infty} \delta(t)\, dt = 1$ \hfill (4.10b)

(a) 式意味在 $t=0$ 時，信號有奇異值之情況發生，(b) 式意味了**單位強度** (unit strength)，因此 $\delta(t)$ 稱為單位脈衝信號。

滿足此條件的試驗函數有許多，如圖 4.3 所示的脈波 $p_\Delta(t)$ 即為一例。因為 $p_\Delta(t)$ 波形掩蓋的面積恆等於 1，滿足 (b) 式；且當 $\Delta \to 0$ 時，(a) 式亦可滿足，即

$$\lim_{\Delta \to 0} p_\Delta(t) \to \delta(t) \tag{4.11}$$

因為

$$\lim_{\Delta \to 0} p_\Delta(t) = \lim_{\Delta \to 0} \frac{u(t) - u(t-\Delta)}{\Delta} := \frac{du(t)}{dt}$$

所以單位脈衝函數與單位步級函數之間具有下述微分、積分運算關係：

$$\frac{du(t)}{dt} = \delta(t) \quad \text{或} \quad u(t) = \int_{-\infty}^{t} \delta(\tau)\,d\tau \tag{4.12}$$

單位脈衝函數 $\delta(t)$ 之拉氏變換式等於 1，即 $\mathscr{L}(\delta(t)) = 1 = s^0$，因此又稱為奇異函數 $u_0(t)$。而 $\delta(t-t_0)$ 為延遲 t_0 秒的單位脈衝函數，如圖 4.9 所示。

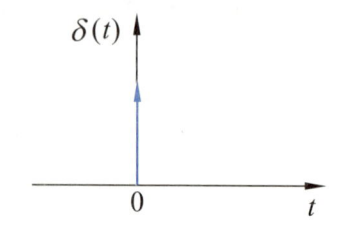

▶ 圖 4.8　單位脈衝函數

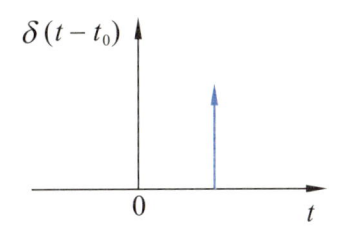

● 圖 4.9　延遲 t_0 秒的單位脈衝函數

如果 $f(t)$ 為一連續時間函數，則

$$\int_{-\infty}^{\infty} f(t)\delta(t-t_0) = f(t_0) \tag{4.13}$$

上式稱為**抽樣** (sampling)，或取樣性質。

五、弦波函數

弦波函數包括**正弦波** (sine) 及**餘弦波** (cosine) 兩種，但一般情形可以使用下述函數廣泛地涵蓋之：

$$x(t) = A\sin(\omega t + \phi) = A\sin(\frac{2\pi}{T}t + \phi) = A\sin(2\pi f t + \phi) \tag{4.14}$$

亦即，弦波之三要素為**振幅** (amplitude)、**頻率** (frequency) 與**相角** (phase angle)，我們以圖 4.10 之波形解釋如下：

1. 振幅：$A = 5$，有時稱為**波峰值** (peak value)，記為 $A = 5$；因此**峰至峰值** (peak to peak value) 為 $A_{pp} = 2A = 10$。
2. 頻率：**角頻率** (angular frequency) ω 之單位為（弧度/秒，rad/sec），其與頻率 f 之關係為

$$\omega = 2\pi f = \frac{2\pi}{T} \tag{4.15}$$

式中，T 稱為**週期** (period)，係一波峰至下一個波峰發生所需時間。

第四章　時域分析　141

由圖 4.10 可大約讀出 $T \approx 6.3$ 秒，因此由上式可知，信號之角頻率為：$\omega = 2\pi/T \approx 6.28/6.3 \approx 1$ rad/sec。頻率 f 與週期 T 互為倒數：

$$f = \frac{1}{T} \tag{4.16}$$

因此，信號之頻率為 $f = 1/6.3 \fallingdotseq 0.16$ 赫茲 (Hz)。

3. 相角：相角 ϕ 與**時間延遲** (time delay) t_0 之關聯為

$$\phi = \omega t_0 \tag{4.17}$$

式中，t_0 係為延遲時間。如圖 4.10 信號與 $\sin \omega t$ 比較之，其相角為 $\phi = -\pi/4$，相當於延遲時間 $t_0 = |\phi/\omega| = \pi/(4 \times 1) \approx 0.785$ 秒。因此，該信號表達為

$$x(t) = A\sin(\omega t + \phi) = 5\sin(t - \pi/4)$$

在時間 $t = 0$ 時，信號值等於 $5\sin(-\pi/4) \approx -3.5$，參見圖 4.10 所示。因為 $\phi = -\pi/4 < 0$，此信號與 $\sin \omega t$ 相較之下係為相位角落後，稱為**滯相** (phase lag)。是故，滯相即時間延遲係屬同意義。

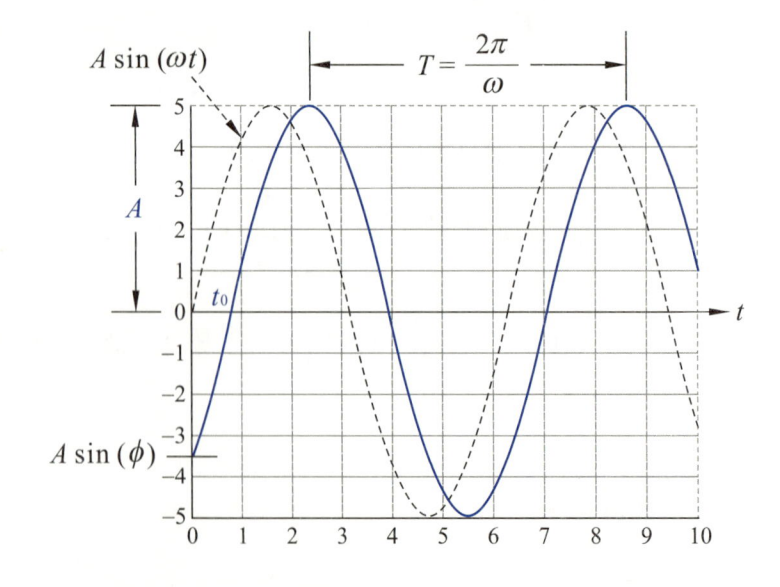

● 圖 4.10 弦波信號：$x(t) = 5\sin(t - \pi/4)$

由**猶拉公式** (Euler formula)：

$$e^{j\theta} = \cos\theta + j\sin\theta \tag{4.18}$$

因此令 $\theta = \omega t + \phi$，可得

$$\sin(\omega t + \phi) = \text{Im}[e^{j\theta}] \tag{4.19}$$

$$\cos(\omega t + \phi) = \text{Re}[e^{j\theta}] \tag{4.20}$$

式中，Re[·]代表實部，Im[·]代表虛部。

4-3 暫態響應

　　控制系統的時間響應可能與初始儲存之能量（初始條件）有關。在外輸入（或干擾）作用下，一個穩定系統的響應到達穩定狀態之前，由初始儲能產生的響應成分（零輸入響應）會衰減殆盡。亦即：一個零輸入的穩定系統會將初始儲能釋放掉。系統的表現在還未抵達穩態之前即是處於暫態。控制系統所表現之行為可用**暫態響應** (transient response) 及**穩態響應** (steady-state response) 評估之。其評估之依據為**時域規格**及**頻域規格**。這些將在往後章節再來討論之。控制系統施行時間響應分析時，單位脈衝響應及單位步階響應是最重要的兩項工作，將在以下介紹。

一、單位脈衝響應

　　於圖 4.11 的初始靜止線性非時變系統，轉移函數為 $G(s)$，當輸入 $x(t)$ 為單位脈衝信號時，$x(t) = \delta(t)$，所產生的響應 $y(t) = h(t)$ 稱為**單位脈衝響應** (unit impulse response)。一個線性系統在暫態響應時表現出來的穩定度通常可以由單位脈衝響應評估之。

$$x(t)=\delta(t) \longrightarrow \boxed{\text{線性系統 } G(s)} \longrightarrow y(t)=h(t)$$

▶ 圖 4.11　單位脈衝響應示意圖：$\delta \to h$

如果線性系統的輸入為 $x(t) = \delta(t)$，因此拉氏變換 $X(s)=1$；輸出為 $y(t) = h(t)$，而轉移函數為 $G(s)$，則拉氏變換輸出 $Y(s) = G(s)X(s) = G(s)$。因此單位脈衝響應式為

$$h(t) = \mathscr{L}^{-1}[G(s)] \tag{4.21}$$

亦即：一個線性系統的單位脈衝響應等於其轉移函數之拉氏反變換。

例題 4.3（一階系統）

於圖 4.11 的系統中，若輸入輸出之微分方程式為

$$\frac{dy}{dt} + 2y(t) = x(t)$$

試求出單位脈衝響應式 $h(t)$。

解　系統的轉移函數為

$$G(s) = \frac{1}{s+2}$$

因此，由 (4.21) 式，單位脈衝響應式為

$$h(t) = \mathscr{L}^{-1}[\frac{1}{s+2}] = e^{-2t}u(t)$$

參見圖 4.12 所示。

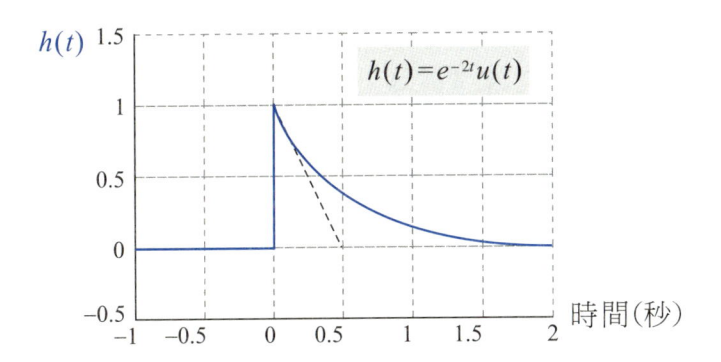

▶ 圖 4.12　例題 4.3：一階系統的單位脈衝響應

例題 4.4 （二階系統）

於圖 4.11 的系統中，若輸入輸出之微分方程式為

$$\frac{d^2y}{dt^2}+3\frac{dy}{dt}+2y(t)=x(t)$$

試求出單位脈衝響應式 h(t)。

解 系統的轉移函數為

$$G(s)=\frac{1}{s^2+3s+2}=\frac{1}{s+1}-\frac{1}{s+2}$$

因此，由 (4.21) 式，單位脈衝響應式為

$$h(t)=\mathscr{L}^{-1}[\frac{1}{s+1}-\frac{1}{s+2}]=(e^{-t}-e^{-2t})u(t)$$

參見圖 4.13 所示。

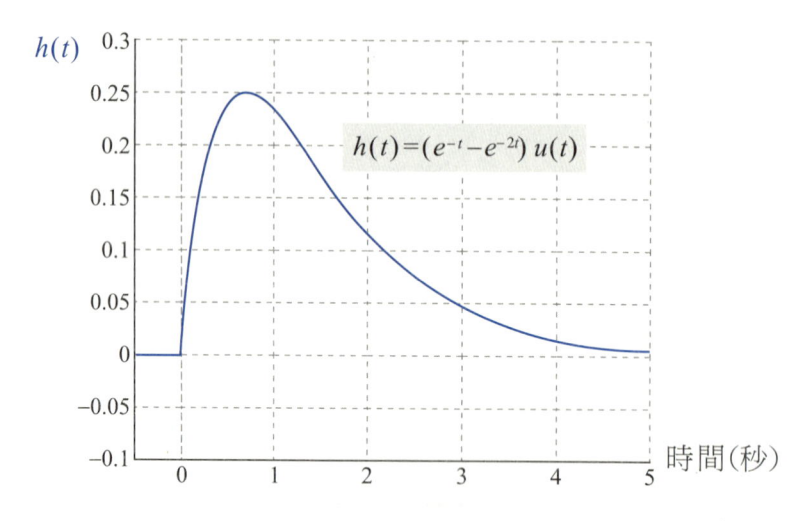

▶ 圖 4.13　例題 4.4：二階系統的單位脈衝響應

二、單位步階響應

　　一個控制系統的時間響應可能與初始儲存之能量（初始條件）有關，為了做暫態分析以評估控制系統的表現性能，可先考慮初始條件為零。於圖 4.14 的初始靜止線性非時變系統，轉移函數為 $G(s)$，當輸入 $x(t)$ 為單位步階函數信號 $x(t)=u(t)$，所產生的響應 $y(t)=\sigma(t)$ 稱為**單位步階響應** (unit step response)。一個線性控制系統在這種暫態響應的表現可以用來評估穩定性、速應性及準確性。

　　如果線性系統的輸入為 $x(t)=u(t)$，因此拉氏變換 $X(s)=1/s$；輸出為 $y(t)=\sigma(t)$，而轉移函數為 $G(s)$，則拉氏變換輸出 $Y(s)=G(s)X(s)=G(s)/s$。因此單位步級響應式為

▶ 圖 4.14　單位步階響應示意圖：$u \rightarrow \sigma$

$$\sigma(t) = \mathscr{L}^{-1}[G(s)/s] \qquad (4.22)$$

對於轉移函數為 $G(s)$ 的線性系統，其單位脈衝響應式 $h(t)$ 與單位步階響應式 $\sigma(t)$ 有如下之關係：

$$h(t) = d[\sigma(t)]/dt \qquad (4.23)$$

亦即：線性系統的單位步階響應式 $\sigma(t)$ 之時間微分等於單位脈衝響應 $h(t)$；反之，將單位脈衝響應 $h(t)$ 之時間積分（零初始條件）即得單位步級響應 $\sigma(t)$。

例題 4.5 （一階系統）

若系統輸入輸出微分方程式為

$$\frac{dy}{dt} + 2y(t) = x(t)$$

試求出：(a) 單位步階響應式 $\sigma(t)$，(b) 單位脈衝響應式 $h(t)$。

解 (a) 系統的轉移函數為 $G(s) = \dfrac{1}{s+2}$，因此，由(4.22)式，單位步階響應式為

$$\sigma(t) = \mathscr{L}^{-1}[G(s)/s] = \mathscr{L}^{-1}[\frac{1}{s(s+2)}] = \frac{1}{2}(1 - e^{-2t})u(t)$$

參見圖 4.15(a)。

(b) 由(4.23)式，單位脈衝響應式 $h(t)$ 為

$$h(t) = \frac{d}{dt}\sigma(t) = e^{-2t}u(t)$$

參見圖 4.15(b)。

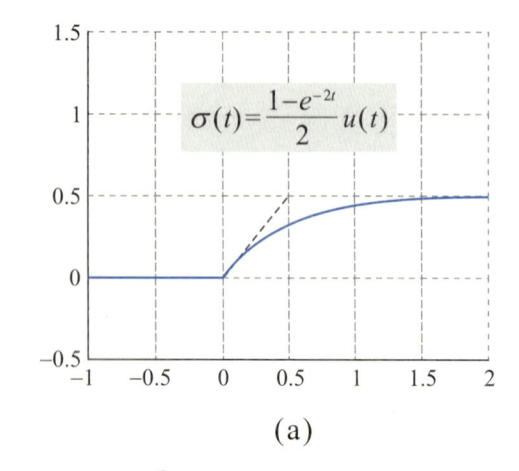

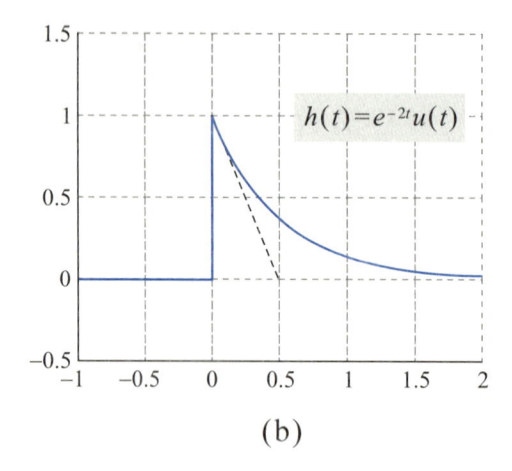

図 4.15 例題 4.5：(a) 單位步階響應，(b) 單位脈衝響應

例題 4.6（二階系統）

若系統輸入輸出微分方程式為

$$\frac{d^2y}{dt^2}+3\frac{dy}{dt}+2y(t)=x(t)$$

試求出：(a) 單位步階響應式 $\sigma(t)$，(b) 單位脈衝響應式 $h(t)$。

解 (a) 系統的轉移函數為

$$G(s)=\frac{1}{s^2+3s+2}$$

因此，由 (4.22) 式，單位步級響應 $\sigma(t)$ 為

$$\sigma(t)=\mathscr{L}^{-1}[G(s)/s]\mathscr{L}^{-1}[\frac{1}{s(s^2+3s+2)}]=\frac{1}{2}(1+e^{-2t}-2e^{-t})\,u(t)$$

參見圖 4.16。

(b) 由 (4.23) 式，單位脈衝響應式 $h(t)$ 為

$$h(t) = \frac{d}{dt}\sigma(t) = (e^{-t} - e^{-2t})u(t)$$

參見圖 4.16。

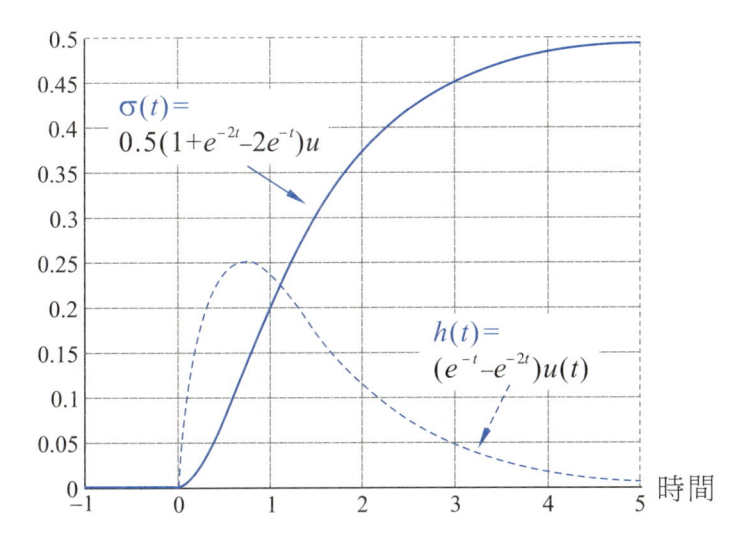

● 圖 4.16　例題 4.6：單位步級響應與單位脈衝響應之比較

4-4　時域性能及規格

本節要討論控制系統的重要時間響應分析。有關質的方面表現出來的性能，及在量的方面所定義之規格將分別介紹於後。

◆4-4.1　回授系統之性能

在**質化分析** (qualitative analysis) 方面，一個控制系統表現出來的性能有：

1. **穩定性** (stability)
2. **準確性** (accuracy)
3. **速應性** (speed)
4. **干擾拒斥能力** (disturbance rejection)

5. **雜訊抑制能力** (noise suppression)
6. **強韌性** (robustness)

　　系統的穩定性之定義及判斷法則將在第五章做介紹，其建立於頻域分析之相對穩定性之定義將於第六章裡介紹之。在時域分析中，如果系統的單位脈衝響應可以隨著時間增長而消失，則此系統是為**漸近式穩定** (asymptotically stable)。系統的準確性將於本章**單位回饋系統** (unity feedback) 的穩態誤差節次裡討論之。系統的速應性將以標準二階控制系統之單位步階暫態響應定義之規格：如超擊、上升時間、延遲時間、安定時間等，在下一節次再來討論。穩定性、準確性及速應性（響應速度）三個性能是控制系統最基本的表現要求。

　　干擾拒斥、雜訊抑制及強韌性則與控制系統某些輸出輸入轉移函數之間的**靈敏度** (sensitivity) 有關。如果系統的輸出不會受到不明原因之外界干擾影響之，亦即：系統輸出對於外界干擾之靈敏度很低，則此系統具有良好的干擾拒斥性能。同理，如果系統的輸出對於感測器夾雜而來的雜訊之靈敏度很低，則此系統具有良好的雜訊抑制性能。通常上述兩種性能表現的靈敏度互有牽扯，互有衝突，此即為設計一個優質控制系統兩難之處。解決之道在於各相關頻域使得控制系統這兩種靈敏度有不同的幅度，以克服所述之衝突條件。

　　如果一個控制系統在可容許範圍的不明因素干擾下，皆能穩定地工作，則此系統具有**強韌穩定性** (robust stability)。在可容許範圍的不明因素影響下，如果一個控制系統仍舊保有要求之性能，則此系統具有強韌功能性 (robust performance)。

◆4-4.2　暫態表現之規格

　　控制系統的表現可用如下**量化分析** (quantitative analysis) 評估之。

1. **超擊** (overshoot)
2. **延遲時間** (delay-time)

3. **上升時間** (rise-time)
4. **安定時間** (settling-time)
5. **主宰時間常數** (dominated time-constant)

圖 4.17 所示為一個控制系統的單位步階響應 $c(t)$，其穩態響應值為 $C_{ss} := c(\infty) = 1$，反應完成之可容許範圍 0.05。響應 $c(t)$ 在 P 點處最高，發生於時間 T_P，稱為**峰值時間** (peak time)，此時最高響應值為 C_P，稱之為響應**峰值** (peak)。超擊（超振）定義於 $M_P = C_P - c(\infty)$。一些時間響應規格可參考圖 4.17 的單位步階響應，定義如下：

1. 超擊 M_P：又稱超振，如圖 4.17 之 P 點，發生在 T_P；常表達成**最大百分超擊度** (maximum percent overshoot)：$M_P = (C_P - 1) \times 100\%$。如果 $C_{ss} \neq 1$，則 M_P 定義為

$$M_P = \frac{C_P - c(\infty)}{c(\infty)} \times 100\% \tag{4.24}$$

為暫態響應與穩態響應之最大差距。

2. 延遲時間 T_d：暫態響應到達最終值的 50% 所需時間。
3. 上升時間 T_r：對於無振盪的系統（例如過阻尼二階系統），暫態響應由最終值 C_{ss} 的 10% 至 90% 所需時間；對於有振盪的系統（例如欠阻尼二階系統），暫態響應由最終值 C_{ss} 的 0% 至 100% 所需時間。
4. 安定時間 T_S (settling time)：暫態響應進入最終值的 2% 至 5% 誤差容許範圍所需時間。因此 T_S 可用來評估系統的反應時間。
5. 時間常數 T：暫態響應之包跡線呈現指數衰減之時間常數。

系統的安定時間與超振度可由暫態時間響應圖判斷出來。如圖 4.17 中，T_S 可以代表安定時間，T_S 愈短則系統的反應愈快；C_P 代表系統的超振量，阻尼愈小則超振愈厲害，系統也就愈不穩定。一般而言，穩定度與反應速度是相互衝突的。

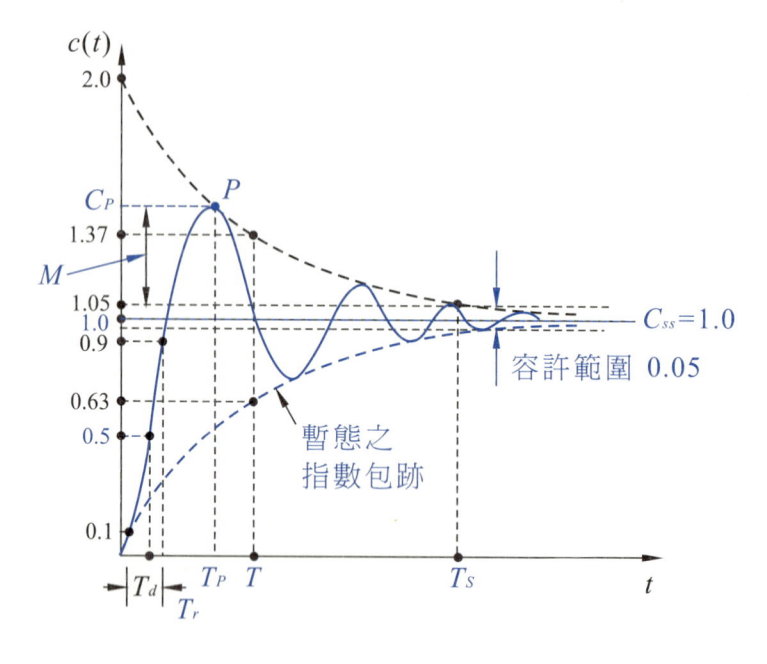

● 圖 4.17　一些時間響應的規格

一、位置伺服控制系統

　　圖 4.18(a) 的**位置伺服控制系統** (positional servo control system) 由一個比例控制器 (A) 及轉動式機械負載（轉動慣量 J 及旋轉摩擦 B）構成。現在我們要使得輸出轉角 $c(t)$ 能跟隨著輸入參考信號 $r(t)$ 之變化而做相對應的作動。負載元件的運動方程式為

$$JD^2 c(t) + BDc(t) = T \tag{4.25}$$

式中 $D = d/dt$，T 係為比例控制器（含伺服機構）產生的轉動力矩，A 為比例控制器的增益常數。上式求取拉氏變換得到

$$Js^2 C(s) + BsC(s) = T(s)$$

因此，輸出 $C(s)$ 與 $T(s)$ 之間的轉移函數為

$$\frac{C(s)}{T(s)} = \frac{1}{s(Js+B)} \tag{4.26}$$

亦即，圖 4.18(a) 的伺服機構系統可用圖 4.18(b) 的方塊圖系統代表之，系統的**閉路轉移函數** (closed-loop transfer function) 為

$$\frac{C(s)}{R(s)} = \frac{A}{Js^2 + Bs + A} = \frac{A/J}{s^2 + (B/J)s + (A/J)}$$

再寫成**標準二階系統** (standard 2nd-order system) 轉移函數如下：

$$\frac{C(s)}{R(s)} = \frac{\omega_n^2}{s^2 + 2\zeta\omega_n s + \omega_n^2} \tag{4.27}$$

式中，

$$\omega_n = \sqrt{\frac{A}{J}} \quad \text{稱為} \textbf{無阻尼自然頻率}$$

$$\zeta = \frac{B}{2\sqrt{AJ}} \quad \text{稱為} \textbf{阻尼比} \text{ (damping ratio)}$$

因此，圖 4.18(b) 的方塊圖系統可用圖 4.18(c) 的單位回饋系統代表之。

再來我們考慮此系統當阻尼比 $0 < \zeta < 1$ 之單位步階響應。因輸入是單位步階函數，故 $R(s) = 1/s$，使得

$$C(s) = \frac{\omega_n^2}{s^2 + 2\zeta\omega_n s + \omega_n^2} \cdot \frac{1}{s} = \frac{1}{s} - \frac{s + 2\zeta\omega_n}{s^2 + 2\zeta\omega_n s + \omega_n^2}$$

$$= \frac{1}{s} - \frac{\zeta\omega_n}{(s+\zeta\omega_n)^2 + \omega_d^2} - \frac{s+\zeta\omega_n}{(s+\zeta\omega_n)^2 + \omega_d^2} \tag{4.28}$$

式中，

$$\omega_d = \omega_n\sqrt{1-\zeta^2} \quad \text{稱為阻尼振盪頻率} \tag{4.29}$$

第四章　時域分析

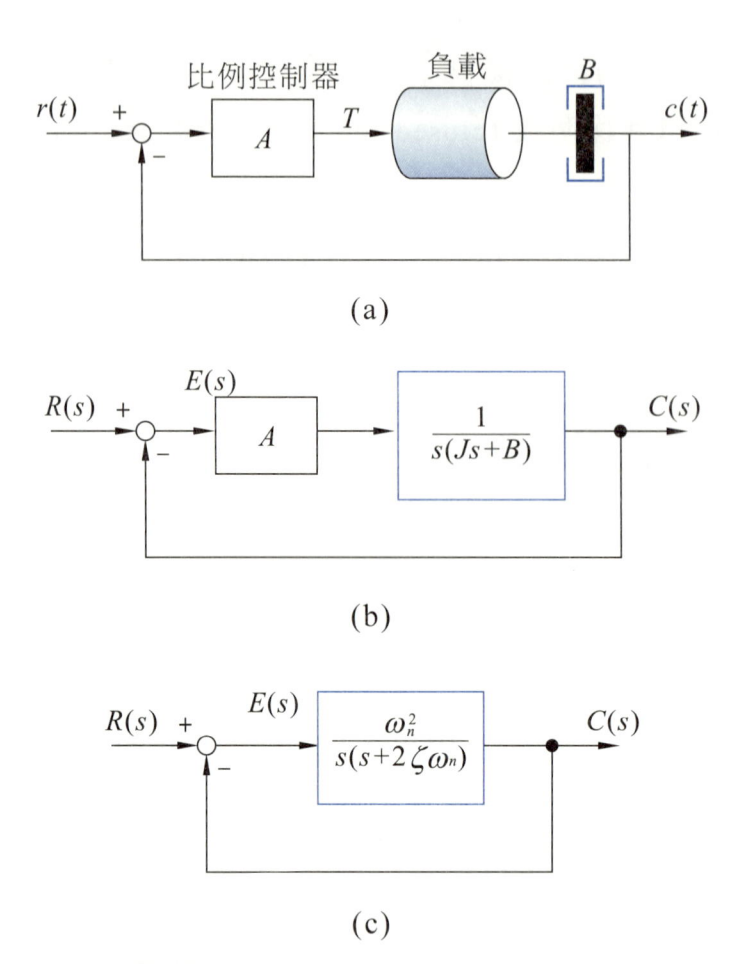

▶ 圖 4.18　(a) 位置伺服控制系統；(b) 方塊圖代表；(c) 標準二階系統之方塊圖代表

將 (4.28) 式求取拉氏反變換即得如下標準二階系統之單位步階響應：

$$c(t) = 1 - \frac{\zeta}{\sqrt{1-\zeta^2}} e^{-\xi\omega_n t} \sin\omega_d t - e^{-\xi\omega_n t} \cos\omega_d t$$

$$= 1 - \frac{e^{-\xi\omega_n t}}{\sqrt{1-\zeta^2}} \sin(\omega_d t + \cos^{-1}\zeta) \qquad (4.30)$$

在各種阻尼比之情形，其時間響應曲線參見圖 4.19。

我們發現到，當阻尼比 ζ 愈小，則上升時間較小，響應愈快速；

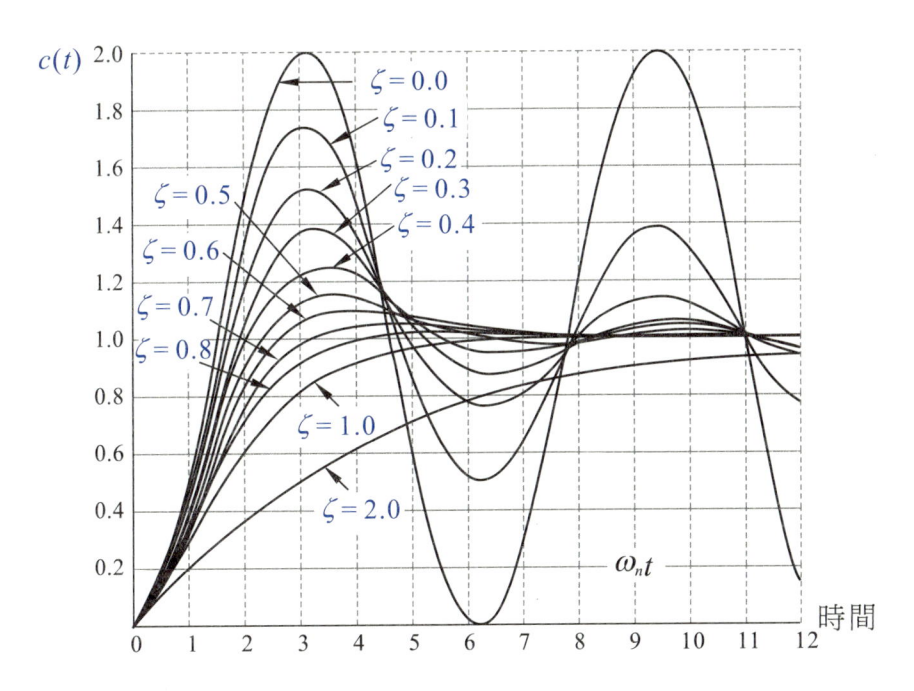

▶ 圖 4.19　標準二階系統在各種阻尼比之單位步階響應

但是安定時間增長，超擊度愈大，較不穩定。此說明了穩定與速應性是互相牽制、相互衝突的。一般合理的設計，選擇阻尼比：$0.6 \leq \zeta \leq 0.8$。

二、二階系統及暫態響應規格

再來我們要針對欠阻尼（$0 \leq \zeta \leq 1$）標準二階系統 (4.27) 式的單位步階響應討論各種時間響應規格，諸如：上升時間、峰值時間、最大超擊度及安定時間。這些響應規格皆與 ζ 及 ω_n 有密切的關連。

上升時間 T_r：對於欠阻尼（$0 \leq \zeta \leq 1$）二階系統 (4.27) 式，在上升時間 T_r 時，$c(T_r)=1$，由 (4.30) 式可得

$$c(T_r)=1=1-\frac{\zeta}{\sqrt{1-\zeta^2}}e^{-\zeta\omega_n T_r}\sin\omega_d T_r + e^{-\xi\omega_n t}\cos\omega_d T_r$$

因此，

$$\frac{\zeta}{\sqrt{1-\zeta^2}}\sin\omega_d T_r + \cos\omega_d T_r = 0$$

可得

$$T_r = \frac{1}{\omega_d}\tan^{-1}(-\frac{\sqrt{1-\zeta^2}}{\zeta}) = \frac{\pi - \tan^{-1}(\frac{\sqrt{1-\zeta^2}}{\zeta})}{\omega_d} \tag{4.31a}$$

由上式可知，欲上升時間 T_r 減少，則須使得振盪角頻率 ω_d 增大。

註：如果考慮在 $0.3 < \zeta < 0.8$，且上升時間 T_r 定義為暫態響應由最終值 C_{ss} 的10%至90%所需時間（如一般無振盪之響應），則上升時間可用以下經驗公式估計之

$$T_r = \frac{2.16\zeta + 0.06}{\omega_n} \quad (0.3 < \zeta < 0.8) \tag{4.31b}$$

峰值時間 T_p：二階系統在 $t = T_p$ 時，其步階響應最大：$c(T_p) = C_p$，參見圖 4.17 所示。欲求 T_p 可令 $c(t)$ 之時間微分等於零

$$\frac{dc}{dt} = \frac{\omega_n}{\sqrt{1-\zeta^2}}e^{-\xi\omega_n t}\sin\omega_d t = 0$$

因此，$\sin\omega_d t = 0$，亦即：$\omega_d t = 0, \pi, 2\pi, \ldots$。因為峰值發生於第一次超擊，因此：$\omega_d T_p = \pi$，即

$$T_p = \frac{\pi}{\omega_d} = \frac{\pi}{\omega_n\sqrt{1-\zeta^2}} \tag{4.32}$$

最大超擊 M_p：參見圖 4.17 所示，二階系統最大超擊發生於 $t = T_p = \pi/\omega_d$，最大超擊為

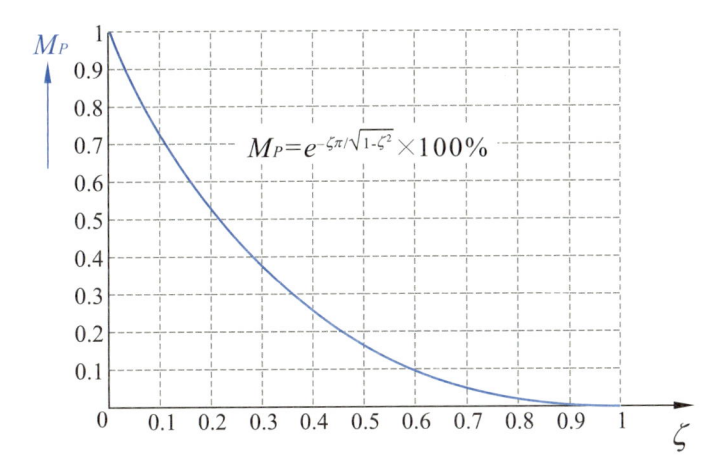

▶ 圖 4.20　最大百分超擊度 M_P 與各種阻尼比 ζ 之關係

$$M_P = c(T_P) - c(\infty)$$
$$= -e^{-\zeta\omega_n(\pi/\omega_d)}(\frac{\zeta}{\sqrt{1-\zeta^2}}\sin\pi + \cos\pi) = e^{-\xi\pi/\sqrt{1-\xi^2}} \qquad (4.33a)$$

百分最大超擊度，參見圖 4.20 所示，則為

$$M_P = e^{-\xi\pi/\sqrt{1-\xi^2}} \times 100\% \qquad (4.33b)$$

安定時間 T_S：參見圖 4.20 的二階系統在各種阻尼比之單位步階響應。我們發現到響應 $c(t)$ 總是在**包跡** (envelope) 曲線涵蓋的範圍內。參見圖 4.21 所示，這兩條包跡曲線是

$$1 \pm \frac{1}{\sqrt{1-\zeta^2}}e^{-\zeta\omega_n t} \qquad (4.34)$$

其時間常數為 $T = \dfrac{1}{\zeta\omega_n}$。若反應完成容許範圍為 0.02，則安定時間為

$$T_S = \frac{4}{\zeta\omega_n} \qquad (4.35)$$

註：若容許範圍為 0.05，則安定時間可用 $T_S = 3/\zeta\omega_n$。

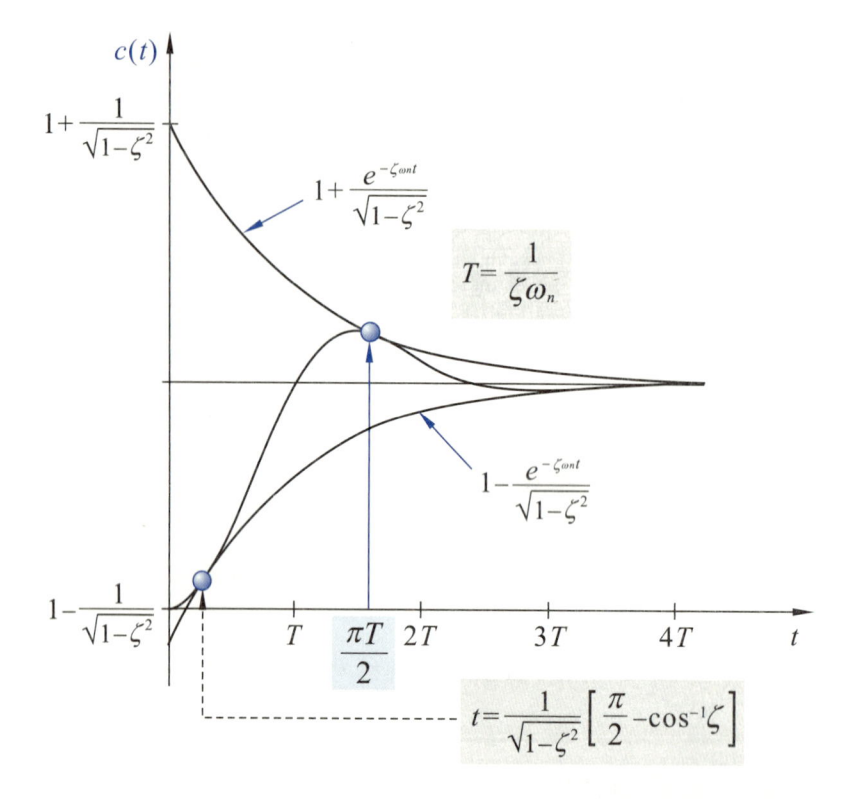

▶ 圖 4.21　單位步階響應及其指數包跡曲線

例題 4.7

如圖 4.22 的控制系統操作在單位步階輸入，試求上升時間、峰值時間、最大超擊及安定時間。

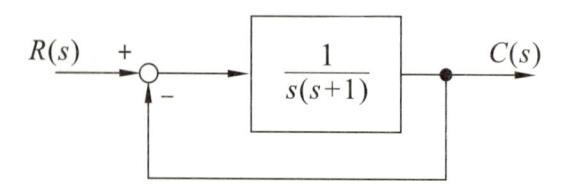

▶ 圖 4.22　例題 4.7 之控制系統

解 參見圖 4.18(b)，令 $\dfrac{\omega_n^2}{s(s+2\zeta\omega_n)} = \dfrac{1}{s(s+1)}$

因此，$\omega_n = 1$，$\zeta = 0.5$

$$\omega_d = \omega_n\sqrt{1-\zeta^2} = \sqrt{1-0.5^2} = 0.866$$

由 (4.31a)式，上升時間為

$$T_r = \dfrac{1}{\omega_d}\tan^{-1}\left(-\dfrac{\sqrt{1-\zeta^2}}{\zeta}\right) \approx 2.14 \text{ 秒}$$

由 (4.32)式，峰值時間為

$$T_P = \dfrac{\pi}{\omega_d} = \dfrac{\pi}{\omega_n\sqrt{1-\zeta^2}} \approx 3.63 \text{ 秒}$$

由 (4.33)式，最大超擊為

$$M_P = e^{-\zeta\pi/\sqrt{1-\zeta^2}} \times 100\% \approx e^{-1.81} = 0.163$$

由 (4.35)式，安定時間為

$$T_S = \dfrac{4}{\zeta\omega_n} = \dfrac{4}{0.5 \times 1} = 8 \text{ 秒}。$$

4-5 穩態誤差分析

為了要討論回饋系統的穩態時間響應，或在追隨參考輸入下，產生的表現是否準確，穩態響應之誤差為何，我們得先研習開環系統的類型數及其固有特性。控制系統在各種參考輸入下，響應造成的穩態誤差與各類型系統之誤差**常數**有關，這些都是本節次要討論的。

一、開環系統類型數

一個控制系統的穩態誤差與其**開環** (open-loop) 系統轉移函數的

型式有密切的關係。因此我們先要介紹開環系統的**類型數** (type number)，並且討論其固有特性。

圖 4.23(a) 所示是一般的回饋控制系統，$G(s)$ 稱為**順向**(forward) 轉移函數，$H(s)$ 稱為**回饋** (feedback) 轉移函數，$GH(s) := G(s)H(s)$ 稱為**開環轉移函數** (open-loop transfer function)。

如果 $H(s)=1$，則此系統稱為**單位回饋** (unity-feedback) 控制系統。在討論到控制系統針對步階、斜坡及脈衝等函數輸入所可能產生的穩態誤差時，我們使用如圖 4.23(b) 之單位回饋之結構，因此開環轉移函數為 $G(s)$。

一個第 L 類型（類型 L）開環轉移函數可以代表為

$$G(s) = \frac{KN_1(s)}{s^L D_1(s)} \tag{4.36a}$$

$$= \frac{K(s+z_1)(s+z_2)\cdots(s+z_m)}{s^L(s+p_1)(s+p_1)\cdots(s+p_n)} \tag{4.36b}$$

式中，$L \geq 0$，$m \leq L+n$，且 K 稱為**開環增益** (open-loop gain)，$-z_1, -z_2, \cdots -z_m$ 不為零，稱為**開環零點** (open-loop zero)；$-p_1, -p_2, \cdots -p_n$ 不為零，稱為**開環極點** (open-loop pole)。因此，第 L 類型（類型 L）系統，開環轉移函數有 L 個 $s=0$ 極點。

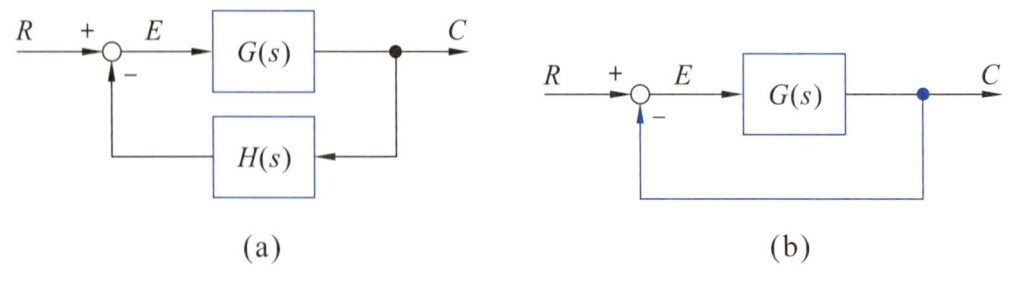

圖 4.23 (a) 一般回饋控制系統，(b) 單位回饋控制系統

例題 4.8

如圖 4.24 所示的單位回饋控制系統，因為開環轉移函數為

$$G(s) = \frac{3(s+1)}{s^2(s+2)}$$

有 2 個 $s=0$ 的極點，故為第 2 類型（類型 2）系統。

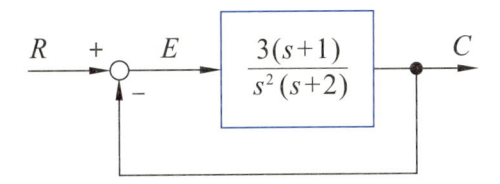

▶ 圖 4.24　例題 4.8 的單位回饋控制系統

例題 4.9

如圖 4.25 所示的單位回饋控制系統，因為開環轉移函數為

$$G(s) = \frac{3}{s^2+3s+2} \cdot \frac{1}{s} = \frac{3}{s(s+1)(s+2)}$$

只有 1 個 $s=0$ 的極點，故為第 1 類型（類型 1）系統。

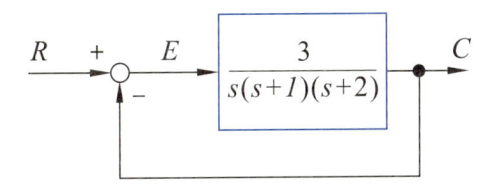

▶ 圖 4.25　例題 4.9 的回饋控制系統

例題 4.10

如圖 4.26 所示的單位回饋控制系統，因為其開環轉移函數為

$$G(s) = \frac{10(s+7)}{(s+1)(s^2+2s+3)}$$

沒有 $s=0$ 的極點，故為第 0 類型（類型 0）系統。

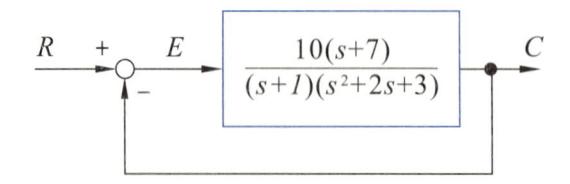

▶ 圖 4.26　例題 4.10 的回饋控制系統

二、位置誤差常數 K_P

以 (4.36) 式代表開環轉移函數的單位回饋控制系統，其**位置誤差常數**（positional error constant）定義為

$$K_P = \lim_{s \to 0} G(s) = G(0) \tag{4.37a}$$

$$= \lim_{s \to 0} \frac{KN_1(s)}{s^L D_1(s)} = \begin{cases} K \dfrac{N_1(0)}{D_1(0)} \neq 0 &,\text{若 } L=0 \\ \infty &,\text{若 } L=1,2,3,\cdots \end{cases} \tag{4.37b}$$

又由圖 4.23 (b) 的單位回饋系統可知，誤差 E 與輸入變數 R 的關係為

$$E(s) = R(s) \cdot \frac{1}{1+G(s)} \tag{4.38}$$

若輸入為單位步階函數，$R(s)=1/s$，則

$$E(s) = \frac{1}{s} \cdot \frac{1}{1+G(s)}$$

因此，產生的穩態誤差 e_{ss} 為

$$e_{ss} = e(\infty) = \lim_{s \to 0} sE(s) = \lim_{s \to 0} \frac{1}{s} \cdot \frac{s}{1+G(s)} \tag{4.39}$$

$$= \frac{1}{1+\lim_{s \to 0} G(s)} = \frac{1}{1+K_P} \tag{4.40}$$

由單位步階輸入所產生的穩態誤差又稱為位置式誤差 e_P，因此

$$e_P = \frac{1}{1+K_P} = \begin{cases} \dfrac{D_1(0)}{D_1(0)+KN_1(0)} & \text{, 若 } L=0 \\ 0 & \text{, 若 } L=1, 2, 3, \cdots \end{cases} \tag{4.41}$$

由上式可知，在單位步階輸入下所產生的**位置式誤差** e_P 與位置誤差常數 K_P 的關係為 $e_P = 1/(1+K_P)$。欲減少穩態誤差，則需使得開環增益 K 愈大，單位回饋控制系統的位置式伺服表現也就愈精確。**第 1 類型以上的系統**（ $L=1, 2, \cdots$ ），其位置誤差常數 $K_P = \infty$，在步階函數輸入下產生的位置誤差 $e_P = 0$，可得到精確的表現。亦即，在步階函數輸入下，第 1 類型以上的控制系統可以達成精確的位置式伺服控制。

例題 4.11

如例題 4.10 的類型 0 系統,其位置誤差常數為

$$K_P = \lim_{s \to 0} G(s) = \lim_{s \to 0} \frac{10(s+7)}{(s+1)(s^2+2s+3)} = \frac{10 \times 7}{1 \times 3} = \frac{70}{3} \neq 0$$

故在 A 單位的步階函數輸入下,產生的穩態誤差為

$$e_{ss} = \frac{1}{1+K_P} \cdot A = \frac{1}{1+70/3} \cdot A \approx 0.04A$$

參見圖 4.27 所示的時間響應圖。

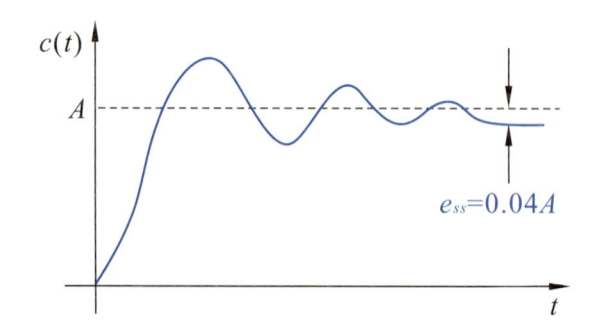

▶ 圖 4.27　例題 4.11 的類型 0 系統之穩態誤差 e_{ss}

例題 4.12

如例題 4.9 的類型 1 系統,其位置誤差常數為

$$K_P = \lim_{s \to 0} G(s) = \lim_{s \to 0} \frac{3}{s(s+1)(s+2)} \to \infty$$

故在 A 單位的步階輸入下，產生的穩態誤差為

$$e_{ss} = \frac{1}{1+K_P} \cdot A = \frac{1}{1+\infty} \cdot A \approx 0$$

參見圖 4.28 所示的時間響應圖。

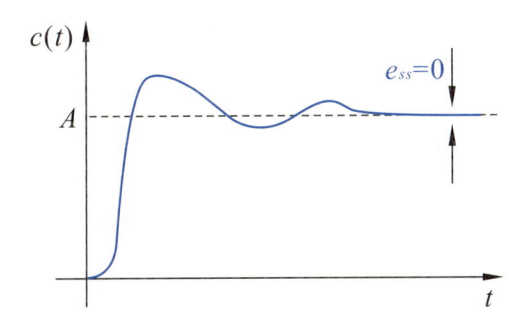

● 圖 4.28　例題 4.12 的類型 1 系統之穩態誤差 e_{ss}

三、速度誤差常數 K_v

以 (4.36) 式代表開環轉移函數的單位回饋控制系統，其**速度誤差常數** (velocity error constant) 定義為

$$K_v = \lim_{s \to 0} sG(s) \tag{4.42a}$$

$$= \begin{cases} 0 & \text{, 當 } L = 0 \\ K\dfrac{N_1(0)}{D_1(0)} & \text{, 當 } L = 1 \\ \infty & \text{, 當 } L = 2, 3, 4, \cdots \end{cases} \tag{4.42b}$$

當輸入為單位斜坡函數，$R(s) = 1/s^2$，則

$$E(s) = \frac{1}{s^2} \cdot \frac{1}{1+G(s)}$$

因此,產生的穩態誤差為

$$e_{ss} = e(\infty) = \lim_{s \to 0} sE(s) = \lim_{s \to 0} \frac{1}{s^2} \cdot \frac{s}{1+G(s)}$$

$$= \frac{1}{\lim_{s \to 0} sG(s)} = \frac{1}{K_v} \tag{4.43}$$

由單位斜坡函數輸入產生的穩態誤差又稱為**速度式誤差** e_v,因此

$$e_v = \frac{1}{K_v} = \begin{cases} \infty & ,\text{當 } L = 0 \\ \dfrac{D_1(0)}{KN_1(0)} & ,\text{當 } L = 1 \\ 0 & ,\text{當 } L = 2, 3, 4, \cdots \end{cases} \tag{4.44}$$

由上式可知,在 A 單位的斜坡信號,即 $r = Atu(t)$,輸入所產生的穩態速度式誤差 e_{ss} 與速度誤差常數 K_v 的關係為 $e_{ss} = A/K_v$。若開環系統為 0 類型 ($L=0$),則 $e_{ss} = Ae_v \to \infty$,因此第 0 類型系統不可作為速度伺服控制系統。若開環系統為 1 類型 ($L=1$),則 $e_{ss} = Ae_v = A/K_v$,因此第 1 類型系統欲做為速度伺服控制系統時,其開環增益 K 愈大,則控制系統的表現也就愈精確。第 2 類型以上的系統 ($L = 2, 3, 4, \cdots$),其速度誤差常數 $K_v = \infty$,在斜坡函數輸入下所產生的誤差 $e_v = 0$,可以得到甚為精確的速度式伺服表現。亦即,在單位斜坡輸入下,第 2 類型以上的控制系統可以達成精確的速度式伺服控制。

例題 4.13

如例題 4.9 的類型 1 系統,其速度誤差常數為

$$K_v = \lim_{s \to 0} sG(s) = \lim_{s \to 0} \frac{3}{(s+1)(s+2)} = \frac{3}{2}$$

故在 A 單位的斜坡函數輸入下，產生的穩態誤差為

$$e_{ss} = A \cdot \frac{1}{K_v} = \frac{2A}{3} \approx 0.67A$$

參見圖 4.29 所示的時間響應圖。

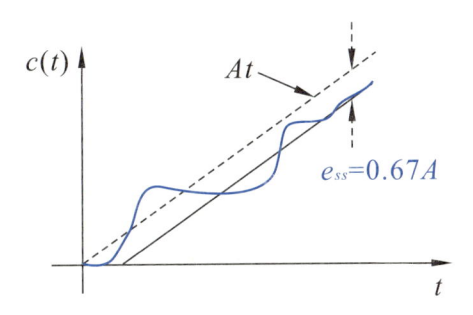

▶ 圖 4.29　例題 4.13 的類型 1 系統之穩態誤差 e_{ss}

例題 4.14

如例題 4.8 的類型 2 系統，其速度誤差常數為

$$K_v = \lim_{s \to 0} sG(s) = \lim_{s \to 0} \frac{3(s+1)}{s(s+2)} \to \infty$$

故在 A 單位的斜坡函數輸入下，產生的穩態誤差為 $e_{ss} = A \cdot \frac{1}{K_v} = 0$。

例題 4.15

如例題 4.10 的類型 0 系統，速度誤差常數 $K_v = 0$，在斜坡函數輸入下，產生的穩態誤差為 ∞，不適合做速度式控制。

四、加速度誤差常數 K_a

以 (4.36) 式代表開環轉移函數的單位回饋控制系統，其**加速度誤差常數** (accerlerational error constant) 定義為

$$K_a = \lim_{s \to 0} s^2 G(s) \tag{4.45a}$$

$$= \begin{cases} 0 & \text{, 當 } L = 0, 1 \\ K \dfrac{N_1(0)}{D_1(0)} & \text{, 當 } L = 2 \\ \infty & \text{, 當 } L = 3, 4, \cdots \end{cases} \tag{4.45b}$$

當輸入為單位拋物線函數，$r(t) = t^2/2$，即 $R(s) = 1/s^3$，則

$$E(s) = \frac{1}{s^3} \cdot \frac{1}{1+G(s)}$$

因此，產生的穩態誤差為

$$e_{ss} = e(\infty) = \lim_{s \to 0} sE(s) = \lim_{s \to 0} \frac{1}{s^3} \cdot \frac{s}{1+G(s)}$$
$$= \frac{1}{\lim_{s \to 0} s^2 G(s)} = \frac{1}{K_a} \tag{4.46}$$

由單位拋物線函數輸入產生的穩態誤差稱為加速度式誤差 e_a，因此

$$e_a = \frac{1}{K_a} = \begin{cases} \infty & \text{, 當 } L = 0, 1 \\ \dfrac{D_1(0)}{KN_1(0)} & \text{, 當 } L = 2 \\ 0 & \text{, 當 } L = 3, 4, \cdots \end{cases} \tag{4.47}$$

由上式可知，在 A 單位的拋物線函數信號，即 $r = (At^2/2)u(t)$，輸入下所產生的穩態誤差 e_{ss} 與加速度誤差常數 K_a 的關係為 $e_{ss} = A/K_a$。若開環系統為 0 或 1 類型 ($L = 0, 1$)，則 $e_{ss} = Ae_v \to \infty$，因此第 0 類型或第 1 類型系統不可做為加速度伺服控制系統。若開環系統為 2 類型

($L=2$)，則 $e_{ss} = Ae_a = A/K_a$，因此第 2 類型系統欲做為加速度伺服控制系統時，其開環增益 K 愈大，則控制系統的表現也就愈精確。第 3 類型以上的系統 ($L=3,4,\cdots$)，其加速度誤差常數 $K_a = \infty$，在拋物線函數輸入下所產生的誤差 $e_{ss} = 0$，可以得到甚為精確的表現。亦即，第 3 類型以上的控制系統可以達成精準的加速度式伺服控制。表 4.1 為各類型系統在各種輸入下的誤差常數及穩態誤差之總整理。

例題 4.16

如例題 4.8 的類型 2 系統，其加速度誤差常數為

$$K_a = \lim_{s \to 0} s^2 G(s) = \lim_{s \to 0} \frac{3(s+1)}{(s+2)} = \frac{3}{2}$$

故在 A 單位的拋物線函數輸入下，產生的穩態誤差為

$$e_a = \frac{1}{K_a} \cdot A \approx 0.67A$$

參見圖 4.30 所示的時間響應圖。

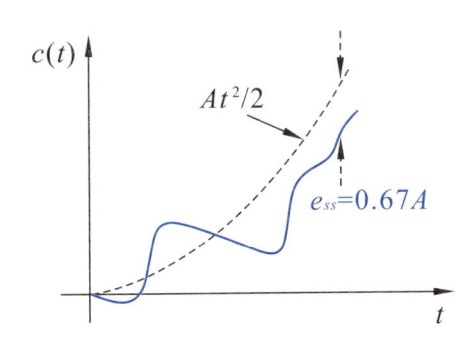

▶ 圖 4.30　例題 4.16 的類型 2 系統之穩態誤差 e_{ss}

例題 4.17

如例題 4.9 的類型 1 系統，加速度誤差常數 $K_a = 0$，在拋物線函數輸入產生的穩態誤差為 ∞，不適合做加速度式控制。

例題 4.18

如果一個單位回饋系統的開環轉移函數為

$$G(s) = \frac{4(s+1)}{s^2(s+2)}$$

試求：

(a) 位置誤差常數 K_P。
(b) 速度誤差常數 K_v。
(c) 加速度誤差常數 K_a。
(d) 輸入為 $r(t) = 3 - t + t^2/4$ 所造成的穩態誤差。

解 此系統為類型 2，由表 4.1 可知：

(a) 位置誤差常數 $K_P = \infty$。

(b) 速度誤差常數 $K_v = \infty$。

(c) 加速度誤差常數 $K_a = \dfrac{4 \cdot 1}{2} = 2$。

(d) 因為在 $r(t) = 3$ 輸入下產生的穩態位置誤差為 $3e_P = 3 \cdot 0 = 0$；

在 $r(t) = -t$ 輸入下產生的穩態誤差為 $-e_v = -1/K_v = 0$；

在 $r(t) = 0.5 \cdot \dfrac{1}{2} t^2$ 輸入下產生的穩態誤差為 $0.5 e_a = 0.5/K_v = 0.25$。

所以，若輸入為 $r(t) = 3 - t + t^2/4$，所造成的穩態誤差為

▶ 表 4.1 各類型系統的誤差常數及穩態誤差

類型 L	K_P	K_v	K_a	e_P	e_v	e_a
0	$\dfrac{KN_1(0)}{D_1(0)}$	0	0	$\dfrac{1}{1+K_P}$	∞	∞
1	∞	$\dfrac{KN_1(0)}{D_1(0)}$	0	0	$\dfrac{1}{K_v}$	∞
2	∞	∞	$\dfrac{KN_1(0)}{D_1(0)}$	0	0	$\dfrac{1}{K_a}$
3	∞	∞	∞	0	0	0
4	∞	∞	∞	0	0	0

$$e_{ss} = 3e_P - e_v + \frac{1}{2}e_a = 0.25 \text{。}$$

4-6 本章重點回顧

1. 控制系統的時間響應分析目的在評估系統的時間領域表現是否合乎性能及規格之要求。

2. 控制系統的典型測試輸入信號有：單位步階函數 $u(t)$、單位斜坡函數 $r(t)$、單位拋物線函數 $a(t)$、單位脈衝函數 $\delta(t)$ 及弦波函數 $\sin \omega t$ 或 $\cos \omega t$。

3. 單位步階函數 $f(t)=u(t)$ 在 $t<0$ 時，$f(t)=0$；而在 $t\geq 0$ 以後，$f(t)=1$。其拉氏變換式為 $F(s)=s^{-1}$，因此有時以 $f(t)=u_{-1}(t)$ 稱呼之。

4. 單位斜坡函數 $f(t)=r(t)$ 在 $t<0$ 時，$r(t)=0$；而在 $t\geq 0$ 以後，$r(t)=t$。其拉氏變換為 $F(s)=s^{-2}$，因此有時以 $f(t)=u_{-2}(t)$ 稱呼之。

5. 單位步階函數 $u(t)$ 係作為控制系統的參考位置輸入，以評估響應速度、穩定度及準確性。單位斜坡函數 $r(t)$ 係做為控制系統的參考速度輸入，以評估響應速度及穩態誤差。

6. 單位拋物線函數 $a(t)=(t^2/2)u(t)$ 之拉氏變換式為 $F(s)=s^{-3}$，因此有時以 $f(t)=u_{-3}(t)$ 稱呼之。

7. 單位脈衝函數 $\delta(t)$ 之拉氏變換式等於 1，即 $\mathscr{L}(\delta(t))=1=s^0$，因此又稱為奇異函數 $u_0(t)$。

8. 弦波函數包括了正弦波及餘弦波兩種，其一般情形代表為 $x(t)=A\sin(\omega t+\phi)=A\sin(2\pi t/T+\phi)=A\sin(2\pi ft+\phi)$。弦波之三要素為：振幅、頻率與相角。

9. 相角 ϕ 與時間延遲 t_0 之關聯為 $\phi=\omega t_0$，滯相即是時間延遲。

10. 猶拉公式 $e^{j\theta}=\cos\theta+j\sin\theta$，令 $\theta=\omega t+\phi$，可得 $\sin(\omega t+\phi)=\text{Im}[e^{j\theta}]$ 及 $\cos(\omega t+\phi)=\text{Re}[e^{j\theta}]$。

11. 系統的表現在還未抵達穩態之前即是處於暫態。控制系統所表現之行為可用暫態響應及穩態響應評估之。其評估之依據為時域規格及頻域規格。

12. 當輸入為單位脈衝信號，$x(t)=\delta(t)$，所產生的響應：$y(t)=h(t)$ 稱為單位脈衝響應。一個線性系統的單位脈衝響等於其轉移函數之拉氏反變換 $h(t)=\mathscr{L}^{-1}[G(s)]$。

13. 當輸入為單位步階函數信號 $x(t)=u(t)$，所產生的響應：$y(t)=\sigma(t)=\mathscr{L}^{-1}[G(s)/s]$ 稱為單位步階響應。

14. 線性系統的單位步階響應式 $\sigma(t)$ 之時間微分等於單位脈衝響應 $h(t)$：$h(t)=d[\sigma(t)]/dt$。

15. 控制系統表現的性能在質的分析方面有：穩定性、準確性、速應性、干擾拒斥能力、雜訊抑制能力及強韌性。

16. 如果系統輸出對於外界干擾之靈敏度很低，則此系統具有良好的干擾拒斥性能。同理，如果系統的輸出對於感測器夾雜而來的雜訊之靈敏度很低，則此系統具有良好的雜訊抑制性能。

17. 控制系統的表現可用如下量化分析評估之：超擊、延遲時間、上升時間、安定時間及主宰時間常數。

18. 標準二階系統轉移函數為

$$\frac{C(s)}{R(s)} = \frac{\omega_n^2}{s^2 + 2\zeta\omega_n s + \omega_n^2}$$

$\omega_d = \omega_n\sqrt{1-\zeta^2}$ 稱為阻尼振盪頻率。

單位步階響應：$c(t) = 1 - \frac{e^{-\zeta\omega_n t}}{\sqrt{1-\zeta^2}}\sin(\omega_d t + \cos^{-1}\zeta)$。

19. 欠阻尼（$0 < \zeta < 1$）二階系統上升時間 $T_r = \frac{1}{\omega_d}\tan^{-1}(-\frac{\sqrt{1-\zeta^2}}{\zeta})$。

20. 考慮 $0.3 < \zeta < 0.8$，且上升時間 T_r 定義為暫態響應由最終值 C_{ss} 的 10% 至 90% 所需時間（如一般無振盪之響應），則上升時間可用以下經驗公式估計之：$T_r = \frac{2.16\zeta + 0.06}{\omega_n}$。

21. 峰值發生於第一次超擊：$T_P = \frac{\pi}{\omega_d} = \frac{\pi}{\omega_n\sqrt{1-\zeta^2}}$，此時步階響應最大。

22. 二階系統百分最大超擊度為 $M_P = e^{-\zeta\pi/\sqrt{1-\zeta^2}} \times 100\%$。

23. 若反應完成容許範圍為 0.02，則安定時間為 $T_S = 4/\zeta\omega_n$；若容許範圍為 0.05，則安定時間可用 $T_S = 3/\zeta\omega_n$。

24. 控制系統在各種參考輸入下，響應造成的穩態誤差與各類型系統之誤差常數有關。

25. 一個第 L 類型（類型 L）單位回饋控制系統，在其開環轉移函數有 L 個 $s = 0$ 之開路極點。

26. 在單位步階輸入下所產生的**位置式誤差** e_p 與位置誤差常數 K_p 的關係為 $e_p = 1/(1+K_p)$， $K_p = \lim_{s \to 0} G(s) = G(0)$。第一類型以上的系統（$L = 1, 2, \cdots$），其位置誤差常數 $K_p = \infty$，在單位步階函數輸入下產生的位置誤差 $e_p = 0$，可得到精確的表現。

27. 單位回饋控制系統，其**速度誤差常數**定義為 $K_v = \lim_{s \to 0} sG(s)$，當輸入為單位斜坡函數產生的穩態**速度式誤差** e_{ss} 與速度誤差常數 K_v 的關係為 $e_{ss} = A/K_v$。第 2 類型以上的系統（$L = 2, 3, 4, \cdots$），其速度誤差常數 $K_v = \infty$，在單位斜坡函數輸入下所產生的位置誤差 $e_v = 0$，可以得到甚為精確的表現。

28. 單位回饋控制系統，其**加速度誤差常數**定義為 $K_a = \lim_{s \to 0} s^2 G(s)$，在 A 單位的拋物線函數信號輸入下所產生的穩態誤差 e_{ss} 與加速度誤差常數 K_a 的關係為 $e_{ss} = A/K_a$。

習題

Ⓐ 填 充 題 ▶▶▶

1. 時間響應分析目的在評估系統的_____及_____之要求。

2. 控制系統的典型測試輸入信號有：_____、_____、_____、_____及_____。

3. _____係作為控制系統的參考位置輸入，以評估響應速度、穩定度及準確性。_____係作為控制系統的參考速度輸入，以評估響應速度及穩態誤差。

4. 弦波函數 $x(t) = A \sin(\omega t + \phi) = A \sin(2\pi t/T + \phi) = A \sin(2\pi f t + \phi)$，振幅為_____，角頻率為_____，相角為_____，週期為_____，頻率為_____，延遲時間 t_0 為_____。

5. 控制系統表現的性能在質的分析方面有：_____、_____、_____、_____及_____。

6. 控制系統的表現可用如下量化分析評估其規格：_____、_____、_____、_____及_____。

7. 若二次系統的無阻尼自然頻率為 ω_n，阻尼比為 ζ，則其振盪角頻率為_____。

8. 第 L 類型回饋控制系統，在其開環轉移函數有_____個 $s=0$ 之開路極點。

9. 單位回饋控制系統之開環轉移函數為 $G(s)$，則位置誤差常數_____，速度誤差常數_____，加速度誤差常數_____。

10. 回饋控制系統在單位步階輸入下所產生的位置式誤差 e_p 與位置誤差常數 K_p 的關係為_____。

11. 單位斜坡函數產生的穩態速度式誤差 e_{ss} 與速度誤差常數 K_v 的關係為_____。

12. 在 A 單位的拋物線函數信號輸入下所產生的穩態誤差 e_{ss} 與加速度誤差常數 K_a 的關係為_____。

Ⓑ 習 作 題 ▶▶▶

1. 有一電壓信號 $v(t)$ 依分時段定義如下，試以基本奇異函數表示之，並繪出波形。

$$v(t) = \begin{cases} -1/2, & t < 0 \\ t-1/2, & 0 \leq t < 1 \\ 3/2-t, & 1 \leq t < 2 \\ -1/2, & t \geq 2 \end{cases}$$

2. 繪製下列信號的波形。
   (a) $\sin(4\pi t - 30°)$
   (b) $u(t-2) - u(t-5)$
   (c) $-2.5t\,[u(t+2) - u(t)]$
   (d) $-(t+4)u(t+4) + (t+2)u(t+2) + (t-2)u(t-2) - (t-4)u(t-4)$

3. 繪製下列信號的波形。
   (a) $3e^{-2t}u(t)$
   (b) $2[1-e^{-2t}]u(t)$

4. 繪製下列信號的波形：$x(t) = 3e^{-2t}\sin(4\pi t - 30°)u(t)$。

5. 若信號 $x(t)$ 定義如下，試繪製下列信號的波形。

$$x(t) = \begin{cases} 0, & t < -2 \\ 2, & -2 \leq t < 0 \\ t-2, & 0 \leq t < 2 \\ 0, & t \geq 2 \end{cases}$$

6. (a) 試以數學式定義圖 P4B.6 波形所代表的信號。

(b) 求出信號的時間微分。

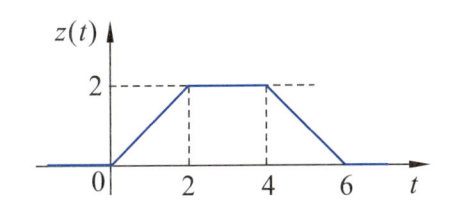

▶ 圖 P4B.6　習題 4B.6 之波形

7. 系統之轉移函數為 $H(s) = \dfrac{s+3}{s^2+3s+2}$，試求單位脈衝響應 $h(t)$。

8. 系統之轉移函數為 $H(s) = \dfrac{2s+8}{s^2+2s+5}$，試求單位脈衝響應 $h(t)$。

9. 系統之轉移函數為 $H(s) = \dfrac{3s^2+12s+11}{s^3+6s^2+11s+6}$，試求單位脈衝響應 $h(t)$。

10. 系統之轉移函數為 $H(s) = \dfrac{5(s+2)}{(s+1)(s+3)}$，試求單位步階響應 $\sigma(t)$。

11. 系統之轉移函數為 $H(s) = \dfrac{100}{s^2+12s+100}$，試求單位步階響應 $\sigma(t)$。

12. 系統之轉移函數為 $H(s) = \dfrac{5(s+2)}{(s+1)(s+3)}$，試求單位斜坡響應 $\rho(t)$。

13. 系統之轉移函數為 $H(s) = \dfrac{2s^2+4s+6}{s^2+2s+10}$，試求單位斜坡響應 $\rho(t)$。

14. 圖 P4B.14 所示為單位回饋一階系統。

(a) 試求閉路系統轉移函數 $H(s) := C(s)/R(s)$。

(b) 試求單位步階響應 $\sigma(t)$。

(c) 試求延遲時間 T_d。

(d) 試求上升時間 T_r。
(e) 試求安定時間 T_s。
(f) 單位步階響應曲線初始斜率。

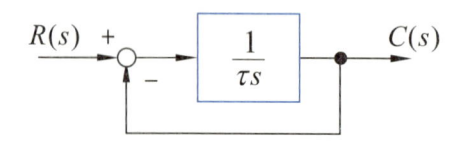

▶ 圖 P4B.14　習題 4B.14

15. 系統之轉移函數為 $H(s) = \dfrac{1}{1+3s}$，試求：

(a) 單位步階響應 $\sigma(t)$。
(b) 延遲時間 T_d。
(c) 上升時間 T_r。
(d) 安定時間 T_s。

16. 圖 P4B.16 所示為單位回饋二階系統，其開環轉移函數為

$$G(s) = \dfrac{k}{s(s+12)}$$

當 (a) $k=10$、(b) $k=36$ 及 (c) $k=100$ 時，求閉路系統轉移函數 $H(s)$、ζ 及 ω_n。

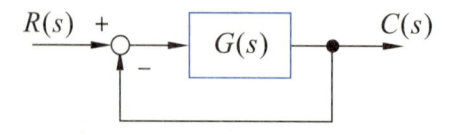

▶ 圖 P4B.16　習題 4B.16

17. 如圖 P4B.16 的單位回饋二階系統，其開環轉移函數為

$$G(s) = \dfrac{25}{s(s+6)}$$

(a) 試求阻尼比 ζ、無阻尼自然頻率 ω_n 及振盪頻率 ω_d。

(b) 試求峰值時間 T_p。

(c) 試求最大百分超擊 M_p。

(d) 試求上升時間 T_r。

(e) 試求安定時間 T_s。

(f) 試約略繪出單位步階響應曲線，標示出上述參數。

18. 如圖 P4B.18 之系統，試設計控制增益 K 及 A，使得閉路系統之阻尼比為 $\zeta = 0.7$，無阻尼振盪頻率 $\omega_n = 4$ rad/s。

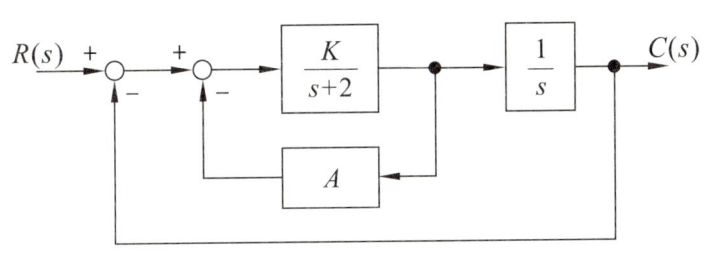

● 圖 P4B.18　習題 4B.18

19. 如圖 P4B.19 之系統，試設計控制增益 K 及 A，使得閉路系統之單位步階響應在峰值時間 $T_p = 2$ 秒時，最大百分超擊 M_p 為 25%，假設 $J = 1$ kg-m^2。

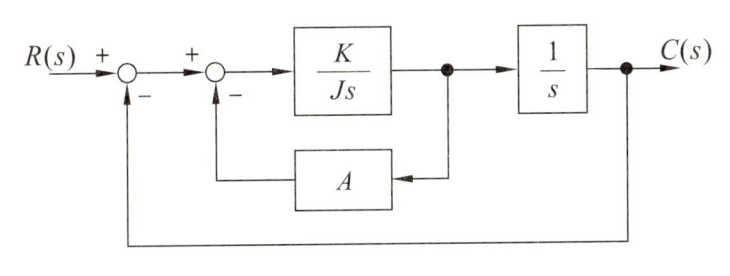

● 圖 P4B.19　習題 4B.19

20. 如圖 P4B.20(a) 之系統，試設計控制增益 K 及時間常數 T，使得閉路系統之單位步階響應滿足圖 P4B.20(b) 之時間響應要求。

(a)

(b)

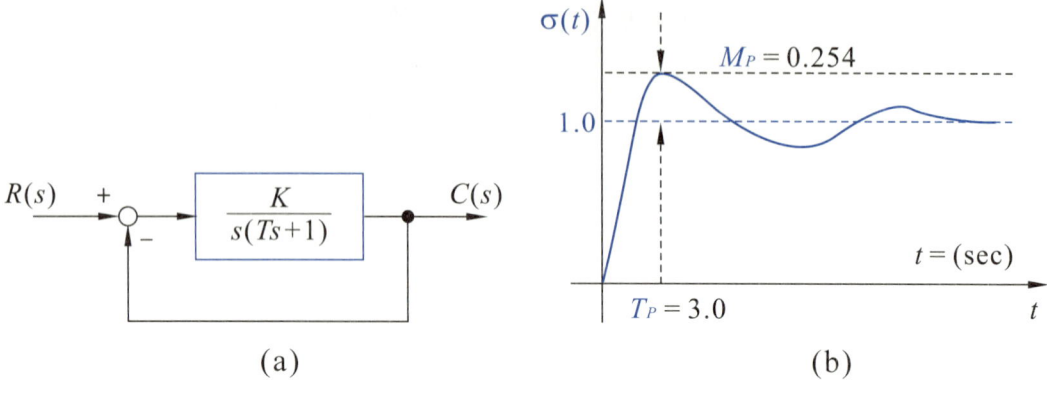

圖 P4B.20　習題 4B.20

21. 如圖 P4B.21 的單位回饋系統，開環轉移函數如下述，試分別求：(1)穩態位置誤差常數 K_P，(2)穩態速度誤差常數 K_v，(3)穩態加速度誤差常數 K_a。

(a) $G(s) = \dfrac{10}{(0.4s+1)(0.5s+1)}$

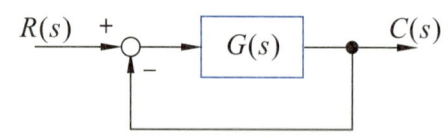

(b) $G(s) = \dfrac{108}{s^2(s^2+4s+4)(s^2+3s+12)}$

(c) $G(s) = \dfrac{20}{s(s+2)(0.4s+1)}$

(d) $G(s) = \dfrac{20(s+3)}{(s+2)(s^2+2s+2)}$

(e) $G(s) = \dfrac{14(s+3)}{s(s+6)(s^2+2s+2)}$

圖 P4B.21　習題 4B.21

22. 如圖 P4B.21 的單位回饋系統，開環轉移函數如下：

$$G(s) = \dfrac{12(s+4)}{s(s+1)(s+3)(s^2+2s+2)}$$

(a) 試分別求穩態誤差常數 K_P、K_v、K_a。

(b) 當輸入為 $r(t)=(16+2t)\,u(t)$ 時，求穩態誤差 e_{ss}。

23. 如圖 P4B.21 的單位回饋系統，開環轉移函數如下：

$$G(s) = \frac{12(s+4)}{s(s+1)(s+3)}$$

(a) 試分別求穩態誤差常數 K_P、K_v、K_a。

(b) 當輸入為 $r(t) = (16 + 2t + t^2)\,u(t)$ 時，求穩態誤差 e_{ss}。

24. 若一線性系統的單位步階響應為 $c(t) = 5 - 8e^{-t} + 3e^{-3t}$：

(a) 試求轉移函述 $H(s)$。

(b) 試求單位斜坡響應 $\rho(t)$。

第五章
穩定度分析

在本章我們要討論下列主題：
1. 穩定度的定義
2. 穩定度的判斷法
3. 羅斯穩定度準則
4. 赫維茲穩定度準則

5-1 穩定度的定義

系統的**穩定度** (stability) 有很多種定義，視分析的需要或應用而定。一個線性系統的穩定度可以由其輸入或干擾造成的響應決定之。在無外界輸入激勵或干擾下，一個穩定的系統應保持靜止狀態。當外界激勵信號或干擾移除去了一段時間後，系統也應回歸到靜止狀態（穩態靜止）。在時間領域分析中，線性系統的穩定度可由其單位脈衝響應決定之，如第四章所述。

一個系統穩定的程度對於討論其時間領域表現之規格也是很有意義的。例如系統的單位步階響應所表現的百分最大超擊量、安定時間等規格可以解釋系統穩定的性能。有時某些參數改變（例如阻尼比 ζ 之變化）下，探討一個穩定系統距離不穩定的表現仍然有多少空間（相對穩定），更為重要。這些留待往後章節再來討論。

在頻率領域分析中，系統的穩定度可由頻率響應之**相對穩定度** (relative stability) 規格，如：**增益餘裕量** (gain margin)、**相位餘裕量** (phase margin) 與**增益交越頻率** (gain cross-over frequency) 及**相角交越頻率** (phase cross-over frequency) 之關係討論之。這些也將留待往後章節再為之。

一、穩定的定義

穩定系統的單位脈衝響應 $h(t)$ 在一段時間後，應回歸到靜止狀態（穩態靜止），即

$$\lim_{t \to \infty} h(t) \to 0 \tag{5.1}$$

這是穩定度最常使用的定義。

二、BIBO 穩定

系統的穩定度也可以從輸入與輸出之間關係定義之。如果系統在有限輸入下，造成有限輸出，則此系統為**有限輸入有限輸出式穩定** (BIBO stable)。亦即，

$$|x(t)|<\infty \text{ 使得 } |y(t)|<\infty \tag{5.2}$$

上式意味輸入信號與輸出信號之幅度係為有界限值（小於某一常數）。

三、漸進式穩定

如果系統在有界限的初始條件下，其**零輸入響應** (zero input response) 亦為有界限，且當時間趨近無窮大時，其輸出會趨近於零。這種**漸進式穩定** (asymptotic stable) 現象類似於 (5.1) 式之定義。

四、全穩定

如果系統的初始條件及其輸入皆為有界限，造成的外輸出及內部狀態亦皆為有界限值，則此系統稱為**全穩定** (total stable)。

通常系統是否漸進式穩定，係使用單位脈衝響應估測之，而 BIBO 穩定及全穩定之性質可由單位步階響應估測之。

例題 5.1

若系統的輸入為 $x(t)$，輸出為 $y(t)$，試判斷下列各情形的穩定度。
(a) 單位脈衝輸入，輸出 $y(t)=5e^{-2t}$。
(b) 單位脈衝輸入，輸出 $y(t)=5e^{t}$。
(c) 單位步階輸入，輸出 $y(t)=5$。
(d) 單位步階輸入，輸出 $y(t)=5t$。

解 (a) 因 $\lim_{t\to\infty} y(t) \to 0$，故系統為穩定。
(b) 當時間 $t \to \infty$，$|y(t)| \to \infty$，故系統不穩定。
(c) 因輸入為有限界，輸出 $|y(t)| = 5 < \infty$，故系統為 BIBO 穩定。
(d) 因輸入為有限界，輸出 $|y(t)| \to \infty$，故系統不穩定。
請參見圖 5.1 之波形。

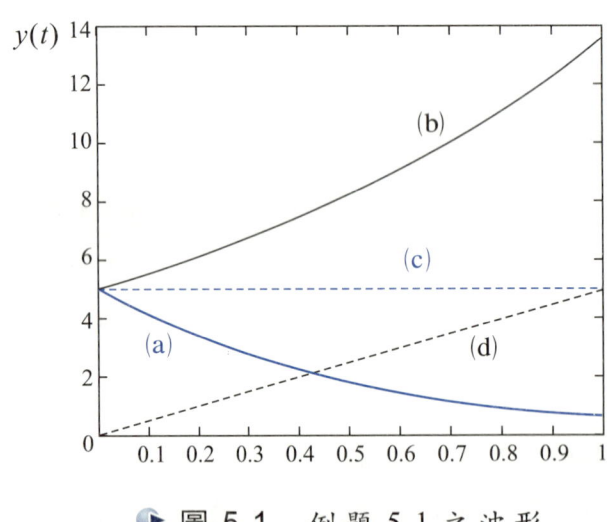

圖 5.1　例題 5.1 之波形

五、LHP 極點

一個線性系統穩定的充分且必要條件是：系統輸出入轉移函數無右半 s- 平面 (RHP) 或 $j\omega$ 軸上的極點與零點對銷，且其極點皆在 s- 平面的左半面（或稱 LHP- 極點）。因此，線性系統穩定度的判斷可以由轉移函數的極點在 s- 平面的位置決定之。這些將留待於下一個節次探討**特性根** (characteristic root) 在 s- 平面的位置以作穩定度的判斷。如果轉移函數只有 LHP- 極點，則系統的單位脈衝響應 $h(t)$ 滿足 (5.1) 式之要求，而且以上穩定度的定義皆可被滿足。

5-2 穩定度的判斷

由上述的討論中可知，如果轉移函數只有 LHP- 極點，則線性系統是為穩定。那麼到底怎麼判斷系統的轉移函數有無 RHP- 極點呢？我們用以下特性根的性質討論之。

一、特性方程式

線性系統的頻域或時域表現與穩定度的關連可由其轉移函數極點在 s- 平面的位置討論之。如圖 5.2(a) 的反饋（回授）系統，轉移函數為

$$T(s) = \frac{C}{R}(s) = \frac{G(s)}{1+GH(s)} \tag{5.3}$$

式中，$GH(s) = G(s)H(s)$ 為開環轉移函數，輸出響應為

$$C(s) = \frac{G(s)}{1+GH(s)}R(s)$$

如果上式分母等於零，即

$$\Delta(s) = 1 + GH(s) = 0 \tag{5.4}$$

則 $C \to \infty$，可知系統在此情形下為不穩定。事實上，(5.4) 式係用以判斷圖 5.2(a) 線性系統穩定性的準則稱為**特性方程式** (characteristic equation)，亦可寫成

$$GH(s) = -1 \tag{5.5}$$

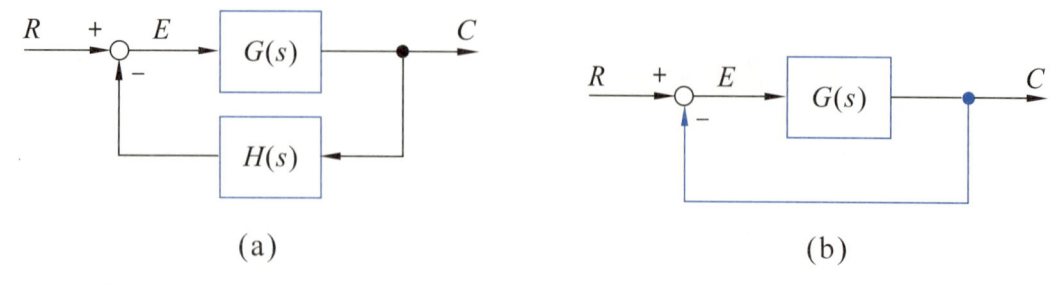

▶ 圖 5.2　(a) 一般回饋控制系統，(b) 單位回饋控制系統

特性方程式 (5.4)：$\Delta(s)=0$ 可以用來解出回饋系統（閉路系統）的極點，而穩定性的準則 (5.5) 式又可以改寫成

$$|GH(s)|=1 \tag{5.6a}$$

$$\angle GH(s)=-180° \tag{5.6b}$$

在頻率領域分析中，(5.6a) 式稱為**幅度準則** (magnitude criterion)，(5.6b) 為**相角準則** (angle criterion)，而 (5.5) 式是為**巴克豪生準則** (Barkhausen criterion)，係用來鑑察反饋系統是否發生弦波振盪的必要條件。這些原理及應用將在往後頻率響應分析中再來討論。

另一種情形，如圖 5.2(b) 的單位反饋（回授）系統，其轉移函數為

$$T(s)=\frac{C}{R}(s)=\frac{G(s)}{1+G(s)} \tag{5.7}$$

特性方程式為

$$\Delta(s)=1+G(s)=0 \tag{5.8}$$

其中，$G(s)$ 為開環轉移函數。幅度準則及相角準則分別為 $|G(s)|=1$ 及 $\angle G(s)=-180°$。

特性方程式 (5.4) 或 (5.8) 之根稱為**特性根** (characteristic root)，若特性根皆處於 s-平面左半部（s 的實部為負），則此回饋系統必為穩定。特性根就是前面所述的轉移函數之極點。所以判斷特性根在 s-平

面的位置可以探討回饋系統是否穩定。

在不損失一般性的考量，我們以圖 5.2(b) 的單位反饋（回授）系統為例做討論，其開環轉移函數可表示成

$$G(s) = \frac{K(s-z_1)(s-z_2)\cdots(s-z_m)}{(s-p_1)(s-p_2)\cdots(s-p_n)} = \frac{KN(s)}{D(s)} \tag{5.9}$$

上式中，$N(s)=0$ 的根稱為開環零點 $(s=z_1, z_2, \cdots, z_m)$；$D(s)=0$ 的根稱為開環極點 $(s=p_1, p_2, \cdots, p_m)$。反饋（回授）系統轉移函數為

$$\frac{C}{R}(s) = \frac{G(s)}{1+G(s)} = \frac{KN(s)}{D(s)+KN(s)} := H(s) \tag{5.10}$$

因此，特性方程式為

$$\Delta(s) = D(s) + KN(s) = 0 \tag{5.11}$$

如果開環系統為 n 階，則 $\Delta(s)$ 為 n 次多項式，表達成

$$\Delta(s) = s^n + a_{n-1}s^{n-1} + a_{n-2}s^{n-2} + \cdots + a_1 s + a_0 \tag{5.12}$$

上式為實係數 n 次多項式，可以分解因式為

$$\Delta(s) = (s-\lambda_1)(s-\lambda_2)\cdots(s-\lambda_n) \tag{5.13}$$

因此，特性根（或稱為極點）為 $s=\lambda_1, \lambda_2, \cdots, \lambda_n$，且 $\lambda_i = \sigma_i + j\omega_i$ $(i=1, 2, \cdots, n)$。其單位脈衝響應為

$$C(s) = H(s) = \frac{k_1}{s-\lambda_1} + \frac{k_2}{s-\lambda_2} + \cdots + \frac{k_n}{s-\lambda_n}$$

取拉氏反變換可得單位脈衝之時間響應如下：

$$h(t) = k_1 e^{\lambda_1 t} + k_2 e^{\lambda_2 t} + \cdots + k_n e^{\lambda_n t} \tag{5.14}$$

如果所有的特性根之實部皆為負，即

$$\text{Re}\{\lambda_i\} = \sigma_i < 0, (i=1, 2, \cdots, n)，則 \lim_{t \to \infty} h(t) \to 0$$

因此驗證了 (5.1) 式及線性系統穩定的充分且必要條件：LHP 極點。

由單位脈衝之時間響應 (5.14) 式的討論可得結果如下：

1. 當所有 $\text{Re}\{\lambda_i\} = \sigma_i < 0 \ (i=1, 2, \cdots, n)$，系統穩定（漸進式穩定）。

2. 只有一個 $s=0$ 或一對共軛虛根 $s=\pm j\omega$，無 RHP 極點，系統為臨界穩定。

3. 至少有一根 $\text{Re}\{\lambda_i\} = \sigma_i > 0$（RHP 極點），系統不穩定。

例題 5.2

若單位回饋系統的閉路轉移函數如下，試判斷下列各情形的穩定度。

(a) $H(s) = \dfrac{10}{s^3 + 6s^2 + 11s + 6}$

(b) $H(s) = \dfrac{10}{s^3 + s^2 - 2}$

(c) $H(s) = \dfrac{8(s-1)}{s^3 + 2s^2 + 4s + 8}$

(d) $H(s) = \dfrac{8(s-1)}{(s^2+1)^2(s+2)}$

解 (a) $H(s) = \dfrac{10}{s^3 + 6s^2 + 11s + 6} = \dfrac{5}{s+1} - \dfrac{10}{s+2} + \dfrac{5}{s+3}$，

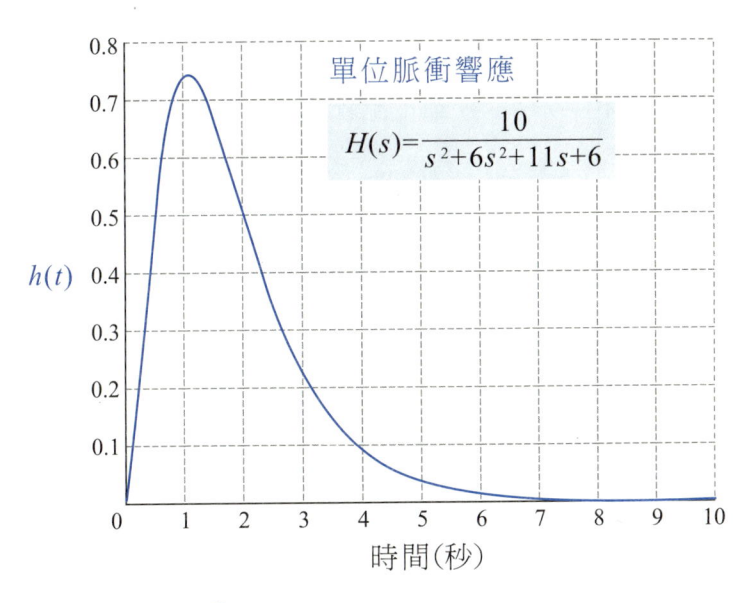

▶ 圖 5.3 例題 5.2(a)

其特性根 $s = -1$、-2、-3 皆位於 LHP，故系統為穩定。單位脈衝響應為 $h(t) = 5e^{-t} - 10e^{-2t} + 5e^{-3t}$ ($t \geq 0$)，滿足 $\lim\limits_{t \to \infty} h(t) \to 0$，參見圖 5.3。

(b) $H(s) = \dfrac{10}{s^3 + s^2 - 2} = \dfrac{10}{(s-1)(s^2 + 2s + 2)}$ ，

有一 RHP 特性根（$s = +1$），故系統不穩定，單位脈衝響應參見圖 5.4。

(c) $H(s) = \dfrac{8(s-1)}{s^3 + 2s^2 + 4s + 8} = \dfrac{8(s-1)}{(s+2)(s^2 + 4)}$ ，

只有一對共軛虛根 $s = +j2$，且其他根皆在 LHP，故系統為臨界穩定，單位脈衝響應參見圖 5.5。

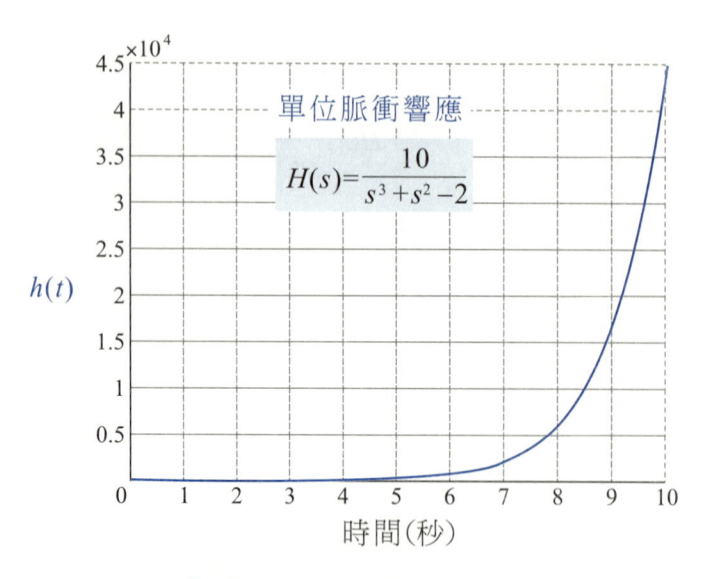

▶ 圖 5.4　例題 5.2(b)

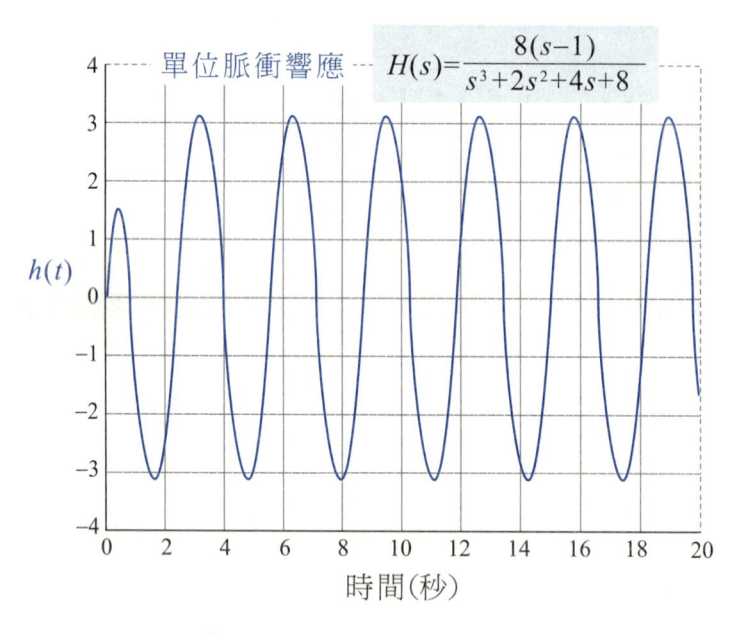

▶ 圖 5.5　例題 5.2(c)

(d)　$H(s) = \dfrac{8(s-1)}{(s^2+1)^2(s+2)}$，特性方程式有 2 對共軛虛根 $s = \pm j1$，故系統不穩定，單位脈衝響應參見圖 5.6。

▶ 圖 5.6　例題 5.2(d)

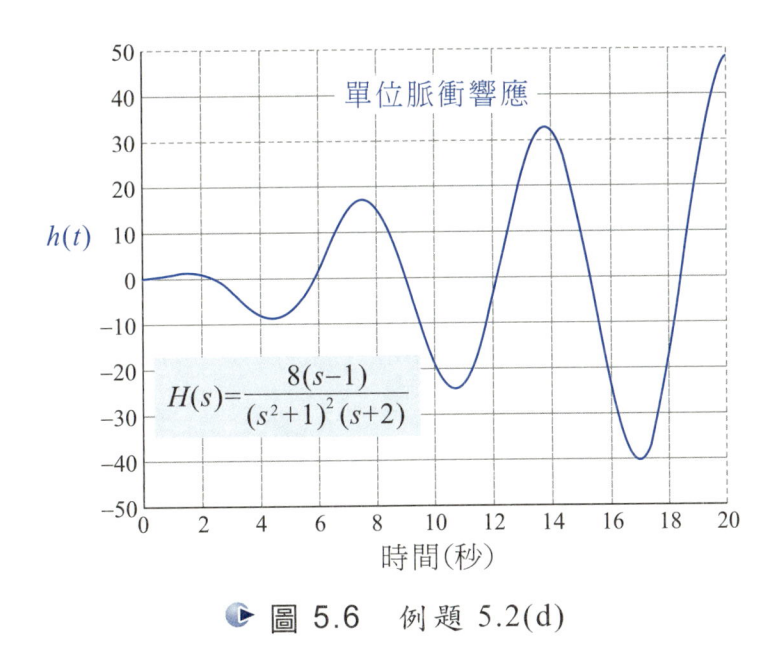

5-3　羅斯穩定度準則

在 1877 年羅斯 (E. J. Routh) 發明了決定特性方程式具有正根個數的方法，而不必直接解出特性方程式。此法亦可決定方程式是否有共軛虛根（或對稱根）存在。所以我們可以利用羅斯方法判斷系統的特性方程式是否具有正根（RHP 極點），以檢查其穩定性，稱為**羅斯穩度準則** (Routh stability criterion)。

羅斯穩度準則係一代數步驟，用來判斷 n- 次實係數多項式

$$\Delta(s) = a_n s^n + a_{n-1} s^{n-1} + a_{n-2} s^{n-2} + \cdots + a_1 s + a_0 \tag{5.15}$$

是否有在右半 s- 平面 (RHP) 之根，其中 a_n 至 a_0 為實係數。在不失一般性事實下，考慮 $a_n = 1$，上式具有 n 個根：$s_1, s_2, \cdots, s_n$，即

$$\begin{aligned}\Delta(s) &= (s-s_1)(s-s_2)\cdots(s-s_n)\\ &= s^n - (s_1 + s_2 + \cdots s_n) s^{n-1} + (s_1 s_2 + s_2 s_3 + \cdots + s_n s_{n-1}) s^{n-2}\\ &\quad - \cdots + \cdots + (-1)^n s_1 s_2 \cdots s_n \end{aligned} \tag{5.16}$$

由 (5.16) 式可以發現如下之事實：

1. 對於實係數多項式 (5.15) 式，若有一複數根 $s_k = \sigma_k + j\omega_k$ 存在，其相對應的共軛根 $s^*_k = \sigma_k - j\omega_k$ 亦必同時成對存在。
2. 特性方程式 $\Delta(s) = 0$ 不具有負根的充分條件為，方程式 (5.15) 不可缺項。
3. 特性方程式 $\Delta(s) = 0$ 之根為負的充分條件為，方程式 (5.15) 之各係數同號。

一、羅斯行列

如果特性方程式之係數正負皆相同，且亦無缺項，並不能保證無 RHP 根，因此我們需要使用到下面介紹的羅斯穩度準則。首先假設特性方程式之係數皆為正，且無缺項，將係數安排成如下的**羅斯行列** (Routh array)，參見 (5.17) 式，其施行步驟如下：

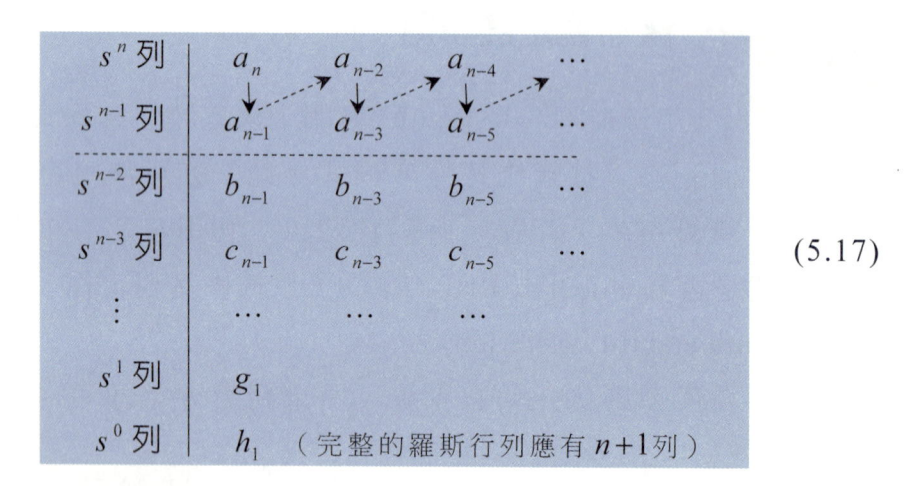

$$
\begin{array}{c|cccc}
s^n \text{列} & a_n & a_{n-2} & a_{n-4} & \cdots \\
s^{n-1} \text{列} & a_{n-1} & a_{n-3} & a_{n-5} & \cdots \\
\hline
s^{n-2} \text{列} & b_{n-1} & b_{n-3} & b_{n-5} & \cdots \\
s^{n-3} \text{列} & c_{n-1} & c_{n-3} & c_{n-5} & \cdots \\
\vdots & \cdots & \cdots & \cdots & \\
s^1 \text{列} & g_1 & & & \\
s^0 \text{列} & h_1 & & &
\end{array}
$$
（完整的羅斯行列應有 $n+1$ 列） (5.17)

第一步：將特性方程式的第一列及第二列係數安排成前兩列：

$$
\begin{array}{cccc}
\text{第一列} & a_n & a_{n-2} & a_{n-4} & \cdots \\
\text{第二列} & a_{n-1} & a_{n-3} & a_{n-5} & \cdots
\end{array}
$$
(5.18)

第二步：由上述兩列係數演繹出第三列（s^{n-2}列）元素：b_{n-1}，b_{n-3}，…

$$b_{n-1} = -\frac{1}{a_{n-1}}\begin{vmatrix} a_n & a_{n-2} \\ a_{n-1} & a_{n-3} \end{vmatrix} = \frac{a_{n-1}a_{n-2} - a_n a_{n-3}}{a_{n-1}} \tag{5.19a}$$

$$b_{n-3} = -\frac{1}{a_{n-1}}\begin{vmatrix} a_n & a_{n-4} \\ a_{n-1} & a_{n-5} \end{vmatrix} = \frac{a_{n-1}a_{n-4} - a_n a_{n-5}}{a_{n-1}} \tag{5.19b}$$

$\vdots$

第三步：由第三列及第三列元素演繹出第四列（s^{n-3}列）元素：c_{n-1}，c_{n-3}，…

$$c_{n-1} = -\frac{1}{b_{n-1}}\begin{vmatrix} a_{n-1} & a_{n-3} \\ b_{n-1} & b_{n-3} \end{vmatrix} = \frac{b_{n-1}a_{n-3} - a_{n-1}b_{n-3}}{b_{n-1}} \tag{5.20a}$$

$$c_{n-3} = -\frac{1}{b_{n-1}}\begin{vmatrix} a_{n-1} & a_{n-5} \\ b_{n-1} & b_{n-5} \end{vmatrix} = \frac{b_{n-1}a_{n-5} - a_{n-1}b_{n-5}}{b_{n-1}} \tag{5.20b}$$

$\vdots$

第四步：重複施行第三步之演繹，直到第$n+1$列（s^0列）元素：h_1。

第五步：判斷所得如 (5.17) 式之羅斯行列**第一行元素**。如果所有係數皆同號，則特性方程式 $\Delta(s) = 0$ 之根性質皆為負，無 RHP 特性根，因此系統係為穩定。

由上述的觀察可得如下結論：

若一系統不穩定，則其特性方程式之係數正負不盡相同，或者此方程式有缺項。

二、羅斯穩定度準則

羅斯行列第一行元素變號的次數即為特性方程式 $\Delta = 0$ 具有 RHP 根的個數。

例題 5.3

試用羅斯行列驗察下述特性方程式系統的穩定度。

$$s^4 + 7s^3 + 17s^2 + 17s + 6 = 0$$

解 由上述施行步驟可得如下羅斯行列：

第一列：1　　17　　6

第二列：7　　17

第三列：14.58　6　　（註：$b_{n-1} = -\dfrac{1}{7}\begin{vmatrix} 1 & 17 \\ 7 & 17 \end{vmatrix} \approx 14.58$）

第四列：14.12　　　（註：$c_{n-1} = -\dfrac{1}{14.58}\begin{vmatrix} 7 & 17 \\ 14.58 & 6 \end{vmatrix} \approx 14.12$）

第五列：6　　　　　（註：$h_1 = -\dfrac{1}{14.12}\begin{vmatrix} 14.58 & 6 \\ 14.12 & 0 \end{vmatrix} \approx 6$）

因為羅斯行列第一行元素皆同號，則特性方程式無 RHP 特性根，因此系統係為穩定。

例題 5.4

試檢查下述特性方程式系統的穩定度。

$$(s+1)^2(s-2)(s-1+j2)(s-1-j2) = s^5 - 2s^4 + 2s^3 + 4s^2 - 11s - 10 = 0$$

解 系統之次數 $n = 5$，特性方程式有 3 個 RHP 根（$s = +2$，$s = 1 \pm j2$），系統不穩定。現在施行上述步驟可得如下羅斯行列：

第一列： 1　　2　　−11
第二列： −2　　4　　−10
第三列： 4　　−16
第四列： −4　　10
第五列： −26
第六列： −10　　（註：$n+1=5+1=6$，有 6 列）

因羅斯行列第一行的元素有 3 次變號，即特性方程式有 3 個 RHP 根，系統係為不穩定，如上所述。

三、羅斯演繹之修整

有時我們在施行羅斯行列的演繹中，第一行出現了 0 元素，或者出現了兩列成比例，使得羅斯行列不完整（無法得到完整的 $n+1$ 列），此時需要修整演繹步驟，才可以得到完整的羅斯行列以判斷穩定度。我們建議幾種方法，分別以下面的例題解釋之。

例題 5.5

試用羅斯行列檢查下述特性方程式系統根的性質。

$$s^5 + 2s^4 + 2s^3 + 4s^2 + 11s + 10 = 0$$

解 (a) 由 (5.18) 式至 (5.20) 式施行步驟可得如下羅斯行列：

第一列： 1　　2　　11
第二列： 2　　4　　10
第三列： 0　　6
第四列： ?　　　（註：由 (5.19a) 式無法得出第一行元素）

遇此情形，將特性方程式乘上 $(s+1)$，使特性根增加一個負

根，但是不會影響 RHP 特性根的個數。方程式變成

$$(s+1)(s^5+2s^4+2s^3+4s^2+11s+10)$$
$$=s^6+3s^5+4s^4+6s^3+15s^2+21s+10$$
$$=0$$

(b) 重作羅斯行列如下：

第一列： 1   4   15   10
第二列： 3   6   21
第三列： 2   8   10
第四列： −2   2
第五列： 2   2
第六列： 2
第七列： 1   （註：$n+1=6+1=7$，有 7 列）

可知因羅斯行列第一行的元素有 2 次變號，即方程式有 2 個 RHP 根、4 個 LHP 根；故原來的特性方程式（$n=5$）有 2 個 RHP 根、3 個 LHP 根，系統是不穩定的。

例題 5.6

試檢查下述特性方程式系統根的性質：

$$s^5+2s^4+3s^3+6s^2+2s+1=0。$$

解 (a) 由 (5.18) 式至 (5.20) 式施行步驟可得如下羅斯行列：

第一列： 1   3   2
第二列： 2   6   1

第三列： δ $\quad\dfrac{3}{2}$ （註：第一行元素以 δ 取代之）

第四列： $\dfrac{6\delta-3}{\delta}$ $\quad 1$ （註：$\lim\limits_{\delta\to 0^+}\dfrac{6\delta-3}{\delta}=-\infty$）

第五列： $\dfrac{3}{2}-\dfrac{\delta^2}{6\delta-3}$ （註：$\lim\limits_{\delta\to 0^+}\dfrac{3}{2}-\dfrac{\delta^2}{6\delta-3}=\dfrac{3}{2}>0$）

第六列： $\quad 1$

若 $\delta\to 0^+$，則羅斯行列之第一行第三列元素為正，第一行第四列元素為負，第一行第五列元素為 $\dfrac{3}{2}$，因此羅斯行列之第一行元素共變號 2 次，特性方程式有 2 個 RHP 特性根，該系統不穩定。

例題 5.7

如上述例題之特性方程式：

$$\Delta(s)=s^5+2s^4+3s^3+6s^2+2s+1=0$$

解 現在以 $s=1/p$，則特性方程式變成：

$$\Delta^P(s)=s^5+2s^4+6s^3+3s^2+2s+1=0$$

亦即：$\Delta(s)=0$ 之根與 $\Delta^P(s)=0$ 之根互為倒數（$s=1/p$），但根之性質不變。我們演繹 $\Delta^P(s)=0$ 之羅斯行列如下：

第一列：　1　　6　　2
第二列：　2　　3　　1
第三列：　3　　1　　$(\times\dfrac{3}{2})$

第四列： $\dfrac{7}{3}$　　1

第五列： $-\dfrac{7}{2}$

第六列：　　1

羅斯行列之第一行元素共變號 2 次，特性方程式有 2 個 RHP 特性根，該系統不穩定。

例題 5.8

試檢查下述特性方程式系統根的性質：

$$(s-1+j6)(s-1-j6)(s+j3)(s-j3)(s+3) = s^5 + s^4 + 4s^3 + 24s^2 + 3s + 63 = 0$$

解 特性方程式有 2 個 RHP 極點、1 對虛根、1 個 LHP 根，系統是不穩定的。現在施行上述演繹步驟驗證之。

(a) 由 (5.18) 式至 (5.20) 式施行步驟可得如下羅斯行列：

第一列：　 1　　 4　　3
第二列：　 1　　24　　63
第三列： −20　−60
第四列：　21　　63
第五列：　 0
第六列：　 ?

遇此情形，將特性方程式乘上 $(s+1)$，方程式變成

$$s^6 + 2s^5 + 5s^4 + 28s^3 + 27s^2 + 66s + 63 = 0$$

(b) 再作羅斯行列如下：

第一列： 1　　5　　27　　63
第二列： 2　　28　　66
第三列： −9　　−6　　63
第四列： $\frac{80}{3}$　　80
第五列： 7　　21
第六列： 0
第七列： ?

第六列又出現 0，無法再演繹下去。

(c) 詳觀第四、五列可知：

第四列： $\frac{80}{3}$　　80
第五列： 7　　21

上述兩列係數成比例為

第四列：1：3 ($\times \frac{80}{3}$)
第五列：1：3 ($\times 7$)

此情形代表原來的方程式有對稱根。我們以上述比例係數構成輔助方程式如下：

$$\Delta_2(s) = s^2 + 3 = 0$$

因此有對稱根：$s = \pm j3$

再取 $\Delta_2(s) = s^2 + 3$ 之導數：$\frac{d}{ds}\Delta_2(s) = 2s$ 之係數繼續完成第六列。

第一列： 1　　5　　27　　63
第二列： 2　　28　　66
第三列： −9　　−6　　63
第四列： 1　　3　　($\times \frac{80}{3}$)
第五列： 1　　3　　($\times 7$)
第六列： 2
第七列： 3

第一行的元素有 2 個變號，即方程式有 2 個 RHP 根，系統是不穩定的。

例題 5.9

如圖 5.1(b) 的單位回饋系統的開環轉移函數如下：

$$G(s) = \frac{K}{s(s+1)(s+2)}$$

欲使得系統穩定工作，則開環增益 K 的穩定工作範圍為何？

解 閉路系統的轉移函數為

$$\frac{C}{R}(s) = \frac{G(s)}{1+G(s)} = \frac{K}{s^3 + 3s^2 + 2s + K}$$

因此，特性方程式為

$$\Delta(s) = s^3 + 3s^2 + 2s + K$$

做羅斯行列如下：

第一列：　　1　　　2

第二列：　　3　　　K

第三列：　　$\dfrac{6-K}{3}$

第四列：　　K

欲使得系統穩定工作則須使得 $K>0$ 及 $6-K>0$，因此 K 的穩定工作範圍為 $0<k<6$。

例題 5.10

如例題 5.9 的系統，若開環增益 $K=6$，試檢查回饋系統的穩定度。

解 特性方程式為

$$\Delta(s) = s^3 + 3s^2 + 2s + 6$$

其羅斯行列之第一、二列成比例 1：2，
故輔助方程式為：$s^2+2=0$，有對稱根：$s=\pm j\sqrt{2}$。
特性方程式分解如下：

$$\Delta(s) = (s+3)\Delta_2(s) = (s+3)(s \pm j\sqrt{2}) = 0$$

特性方程式有一對虛軸上的對稱根、一個負根，無 RHP 根，因此系統為臨界穩定。

註：此時脈衝響應發生弦波振盪，參見例題 5.2，振盪頻率為 $\omega = \sqrt{2}$ rad/s。

例題 5.11

如圖 5.1(a) 回饋系統的開環轉移函數如下,試檢查回饋系統的穩定度。

$$G(s) = \frac{K}{s(s^2/2600 + s/26 + 1)} \quad , \quad H(s) = \frac{1}{0.04s + 1}$$

解 閉路系統（回饋系統）的轉移函數為

$$\frac{C}{R}(s) = \frac{2600K(s+25)}{s^4 + 125s^3 + 5100s^2 + 65000s + 65000K}$$

因此,特性方程式為

$$\Delta(s) = s^4 + 125s^3 + 5100s^2 + 65000s + 65000K = 0$$

做羅斯行列如下：

第一列：1　　　　　5100　　　　　65000K
第二列：1　　　　　520　　　　　（×125）
第三列：1　　　　　14.2K　　　　（×4580）
第四列：520−14.2K
第五列：14.2K

欲使得系統穩定工作則須使得 $K > 0$ 及 $520 - 14.2K > 0$,因此 K 的穩定工作範圍為 $0 < K < 36.7$。

5-4　赫維茲穩定度準則

　　赫維茲穩定度準則 (Hurwitz stability criterion) 是判斷多項式具有負實根（LHP 極點）的另一種方法。此一方法須藉助行列式之計

算，行列式係由多項式之係數構成。對於方程式

$$\Delta(s) = a_n s^n + a_{n-1} s^{n-1} + a_{n-2} s^{n-2} + \cdots + a_1 s + a_0 = 0 \tag{5.21}$$

我們分別計算相關行列式 Δ_i $(i = 1, 2, \cdots, n-1)$ 如下：

$$\Delta_1 = a_{n-1}$$

$$\Delta_2 = \begin{vmatrix} a_{n-1} & a_{n-3} \\ a_n & a_{n-2} \end{vmatrix} = a_{n-1} a_{n-2} - a_n a_{n-3}$$

$$\Delta_3 = \begin{vmatrix} a_{n-1} & a_{n-3} & a_{n-5} \\ a_n & a_{n-2} & a_{n-4} \\ 0 & a_{n-1} & a_{n-3} \end{vmatrix}$$

$$\vdots$$

一直到 Δ_{n-1} 為止，且

$$\Delta_n = \begin{vmatrix} a_{n-1} & a_{n-3} & a_{n-5} & \cdots & \cdots & \cdots \\ a_n & a_{n-2} & a_{n-4} & \cdots & \cdots & \cdots \\ 0 & a_{n-1} & a_{n-3} & \cdots & a_{n-5} & \cdots \\ 0 & a_n & a_{n-2} & \cdots & a_{n-4} & \cdots \\ \vdots & \cdots & \cdots & \cdots & \cdots & \vdots \\ 0 & \cdots & \cdots & \cdots & \cdots & a_0 \end{vmatrix} \tag{5.22}$$

赫維茲穩定度準則敘述如下：

> 方程式 (5.21) 具有負實根的充分且必要條件為
> $\Delta_i > 0$ $(i = 1, 2, \cdots, n-1)$

例題 5.12

三次方程式 $\Delta(s) = a_3 s^3 + a_2 s^2 + a_1 s + a_0 = 0$ 有負實根（LHP 極點）的充要條件為 $\Delta_1 = a_2 > 0$，且

$$\Delta_2 = \begin{vmatrix} a_2 & a_0 \\ a_3 & a_1 \end{vmatrix} = a_1 a_2 - a_0 a_3 > 0$$

以及，

$$\Delta_3 = \begin{vmatrix} a_2 & a_0 & 0 \\ a_3 & a_1 & 0 \\ 0 & a_2 & a_0 \end{vmatrix} = a_2 a_1 a_0 - a_0^2 a_3 > 0 \text{。}$$

5-5 本章重點回顧

1. 一個穩定系統在無外界激勵或干擾下，應保持靜止狀態。當外界激勵或干擾移除去了一段時間後，系統也應回歸到穩態靜止。

2. 穩定系統的單位脈衝響應 $h(t)$ 在一段時間後，應回歸到靜止狀態（穩態靜止），即 $\lim_{t \to \infty} h(t) \to 0$。

3. 系統在有界限輸入下造成有限輸出是為 BIBO 式穩定。

4. 系統在有界限的初始條件下，其零輸入響應為有界限，且當時間趨近無窮大時，其輸出趨近於零，是為漸進式穩定。

5. 如果系統的初始條件及其輸入皆為有界限，造成的外輸出及內部狀態亦皆為有界限，則此系統稱為全穩定。

6. 轉移函數的極點皆在 s- 平面的左半面，稱 LHP- 極點。如果轉移函數只有 LHP- 極點，則系統是為（漸進式）穩定。

7. 一般反饋（回授）系統，$GH(s) = G(s)H(s)$ 稱為開環轉移函數，特性方程式 $\Delta(s) = 1 + GH(s) = 0$。在頻域判斷穩定性的準則，$|GH(s)| = 1$ 稱為幅度準則，$\angle GH(s) = -180°$ 為相角準則。

8. 在頻率領域判斷穩定性，$GH(s) = -1$ 是為巴克豪生準則，係用來鑑察反饋系統是否發生弦波振盪的必要條件。

9. 單位反饋（回授）系統中，若開環轉移函數 $G(s) = N(s)/D(s)$，則反饋（回授）系統的特性方程式為 $\Delta(s) = D(s) + KN(s) = 0$。

10. 若特性根為 $s = \lambda_1, \lambda_2, \cdots \lambda_n$（或稱極點）$\lambda_i = \sigma_i + j\omega_i$ $(i = 1, 2, \cdots, n)$，且 $\text{Re}\{\lambda_i\} = \sigma_i < 0$ $(i = 1, 2, \cdots, n)$，則單位脈衝響應 $h(t)$ 滿足 $\lim_{t \to \infty} h(t) \to 0$。

11. 若特性根只有一個 $s = 0$ 或一對共軛虛根 $s = \pm j$，無 RHP 極點，系統為臨界穩定。

12. 若特性根至少有一根 $\text{Re}\{\lambda_i\} = \sigma_i > 0$（RHP 極點），系統不穩定。

13. 羅斯穩度準則係一代數步驟，用來判斷 n- 次實係數多項式是否有在右半 s- 平面 (RHP) 之根，據之判斷系統之穩定性。

14. 若一系統不穩定，則其特性方程式之係數正負不盡相同，或者此方程式有缺項。

15. 將特性方程式乘上 $(s+1)$，使特性根增加一個負根，但是不會影響 RHP 特性根的個數。

16. 若羅斯行列第一行元素皆同號，則特性方程式無 RHP 特性根，因此系統係為穩定。

17. 羅斯行列第一行元素變號的個數即為特性方程式 RHP 根的個數。

18. n 次特性方程式系統，其完整的羅斯行列應有 $n+1$ 列。

19. 在羅斯行列施行步驟中間若出現兩列係數成比例，則方程式有對稱根。我們以上述比例係數構成輔助方程式即可決定出對稱根。

20. 赫維茲穩定度準則可判斷多項式具有負實根。特性方程式具有負實根的充分且必要條件為：$\Delta_i > 0$ $(i = 1, 2, \cdots, n-1)$。

習題

Ⓐ 問答題 ▶▶▶

1. 何謂「BIBO 穩定」？
2. 何謂「漸進式穩定」？
3. 何謂「全穩定」？
4. 何謂「穩態靜止」？
5. 何謂「幅度準則」與「相角準則」？
6. 何謂「巴克豪生準則」，有何功用？
7. 何謂「臨界穩定」？
8. 何謂「RHP 極點」，意義為何？
9. 若回饋系統的閉路轉移函數如下，試判斷下列各情形的穩定度。

    (a) $H(s) = \dfrac{8(s+1)}{(s^2+1)(s+2)}$

    (b) $H(s) = \dfrac{8(-s+1)}{s(s^2+1)(s+2)^2}$

10. 若回饋系統的閉路轉移函數如下，試判斷穩定度。

    $$\dfrac{C}{R}(s) = \dfrac{3s^3 - 12s^2 + 17s - 20}{s^5 + 2s^4 + 14s^3 + 88s^2 + 200s + 800}$$

11. 若回饋系統的特性方程式如下，試判斷穩定度。

    $$4s^5 + 6s^4 + 8s^3 + 3s^2 + 8s + 6 = 0$$

12. 若回饋系統的特性方程式如下，試討論特性根之性質。

    $$s^4 + 3s^3 + 6s^2 + 12s + 8 = 0$$

13. 若回饋系統的特性方程式如下，試判斷穩定度。

$$\Delta(s) = s^5 - 2s^4 + 2s^3 + 4s^2 - 11s - 10 = 0$$

14. 若回饋系統的特性方程式如下，試判斷穩定度。

$$\Delta(s) = s^4 + s^3 + 4s^2 4s + 5 = 0$$

15. 若特性方程式如下，試判斷系統的穩定度。

$$\Delta(s) = s^5 + s^4 + 5s^3 + 5s^2 - 36s - 36 = 0$$

16. 若單位回饋系統的開環轉移函數如下，試判斷穩定度。

$$G(s) = \frac{10}{s(s+1)(0.2s+1)}$$

17. 若特性方程式如下，欲使得系統振盪，則振盪頻率 ω 及開環增益 K 為何？

$$\Delta(s) = s^3 + (4+K)s^2 + 6s + 16 + 8K = 0$$

18. 單位回饋系統的開環轉移函數如下：

$$G(s) = \frac{K(s+1)}{s(s-1)(s^2+4s+16)}$$

欲使得系統穩定工作，則開環增益 K 的穩定工作範圍為何？

第六章
根軌跡法

在本章我們要討論下列主題：
1. 根軌跡的定義及性質
2. 根軌跡的構成方法
3. 根軌跡的重要特性
4. 主極點及低階近似原理

6-1 引　言

　　控制系統的響應可以由閉路系統的轉移函數得知，但在做分析與設計時，需要花費許多的人力才可以得知系統的響應。例如在第五章所討論的穩定度及第四章的穩態誤差，要檢查回饋系統的表現係由開環轉移函數出發，進而檢查系統的特性。

　　我們都知道，閉路系統的特性或表現與閉路特性根（閉路極點）有很大的關連。在討論第五章的穩定度及第四章的誤差時，我們發現這些表現皆與開環增益 K 有很密切的關係。事實上，閉路極點與開環增益 K 亦有密切的關係，其在 s-平面的位置隨著 K 變化可以用某一曲線表現出來。亦即，在 s-平面中，**閉路極點隨著開環增益 K 變化，表現出來的軌跡曲線稱為根軌跡** (root locus)。

　　根軌跡法係為伊凡士 (W. R. Evans) 發展出來的一種圖解工具，用以幫助做系統的分析及設計。當開環增益 K 達到某一範圍時，若閉路極點進入右半 s-平面 (RHP)，則回饋系統變得不穩定。依此性質，則回饋系統的穩定性可以利用開環增益 K 的變化檢驗之：當開環增益 K 增大至某一數值時，閉路極點之虛數部分甚大（阻尼比 ζ 太小），造成脈衝響應之振盪甚為劇烈，或步階響應之超擊度甚大、安定時間甚長久，此皆解釋了回饋系統的穩定性甚不理想。

　　在討論第四章的穩態誤差時，開環增益 K 增大可以降低回饋系統的穩態誤差，因而增高控制系統的輸出可以跟隨參考命令做伺服控制行為的精確度。當開環增益 K 增大，系統的速應性也可以變快，但其穩定性就相對變得不理想了。此即：**系統的穩定性與速應性及精確性之間常相互衝突**。當回饋系統要求的表現與要求的規格有衝突下，我們可以藉助於 s-平面根軌跡的設計，施行開環轉移函數的補償或修整，進而改良系統的表現。此即為根軌跡圖解法的意義及目的。

6-2 根軌跡的定義

閉路系統的特性根隨著開環增益 K 的變化，形成的軌跡曲線即是根軌跡。我們再用圖 6.1(a) 的轉角位置伺服控制系統闡釋根軌跡的意義。在此系統中，A 代表放大器的增益（比例控制器），J 及 B 分別為轉動式機械負載之轉動慣量及旋轉摩擦係數。圖 6.1(b) 為此單位回饋系統的描述方塊圖，開環轉移函數為

$$G(s) = \frac{A}{s(Js+B)} = \frac{A/J}{s(s+B/J)} := \frac{K}{s(s+a)} \tag{6.1}$$

式中，$K = A/J$ 是為開環增益，$a = B/J$；開環極點為 $s = 0$ 及 $s = -a$。

(a)

(b)

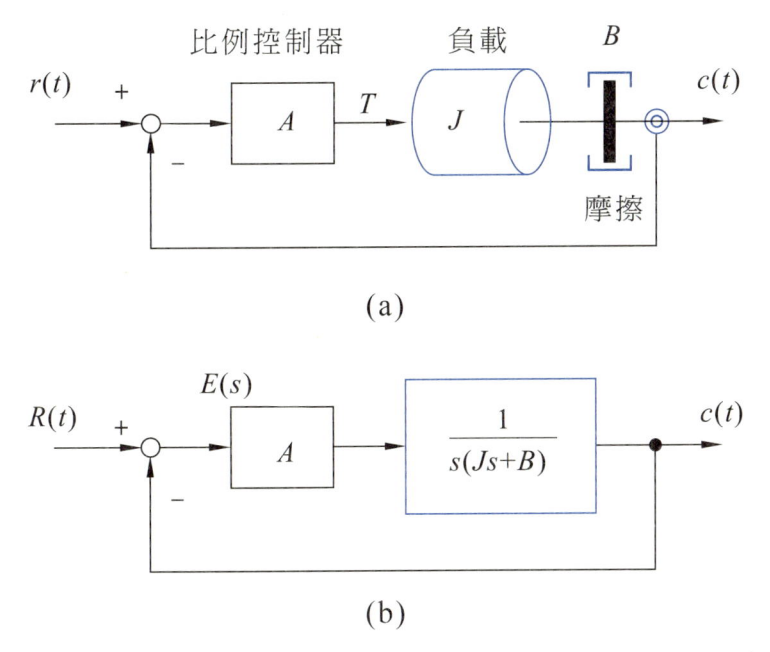

▶ 圖 6.1 (a) 位置伺服控制系統，(b) 方塊圖代表

如果 $a=2$（由某些物理參數形成之），則開環轉移函數為

$$G(s) = \frac{K}{s(s+2)} \qquad (6.2)$$

閉路轉移函數，或**控制比轉移函數** (control ratio transfer function) 為

$$\frac{C}{R}(s) = \frac{K}{s(s+2)+K} = \frac{K}{s^2+2s+K} = \boxed{\frac{\omega_n^2}{s^2+2\zeta\omega_n s+\omega_n^2}} \qquad (6.3)$$

(6.3) 式為單位回饋之標準二次系統，在此例中，

$$\omega_n = \sqrt{K} \text{ 為無阻尼自然頻率}$$

$$\zeta = 1/\sqrt{K} \text{ 為}\textbf{阻尼比} \text{ (damping ratio)}$$

當開環增益 K 之值由 0 開始變化至 ∞，可以推測出特性根在 s-平面位置的改變情形。因此我們要繪製出在所有的 K 值（$0 < K < \infty$）下，特性根在 s-平面呈現的軌跡曲線。因為特性根為

$$s_{1,2} = -1 \pm \sqrt{1-K} := -\zeta\omega_n \pm \omega_n\sqrt{\zeta^2-1} \qquad (6.4)$$

當 $K = 0$ 時，兩根為 $s_1 = 0$ 及 $s_2 = 0$，特性根（閉路極點）就是開環極點，參見 (6.2) 式。當 $K = 1$ 時，兩根為 $s_{1,2} = -1$。因此，當 $0 < K < 1$ 時，特性根分佈在 s-平面的負實數軸上：$s = -2$ 至 $s = -1$，及 $s = 0$ 至 $s = -1$ 之間。如果 $K > 1$，則兩根為共軛複根，如下：

$$s_{1,2} = \sigma + j\omega_d = -\zeta\omega_n \pm j\omega_n\sqrt{1-\zeta^2} = -1 \pm j\sqrt{K-1} \qquad (6.5)$$

控制比轉移函數為

$$\frac{C}{R}(s)=\frac{K}{(s+\sigma-j\omega_d)(s+\sigma+j\omega_d)} \qquad (6.6)$$

由 (6.5) 式發現到，如果特性根的阻尼比為 ζ，則其與 s- 平面的原點做一直線，必與負實數軸夾一角 $\phi = \cos^{-1}\zeta$，稱為阻尼角，參見圖 6.2。

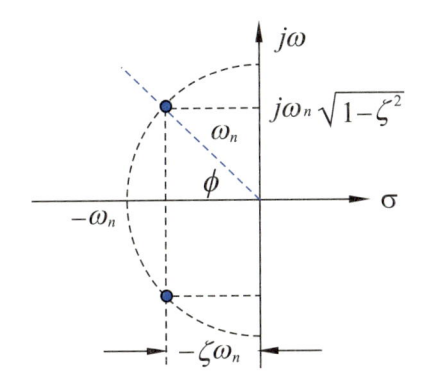

● 圖 6.2　二次系統在 s- 平面表示極點位置

在此例中，複數根的實數部分恆為常數（$\sigma = -1$），虛數部分隨著 K 增大而增大（$\omega_d = \sqrt{K-1}$），形成如圖 6.3 的分佈情形，詳細根的位置與開環增益 K 的關係參見表 6.1。

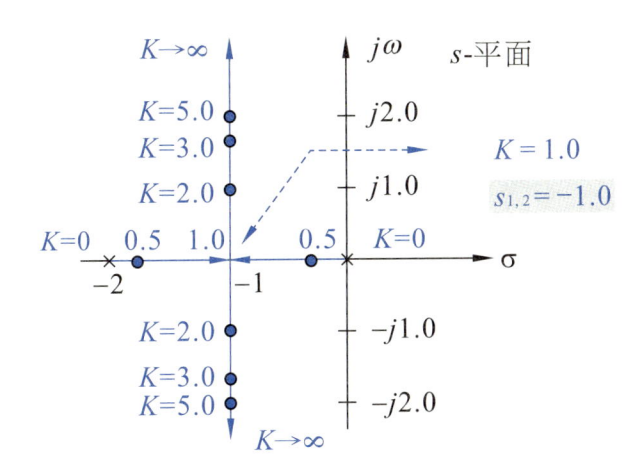

● 圖 6.3　$s^2 + 2s + K = 0$ 之根在 $0 < K < \infty$ 之描繪軌跡圖

▶ 表 6.1

K	s_1	s_2
0	0	−2
0.5	−0.3	−1.707
0.75	−0.5	−1.5
1.0	−1.0	−1.0
2.0	−1.0+j1.0	−1.0−j1.0
3.0	−1.0+j1.414	−1.0−j1.414
5.0	−1.0+j2.0	−1.0−j2.0
10.0	−1.0+j3.0	−1.0−j3.0

圖 6.3 的**粗體實線**所示即是 (6.3) 式所述系統的根軌跡圖，箭頭代表開環增益 K 增大時，特性根（閉路極點）位置變化的情形。在此例中，我們發現在所有的 K 值（$0<K<\infty$）下，特性根皆座落於 LHP，系統皆是穩定。茲分析於下：

1. 當 $0<K<1$ 時，特性根分佈在 s-平面的負實數軸上，所以暫態時間表現必出現負指數（e^{-at}，$a>0$）之形式，其隨時間增長而消失殆盡。參見表 6.1 及圖 6.3，以 $K=0.75$ 為例，特性根分別是 -0.5 及 -0.15，其單位脈衝響應請參見圖 6.4，單位步階響應參見圖 6.5。

2. 當 $K=1$ 時，特性根為兩相等實數根，因此暫態時間表現出現 te^{-t} 之形式。參見表 6.1 及圖 6.3，以 $K=1$ 為例，特性根分別是 -1 及 -1，其單位脈衝響應請參見圖 6.4，單位步階響應參見圖 6.5。

3. 當 $1<K<\infty$ 時，特性根為共軛複根，暫態表現出現阻尼振盪之形式，其振幅隨時間增長而消失。當 $K=2$ 時，特性根為 $-1.0\pm j1.0$，此系統的單位脈衝響應請參見圖 6.4，單位步階響應參見圖 6.5。

4. 當 $K=3$ 時，特性根為 $-1.0\pm j1.414$，此系統的單位脈衝響應請參見圖 6.4，單位步階響應參見圖 6.5。與 $K=2$ 的情形比較，振盪頻率提高，但是振幅包跡的衰減程度一樣（根的實數部分皆為 -1.0）。

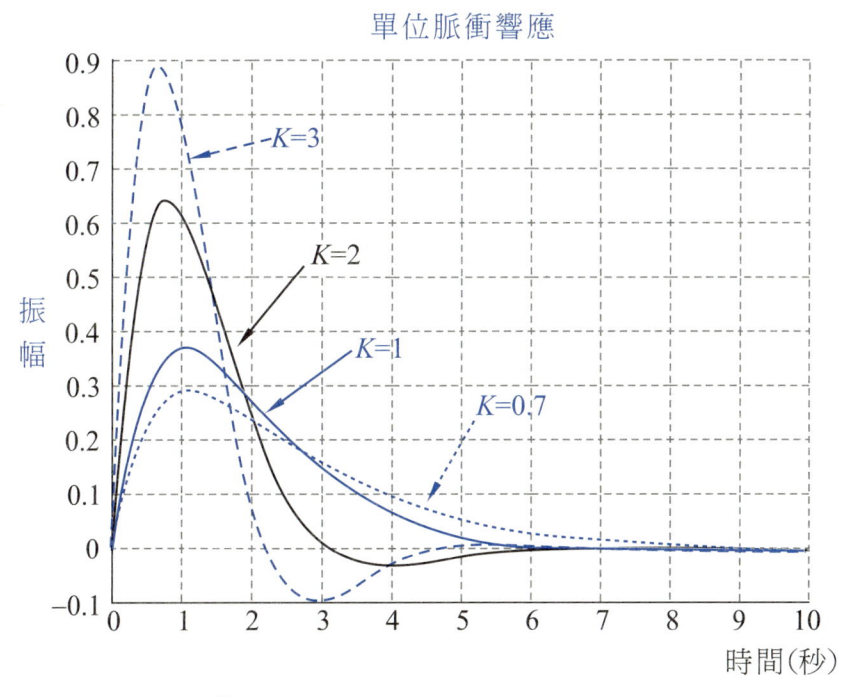

▶ 圖 6.4　系統 $\dfrac{K}{s^2+2s+K}$ 分別在 $K=0.75,\ 1.0,\ 2.0,\ 3.0$ 之單位脈衝響應

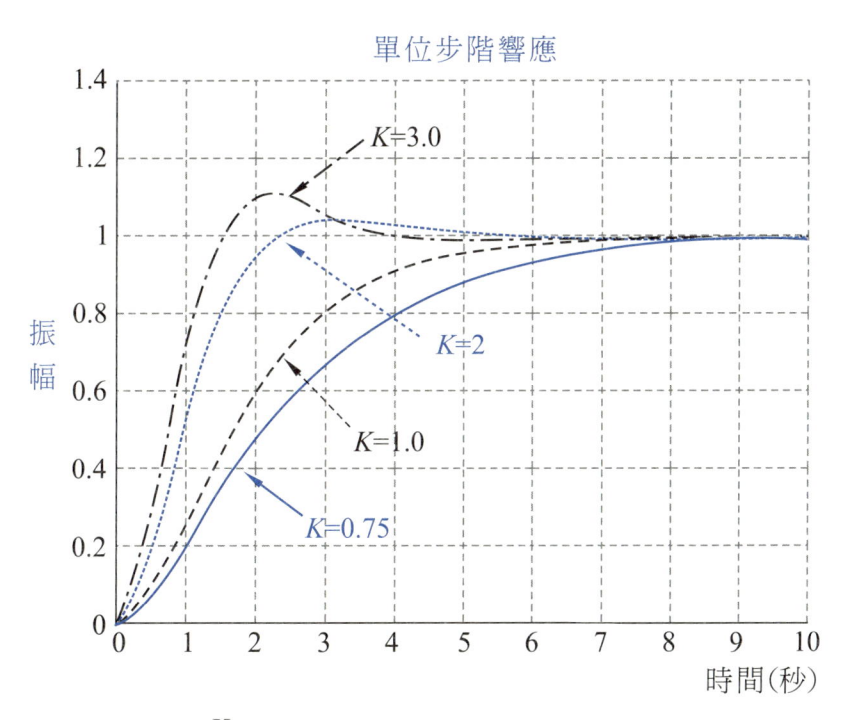

▶ 圖 6.5　系統 $\dfrac{K}{s^2+2s+K}$ 分別在 $K=0.75,\ 1.0,\ 2.0,\ 3.0$ 之單位步階響應

再由圖 6.3 的根軌跡圖觀察可知，開環增益 K 增加後的影響為：

1. 阻尼比 ζ 減少了，使得暫態響應愈易振盪，超擊量也就增大了，參見圖 6.5。
2. 無阻尼頻率 ω_n 增加了，使得暫態響應弦波振盪頻率 ω_d 增高，參見圖 6.5，此情形不適用於伺服機械機構。
3. 弦波振盪曲線之包跡衰減率與 $\sigma = -\zeta\omega_n$ 有關，在此例中不受影響。
4. 當 $K \to \infty$ 時，根軌跡近似於直線，稱為**漸近線** (asymptote)。

6-3 根軌跡的構成

一、穩定度準則 (stability criterion)

如圖 6.6(a) 單位反饋（回授）系統，的開環轉移函數 $G(s)$ 就是順向轉移函數；而一般反饋（回授）系統中，如圖 6.6(b)，$G(s)$ 為順向轉移函數，$H(s)$ 為反饋轉移函數，其開環轉移函數定義為 $GH(s) := G(s)H(s)$。

通常順向轉移函數 $G(s)$ 可表達成

$$G(s) = \frac{N_1(s)}{D_1(s)} \tag{6.7}$$

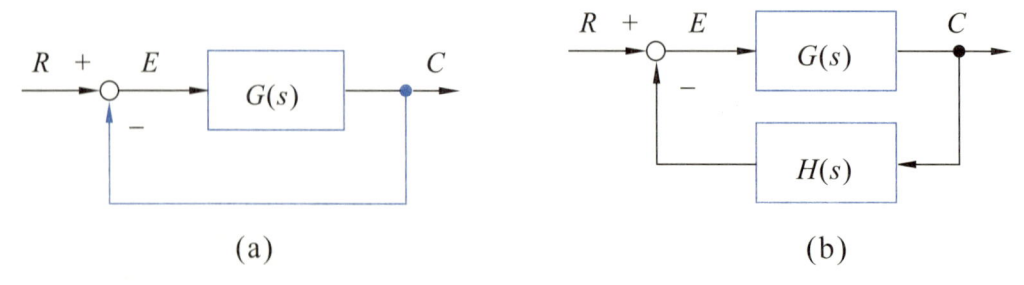

▶ 圖 6.6　(a)單位反饋控制系統，(b)一般反饋控制系統

且反饋轉移函數表達成

$$H(s) = \frac{N_2(s)}{D_2(s)} \tag{6.8}$$

使得開環轉移函數 $GH(s)$ 為

$$GH(s) = G(s)H(s) = \frac{N_1(s)N_2(s)}{D_1(s)D_2(s)} \tag{6.9}$$

因此，閉路系統的控制比轉移函數為

$$\frac{C}{R}(s) := M(s) = \frac{G(s)}{1+GH(s)}$$

$$= \frac{N_1(s)D_2(s)}{D_1(s)D_2(s)+N_1(s)N_2(s)} := \frac{KA(s)}{B(s)} \tag{6.10}$$

亦即，$M(s)$ 的零點為 $A(s)=0$ 的根，$M(s)$ 的極點為 $B(s)=0$ 的根稱為特性根，可以決定反饋系統的暫態響應。由 (6.10) 式可知，輸出響應為

$$C(s) = \frac{G(s)}{1+GH(s)} R(s)$$

如果上式分母等於零，即

$$\Delta(s) := 1+GH(s) = 0 \tag{6.11}$$

則 $C \to \infty$，可知系統在此情形下為不穩定。事實上，(6.11) 式係用以判斷圖 6.6 線性系統的穩定性準則，稱為特性方程式，亦可寫成

$$GH(s) = -1 \tag{6.12}$$

特性方程式 (6.11)，$\Delta(s)=0$可以用來解出反饋系統（閉路系統）的極點，而穩定性的準則 (6.12) 式又可以改寫成

$$|GH(s)|=1 \tag{6.13a}$$

$$\angle GH(s)=\begin{cases}(1+2h)180°, h=0, \pm 1, \pm 2, \cdots, & \text{當 } K>0\\ h\cdot 360°, h=0, \pm 1, \pm 2, \cdots & , \text{當 } K<0\end{cases} \tag{6.13b}$$

在頻率領域分析中，(6.13a) 式稱為幅度準則，(6.13b) 式稱為相角準則，而(6.12) 式是為巴克豪生準則，係用來鑑察反饋系統是否發生弦波振盪的必要條件。這些原理及應用將在往後頻率響應分析中再來討論。

在不損失一般性的考量，開環轉移函數可表示成

$$GH(s)=\frac{K(s-z_1)(s-z_2)\cdots(s-z_m)}{(s-p_1)(s-p_2)\cdots(s-p_n)}=\frac{KN(s)}{D(s)} \tag{6.14}$$

上式中，$N(s)=0$的根稱為開環零點（$s=z_1, z_2, \cdots, z_m$）；$D(s)=0$的根稱為開環極點（$s=p_1, p_2, \cdots, p_n$）。上式中，K即為開環增益，係本章根軌跡法中用來決定閉路系統特性根的重要參數。

二、極零點構圖

回授系統中，開環轉移函數如 (6.14) 式，我們先在 s- 平面上點繪製開環極點與零點的位置，形成了**極零點構圖**(pole-zero configuration)。在 s- 平面上，極點以×符記點出位置，零點以○符記點出位置，根軌跡的繪製由×點出發（$K=0$），至○點為止（$K\to\infty$），規則如下所述，詳細的推導原理請參見附錄 D。

例題 6.1

若開環系統中,

$$G(s) = \frac{K_1}{s(s^2/2600 + s/26 + 1)} \; , \; H(s) = \frac{K_1}{0.04s + 1}$$

試繪製開環系統的極零點構圖。

解 開環轉移函數為

$$GH(s) = \frac{K_1}{s(s^2/2600 + s/26 + 1)(s/25 + 1)}$$

$$= \frac{65000K_1}{s(s+25)(s^2 + 100s + 2600)}$$

$$:= \frac{K}{s(s+25)(s+50 \pm j10)}$$

式中,開環增益為 $K = 65000K_1$,開環極點分別是 $s = 0$、$s = -25$、$s = -50 \pm j10$,無開環零點(皆在無窮遠處)。極零點構圖如圖 6.7 所示。

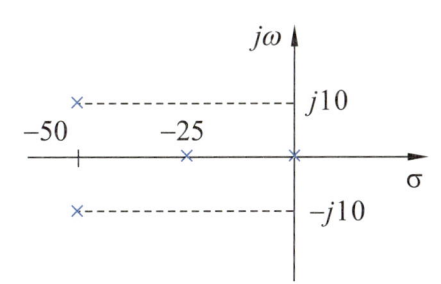

● 圖 6.7 例題 6.1 之極零點構圖

三、根軌跡繪製規則

我們敘述根軌跡之繪製步驟如下：

規則 1：（根軌跡始末點）$K=0$ 的極點即為 $GH(s)$ 的極點，而 $K\to\pm\infty$ 的極點為 $GH(s)$ 的零點。因此在 s-平面的極零點構圖上，回授系統的根軌跡由 × 點出發（$K=0$），至 ○ 點為止（$K\to\infty$）。$K<0$ 的軌跡稱為互補軌跡，根軌跡與互補軌跡形成完全軌跡。

規則 2：（根軌跡支數）若 $GH(s)$ 有 n 個極點，m 個零點（$m\le n$），則特性根有 n 支根軌跡，且有 $(n-m)$ 個零點在無窮大的地方。

規則 3：（實數軸根軌跡）s-平面上的實數軸軌跡可以由開環轉移函數 $GH(s)$ 的極點與零點的位置決定之。

當 $K>0$ 時，實軸軌跡之右方應有奇數個極點或且零點。

當 $K<0$ 時，實軸軌跡之右方應有偶數個極點或且零點。

規則 4：（漸近線）每一支軌跡在遠離 s-平面原點（無窮大處）皆可用直線漸近之。此漸近線可由實軸上的漸近線中心 σ_0 引發，每一支漸近線與實軸之張角為 β，定義如下：

$$\sigma_0 = \frac{\sum(GH \text{ 的有限極點}) - \sum(GH \text{ 的有限零點})}{n-m} \tag{6.15}$$

$$\beta = \begin{cases} \dfrac{(2k-1)180°}{n-m} & K>0 \\[2mm] \dfrac{(2k)180°}{n-m} & K<0\ (k=0,1,2,\cdots) \end{cases} \tag{6.16}$$

規則 5：（分離點、交匯點）在實軸上，兩支軌跡會交匯或分離之，此一點稱為分離點 σ_b，可以利用如下公式求出：

$$\left.\frac{d}{ds}GH(s)\right|_{s=\sigma_b} = 0 \tag{6.17}$$

或

$$N(s)D'(s) - D(s)N'(s)\Big|_{s=\sigma_b} = 0 \tag{6.18}$$

上式中，$D'(s)$、$N'(s)$ 分別為 $D'(s) = \dfrac{d}{ds}D(s)$ 及 $N'(s) = \dfrac{d}{ds}N(s)$。

例題 6.2

若開環系統中

$$G(s) = \frac{K}{s(s+1)(s+2)} \text{ , } H(s) = 1$$

試繪製出閉路系統的根軌跡。

解 開環轉移函數為 $G(s) = \dfrac{K}{s(s+1)(s+2)}$。

式中，開環增益為 K，開環極點分別是 $s=0$，$s=-1$，$s=-2$，無開環零點（皆在無窮遠處）。茲依照前述規則演繹如下：

1. 根軌跡由開環極點：$s=0$，$s=-1$，$s=-2$ 出發（×點）。

2. $n=3$，$m=0$，故有 $n-m=3$ 支軌跡。

3. 實軸軌跡之右方應有奇數個極點或且零點，因此實軸軌跡在 $-1 < s < 0$ 及 $s < -2$ 之間，如圖 6.8 所示。

4. 由 (6.15) 式及 (6.16) 式可得漸近線中心及張角分別為：

$$\sigma_0 = \frac{(0-1-2)-0}{3-0} = -1 \text{ , } \beta = \frac{\pm 180°}{3-0} = \pm 60°$$

5. 當 $GH(s) = \dfrac{K}{s(s+1)(s+2)} = -1$，令 $W(s) = -K = s(s+1)(s+2)$，則由 $\dfrac{d}{ds}W(s) = 3s^2 + 6s + 2 = 0$ 解出 $\sigma_b = -0.43, -1.57$。因為實軸軌跡不能在 $[-1, -2]$ 之間，所以分離點為 $\sigma_b = -0.43$，參見圖 6.8 所示。

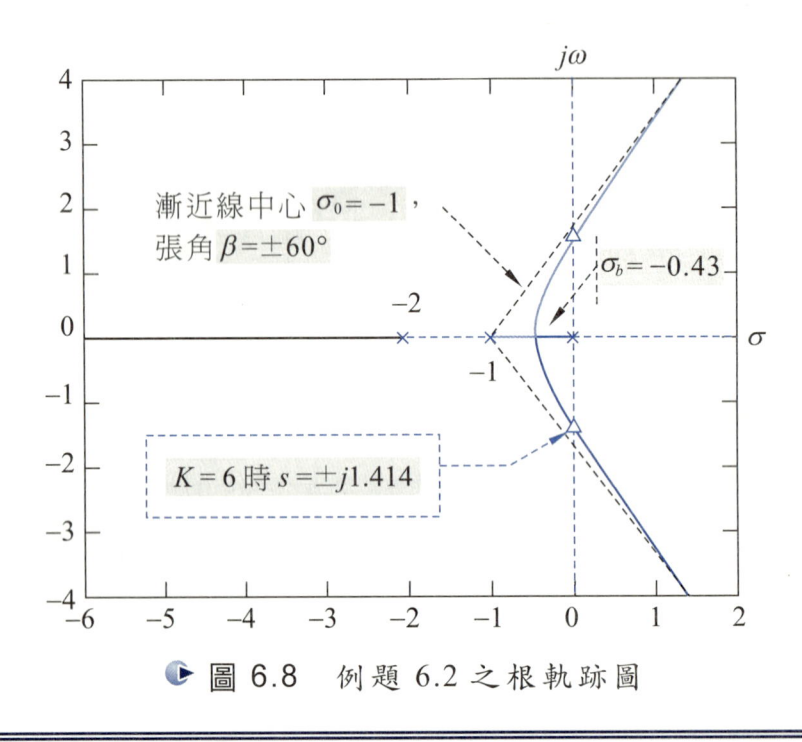

漸近線中心 $\sigma_0 = -1$，
張角 $\beta = \pm 60°$

$\sigma_b = -0.43$

$K = 6$ 時 $s = \pm j1.414$

▶ 圖 6.8 例題 6.2 之根軌跡圖

規則 6：（起始角與到達角）軌跡在 s- 平面上之某一複數極點 p 出發時之**起始角** (angle of departure) 為

$$\theta_D = 180° + \angle GH'\big|_{s=p}, \quad GH' = (s-p)GH(s) \tag{6.19}$$

而軌跡到達某複數零點 z 之**到達角** (angle of arrival) 為

$$\theta_A = 180° - \angle GH''\big|_{s=z}, \quad GH'' = G(s)/(s-z) \tag{6.20}$$

例題 6.3

若開環系統中

$$GH(s) = \frac{K(s+2)}{(s+1+j)(s+1-j)} \, , \, K > 0$$

試求根軌跡在 $s = -1+j$ 的起始角。

解

$$GH'(s) = \frac{K(s+2)}{(s+1+j)}$$

所以，$\theta_D = 180° + \angle GH'\big|_{s=-1+j} = 180° + \angle \frac{(s+2)}{(s+1+j)}\bigg|_{s=-1+j}$

$\qquad = 180° - 45° = 135°$

參見圖 6.9。

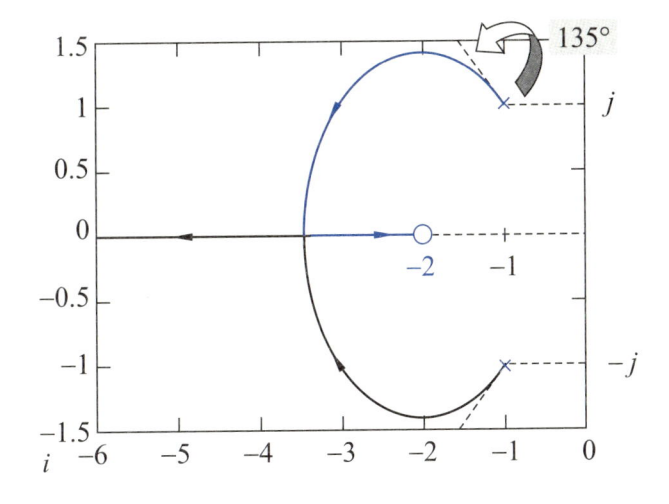

▶ 圖 6.9　例題 6.3 之根軌跡圖

例題 6.4

試求根軌跡於下述開環系統在 $s = +j$ 的到達角：

$$GH(s) = \frac{K(s^2-1)}{s(s+1)}, K > 0$$

解 $GH''(s) = \frac{K(s+j)}{s(s+1)}$，所以，

$$\theta_A = 180° - \angle GH''\big|_{s=j} = 180° - \angle \frac{(s+j)}{s(s+1)}\bigg|_{s=j}$$

$$= 180° - \angle \frac{2j}{j(j+1)}\bigg|_{s=j}$$

$$= 180° - (-45°) = 225°$$

參見圖 6.10。

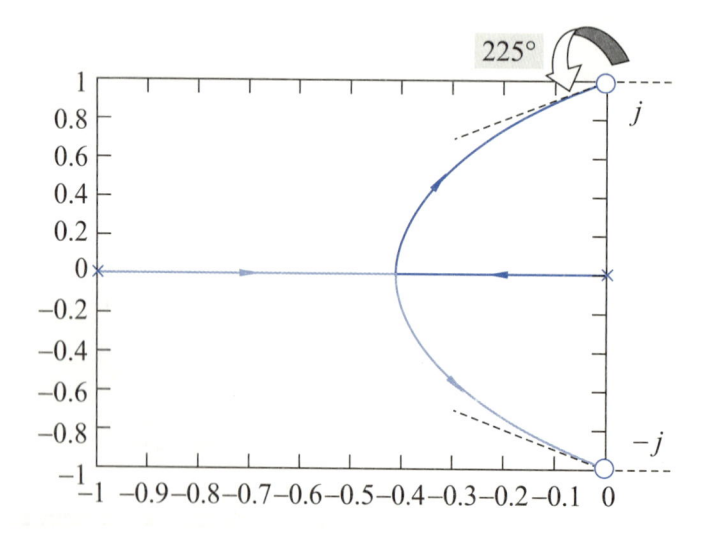

▶ 圖 6.10　例題 6.4 之根軌跡圖

規則 7：（虛軸交點）軌跡與虛軸之交點可由第五章所討論的羅斯穩定度準則判斷出與虛軸相交時之 K 值，進而求出共軛虛根。

再考慮例題 6.2 之根軌跡，K 的穩定工作範圍在例題 5.9 中得到：$0 < K < 6$。於例題 5.10 中，當 $K = 6$ 的特性根為 $s = \pm j\sqrt{2}$。此現象表現在圖 6.8 的情形係為軌跡與虛軸相交（Δ 點）。

6-4 根軌跡的一些其他特性

根軌跡的製作係由開環轉移函數出發，非常方便；閉路系統特性根（極點）的位置可利用根軌跡圖檢查出來，因此系統的表現性能可以分析或評估之。另一方面，閉路系統的穩定度補償或性能表現的修整所需技術易於在根軌跡圖施行設計。例如調整開環增益 K，使得閉路系統特性根具有足夠的負值實數部分或阻尼角，可以改善回饋系統的暫態響應。

有時系統表現的性能不符合需要的規格，例如穩態誤差及速度不理想，單由開環增益 K 的調整無法竟其功，此時須做動態控制器之補償。常見的串接補償或回授補償，如**進相** (phase-lead) 控制器作相位超前補償、**滯相** (phase-lad) 控制器作相位落後補償，以及 PID 控制器做比例、微分及積分等組合補償，即是為此用途。通常所需補償器的形式可以由根軌跡圖獲知，其技術留待往後章節討論之。我們在本節次要利用幾個例題介紹根軌跡的其他重要特性，以利於往後的補償器設計與回饋系統性能表現的修整。

一、零點或極點的添加

如圖 6.11 所示的單位回饋控制系統，開環系統代表二次延遲系統。假設時間常數分別為 $T_1 = 1$，$T_2 = 0.5$，因此，閉路轉移函數為

$$\frac{C}{R}(s) = \frac{2K}{s^2 + 3s + (2+K)} \tag{6.21}$$

因此閉路系統的特性根為

$$s_{1,2} = -1.5 \pm \sqrt{0.25 - 2K} \tag{6.22}$$

隨開環增益 K 之變化所得的根軌跡見圖 6.12(a) 所示。如果在圖 6.11 的開環系統中加上一個極點 $s=-p$，控制器 $G_c(s)$ 變成 $K/(s+p)$，則根軌跡變成圖 6.12(b) 所示；而如果加上一個零點 $s=-z$，控制器 $G_c(s)$ 變成 $K(s+z)$，則根軌跡變成圖 6.12(c) 所示。因此對於一系統，在開環系統中添加極點或零點，所得效果簡述如後：

> 開環系統中添加一個極點使得根軌跡遠離該極點之方向偏移；
> 添加一個零點使得根軌跡趨向該零點之方向偏移、趨近。

因此我們在 RHP 遠離 s-平面原點負實數處，添加上一個零點，可以使得根軌跡拉向該零點，且（當 $K \to \infty$）根軌跡趨近於此零點，遠離 $j\omega$ 軸，因而改善系統的相對穩定度。

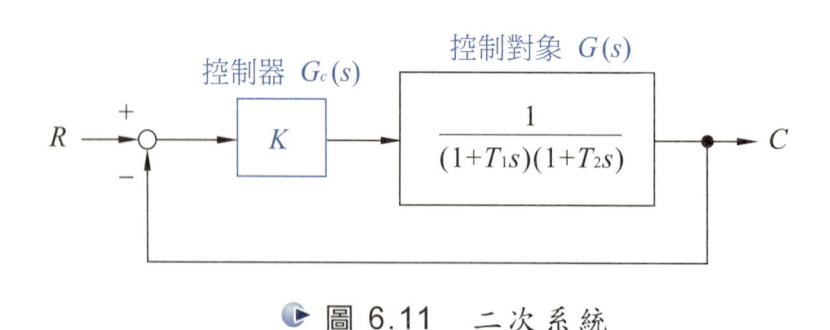

● 圖 6.11　二次系統

(a)

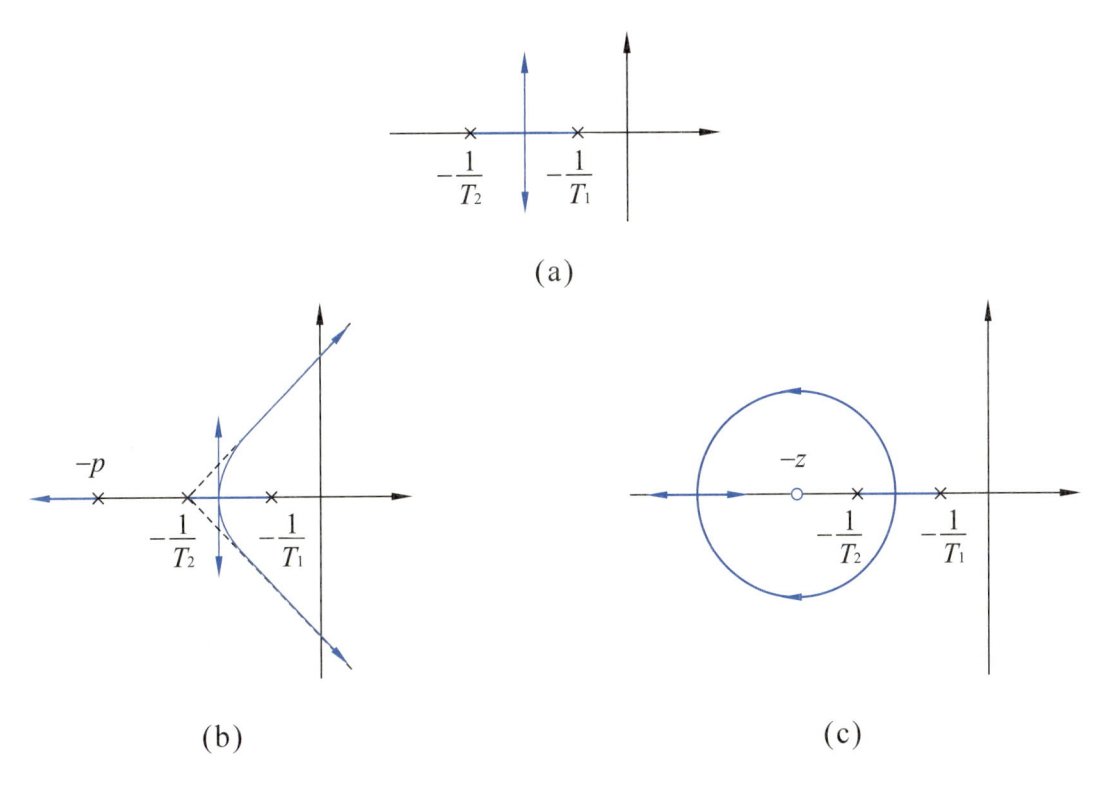

(b)   (c)

▶ 圖 6.12　二次系統根軌跡：(a)原二次延遲，
　　　　　　(b)加一個極點，(c)加一個零點

二、PD 控制器

圖 6.11 的開環系統中，開環增益 K 可以視為是 P 控制器（比例控制器）。如果在圖 6.11 的系統中，控制對象為 $G(s) = 2/[(s+1)(s+2)]$，而控制器改成

$$G_c(s) = K_p + K_d s \tag{6.23}$$

式中 K_p 稱為 P 係數（比例控制係數），K_d 為 D 係數（微分控制係數），$G_c(s)$ 稱為比例微分型 (PD) 控制器。因此開環轉移函數變成

$$G_c(s)G(s) = 2K_d \frac{s + K_p/K_d}{(s+1)(s+2)} \tag{6.24}$$

其結果為：添加了一個零點 $z=-K_p/K_d$。由上可知，閉路系統之根軌跡拉向該零點偏轉趨近，當 $K\to\infty$，根軌跡趨近於此零點，系統更為穩定。因此，我們只要適當地調節 P 係數 K_p 及 D 係數 K_d 兩個參數就可以達到閉路系統的特性，此說明 PD 控制器的工作原理。注意，(6.24) 式的開環轉移函數仍為第 0 類型系統，因此閉路系統之單位步階響應必定存在有穩態誤差。

三、PI 控制器

如果在圖 6.11 的開環系統中，控制器改成

$$G_c(s) = K_p + \frac{K_i}{s} = \frac{K_p(s+K_i/K_p)}{s} \tag{6.25}$$

式中 K_i 稱為 I 係數（積分控制係數），$G_c(s)$ 稱為比例積分型 (PI) 控制器，開環轉移函數添加了一個極點 $s=0$ 及一個零點 $s=-z$：$z=K_i/K_p$，

$$G_c(s)G(s) = 2K_p \frac{s+z}{s(s+1)(s+2)}, \; z=K_i/K_p \tag{6.26}$$

注意：(6.26) 式的開環轉移函數為第 1 類型系統，因此閉路系統之單位步階響應必無穩態誤差，系統的追值性能準確。如果我們調節參數 K_i 及 K_p 使得 z 為 4、0.5 及 1.2，形成之根軌跡分別如圖 6.13(a)、(b)、(c) 所示。若 p_1、p_2 及 p_3 分別為三個相對應的閉路極點，使得共軛複數根之阻尼比 ζ 約為 0.5，這些數值對照參見表 6.2。

(a) $z = 4$

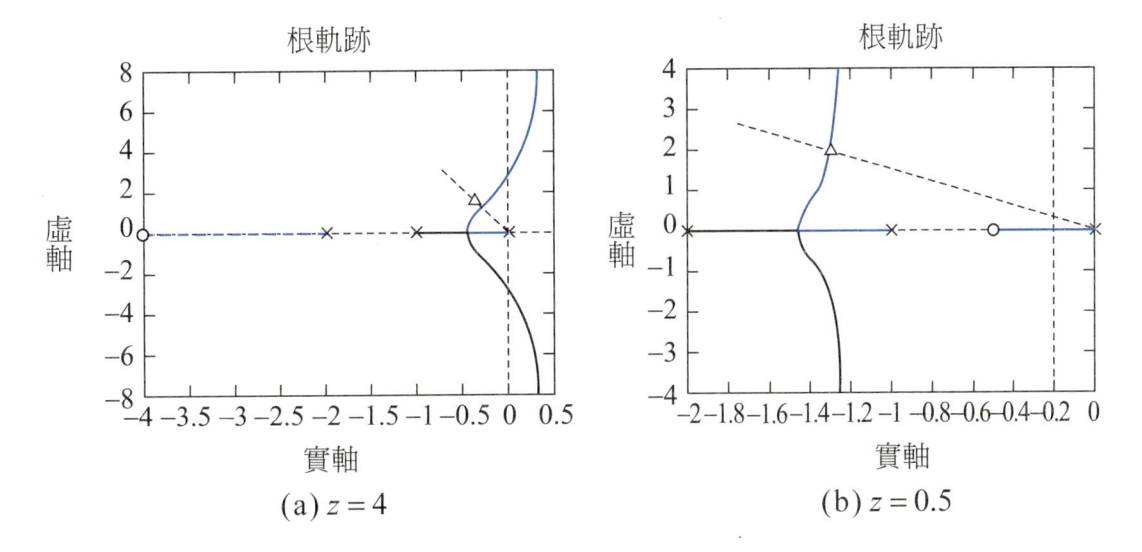

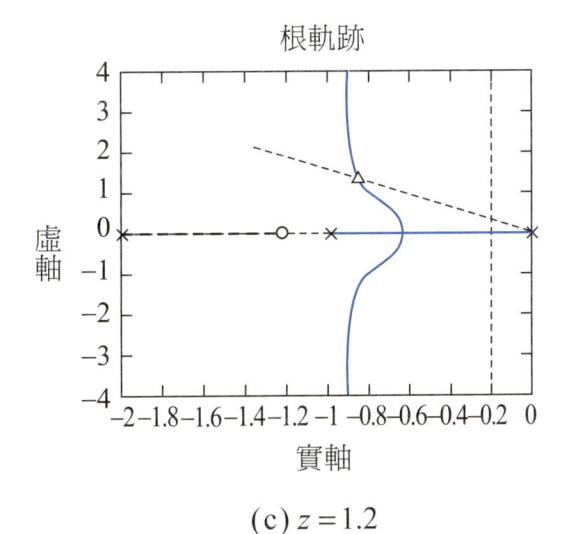

(b) $z = 0.5$

(c) $z = 1.2$

▶ 圖 6.13　在參數 $z = 4, 0.5, 1.2$ 下，呈現之根軌跡

▶ 表 6.2

z	K_p	K_i	$p_{1,2}$	p_3	$\omega_n = \lvert p_{1,2} \rvert$
4	0.17	0.68	$-0.39 \pm j0.68$	-2.22	0.78
0.5	2.85	1.43	$-1.28 \pm j2.22$	-0.43	2.57
1.2	1.58	1.89	$-0.86 \pm j1.49$	-1.28	1.72

第六章　根軌跡法

在單位步階函數輸入下，響應為

$$C(s) = \frac{2K_p(s+z)}{s(s-p_3)(s^2+\omega_n s+\omega_n^2)} \tag{6.27}$$

之形式；單位步階時間響應為

$$c(t) = 1 + A_1 e^{p_3 t} + A_2 e^{-at}\cos(bt+\theta) \tag{6.28}$$

之形式，其時間響應波形請參見圖 6.14。上式中，$a = \text{Re}\{p_{1,2}\}$，$b = \text{Im}\{p_{1,2}\}$，而對應的 $\{z, A_1, A_2, \theta\}$ 分別為 $\{4, -0.072, 1.2145, -220°\}$，$\{0.5, -0.158, 0.989, -212°\}$，$\{1.2, 0.084, 1.218, -207°\}$。

在圖 6.13(a)，$z = 4$，所加的零點在 $j\omega$ 虛軸左方的甚遠處。當 $K \to \infty$ 時，漸近線在 s- 平面右半邊 (RHP) 不穩定。要求共軛複數根之阻尼比 ζ 約為 0.5 時，所需設計的比例係數甚低（$K_p = 0.17$，參見表 6.2），使得單位步階時間響應甚為緩慢，參見圖 6.14。

在圖 6.13(b)，$z = 0.5$，共軛複數根坐落於 LHP 穩定區，但是在 0 至 -0.5 之間存在有實數根軌跡。此意味時間響應有振盪，也有指數

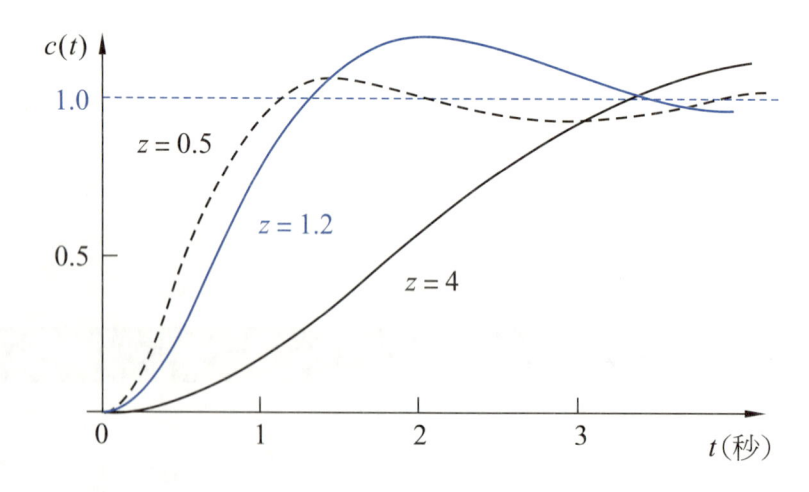

▶ 圖 6.14　在參數 $z = 4, 0.5, 1.2$ 下，閉路系統呈現之單位步階時間響應式

衰減，因此安定時間較早到達。在此例中要求共軛複數根之阻尼比 ζ 約為 0.5 時，所需設計的比例係數較高（$K_P = 2.85$，參見表 6.2），使得單位步階時間響應稍快，參見圖 6.14。

在圖 6.13(c)，$z = 1.2$，所添加的開環零點在 -1 左方不遠處，與上述情形比較之下步階時間響應稍慢，且超擊量也大（18%，見圖 6.14）。

四、極點與零點的對消

當控制對象 $G(s)$ 之開環極點坐落於不是很理想的位置，造成閉路特性根太接近虛軸，使得時間響應太慢，很難用反饋的方式改變之。常用的方法是在串接控制器 $G_c(s)$ 設計一零點與此不理想的極點對消之（或在它的附近），但是只適用於**穩定的極點零點對消** (stable pole-zero cancellation)。如此實施，則根軌跡之架構跟著變化，使得時間響應能夠有較顯著的改善。

如上述例題中，控制對象為

$$G(s) = \frac{2}{(s+1)(s+2)} \tag{6.29}$$

若控制器 $G_c(s)$ 之零點選擇了 $s = -1$，使得

$$G_c(s)G(s) = \frac{K}{s(s+2)} \tag{6.30}$$

造成閉路極點

$$s_{1,2} = -1 \pm \sqrt{1-K} \tag{6.31}$$

而且開環系統變成第 1 類型 (type 1)，其穩態誤差必為零，可以得到準確的位置伺服自動控制表現。

圖 6.15(a) 為控制對象 (6.29) 式做 P 控制；圖 6.15(b) 為 PI 控制，

做穩定的極點零點對消。當 $K=2$ 時，其閉路系統的單位步階時間響應請參見圖 6.16：在情形 (a)，因為開環系統為第 0-類型，故單位步階響應有明顯的穩態誤差 $e_p = 1/3$；在情形 (b)，因為開環系統為第 1 類型，故單位步階響應沒有穩態誤差，此時可以做準確的位置伺服控制。

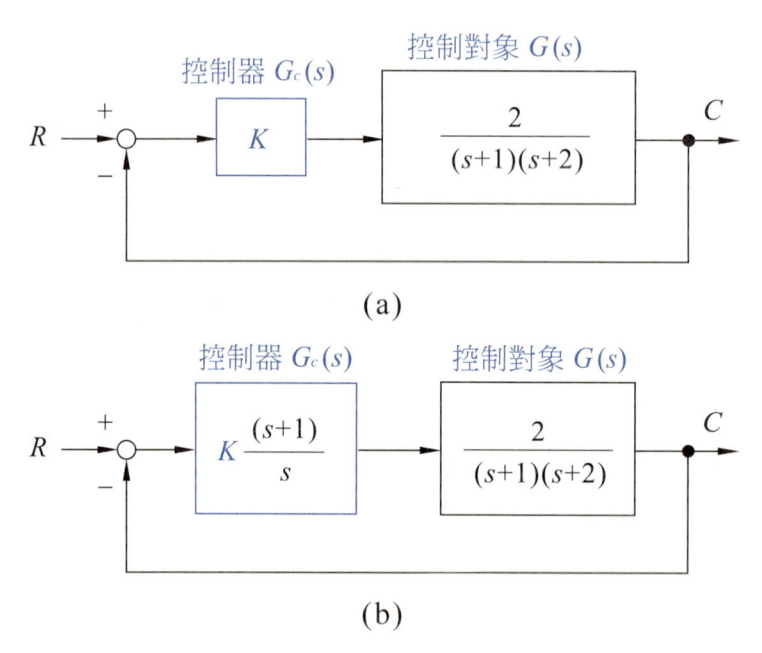

● 圖 6.15 (a) 原系統，P 控制，(b) PI 控制，極點零點對消

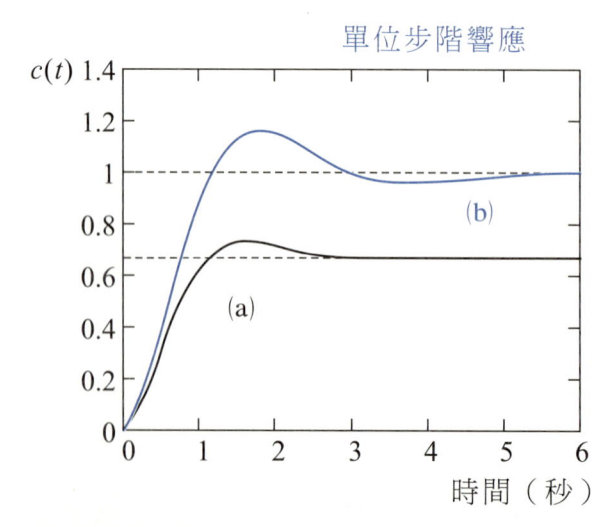

● 圖 6.16 單位步階響應比較：(a) P 控制，(b) 極點零點對消

五、主極點與二階系統近似

在高階次的系統中,如果距離虛軸最近的極點附近沒有其他的閉路零點,而其他的極點又遠離虛軸,這種距離虛軸很近的極點稱為**主極點** (dominated-pole)。我們以下列的系統 $G(s)$ 解釋之:

$$\frac{C}{R}(s) = G(s) = \frac{24040(s+25)}{(s^2+13.2s+173.5)(s^2+111.8s+3450)} \quad (6.32)$$

在單位步階輸入下, $R(s)=1/s$,輸出之拉氏變換式為

$$C(s) = \frac{24040(s+25)}{s(s^2+13.2s+173.5)(s^2+111.8s+3450)}$$

$$= \frac{A}{s} + \frac{B}{s+6.6-j11.4} + \frac{B^*}{s+6.6+j11.4} + \frac{C}{s+55.9-j18} + \frac{C^*}{s+55.9+j18} \quad (6.33)$$

上式中,

$$A=1 \;,\; \begin{matrix} B \\ B^* \end{matrix} = \begin{cases} 0.604\angle -201.7° \\ 0.604\angle +201.7° \end{cases}, \; \begin{matrix} C \\ C^* \end{matrix} = \begin{cases} 0.14\angle -63.9° \\ 0.14\angle +63.9° \end{cases}$$

因此,單位步階時間響應為

$$c(t) = 1 + 1.2e^{-6.6t}\sin(11.4t - 111.7°) + 0.28e^{-55.9t}\sin(18t + 26.1°) \quad (6.34a)$$

$$\approx 1 + 1.2e^{-6.6t}\sin(11.4t - 111.7°) \quad (6.34b)$$

綜觀上述的分析與觀察,我們發現 $G(s)$ 的極點 $s=-6.6\pm j11.4$ 比極點 $s=-55.9\pm j18$ 較靠近 s-平面之虛軸:

$$|\mathrm{Re}\{-55.9\pm j18\}| = 55.9 > |\mathrm{Re}\{-6.6\pm j11.4\}| = 6.6$$

而於 (6.33) 式中,極點 $s=-55.9\pm j18$ 所貢獻的**餘值** (residue) 遠小於極點 $s=-6.6\pm j11.4$ 之貢獻,而且很快地衰減、消失殆盡。有鑑於此,

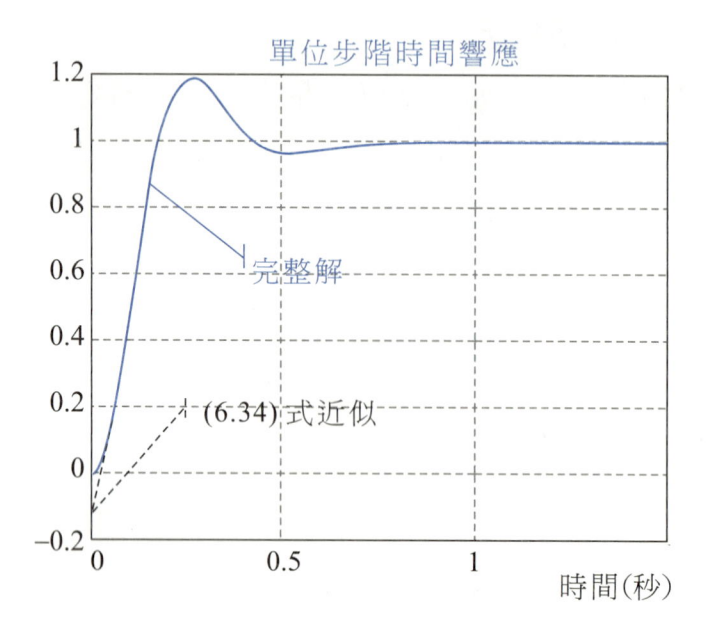

▶ 圖 6.17　單位步階響應及其近似

單位步階時間響應式可以用 (6.34b) 式近似之，參見圖 6.17。

在上述的結論，對於單位步階時間響應而言，極點 $s = -6.6 \pm j11.4$ 的貢獻遠大於極點 $s = -55.9 \pm j18$ 之貢獻。亦即，極點 $s = -6.6 \pm j11.4$ 主導了系統的步階時間響應，因此稱為**主極點**（主導極點）。

閉路系統的主極點可以是實數極點，也可以是共軛複數型，或是這兩種形式的組合型式。其他的閉路極點距離虛軸甚遠，在時間響應上快速消失衰竭，貢獻不明顯，是為非主極點。經驗上，非主極點之實數部分採用大於 4 倍主極點之實部。主極點之觀念有助於我們使用二階系統對高階系統做近似之描述，如上例；高階系統之動態性能亦可經由近似的二階系統評估之。

例題 6.5

若系統的閉路轉移函數為

$$G(s) = \frac{0.52(1+0.475s)}{(1+0.125s)(1+0.5s)(1+s+s^2)}$$

試做主極點分析,求出近似二次系統,並分別以單位步階響應比較之。

解 閉路轉移函數改寫為

$$G(s) = \frac{4(s+2.1)}{(s+2)(s+8)(s^2+s+1)}$$

此系統之極點為 $s = -2, -8, -0.5 \pm j0.866$,零點在 $s = -2.1$。因為零點 $s = -2.1$ 非常靠近極點 $s = -2$,距離共軛複數極點 $-0.5 \pm j0.866$ 甚遠,而且 $s = -8$ 不是主極點,因此近似二次系統之轉移函數可以設定為

$$G_0(s) = \frac{K}{s^2+s+1}$$

欲求等效增益 K,可令 $G_0(0) = G(0)$ 以解得 $K = 0.525$,因此近似二次系統之轉移函數為

$$G(s) \approx \frac{0.525}{s^2+s+1}$$

單位步階響應請參見圖 6.18,原四階之響應與近似的二次系統比較之下雖然不完全相同,但最後幾乎一致。

單位步階響應

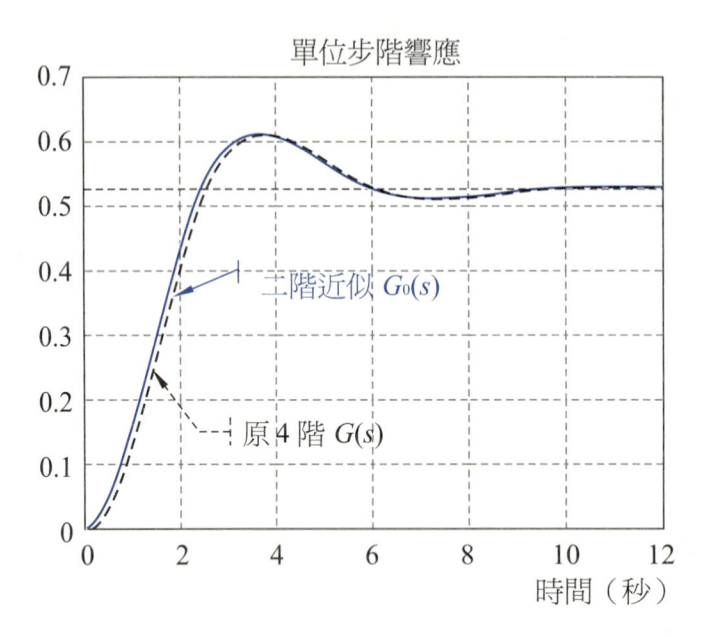

二階近似 $G_0(s)$

原 4 階 $G(s)$

時間（秒）

▶ 圖 6.18　例題 6.5 之單位步階響應比較

例題 6.6

若系統的閉路轉移函數為

$$G(s) = \frac{5}{(s+1)(s+5)}$$

試做主極點分析，求出近似一次系統，並分別以單位步階響應比較之。

解　閉路轉移函數之極點為 $s=-1$，$s=-5$，前者較靠近虛軸，可選為主極點；後者距離主極點甚遠，為非主極點。因此近似一次系統之轉移函數可以設定為 $G_0(s) = \dfrac{K}{s+1}$。

欲求等效增益 K，可令 $G_0(0) = G(0)$ 以解得 $K=5$，因此近似二次

系統之轉移函數為 $G(s) \approx \dfrac{5}{s+1}$。

單位步階響應參見圖 6.19，原二階之響應與近似的一次系統比較之下雖然不完全相同，但最後幾乎一致，相去不遠。

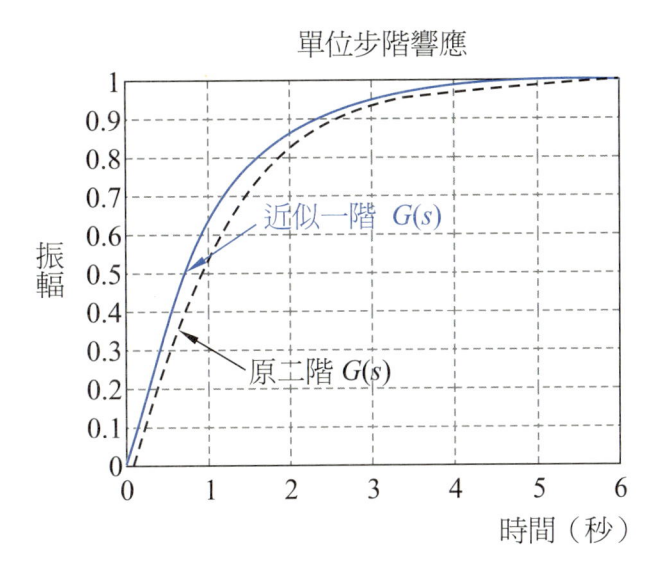

● 圖 6.19　例題 6.6 之單位步階響應比較

6-5 本章重點回顧

1. 在 s-平面中，閉路極點隨著開環增益 K 變化，表現出來的軌跡曲線稱為根軌跡 (root locus)。

2. 當開環增益 K 增大至某一數值時，可能造成閉路脈衝響應之振盪甚為劇烈，或步階響應之超擊度甚大、安定時間甚長久，回饋系統的穩定性變得不理想。

3. 開環增益 K 增大可以降低回饋系統的穩態誤差，因而增高控制系統的輸出做伺服控制的精確度，系統的速應性也可以變快，但其穩定性就相對變得不理想了。此即：**系統的穩定性與速應性及精確性之間常相互衝突**。

4. 單位回饋之標準二次系統轉移函數為

$$\frac{C}{R}(s) = \frac{\omega_n^2}{s^2 + 2\zeta\omega_n s + \omega_n^2}$$

$\omega_n = \sqrt{K}$ 為無阻尼自然頻率，$\zeta = 1/\sqrt{K}$ 為阻尼比。特性根為 $s_{1,2} := -\zeta\omega_n \pm \omega_n\sqrt{\zeta^2 - 1}$。

5. 如果 $\zeta < 1$，則兩根為共軛複根

$$s_{1,2} = \sigma + j\omega_d = -\zeta\omega_n \pm j\omega_n\sqrt{1-\zeta^2}$$

特性根的阻尼比為 ζ，則其與 s-平面的原點做一直線，必與負實數軸夾一角 $\phi = \cos^{-1}\zeta$，稱為阻尼角。

6. 一般反饋（回授）系統中，$G(s)$ 為順向轉移函數，$H(s)$ 為回饋轉移函數，開環轉移函數定義為 $GH(s) := G(s)H(s)$。

7. 穩定性的準則：

 (a) $|GH(s)| = 1$（幅度準則）

 (b) $\angle GH(s) = \begin{cases} (1+2h)180°, \ h = 0, \pm 1, \pm 2, \cdots &, 當 K > 0 \\ h \cdot 360°, \ h = 0, \pm 1, \pm 2, \cdots &, 當 K < 0 \end{cases}$ （相角準則）

8. 巴克豪生準則：$|GH(s)|=1$。

9. 在 s- 平面上點繪製開環極點與零點的位置，形成了極零點構圖。在 s- 平面上，極點以×符記點出位置，零點以○符記點出位置，根軌跡的繪製由×點出發（$K=0$），至○點為止（$K \to \infty$）。

10. 根軌跡之繪製步驟如下：

    規則 1：（根軌跡始末點）在 s- 平面的極零點構圖上，回授系統的根軌跡由×出發（$K=0$），至○點為止（$K \to \infty$）。$K<0$ 的軌跡稱為互補軌跡，根軌跡與互補軌跡形成完全軌跡。

    規則 2：（根軌跡支數）若 $GH(s)$ 有 n 個極點，m 個零點（$m \leq n$），則特性根有 n 支根軌跡，且有 $(n-m)$ 個零點在無窮大的地方。

    規則 3：（實數軸根軌跡）
    當 $K>0$ 時，實軸軌跡之右方應有奇數個極點或且零點。
    當 $K<0$ 時，實軸軌跡之右方應有偶數個極點或且零點。

    規則 4：（漸近線）漸近線中心 σ_0 與漸近線與實軸之張角為 β：

    $$\sigma_0 = \frac{\sum(GH \text{ 的有限極點}) - \sum(GH \text{ 的有限零點})}{n-m}$$

    $$\beta = \begin{cases} \dfrac{(2k-1)180°}{n-m} & K>0 \\ \dfrac{(2k)180°}{n-m} & K<0 \end{cases} \quad k=0,1,2,\cdots$$

    規則 5：（分離點、交匯點）在實軸上，兩支軌跡會交匯或分離之，此一點稱為分離點 σ_b：

    $$\left.\frac{d}{ds}GH(s)\right|_{s=\sigma_b} = 0$$

    或者

    $$\left. N(s)D'(s) - D(s)N'(s) \right|_{s=\sigma_b} = 0 \text{。}$$

規則 6： （起始角與到達角）軌跡在某一複數極點 p 出發時之起始角為

$$\theta_D = 180° + \angle GH'|_{s=p}, \quad GH' = (s-p)GH(s)$$

軌跡到達某複數零點 z 之到達角為

$$\theta_A = 180° - \angle GH''|_{s=z}, \quad GH'' = GH(s)/(s-z)。$$

規則 7： （虛軸交點）軌跡與虛軸之交點可由第五章所討論的羅斯穩度準則判斷出與虛軸相交時之 K 值，進而求出共軛虛根。

11. 閉路系統特性根（極點）的位置可利用根軌跡圖檢查出來，因此系統的表現性能可以分析或評估之。另一方面，閉路系統的穩定度補償或性能表現的修整所需技術易於在根軌跡圖施行設計。

12. 開環系統中添加一個極點使得根軌跡遠離該極點之方向偏移；添加一個零點使得根軌跡趨向該零點之方向偏移、趨近。

13. PD 控制器 $G_c(s) = K_p + K_d s$ 的工作原理係為添加了一個零點 $z = -K_p/K_d$。

14. PI 控制器 $G_c(s) = K_p + \dfrac{K_i}{s}$ 使開環轉移函數添加了一個極點 $s = 0$ 及一個零點 $s = -z$： $z = K_i/K_p$，使得閉路系統之單位步階響應無穩態誤差，系統的追值性能準確。

15. 串接控制器 $G_c(s)$ 設計一零點與不理想的開環極點做穩定的**極點零點對消**，根軌跡之架構跟著變化，使得時間響應能夠有較顯著的改善。

16. 在高階次的系統中，如果距離虛軸最近的極點附近再沒有其他的閉路零點，而其他的極點又遠離了虛軸，這種距離虛軸很近的極點稱為**主極點**。

17. 閉路系統的主極點可以是實數極點，也可以是共軛複數型，或是這兩種形式的組合形式。其他的閉路極點距離虛軸甚遠，在時間響應上快速消失衰竭，貢獻不明顯，是為非主極點。

18. 主極點之觀念有助於我們使用二階系統對高階系統做近似之描述；高階系統之動態性能亦可經由近似的二階系統評估之。

19. 若一轉移函數 $G(s)$ 以二階主極點近似，$G_2(s) = \dfrac{K}{s^2 + 2\zeta\omega_n s + \omega_n^2}$，則令 $G_0(0) = G(0)$ 可以決定開環增益 K。

20. 經驗上，非主極點之實數部分採用大於 4 倍主極點之實部。非主極點應遠離主極點及虛軸。

習 題

Ⓐ 問答題 ▶▶▶

1. 何謂「根軌跡」？
2. 何謂「控制比轉移函數」？
3. 當開環增益 K 增大，會造成什麼影響？
4. 何謂「阻尼角」？
5. 何謂「開環轉移函數」？
6. 何謂「巴克豪生準則」？
7. 何謂「幅度準則」與「相角準則」？
8. 何謂「極零點構圖」？
9. 「實數軸根軌跡」如何判斷？
10. 何謂「根軌跡漸近線」？
11. 開環系統中添加一個極點或添加一個零點之效果為何？
12. 「PD 控制器」之作用為何？
13. 「PI 控制器」之作用為何？
14. 何謂「主極點」？

Ⓑ 習作題 ▶▶▶

1. 若開環轉移函數為 $GH(s) = 1/s$，試繪製根軌跡圖（負回饋）。

2. 若開環轉移函數為 $GH(s) = \dfrac{K}{s+1}$，試繪製根軌跡圖（負回饋）。

3. 若開環轉移函數為 $GH(s) = \dfrac{K}{s-1}$，試繪製根軌跡圖（負回饋）。

4. 若開環轉移函數為 $GH(s) = \dfrac{K}{s^2+4}$，試繪製根軌跡圖（負回饋）。

5. 若開環轉移函數為 $GH(s) = \dfrac{K}{s^2 - 4}$，試繪製根軌跡圖（負回饋）。

6. 若開環轉移函數為 $GH(s) = \dfrac{K}{s^2 + 2s + 2}$，試繪製根軌跡圖（負回饋）。

7. 若開環轉移函數為 $GH(s) = \dfrac{K(s+2)}{s(s+3)}$，試繪製根軌跡圖（負回饋）。

8. 若開環轉移函數為 $GH(s) = \dfrac{K}{s^4 - 1}$，試繪製根軌跡圖（負回饋）。

9. 若開環轉移函數為 $GH(s) = \dfrac{K}{s^4 + 1}$，試繪製根軌跡圖（負回饋）。

10. 在圖 P6B.10 中，控制對象為 $G(s) = 1/s(s+1)$，補償器用下列情形：
    (a) $G_c(s) = K$，(b) $G_c(s) = K/(s+2)$，(c) $G_c(s) = K(s+2)$
    試分別以根軌跡圖陳述閉路系統之穩定度影響。

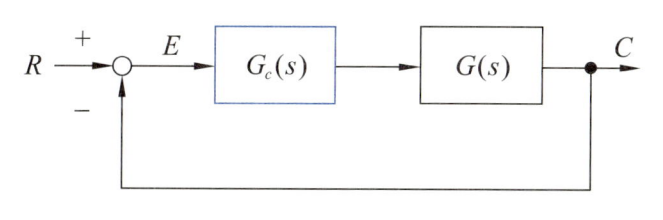

▶ 圖 P6B.10

11. 在習題 6B.10(c) 之情形中，如果 $K = 30$，試做單位步階響應分析以討論近似之結果。

12. 開環轉移函數為 $GH(s) = \dfrac{K(s+3)}{s(s+5)(s+6)(s^2+2s+2)}$，試求根軌跡在 s-平面上的 (a) 起點；(b) 終點；(c) 漸近線與實軸之交點；(d) 漸近線與實軸之張角。

13. 開環轉移函數為 $G(s) = \dfrac{K(s+1)}{s(s-1)(s^2+4s+16)}$ （負回饋），試求根軌跡與虛軸相交時，K 值為何？

第七章
頻域分析

在本章我們要討論下列主題：
1. 頻率響應的意義
2. 頻率響應的規格
3. 頻率響應的極座標作圖
4. 奈奎斯特穩定度的分析原理
5. 波德頻率響應分析

我們在第四章介紹過幾種控制系統常用的測試信號，藉著這些信號可以估測系統的時域響應表現性能，進而評估其設計規格。在本章，我們要討論的是控制系統在弦波輸入造成的穩態響應，或稱為**弦波穩態** (sinusoidal steady-state) 的一些特性，稱之為**頻率響應分析** (frequency response analysis)。

如果一個線性系統的輸入是正弦波：$r(t) = A\sin\omega t$，則在穩態響應時，輸出為 $c(t) = B\sin(\omega t + \theta)$ 之形式。A 與 B 分別是輸入與輸出弦波信號的**幅度** (magnitude)，θ 為**相角** (phase angle)。輸出與輸入之幅度與相角隨著信號頻率變化，呈現出來的特性稱之為頻率響應。在線性系統中，頻率響應與輸入信號的幅度及頻率是無關的（非線性系統則不然），且輸出弦波信號的頻率不會改變。

做線性系統的頻率響應估測時，先保持輸入信號的幅度 A 不變，而在某一段信號工作頻率 (ω) 範圍內，探討輸出幅度 B 與相角 θ 隨著頻率 ω 的變化情形。如果系統的輸出入轉移函數 $G(s)$ 已知，頻率響應便可以由 $G(j\omega)$ 估測出來。如果系統的轉移函數未確知，則可藉測試儀表以「施加輸入、測量輸出的方式」將 B 與 A 的關係記錄下來，或將 θ 的關係記錄下來。通常令 $A=1$，則 B 與 ω 的關係形成**幅度響應曲線** (magnitude response curve)，而 θ 與 ω 的關係形成**相位響應曲線** (phase response curve)。藉著這兩組頻率響應曲線可以估計出頻率轉移函數 $G(j\omega)$，因而得到轉移函數 $G(s)$。

閉路系統的特性與其相對穩定度之估計可以經由開環系統的特性施行之（例如前一章之根軌跡法），此為本章做頻率響應分析的主要目的之一。頻率響應分析又可提供給系統做圖解法的設計方式，這些方法有極座標作圖的奈奎斯特圖、波德圖、MN 圓等圖解分析法。

7-1　頻率響應的定義

如圖 7.1 的線性系統，輸入為 $r(t) = R \sin \omega t$，則在穩態響應時，其輸出響應為 $c(t) = C \sin(\omega t + \phi)$ 之形式。輸出與輸入信號的**幅度** (magnitude)、**相位** (phase) 與信號頻率 ω 的關係便是**頻率響應** (frequency response)。在線性系統中，頻率響應與輸入信號的振幅及相位是無關的（非線性系統則不然），且輸出信號的頻率亦等於 ω，不會發生頻率失真。

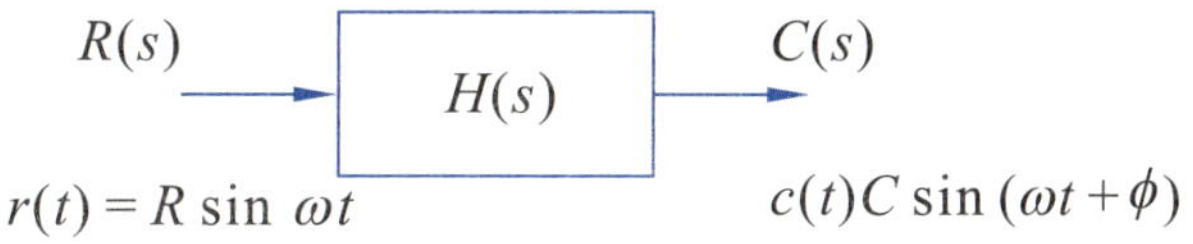

▶ 圖 7.1　線性系統之弦波穩態響應

如果 $H(s)$ 為穩定線性系統的轉移函數，如下式：

$$H(s) = \frac{K(s+z_1)(s+z_2)\cdots(s+z_m)}{(s+s_1)(s+s_2)\cdots(s+s_n)}$$

式中，極點（$s = -s_i$，$i = 1, 2, \cdots, n$）假設皆為相異負根，因此輸出為

$$C(s) = H(s)R(s) = H(s)\frac{R\omega}{s^2+\omega^2}$$

$$= \frac{a}{s+j\omega} + \frac{\bar{a}}{s-j\omega} + \frac{b_1}{s+s_1} + \frac{b_2}{s+s_2} + \cdots + \frac{b_n}{s+s_n} \tag{7.1}$$

上式中，a 及 b_i（$i = 1, 2, \cdots, n$）皆為常數，且 $\bar{a}$ 為 a 的共軛值，上式取拉氏反變換可得

$$c(t) = ae^{-j\omega t} + \bar{a}e^{j\omega t} + b_1 e^{-s_1 t} + b_2 e^{-s_2 t} + \cdots + b_n e^{-s_n t}$$

第七章　頻域分析

因為線性系統為穩定，極點（$s = -s_i$，$i = 1, 2, \cdots, n$）皆為負，則當 $t \to \infty$ 時，上式中 $b_i e^{-s_i t} \to 0$，因此穩態響應等於

$$c(t) = ae^{-j\omega t} + \bar{a}e^{j\omega t} \tag{7.2}$$

由 (7.1) 式可知

$$a = H(s)\frac{R\omega}{s^2 + \omega^2}(s + j\omega)|_{s=-j\omega} = -\frac{R}{2j}H(-j\omega)$$

$$\bar{a} = H(s)\frac{R\omega}{s^2 + \omega^2}(s - j\omega)|_{s=-j\omega} = \frac{R}{2j}H(j\omega)$$

另一方面，令

$$H(j\omega) = H(s)|_{s=-j\omega} := M(\omega)e^{j\phi(\omega)} \tag{7.3}$$

為**頻率轉移函數** (frequency transfer function)，式中

$$M(\omega) = |H(j\omega)| := \textbf{幅度頻率響應} \text{ (magnitude response)}$$

$$\phi(\omega) = \arg\{H(j\omega)\} := \textbf{相角頻率響應} \text{ (phase response)}$$

因此，

$$a = -\frac{R}{2j}M(\omega)e^{-j\phi}, \quad \bar{a} = \frac{R}{2j}M(\omega)e^{j\phi}$$

則由 (7.2) 式可知

$$c(t) = M(\omega)R\frac{e^{j(\omega t + \phi)} - e^{-j(\omega t + \phi)}}{2j} = M(\omega)R\sin(\omega t + \phi)$$

$$:= C\sin(\omega t + \phi) \tag{7.4}$$

亦即，當信號頻率為 ω 的弦波輸入振幅為 R，則穩態輸出之振幅為 C，**相角遷移** (phase shift) 為 ϕ，且

$$M(\omega) = |H(j\omega)| = \frac{C}{R} \tag{7.5}$$

$$\phi(\omega) = \arg\{H(j\omega)\} = \angle H(j\omega) \tag{7.6}$$

因為 $H(j\omega)$ 為複變函數，令 $H^*(j\omega)$ 為其共軛，則

$$M(\omega) = |H(j\omega)| = (HH^*)^{1/2} \tag{7.7}$$

例題 7.1 （弦波穩態響應）

有一線性系統之輸入為 $x(t) = \sin \omega t$，轉移函數為 $H(s) = \dfrac{Y}{X} = \dfrac{1}{Ts+1}$。

(a) 試求頻率轉移函數 $H(j\omega)$。
(b) 試求幅度頻率響應 $M(\omega)$。
(c) 試求相角頻率響應 $\phi(\omega)$。
(d) 當 $\omega = 0, 1/T, 10/T, \infty$ 時，試分別求其穩態響應。
(e) 當 $\omega = 2, T = 1$ 時，求其穩態響應。

解 (a) 頻率轉移函數

$$H(j\omega) = H(s)\big|_{s=j\omega} = \frac{1}{j\omega T + 1}。$$

(b) 幅度頻率響應

$$M(\omega) = |H(j\omega)| = (HH^*)^{1/2} = \frac{1}{\sqrt{\omega^2 T^2 + 1}}。$$

(c) 相角頻率響應

$$\phi(\omega) = \angle H(j\omega) = \tan^{-1}(\omega T)。$$

(d) 當輸入為 $x(t) = \sin\omega t$，穩態響應為 $c(t) = C\sin(\omega t + \phi)$，且

$\omega = 0$， $C = M(0) = 1$， $\phi = 0°$；

$\omega = 1/T$， $C = M(1/T) = 1/\sqrt{2}$， $\phi = -45°$；

$\omega = 10/T$， $C = M(10/T) = 1/\sqrt{101} \approx 0.1$， $\phi = -\tan^{-1}(10) \approx -84°$；

$\omega \to \infty$， $C = M(\infty) = 0$， $\phi = -\tan^{-1}(\infty) \approx -90°$。

(e) $C = M(2) = \dfrac{1}{\sqrt{2^2 \times 1 + 1}} = \dfrac{1}{\sqrt{5}}$， $\phi = -\tan^{-1}(2) \approx -63°$

因此，穩態響應為

$$c(t) = \frac{1}{\sqrt{5}}\sin(2t - 63°)。$$

一、頻率響應曲線

頻率響應有兩方面，一為幅度頻率響應，另一為相角頻率響應，皆與頻率有關。因此頻率響應對頻率的作圖稱為是**頻率響應曲線** (frequency response curve)：一為幅度頻率響應曲線，另一為相角頻率響應曲線。

例題 7.2

試繪出例題 7.1 系統的頻率響應曲線 ($T = 1$)。

解 頻率轉移函數為 $H(j\omega) = \dfrac{1}{j\omega + 1}$，

幅度頻率響應為 $M(\omega) = |H(j\omega)| = \dfrac{1}{\sqrt{\omega^2 + 1}}$，

相角頻率響應為 $\phi(\omega) = \angle H(j\omega) = \tan^{-1}(\omega)$，

以不同的頻率，列表計算如下：

ω	0	1	2	10	∞
$M(\omega)$	1	$\frac{1}{\sqrt{2}} \approx 0.71$	$\frac{1}{\sqrt{5}} \approx 0.45$	$\frac{1}{\sqrt{101}} \approx 0.1$	0
$\phi(\omega)$	0°	−45°	−63°	−84°	−90°

幅度頻率響應曲線 $M(\omega)$ 請見圖 7.2 (a)，相角頻率響應曲線 $\phi(\omega)$ 請見圖 7.2 (b)。

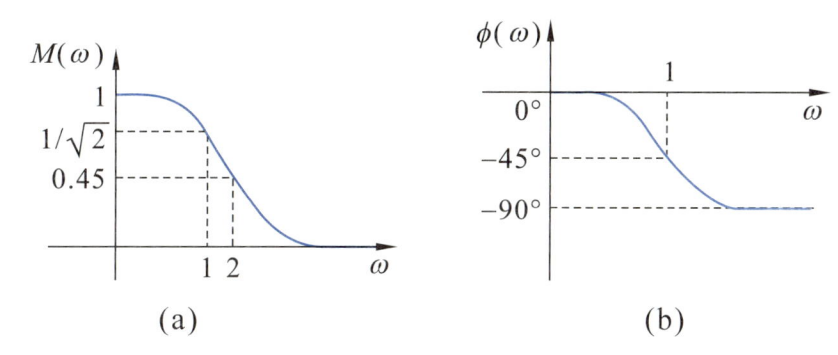

▶ 圖 7.2　例題 7.2 之頻率響應曲線：(a) 幅度頻率響應，(b) 相角頻率響應

二、對稱性

幅度頻率響應 $M(\omega) = |H(j\omega)|$ 為頻率的偶函數，參見圖 7.3(a)；相角頻率響應 $\phi(\omega) = \arg\{H(j\omega)\}$ 為頻率的奇函數，參見圖 7.3(b)。上述原理證明如下：令系統的單位脈衝響應為 $h(t)$，則

$$H(j\omega) = \int_{-\infty}^{\infty} h(\tau) e^{-j\omega\tau} d\tau = \int_{-\infty}^{\infty} h(\tau)(\cos\omega\tau - j\sin\omega\tau) d\tau$$
$$:= a + jb$$

$$H(-j\omega) = \int_{-\infty}^{\infty} h(\tau) e^{j\omega\tau} d\tau = \int_{-\infty}^{\infty} h(\tau)(\cos\omega\tau + j\sin\omega\tau) d\tau$$

$$:= a - jb$$

因此，

$$M(\omega) = |H(j\omega)| = |H(-j\omega)| = \sqrt{a^2 + b^2}$$

且

$$\angle H(j\omega) = \tan^{-1}(b/a)，\angle H(-j\omega) = \tan^{-1}(-b/a)$$

故

$$\angle H(j\omega) = -\angle H(-j\omega)$$

因此，$M(\omega) = |H(j\omega)|$ 為頻率的偶函數，$\phi(\omega) = \angle H(j\omega)$ 為頻率的奇函數。

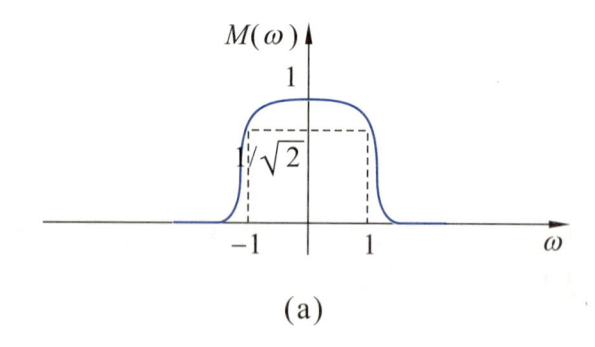

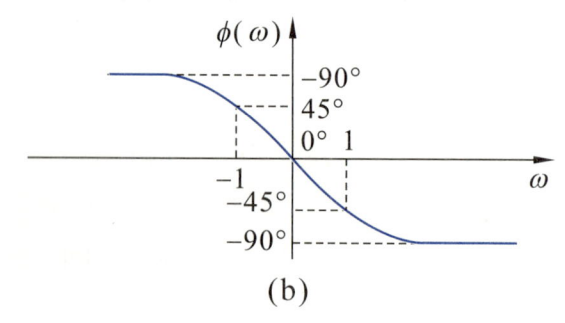

圖 7.3 頻率響應曲線：(a) 幅度頻率響應為偶函數，(b) 相角頻率響應為奇函數

三、頻寬與截止頻率

一般**帶通濾波器** (bandpass filter) 頻率響應之**頻帶寬度** (bandwidth, BW)，簡稱頻寬，係仿照電子放大器之頻寬定義之。參考圖 7.4 所示，幅度頻率響應曲線一般在中間頻率區比較平坦，當其增益值下降到**中頻帶** (mid-band) 的 $1/\sqrt{2} \approx 0.707$ 時，發生的頻率即為**截止頻率** (cut-off frequency)，如圖中的 ω_{C1} 及 ω_{C2}。發生在低頻處，即 ω_{C1}，為低頻截止頻率；發生在高頻處，即 ω_{C2}，為高頻截止頻率，則頻寬 (BW) 定義為

$$BW = \omega_{C2} - \omega_{C1} \tag{7.8}$$

如果沒有低頻截止頻率，如例題 7.1 的低頻通濾波器，則其頻寬(BW)定義為

$$BW = \omega_{C2} \quad （低頻通） \tag{7.9}$$

而**中心頻率** (center frequency) 為

$$\omega_0 = \sqrt{\omega_{C1} \cdot \omega_{C2}} \tag{7.10}$$

品質因素 (quality factor, QF) 定義為

$$Q = \frac{\omega_0}{BW} \tag{7.11}$$

相對地，**阻尼因素** (damping factor, DF) 為

$$DF = \frac{1}{Q} = \frac{BW}{\omega_0} \tag{7.12}$$

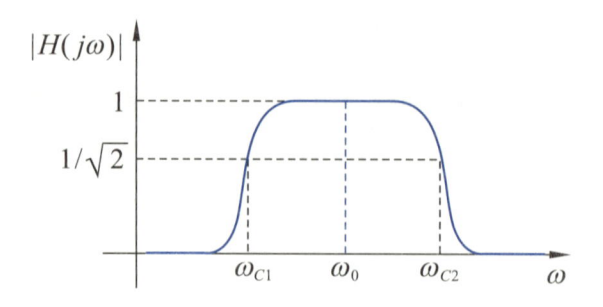

▶ 圖 7.4　頻寬及截止頻率之定義

品質因素 Q 表示帶通濾波器（或**調諧放大器**）之頻率選擇特性，良好的調諧頻率選擇以 $Q>10$ 敘述之，意味其頻寬（相對於其中心頻率）甚窄，對於頻率的選擇甚為靈敏。相對的，**寬頻帶放大器**以 $Q<10$ 敘述之，意味其頻寬甚寬，在一般頻域的弦波信號下，幅度增益幾乎為一定常數。阻尼因素用於設計多級（高階數）的濾波器，方便參照。

例題 7.3

一帶通濾波器之品質因素 $Q=20$，其中心頻率為 $f_0=15\text{ kHz}$，試求：(a) 其頻寬，(b) 其截止頻率。

解　(a) 由 (7.11) 式可知頻寬 $BW=\dfrac{f_0}{Q}=\dfrac{15\text{ kHz}}{15}=1\text{ kHz}$。

(b) 由 (7.10) 式可知 $f_1 f_2=f_0^2=225\times 10^6$，因為 $f_2-f_1=BW=10^3$，
解上面聯立方程式得：
高頻截止頻率 $f_2=15.5\text{ kHz}$
低頻截止頻率 $f_1=14.5\text{ kHz}$。

四、共振峰與峰頻率

轉移函數的最高幅度值 M_p 定義為**共振峰** (resonance peak)，亦即

$$M_p = \max_{\omega} M(\omega) \tag{7.13}$$

發生共振峰時之頻率 ω_p 稱為**峰頻率** (peaking frequency)，參見圖 7.5。

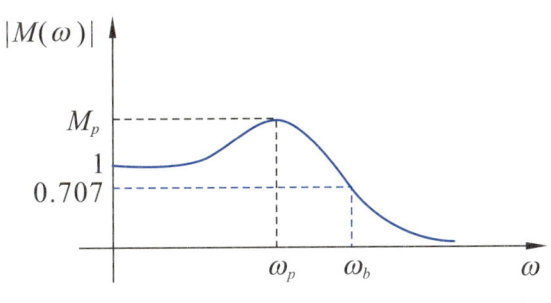

▶ 圖 7.5 共振峰及峰頻率之定義

例題 7.4

一帶通濾波器之轉移函數為 $H(s) = \dfrac{5}{s^2 + 2s + 5}$，試求共振峰及峰頻率。

解

$$M(\omega) = |H(j\omega)| = \frac{5}{|-\omega^2 + 2j\omega + 5|} = \frac{5}{\sqrt{\omega^4 - 6\omega^2 + 25}}$$

上式對 ω 微分後，令之為零，可得峰頻率：

$$\omega = \omega_p = \pm\sqrt{3} \,（\text{取正值}）$$

因此，共振峰為

$$M_p = \max_{\omega} M(\omega) = M(\sqrt{3}) = \frac{5}{\sqrt{16}} = \frac{5}{4}$$

此系統之幅度頻率響應圖請參見圖 7.6。

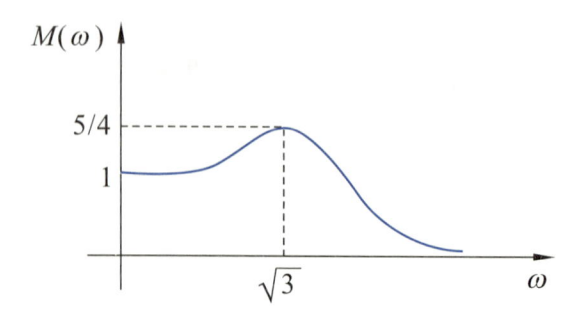

● 圖 7.6　例題 7.4 之共振峰及峰頻率

五、二次系統的頻率響應

標準二次系統的轉移函數為

$$H(s) = \frac{\omega_n^2}{s^2 + 2\zeta\omega_n s + \omega_n^2} \tag{7.14}$$

我們考慮**欠阻尼** (under-damping) 之情況，此時頻率轉移函數為

$$H(j\omega) = \frac{1}{(j\frac{\omega}{\omega_n})^2 + 2\zeta(j\frac{\omega}{\omega_n}) + 1} = \frac{1}{1-(\frac{\omega}{\omega_n})^2 + j2\zeta(\frac{\omega}{\omega_n})} \tag{7.15}$$

幅度頻率響應式為

$$M(\omega) = \frac{1}{\sqrt{\left(1-(\frac{\omega}{\omega_n})^2\right)^2 + \left(2\zeta(\frac{\omega}{\omega_n})\right)^2}} \tag{7.16}$$

由 (7.13) 式的定義，令 $dM/d\omega = 0$，可以得到峰頻率 ω_p 與共振峰值 M_p，其與阻尼比 ζ 之關係如下：

$$\frac{\omega_p}{\omega_n} = \sqrt{1-2\zeta^2} \qquad (7.17)$$

$$M_p = \frac{1}{2\zeta\sqrt{1-\zeta^2}} \qquad (\zeta \leq 0.707) \qquad (7.18)$$

(7.15) 式之頻率響應圖如圖 7.5 所示，其**極點** (pole) 為

$$\begin{matrix}s_1\\s_2\end{matrix} = -\zeta\omega_n \pm j\omega_n\sqrt{1-\zeta^2} \qquad (7.19)$$

$M(0)=1$，當 M 下降到 $0.707 M(0)$ 時，發生的頻率即是此二次系統的頻寬 BW $(:=\omega_b)$。易言之，$M(\omega_b)=0.707M(0)$。由 (7.16) 式可以解出

$$\frac{\omega_b}{\omega_n} = [1-2\zeta^2 + \sqrt{2-4\zeta^2(1-\zeta^2)}]^{\frac{1}{2}} \qquad (7.20)$$

例題 7.5

試求例題 7.4 所述系統的 (a) 峰頻率，(b) 共振峰值，(c) 極點，(d) 頻寬。

解 此帶通濾波器之轉移函數為

$$H(s) = \frac{5}{s^2+2s+5}$$

與 (7.14) 式比較可知：$\omega_n^2 = 5$，$2\zeta\omega_n = 2$
解得 $\omega_n = \sqrt{5}$，$\zeta = 1/\sqrt{5} \approx 0.45$。

(a) 由 (7.17) 式可得峰頻率為

$$\omega_p = (\sqrt{1-2\zeta^2})\omega_n = (\sqrt{1-2/5})\sqrt{5} = \sqrt{3} \approx 1.73 \text{ rad/s}$$

(b) 由 (7.18) 式可得共振峰值為

$$M_p = \frac{1}{2\zeta\sqrt{1-\zeta^2}} = \frac{5}{4}$$

(c) 由(7.19) 式可得極點為

$$\begin{matrix}s_1\\s_2\end{matrix} = -\zeta\omega_n \pm j\omega_n\sqrt{1-\zeta^2} = -1 \pm j2$$

(d) 由 (7.20) 式可得頻寬為

$$BW = \omega_b = [1-2\zeta^2 + \sqrt{2-4\zeta^2(1-\zeta^2)}]^{\frac{1}{2}}\omega_n \approx 3 \text{ rad/s}。$$

如果我們在極座標上作圖，在不同的頻率時，$M(\omega)$ 代表向量的幅度，$\phi(\omega)$ 代表其相角，則可以得到頻率響應的**極座標作圖** (polar plot)。例題 7.2 的頻率響應極座標作圖形如圖 7.7 所示。由極座標作圖將 s- 平面之 RHP 路徑映射可得奈奎斯特圖，以判斷相對穩定度。如果以 $20 \log M$ 為縱座標，以 $\log \omega$（對數刻度）為橫座標作圖，則得出的頻率響應作圖稱為波德幅度圖；以 ϕ 為縱座標，以 $\log \omega$ 為橫座標作圖，得出波德相位圖，兩者合稱**波德圖** (Bode diagram)。由波德圖又可以轉換成**尼可圖** (Nichols' chart)。

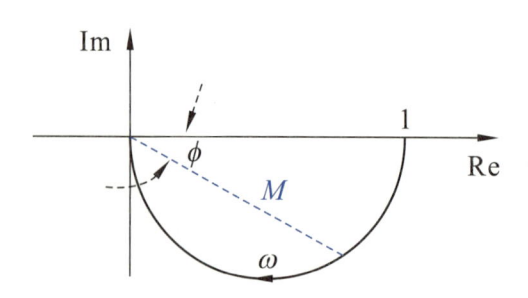

● 圖 7.7　例題 7.2 之頻率響應極座標作圖 ($0 < \omega < \infty$)

7-2 頻率響應的規格

如果 $G(s)$ 與 $H(s)$ 分別為負回饋控制系統的順向與回授轉移函數，因此開環轉移函數為

$$GH(s) := G(s)H(s) \tag{7.21}$$

閉路轉移函數為

$$\frac{C}{R}(s) = \frac{G(s)}{1+GH(s)} \tag{7.22}$$

現在我們討論頻域之一些重要特性規格。

一、增益邊際

增益邊際 (gain margin, GM)（增益餘裕）是用來估計負回饋系統相對穩定度的重要參數。參見圖 7.8，如果開環轉移函數在 ω_π 頻率時，其相角為 $-180°$，即

$$\angle GH(j\omega_\pi) = -180° = -\pi \quad \text{rad} \tag{7.23}$$

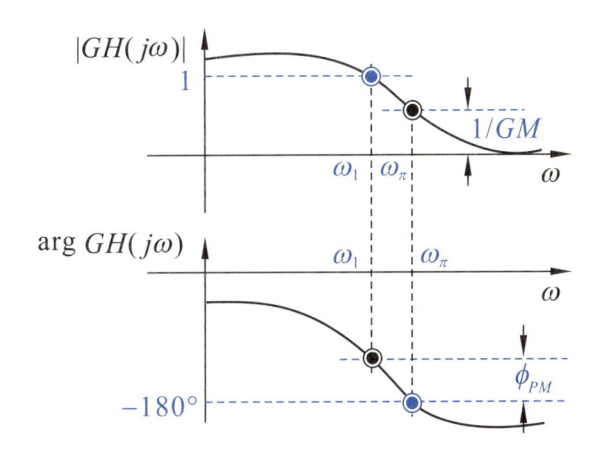

▶ 圖 7.8 增益及相角邊際之定義

則增益邊際值定義為

$$GM = \frac{1}{|GH(j\omega_\pi)|} \tag{7.24}$$

此處 ω_π 稱為**相角交越頻率** (phase cross-over frequency)。

二、相角邊際

相角邊際 (phase margin, PM)（相角餘裕）也是用來估計負回饋系統相對穩定度的重要參數。參見圖 7.8，如果開環轉移函數在 ω_1 頻率時，

$$|GH(j\omega_1)| = 1 \tag{7.25}$$

則相角邊際值定義為

$$\phi_{PM} = 180° + \angle GH(j\omega_1) \tag{7.26}$$

此處 ω_1 稱為**增益交越頻率** (gain cross-over frequency)。

三、延遲時間

延遲時間 (delay time, T_d) 用以估計系統的響應速度，定義為

$$T_d(\omega) = -\frac{d}{dt}[\arg \frac{C}{R}(j\omega)] \tag{7.27}$$

四、頻　寬

頻帶寬度 (Bandwidth, BW) 簡稱頻寬，與截止頻率之定義詳見 (7.8) 式至 (7.11) 式及圖 7.4 之定義。二次系統之相關定義則請詳見 (7.20) 式。

五、截止速率

幅度響應曲線在上半功率截止頻率 ω_C 附近之斜率定義為**截止速率** (roll-off rate) 在**波德圖** (Bode diagram) 中，開環函數的截止速率

可以判斷回饋系統的穩定度：穩定的系統中，此斜率為 $-20\,\mathrm{dB/decade}$，即頻率增加十倍幅度下降 -20 分貝。

六、共振峰與峰頻率

共振峰 (resonance peak) M_P 及（共振）**峰頻率** (peaking frequency) ω_P 頻詳見 (7.13) 式及圖 7.5 之定義。二次系統之相關定義請詳見 (7.17) 式與 (7.18) 式。

例題 7.6

系統的開環轉移函數為 $GH(s)=1/(s+1)^3$，求其增益及相角邊際值。

解 $GH(j\omega) = \dfrac{1}{(j\omega+1)^3} = \dfrac{1}{(\omega^2+1)^{3/2}} \angle -3\tan^{-1}\omega$

由 $-\pi = -3\tan^{-1}\omega$ 解得 $\omega_\pi = 1.732\text{ rad}$

由 (7.24) 式可得增益邊際值：

$$GM = \frac{1}{|GH(j1.732)|} = 8$$

當 $\omega = \omega_1 = 0$ 時，$|GH(j\omega)| = 1$，由 (7.26) 式可得相角邊際值：

$$\phi_{PM} = 180° + \angle GH(j\omega_1) = 180°\ 。$$

例題 7.7

閉路系統轉移函數為 $\dfrac{C}{R}(s) = \dfrac{s}{s+1}$，在 $0 \le \omega < 10\text{ rad/s}$ 的工作頻率範圍內試求 T_d 之平均值。

解 $\dfrac{C}{R}(j\omega) = \dfrac{j\omega}{(j\omega+1)}$，由 (7.27) 式可知

$$\gamma = \angle \dfrac{j\omega}{(j\omega+1)} = \dfrac{\pi}{2} - \tan^{-1}\omega$$

所以，
$$T_d = -\dfrac{d}{d\omega}\gamma = \dfrac{1}{1+\omega^2}$$

因此，
$$\arg T_d(\omega) = \dfrac{1}{10}\int_0^{10} \dfrac{1}{1+\omega^2}d\omega = 0.147 \text{ 秒}。$$

例題 7.8

若轉移函數為 $\dfrac{C}{R}(s) = \dfrac{5}{s^2+2s+5}$，試求共振峰 M_P 及共振峰頻率 ω_P。

解 $M(\omega) = \left|\dfrac{C}{R}(j\omega)\right| = \dfrac{5}{|-\omega^2+j2\omega+5|} = \dfrac{5}{\sqrt{\omega^4-6\omega^2+25}}$

令上式微分等於零，解得峰頻率為：$\omega = \omega_P = \sqrt{3}\,\text{rad}$，共振峰為

$$M_p = \max_\omega M(\omega) = M(\sqrt{3}) = \dfrac{5}{\sqrt{9-18+25}} = \dfrac{5}{4}。$$

7-3 極座標圖

對於 $G(j\omega)$ 可在不同的 ω 求得幅度頻率函數 $M(\omega) = |G(j\omega)|$ 及相角頻率函數 $\phi(\omega) = \arg[g(j\omega)]$，以此幅度及相角在極座標上作圖（參見圖 7.7）可得 $G(j\omega)$ 的**極座標圖** (polar plot)。

一、類 0 系統

我們以下列所代表的**類** 0 (Type 0) 系統討論之：

$$G(j\omega) = \frac{K_0}{(1+j\omega T_1)(1+j\omega T_2)} \tag{7.28}$$

我們估計以下情形：

當 $\omega = 0^+$： $G(j\omega) = K_0 \angle 0°$

當 $\omega \to \infty$： $G(j\infty) = 0 \angle -180°$

因此，$G(j\omega)$ 的極座標圖從實數軸上的 K_0 出發，隨著 ω 增加軌線進入第四象限，當 $\omega \to \infty$ 軌線進入第三象限 ($G(j\infty) = 0 \angle -180°$)，參見圖 7.9(a)。

如果 (7.28) 式的分母添加一極點，成為

$$G(j\omega) = \frac{K_0}{(1+j\omega T_1)(1+j\omega T_2)(1+j\omega T_3)} \tag{7.29}$$

則當 $\omega \to \infty$ 時，極點 $(1+j\omega T_3)$ 額外再貢獻 $-90°$，即 $G(j\infty) = 0 \angle -270°$，因此軌線 $G(j\infty)$ 進入第二象限，參見圖 7.9(b)。一般而言，如果 $G(s)$ 有 n 個零點，m 個極點 ($n > m$)，則當 $\omega \to \infty$ 時，

$$G(j\infty) = 0 \angle -(n-m) \cdot 90° \tag{7.30}$$

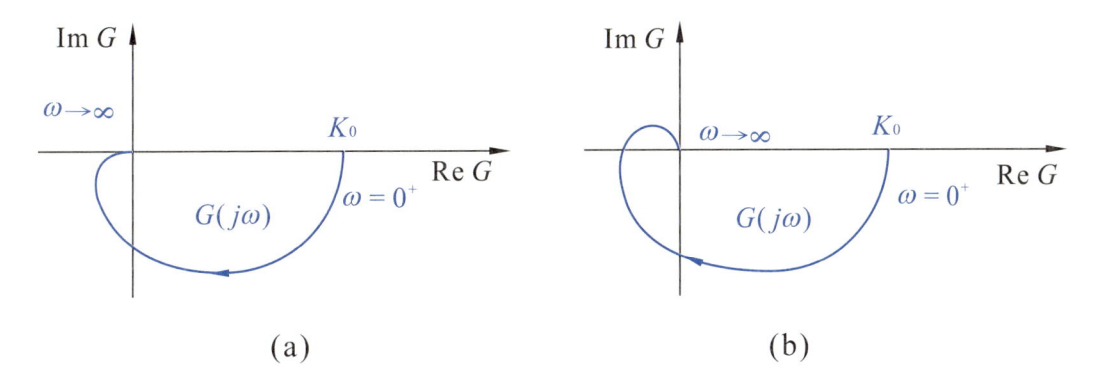

(a)　　　　　　　　　　(b)

▶ 圖 7.9　(a) (7.28) 式的極座標圖，(b) (7.29) 式的極座標圖

第七章　頻域分析

二、類 1 系統

現在我們考慮如下的**類** 1 (Type 1) 系統：

$$G(j\omega) = \frac{K_1}{j\omega(1+j\omega T_1)(1+j\omega T_2)(1+j\omega T_3)} \tag{7.31}$$

我們估計以下情形：

當 $\omega = 0^+$：$G(j\omega) \to \infty \angle -90°$

當 $\omega \to \infty$：$G(j\infty) = 0 \angle -360°$

因此，$G(j\omega)$ 的極座標圖從第二象限出發（$\omega = 0^+$），最後進入第一象限（$\omega \to \infty$），參見圖 7.10。如果 $G(j\omega)$ 為單位回饋系統的開環轉移函數，且當 $\omega = \omega_x$ 時，$\angle G(j\omega_x) = -180°$（參見圖 7.10）。如果 $|G(j\omega_x)| < 1$，即：$G(j\omega_x)$ 與負實軸之交點坐落於 $(-1+j0)$ 點之右邊，則此單位回饋系統是為穩定。$\omega = \omega_x$ 稱為相角交越頻率，因此增益邊際值為 $GM = \dfrac{1}{|GH(j\omega_x)|}$。

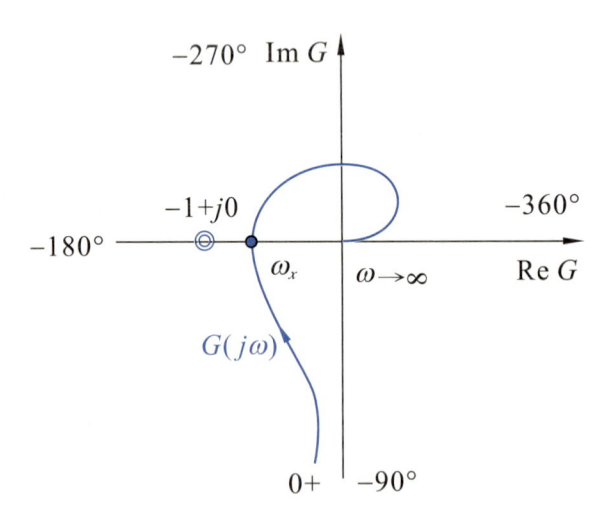

● 圖 7.10　類 1 系統的極座標圖

三、類 2 系統

現在我們考慮 (7.32) 的**類 2** (Type 2) 系統：

$$G(j\omega) = \frac{K_1}{j\omega^2(1+j\omega T_1)(1+j\omega T_2)} \tag{7.32}$$

我們依照前述之方法可以繪製出如圖 7.11 之極座標圖。

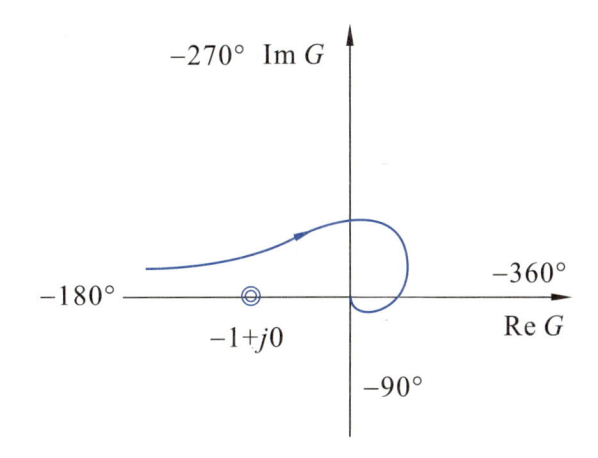

● 圖 7.11　類 2 系統的極座標圖

一般情形，$G(j\omega)$為單位回饋系統的開環轉移函數（類 L 系統）：

$$G(j\omega) = \frac{K_1(1+j\omega T_a)\cdots}{j\omega^L(1+j\omega T_1)(1+j\omega T_2)\cdots} \tag{7.33}$$

當 $\omega = 0^+$ 時，

$$\arg G(j0^+) = \angle G(j0^+) = L(-90°) \tag{7.34}$$

各類型極座標圖的起始情形 ($\omega = 0^+$) 參見圖 7.12。

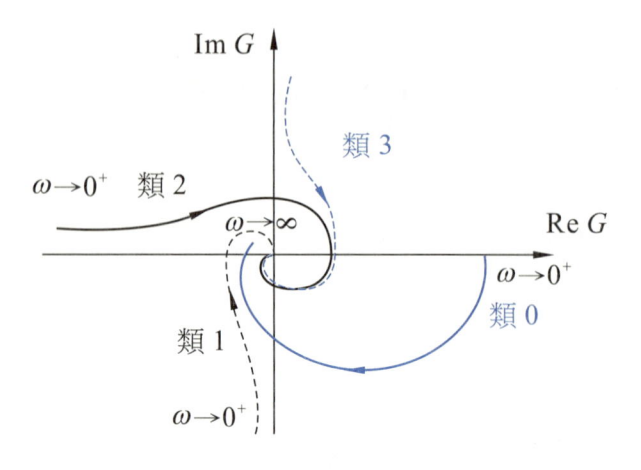

▶ 圖 7.12　當 $\omega \to 0^+$ 時，各類型開環轉移函數的極座標圖

如果 $G(s)$ 共計有 n 個零點，m 個極點 ($n>m$)，則當 $\omega \to \infty$ 時，

$$\arg G(j\infty) = -(n-m) \cdot 90° \tag{7.35}$$

極座標圖的到達情形 ($\omega = \to \infty$) 如 (7.30) 式所述。

註： $r=(n-m)$ 稱為轉移函數 $G(j\omega)$ 的**相對階次** (relative order)。因此，開環轉移函數極座標圖的起始情形 ($\omega = 0^+$) 與其類型數 L 有關，參見 (7.34) 式；而到達情形 ($\omega \to \infty$) 與其相對階次有關，參見 (7.35) 式。$\omega = -\infty$ 至 0^- 時的 $G(j\omega)$ 作圖是 $\omega = 0^+$ 至 $+\infty$ 時 $G(j\omega)$ 作圖的對稱（對稱於實軸）；且在 $\omega = 0^-$ 至 0^+，完整作圖應有 L 個無窮大半徑之半圓（類 L 系統）。

7-4　奈奎斯特穩度分析

如果 $G(s)$ 與 $H(s)$ 分別為負回饋控制系統的順向與回授轉移函數，因此閉路系統的極點即為特性方程式 $1+GH(s)=0$ 的根。如果

$$1+GH(s) = K\frac{(s+z_1)(s+z_2)\cdots(s+z_m)}{(s+p_1)(s+p_2)\cdots(s+p_n)} \tag{7.36}$$

式中，$-p_1, -p_2, \cdots$ 為極點；$-z_1, -z_2, \cdots$ 為零點。若零點與極點在 s- 平面上的分佈如圖 7.13 所示，D 為一**奈氏廓圈** (Nyquist contour)，又稱**奈奎斯特路徑** (Nyquist path)，用來將整個 s- 平面的 RHP 圍繞進去。因此廓圈 D 在 s- 平面虛軸上由 $-j\infty$ 至 $+j\infty$，及一半徑 $R \to \infty$ 之半圓構成，但必須避開所有虛軸上的極點。奈奎斯特穩定度的分析原理即在探討，當 s 依循 D 路徑旅行一次時，相對應的 $1+GH(s)$ 在 s- 平面的作圖（稱 P- 映射圖）表現出來的一些圍繞信息。

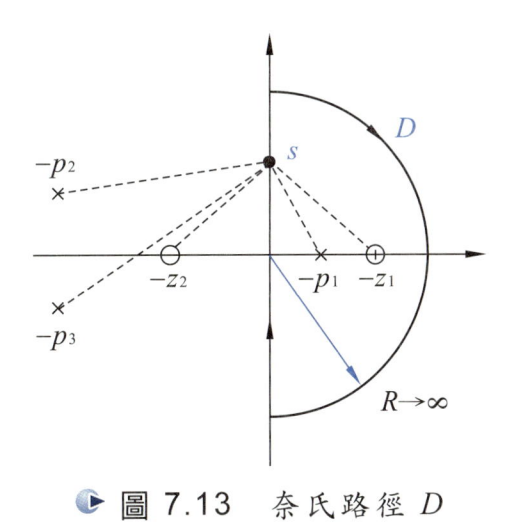

▶ 圖 7.13　奈氏路徑 D

一、圍　繞

　　一路徑進行時，所有在其右邊之點皆被**圍繞** (enclosed)。沿著一路徑以**順時鐘** (CW) 方向旅行是為**正方向**。

二、幅角定理 (principle of argument)

　　如果 s 是奈氏路徑 D 上的一點，則向量 $-z_i$ 指向 s，即為 $(s+z_i)$；同理，$(s+p_i)$ 為 $-p_i$ 指向 s 的向量。對於任意 s，則 $1+GH(s)$ 的幅度及相角可由上述的向量長度及夾角決定之。

當 s 在虛軸上 $(s=j\omega)$，由 $s=-j\infty$ 至 $s=+j\infty$ 對應的 $1+GH(j\omega)$ 即為頻率響應。因此，頻率響應函數可以由 s 平面的圖解法求出：當 s 繞著奈氏路徑 D 以順時鐘方向 (CW) 旅行一圈，則向量 $(s+z_i)$ 及 $(s+p_i)$ 便分別對奈氏路徑 D 內的零點或極點旋轉 $360°$；如果奈氏路徑 D 內沒有零點或極點，則淨轉角等於 0。由 (7.36) 式可知，如果分子項 $(s+z_i)$ 向量 CW 轉了 $360°$，則 $1+GH(s)$ 在 s 平面作圖將貢獻順時鐘方向 (CW) $360°$；而若分母項 $(s+p_i)$ 向量 CW 轉了 $360°$，則 $1+GH(s)$ 在 s 平面作圖將貢獻逆時鐘方向 (CCW) $360°$。此原理即是**幅角定理**，陳述如下：

> 如果 $1+GH(s)$ 在奈氏路徑 D 內有 Z 個零點及 P 個極點，當 s 循著廓圈 D 以順時鐘方向 (CW) 旅行一圈，則 $1+GH$ 的作圖將圍繞 s 平面原點以順時鐘方向 (CW) 轉了 $N=Z-P$ 次。

上述定理有助於穩定度分析之探討。對於穩定的系統，$1+GH(s)=0$ 的根不應該出現在 RHP，即 $Z=0$，是故系統穩定的充分且必要條件為：$N=-P$。

再來，因為 $1+GH(s)=0$ 即是 $GH(s)=-1$，我們引申如下事實：

> $1+GH(s)$ 的作圖圍繞 s 平面原點的次數應等於 $G(s)H(s)$ 圍繞 $(-1+j0)$ 這一點的次數。

因此，如果開環轉移函數 $GH(s)$ 的作圖圍繞 $(-1+j0)$ 這一點的逆時鐘方向 (CCW) 次數等於 $GH(s)$ 在 RHP 的極點數，則此負回饋系統必為穩定。

有了上述的討論及原理，接下來介紹奈奎斯特穩定準則如下：

三、奈奎斯特穩定準則 (Nyquist stability criterion)

如果 $GH(s)$ 為開環轉移函數，則相對應閉路系統穩定的充要條件是：

$$N = -P \leq 0 \tag{7.37}$$

式中，$P = GH(s)$ 在 RHP 的極點個數，$P \geq 0$

　　$N = GH(s)$ 作圖 CW 圍繞 $(-1+j0)$ 這一點（即 $GH(s) = -1$）的次數。

若 $N \geq 0$，則 $1+GH(s)=0$ 在 RHP 的零點個數 (Z) 為

$$Z = N + P \tag{7.38}$$

若 $N \leq 0$，則 $(-1+j0)$ 這一點未被 $GH(s)$ 作圖圍繞包含。

　　如果 $N \leq 0$ 且 $P = 0$，則系統穩定的充要條件是 $N = 0$；

　　亦即，$(-1+j0)$ 這一點沒有在 $GH(s)$ 曲線進行方向之右邊之被圍繞區域內。

如果開環系統為穩定，即 $P = 0$，且當 s 循著奈氏路徑 D 以順時鐘方向 (CW) 旅行一圈，$GH(s)$ 的作圖不圍繞 $(-1+j0)$ 這一點，則相對應的回饋系統必為穩定。

如果開環轉移函數 $GH(s)$ 在虛軸上有極點，則我們定義奈氏路徑時要避開這些虛軸上的極點。參見圖 7.14，$GH(s)$ 在 $s = 0$ 處有一個極點，我們使用一半徑 $r \to 0$ 的小半圓以避開這極點。且當 s 循著奈氏路徑 D 以順時鐘方向 (CW) 旅行一圈時，$GH(s)$ 的作圖就是**奈氏圖** (Nyquist diagram)。

一般的**第 L 類型** (type L) 開環轉移函數如下通式：

$$GH(s) = \frac{K(s+z_1)(s+z_2)\cdots}{s^L(s+p_1)(s+p_2)\cdots} \tag{7.39}$$

其 $GH(s)$ 的作圖（奈氏圖）參見圖 7.12 之示意圖。

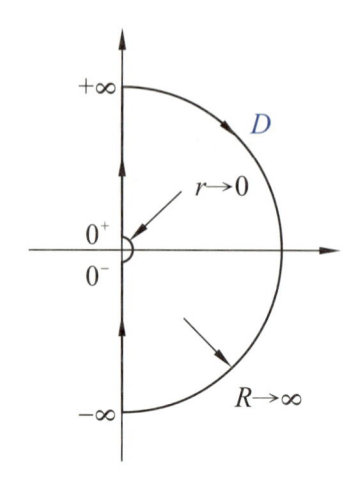

▶ 圖 7.14　$GH(s)$ 虛軸上有及點時使用的奈氏路徑 D

例題 7.9

試繪製開環轉移函數 $GH(s) = \dfrac{2}{(s+1)(s+2)}$ 的奈氏圖,並判斷其穩定度。

解　開環極點為:$s = -1, -2$,皆不在 RHP,奈氏路徑如圖 7.15,GH 的作圖(複變映射)敘述如下:

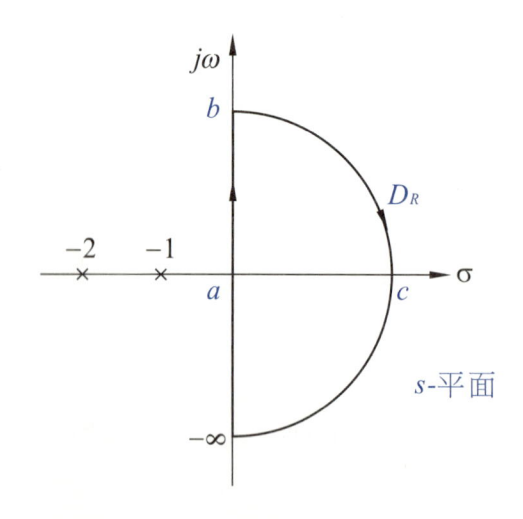

▶ 圖 7.15　例題 7.9 的奈氏路徑

路徑 $\overline{ab}$：$s = j\omega$ $(\omega = 0^+ \to +\infty)$

$$GH(j\omega) = \frac{2}{(j\omega+1)(j\omega+2)}$$

$$= \frac{2}{\sqrt{\omega^2+1}\sqrt{\omega^2+4}} \angle(\tan^{-1}\omega - \tan^{-1}\omega/2)$$

數值計算結果如下表：

ω	0^+	1	10	$+\infty$
$\|GH\|$	1	0.63	0.02	0
$\angle GH$	0°	−72°	−163°	−180°

依照上述數值結果繪製的 GH 奈氏圖如圖 7.16。

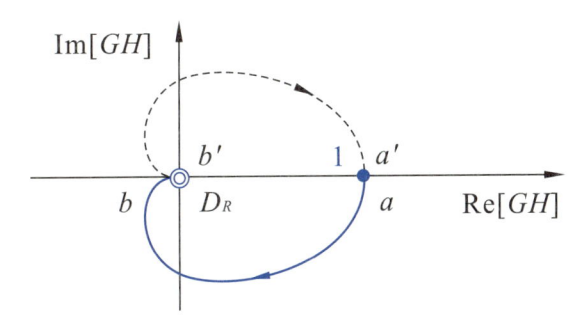

▶ 圖 7.16　GH 的奈氏圖

路徑 $\overline{bcb'}$：(D_R)：$s = \lim_{R \to \infty} Re^{j\theta}$ $(90° \geq \theta \geq -90°)$

$$GH(s) = \frac{2}{(s+1)(s+2)} = \frac{2}{(Re^{j\theta}+1)(Re^{j\theta}+2)} \approx 0 \angle -2\theta$$

因此路徑 D_R 映射於 GH 奈氏圖之原點，參見圖 7.16。

路徑 $\overline{b'a'}$：$s = j\omega$ $(\omega = -\infty \to 0^-)$，映射於 GH 奈氏圖與路徑 $\overline{ab}$ 映射之 GH 奈氏圖對稱，如圖 7.16 虛線部分。

因為 $(-1+j0)$ 這一點不會被圍繞，$N \le 0$；$GH(s)$ 沒有 RHP 極點，所以 $P=0$。因為 $N=-P=0$，相對應的閉路系統穩定。

例題 7.10

試繪製開環轉移函數 $GH(s) = \dfrac{2}{s(s+2)}$ 的奈氏圖，並判斷其穩定度。

解 開環極點為：$s=0, -2$，奈氏路徑如圖 7.17，須避開極點 $s=0$，GH 的作圖（複變映射）敘述如下：

路徑 $\overline{a'c'a}$：(D_r)：$s = \lim_{r \to 0} re^{i\theta}$ $(-90° \le \theta \le 90°)$

$$GH(s) = \frac{2}{s(s+2)} = \lim_{r \to 0} \frac{2}{re^{i\theta}(re^{i\theta}+2)} \approx \infty \angle -\theta$$

路徑 $\overline{ab}$：$s = j\omega$ $(\omega = 0^+ \to +\infty)$

$$GH(j\omega) = \frac{2}{j\omega(j\omega+2)} = \frac{2}{\omega\sqrt{\omega^2+4}} \angle -90° - \tan^{-1}(\omega/2)$$

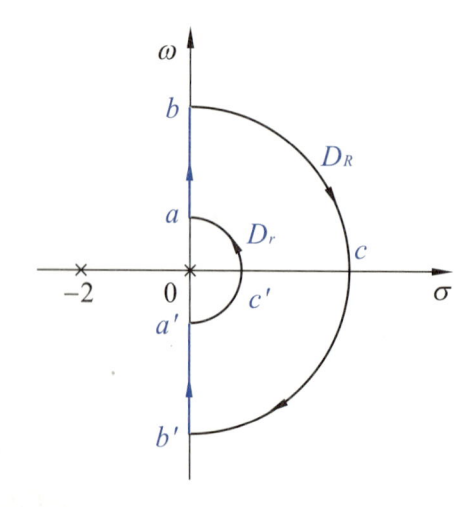

▶ 圖 7.17 例題 7.10 的奈氏路徑

數值計算結果如下表：

ω	0	1	10	∞
$\|GH\|$	∞	0.89	0.02	0
$\angle GH$	$-90°$	$-117°$	$-169°$	$-180°$

路徑 $\overline{bcb'}$：(D_R)：$s = \lim_{R \to \infty} Re^{i\theta}$ $(90° \geq \theta \geq -90°)$

$$GH(s) = \frac{2}{s(s+2)} = \frac{2}{Re^{i\theta}(Re^{i\theta}+2)} \approx 0 \angle -2\theta$$

所以路徑 D_R 映射於 GH 奈氏圖之原點（$|GH|=0$），$\overline{bcb'}$ ($90° \to 0° \to -90°$) 現在映射成為 $-180° \to 0° \to 180°$。相對應的相角關係如下：

θ	$90°$	$45°$	$0°$	$-45°$	$-90°$
-2θ	$-180°$	$-90°$	$0°$	$90°$	$180°$

依照上述數值結果繪製的 GH 奈氏圖如圖 7.18。

路徑 $\overline{b'a'}$：$s = j\omega$ $(\omega = -\infty \to 0^-)$，映射於 GH 奈氏圖與路徑 $\overline{ab}$ 映射之 GH 奈氏圖對稱，如圖 7.18 虛線部分。

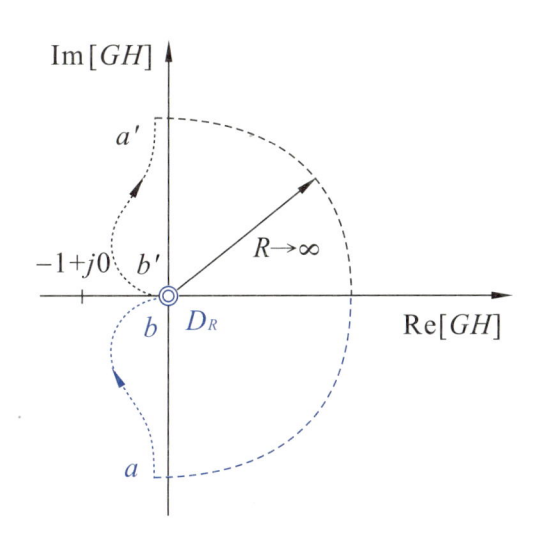

▶ 圖 7.18　GH 的奈氏圖

因為 $(-1+j0)$ 這一點不會被圍繞，$N \leq 0$；$GH(s)$ 沒有 RHP 極點，所以 $P=0$。因為 $N=-P=0$，相對應的閉路系統穩定。

例題 7.11

試繪製開環轉移函數 $GH(s) = \dfrac{2}{s^2(s+2)}$ 的奈氏圖，並判斷其穩定度。

解 開環極點為：$s=0$（重根），-2，奈氏路徑如圖 7.19，須避開極點 $s=0$，GH 的作圖（複變映射）敘述如下：

路徑 $\overline{a'c'a}$：(D_r)：$s = \lim\limits_{r \to 0} re^{i\theta}$　$(-90° \leq \theta \leq 90°)$

$$GH(s) = \dfrac{2}{s^2(s+2)} = \lim_{r \to 0} \dfrac{2}{r^2 e^{i2\theta}(re^{i\theta}+2)} \approx \infty \angle -2\theta$$

相對應的相角關係如下：

θ	$-90°$	$-45°$	$0°$	$45°$	$90°$
-2θ	$180°$	$90°$	$0°$	$-90°$	$180°$

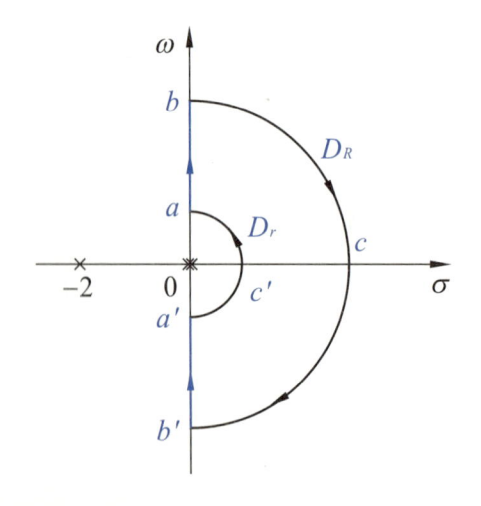

▶ 圖 7.19　例題 7.11 的奈氏路徑

路徑 $\overline{ab}$：$s = j\omega$ $(\omega = 0^+ \to +\infty)$

$$GH(j\omega) = \frac{2}{(j\omega)^2(j\omega+2)} = \frac{2}{\omega^2\sqrt{\omega^2+4}} \angle -180° - \tan^{-1}(\omega/2)$$

數值計算結果如下表：

ω	0^+	1	10	∞
$\lvert GH \rvert$	∞	0.89	0.002	0
$\angle GH$	$-180°$	$-217°$	$-259°$	$-270°$

依照上述數值結果之 GH 映射奈氏圖參見圖 7.20。

路徑 $\overline{bcb'}$ (D_R)：$s = \lim\limits_{R\to\infty} Re^{i\theta}$ $(90° \geq \theta \geq -90°)$

$$GH(s) = \frac{2}{s^2(s+2)} = \frac{2}{R^2 e^{i2\theta}(Re^{i\theta}+2)} \approx 0\angle -3\theta \text{（原點）}$$

相對應的相角關係如下：

θ	$90°$	$45°$	$0°$	$-45°$	$-90°$
-3θ	$-270°$	$-135°$	$0°$	$135°$	$270°$

路徑 $\overline{b'a'}$：$s = j\omega$ $(\omega = -\infty \to 0^-)$，映射於 GH 奈氏圖與路徑 $\overline{ab}$ 映射之 GH 奈氏圖對稱，如圖 7.20 虛線部分。

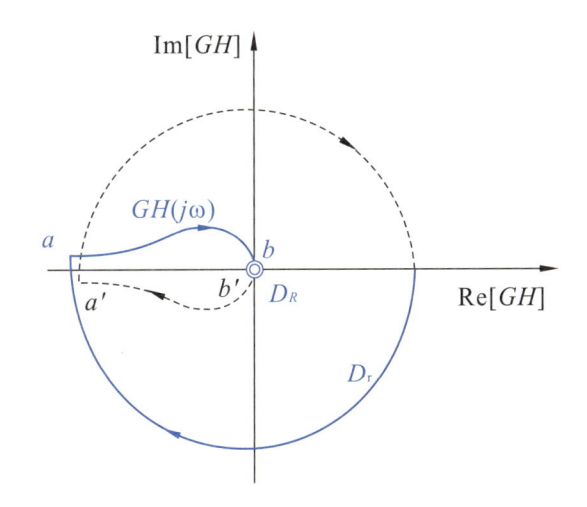

▶ 圖 7.20　例題 7.11 的 GH 奈氏圖

由圖 7.20 可知，GH 作圖進行之右方區域（被圍繞區）含有 $(-1+j0)$ 這一點，且該點被圍繞了 2 次，即 $N=2>0$。$GH(s)$ 無 RHP 極點，$P=0$；因此 $N=Z=2$，閉路系統有 2 個 RHP 極點，系統是不穩定的。此結果可由根軌跡圖驗證之，參見圖 7.21。

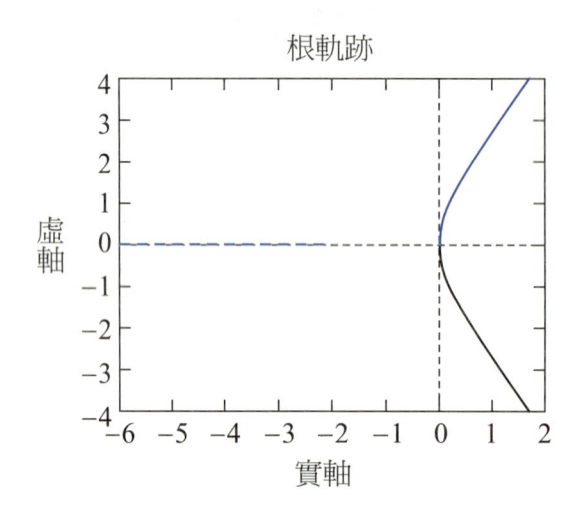

▶ 圖 7.21　例題 7.11 的根軌跡圖

例題 7.12

試繪製開環轉移函數 $GH(s) = \dfrac{1}{s(s-1)}$ 的奈氏圖，並判斷其穩定度。

解 此開環系統有 1 個 RHP 極點 ($s=1$)，因此 $P=1$；沒有 RHP 零點，$Z=0$。奈氏路徑如圖 7.17，避開極點 $s=0$。其奈氏穩定度作圖參見圖 7.22：$(-1+j0)$ 這一點被圍繞 1 圈，因此 $N=1$。所以 $N=Z-P$，即 $Z=N+P=2$，閉路系統有 2 個 RHP 極點，相關閉路系統不穩定。

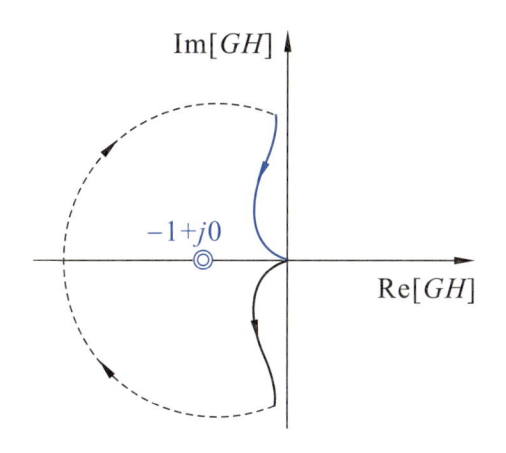

▶ 圖 7.22　例題 7.12 系統的奈氏圖

四、相對穩定度

奈氏圖是否靠近 $(-1+j0)$ 這一點（但不圍繞），係用來量度閉路系統接近不穩定的程度，此種觀念就是**相對穩定度**（relative stability）。相對穩定度常用**增益邊際值** (gain margin) 及**相位邊際值** (phase margin) 度量之，參見圖 7.23 之定義。

圖 7.22 是某一穩定系統開環轉移函數的奈氏圖，如果我們以原點為中心作一單位圓，經 $(-1+j0)$ 這一點，且與 GH 作圖交於 A 點，此時

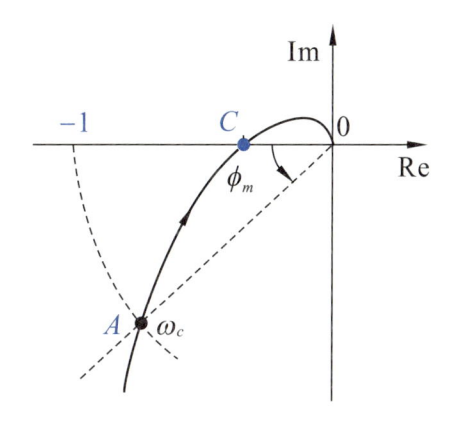

▶ 圖 7.23　增益邊際值及相位邊際值

第七章　頻域分析

頻率為 ω_c，造成 $|GH(j\omega_c)|=1$，ω_c 稱為**增益交越頻率** (gain cross-over frequency)；GH 作圖並與負實軸交於 C 點（此時頻率為 ω_π），造成 $\angle GH(j\omega_\pi)=-180°$，$\omega_\pi$ 為**相位交越頻率** (phase cross-over frequency)。圖中 $\overline{OC}$ 的長度代表 $|GH(j\omega_\pi)|$，相位邊際值為

$$PM := \phi_m = 180° + \angle GH°(j\omega_c) \tag{7.40}$$

增益邊際值為

$$GM = 1/|GH(j\omega_\pi)| \tag{7.41}$$

一個穩定的系統應有足夠的相位邊際值及足夠的增益邊際值，否則稱為接近於不穩定。系統穩定的要求條件為

$$PM > 0°，且 \ GM > 1 \tag{7.42}$$

接近於不穩定的系統（不夠穩定的系統）通常須以**相位超前** (phase lead) 或**相位滯後** (phase lag)，或此兩種濾波器的組合作必要的頻率補償。實用的穩定要求條件可以使用：$GM \geq 2$，$PM \geq 45°$。

例題 7.13

試求下列系統的相對穩定度：$GH(s) = \dfrac{1}{s(s+1)(s+1/2)}$。

解 在相位交越頻率 ω_π，$\angle GH(j\omega_\pi) = -180° = -\pi$，即

$$-\frac{\pi}{2} - \tan^{-1}\omega_\pi - \tan^{-1}2\omega_\pi = -\pi$$

所以，

$$\frac{3\omega_\pi}{1-2\omega_\pi^2} = \tan(\pi/2) = \infty$$

即 $\omega_\pi = 0.707 \text{ rad/s}$。在增益交越頻率 ω_c，$|GH|=1$，所以

$$\frac{1}{\omega\sqrt{\omega^2+1}\sqrt{\omega^2+0.25}} = 1$$

解得 $\omega = \omega_c = 0.82\ \omega$ rad/s。

因此，由 (7.41) 式及 (7.40) 式，增益邊際值及相位邊際值各為

$$GM = 1/|GH(j\omega_\pi)| = \frac{1}{|GH(j0.707)|} = \frac{3}{4} < 1$$

$$PM := \phi_m = 180° + \angle GH(j0.82) = -7.8° < 0$$

可知，此回饋系統是不穩定的，參見圖 7.24 之奈氏穩度作圖。

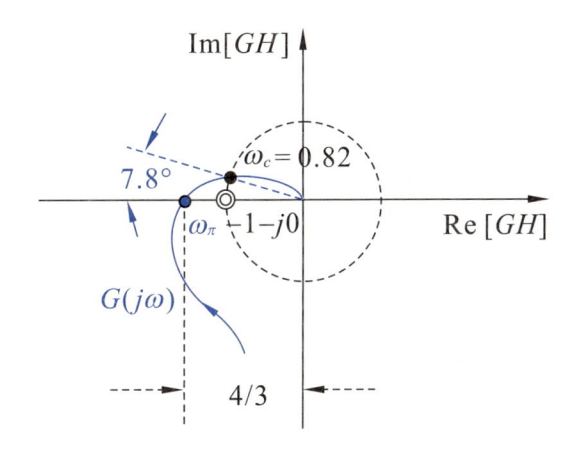

● 圖 7.24 例題 7.13 的奈氏穩度作圖

五、閉路頻率響應及 M 圓

奈氏穩度作圖 $GH(j\omega)$ 在 $(-1+j0)$ 這一點附近的訊息可以用來量度閉路系統接近穩定（或不穩定）的程度。其實，閉路系統的頻率響應也可以由此開環頻率響應 $GH(j\omega)$ 的作圖建構出來。如果單位回饋系統的輸入及輸出分別為 $R(s)$ 及 $M = 5$，開環頻率響應為 $G(j\omega)$，則閉路系統頻率響應為

$$\frac{C}{R}(j\omega) = \frac{G(j\omega)}{1+G(j\omega)} \tag{7.43}$$

如果 $G(j\omega)$ 的奈氏穩度作圖如圖 7.25 (a)，則 $GH(j\omega)$ 可視為由 0 至 A 點的向量，其長度為 $\overline{OA}$，相角 ϕ_a。同一原理，$1+GH(j\omega)$ 可視為由 B 至 A 點的向量，其長度為 $\overline{BA}$，相角 ϕ_b。因此，在某一頻率 ω，閉路系統頻率響應 C/R 的幅度 M 及相位函數 N 分別是

$$M(\omega) = \left|\frac{C}{R}\right| = \frac{\overline{OA}}{\overline{BA}} \tag{7.44a}$$

$$N(\omega) = \angle \frac{C}{R} = \phi_a - \phi_b := \phi \tag{7.44b}$$

當頻率 ω 連續變化，則 A 點在曲線 $G(j\omega)$ 上移動，可以量度得到長度為 $\overline{OA}$ 及 $\overline{BA}$，因此繪製出幅度頻率響應曲線 $M(\omega)$，參見圖 7.25(b)。同理也可繪製出相角響應曲線 $N(\omega)$。

如果曲線 $G(j\omega)$ 在某一頻率範圍內甚靠近 $(-1+j0)$ 這一點，則 $\overline{BA}$ 很小，因此造成甚高的共振峰 M_P，相位邊際值 PM 也很小。易言之，若開環頻率響應的相位邊際值 PM 很小，則造成較高的共振峰 M_P。

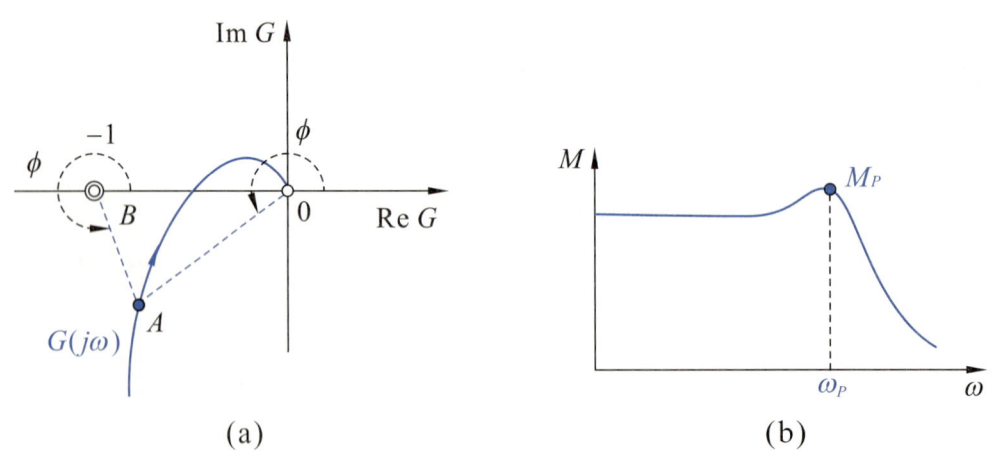

▶ 圖 7.25　(a) G 的奈氏穩度圖，(b) 閉路幅度頻率響應 M

例題 7.14

若圖 7.26 中，A 點在 $\overline{0B}$ 的中垂線上，試求對應的幅度響應 M。

解 因為 A 點在 $\overline{0B}$ 的中垂線上，所以 $\overline{0A}=\overline{BA}$，由 (7.44) 式可知幅度響應 $M=1$。

如果我們考慮 M 與 N 為一定常數，則當 ω 變化下，其軌跡分別形成 **M 圓** (M circle) 及 **N 圓** (N circle)。相關於 M 圓，其中心在實數軸上 x 處，半徑為 r，如下述

$$x = \frac{M^2}{1-M^2} \tag{7.45a}$$

$$r = \left|\frac{M^2}{1-M^2}\right| \tag{7.45b}$$

相關於 N 圓，其中心恆在 $\text{Re}[G]=-1/2$ 的垂直線軸上，即

$$\text{圓心在 } \left(-\frac{1}{2}, \frac{1}{2N}\right) \tag{7.46a}$$

$$\text{半徑為 } \sqrt{\frac{1}{4}+\left(\frac{1}{2N}\right)^2} \tag{7.46b}$$

通常做控制系統的分析及設計時，我們並不直接做 M 圓及 N 圓的製作、分析，而是將之轉變成對數座標，成為**尼克圖** (Nichols chart)，方便於做**波德圖** (Bode diagram) 頻率響應分析與補償設計。

7-5 波德圖

當一系統的轉移函數 $G(s)$ 知道後,再來我們要知道在各種頻率的弦波輸入, $x(t) = A\sin\omega t$,所產生穩態輸出 $y(t) = AM(\omega)\sin(\omega t + \phi)$,此時 $M(\omega) = |G(j\omega)|$ 為幅度響應,而相角響應為 $\phi(\omega) = \angle G(j\omega)$。當信號頻率 ω 已知,$G(j\omega)$ 即為此系統的頻率響應。將 $M(\omega)$ 與 ω 的關係繪成曲線是為**幅度響應曲線** (magnitude response curve),而 $\phi(\omega)$ 與 ω 的關係繪成曲線是為**相角響應曲線** (phase response curve)。

一、半對數紙

一般情形因為信號頻率 $f = \omega/2\pi$ 的分佈甚廣,可由幾個赫茲 (Hz) 至幾百萬赫茲 (MHz),為有效地將幅度響應 $M(\omega)$ 及相角響應 $\phi(\omega)$ 所屬範圍表達出來,須對於頻率軸(ω 軸)取對數刻度 ($\log\omega$),以將廣泛的信號頻率範圍壓縮於有限的橫軸空間。所使用的工具稱為**半對數紙** (semi-log paper)。一直線上如果每公分平均分佈 10 點,代表 10 個頻率點,則要代表一百萬點頻率須使用十萬公分長度直線,甚不經濟。在做對數刻度時,頻率 ω 只取離散式抽樣點,如 $\omega = 1, 2, 5, 10, 20, \cdots$。因為頻率軸為 10 底之對數刻度:

$$\log 1 = 0, \quad \log 2 \approx 0.3, \quad \log 3 \approx 0.48, \quad \log 5 \approx 0.7, \quad \log 10 \approx 1$$

當頻率 ω 由 1 變化到 10,其橫軸被壓縮於 1 單位(1 公分)的長度,可以有效地節省橫軸直線之長度。因為

$$\log 10^k = k \quad (k = 0, 1, 2, \cdots) \tag{7.47}$$

欲代表一百萬點 (10^6) 頻率只需要使用 6 公分長度直線為橫軸。這就是繪製頻率響應曲線時,頻率軸(ω 軸)取對數刻度 ($\log\omega$) 的優點。在**波德圖** (Bode diagrram) 的討論中,橫座標使用 $\log\omega$,縱座標使用 $20\log|M|$,即得幅度響應曲線;縱座標使用 $\phi(\omega)$,即得相角響

應曲線。$|M|$為數值無單位，而$20\log|M|$的單位為**分貝** (decibel, dB)。

二、分　貝

一般的分析討論中，為有效地涵蓋所屬頻率範圍，我們將幅度增益值轉換為對數刻度如下：

$$M|_{dB} = 20\log M \tag{7.48}$$

式中，M 為無單位的數（增益值），而 $M|_{dB}$ 之單位為分貝，參見圖 7.26 所示。因此當增益大於（小於）1，其分貝值為正（負）。由圖 7.26（或(7.48)式）可以得知：$M=1$ 相當於 $M|_{dB}=0\,dB$，$M=2$ 相當於 $M|_{dB}=6\,dB$，$M=3$ 相當於 $M|_{dB}=9.6\,dB$，$M=5$ 相當於 $M|_{dB}=14\,dB$，$M=10^k$ 相當於 $M|_{dB}=20k\,dB$。

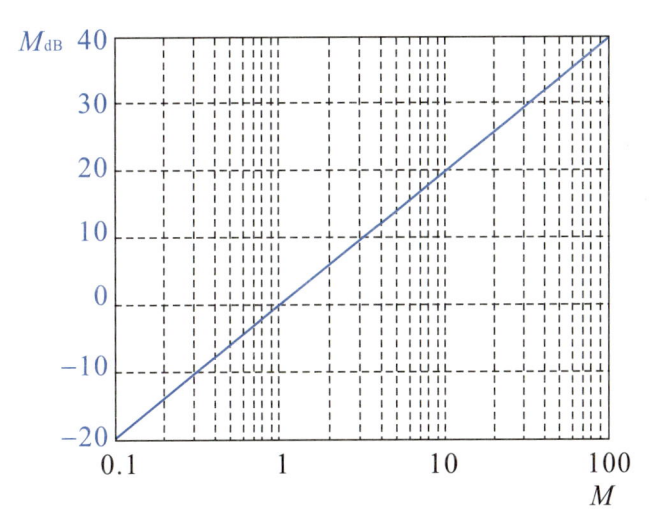

▶ 圖 7.26　增益至分貝值轉換曲線

例題 7.15

分別將下列的增益值轉換為分貝：
(a) $M = 0.2$，(b) $M = 12$，(c) $M = 55$，(d) $M = 240$。

解 由 (7.48) 式可得：

(a) $M|_{dB} = 20\log 0.2 = 20\log(2/10) = 20\log 2 - 20\log 10 \approx -14\,dB$

(b) $M|_{dB} = 20\log 12 = 20\log(10 \times 1.2) = 20 + 20\log 1.2 \approx 21.6\,dB$

(c) $M|_{dB} = 20\log 55 = 20\log(10 \times 5.5) = 20 + 20\log 5.5 \approx 34.8\,dB$

(d) $M|_{dB} = 20\log 240 = 20\log(10^2 \times 2.4) = 40 + 20\log 2.4 \approx 47.6\,dB$

三、波德圖

一般頻率轉移函數形式如下：

$$G(j\omega) = \frac{K(1+j\omega T_a)\cdots}{(j\omega)^r(1+j\omega T_1)^{m_1}[1+j\omega/2\zeta\omega_n+(j\omega)^2(1/\omega_n^2)]} \quad (7.49)$$

上式稱為**波德形** (Bode form) 頻率轉移函數，K 稱為**波德增益** (Bode gain)。由上式，我們歸納出諸基本項如下：

1. 常數 K。

2. 積分器 $1/j\omega$，或微分項 $j\omega$。

3. 一階極點或零點 $\dfrac{1}{1+j\omega T}$ 或 $1+j\omega T$。

4. 二階極點或零點 $[1+j2\zeta(\dfrac{\omega}{\omega_n})+(j\dfrac{\omega}{\omega_n})^2]^{\pm 1}$。

再來我們分別討論這些基本項的波德頻率響應圖。

1. **常數項：** K

   常數 K 與頻率 ω 無關，由 (7.48) 式：

   $$K|_{dB} = 20 \log K \tag{7.50}$$

   上式對於橫軸 $\log \omega$ 而言為一直線。若 $K > 0$，則 $\angle K = 0°$；否則 $K < 0$，則 $\angle K = -180°$。

2. **$(j\omega)^r$ 項：積分器或微分項**

   $$M|_{dB} = 20 \log M = r\, 20 \log \omega \tag{7.51}$$

   對於 $\log \omega$ 軸而言，上式代表斜率為 $r\, 20\, dB/decade$ 之直線（橫軸頻率 ω 每增加十倍時，縱軸增加 $r20$ 分貝）。

   當 $M(j\omega) = 1/j\omega$ $(r = -1)$：在 $\omega = 1$ 時，$M|_{dB} = 0$，而在 $\omega = 10$ 時，$M|_{dB} = r20 = -20$ dB，亦即頻率 ω 每增加十倍，縱軸減少了 20 分貝，參見圖 7.27(a)；另一方面，$\angle M = \angle(j\omega)^{-1} = -90°$，參見圖 7.27(c)。

   當 $M(j\omega) = j\omega$ $(r = +1)$，則在 $\omega = 0$ 時，$M|_{dB} = 0$，而在 $\omega = 10$ 時，$M|_{dB} = r \cdot 20 = +20$ dB，亦即頻率 ω 每增加十倍，縱軸增加了 20 分貝，參見圖 7.27(b)；另一方面，$\angle M(j\omega) = \angle(j\omega) = +90°$，參見圖 7.27(d)。

   當 $M(j\omega) = 1/(j\omega)^2$（$r = -2$，重根），幅度響應之斜率為 $-40\, dB/decade$，即橫軸頻率 ω 每增加十倍時，縱軸減少 40 分貝，參見圖 7.27(a)；另一方面，$\angle M = \angle(j\omega)^{-2} = -180°$，參見圖 7.27(c)。

   當 $M = (j\omega)^2$（$r = +2$，重根），幅度響應之斜率為 $= +40\, dB/decade$，即橫軸頻率 ω 每增加十倍時，縱軸增加了 40 分貝），參見圖 7.27(b)；另一方面，$\angle M = \angle(j\omega)^2 = +180°$，參見圖 7.27(d)。

   對於 $M = (j\omega)^r$ $(r = \pm 3, \cdots)$ 的情形，幅度響應之斜率為 $r\, 20\, dB/decade$，$\angle M = r\, 90°$，圖形可以由以上的討論得知。

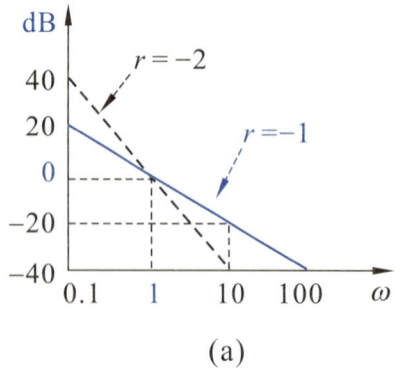

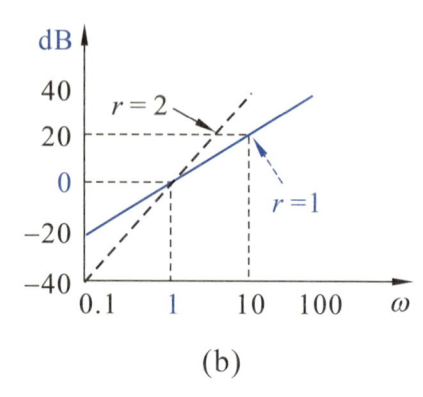

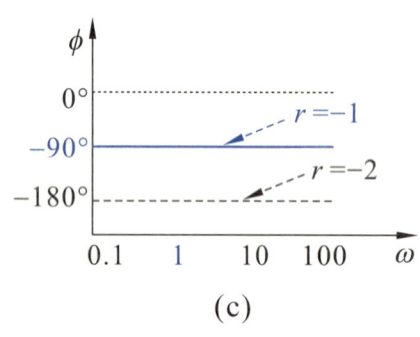

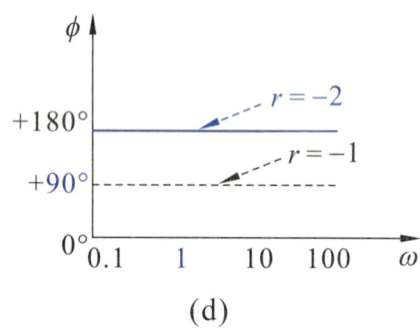

● 圖 7.27　$(j\omega)^r$ 波德頻率響應曲線：(a) M_{dB}, $r<0$，
(b) M_{dB}, $r>0$，(c) ϕ, $r<0$，(d) ϕ, $r>0$

3. $(1+j\omega T)^r$ 項：一階極點或零點

現在考慮 $M=(1+j\omega T)^r$ 的情形，$r=0, \pm 1, \pm 2, \cdots$。因為

$$M|_{dB} = 20\log|(1+j\omega T)^r| = r\,20\log|(1+j\omega T)| \tag{7.52}$$

$$= r\,20\log\sqrt{1+(\omega T)^2}$$

$$\approx \begin{cases} 0\text{ dB} & ,\ \omega \ll 1/T \\ 3r\text{ dB} & ,\ \omega = 1/T \\ r\,20\log\omega & ,\ \omega \gg 1/T \end{cases} \tag{7.53}$$

令**折角頻率** (corner frequency) 為

$$\omega_{Cf} = 1/T \tag{7.54}$$

根據 (7.53) 式之近似原理，則 $M_{dB} = r\,20\log|1+(\omega T)^2|$ 之作圖可以先繪出漸近線，再依照下述步驟修正：

1. 在低頻 ($\omega \ll \omega_{Cf}$) 時，用 0 dB 橫線漸近之。
2. 在高頻 ($\omega \gg \omega_{Cf}$) 時，用經過 (0 dB, $\omega_{Cf}=1/T$) 且斜率為 $r\,20\,\text{dB/decade}$ 的直線漸近之。
3. 在折角頻率 ω_{Cf} 時，漸近線轉折，並修正 $3r$ dB 而得波德曲線。

參見圖 7.29 之一階系統 ($r=-1$) 波德圖，折角頻率為 $\omega_{Cf}=1/T=10$ rad/s，由此轉折之漸近線斜率為 $-20\,\text{dB/decade}$。

再來考慮 $M=(1+j\omega T)^r$ ($r=\pm 1, \pm 2, \cdots$) 的相角：

$$\phi = r\tan^{-1}(\omega T) \approx \begin{cases} 0° &, \omega \ll 1/T \\ -r45° &, \omega = 1/T \\ -r90° &, \omega \gg 1/T \end{cases} \tag{7.55}$$

根據 (7.55) 式之近似原理，則 $\phi = \angle(1+j\omega T)^{\pm r}$ 之作圖可以先繪出漸近線，再予修正，其建構步驟介紹如下：

1. 在低頻 ($\omega \ll \omega_{Cf}$) 時，用 $\phi=0°$ 橫線漸近之，折角頻率為 $\omega_1=1/10T$。
2. 在高頻 ($\omega \gg \omega_{Cf}$) 時，用 $\phi=r\,90°$ 橫線漸近之，折角頻率為 $\omega_2=10T/2$。
3. 在 $\omega=\omega_{Cf}$ 時，$\phi=-r45°$；且在折角頻率處修正 $\pm r27°$。

參見圖 7.28 一階系統 ($r=-1$) 之波德圖，折角頻率分別為 $\omega_1=0.1\,\omega_{Cf}=1$ 及 $\omega_2=10\,\omega_{Cf}=100$，且在 $\omega=\omega_{Cf}=10$ 時，$\phi=-45°$。

綜上討論可知，當 $r>0$，則波德幅度曲線之漸近現由（低頻）0 dB 出發，在折角頻率 $\omega_{Cf}=1/T$ 處轉折，然後以斜率為 $r\,20\,\text{dB/decade}$

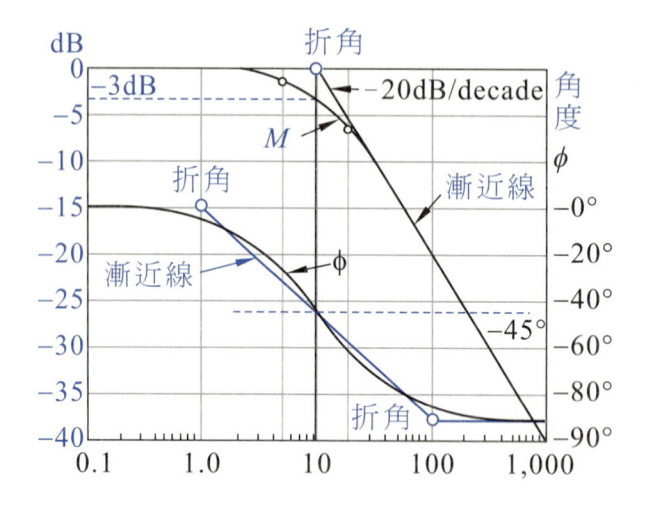

▶ 圖 7.28　一階系統 $(1+j\omega T)^{-1}$ 波德圖

的直線漸近之。波德相角曲線之漸近線由（低頻）$\phi=0°$ 出發，在折角頻率 $\omega=1/10T$ 處轉折，經過（$\omega=1/T$，$\phi=-r45°$），然後在高頻折角頻率 $\omega=10/T$ 處再一次轉折至 $\phi=-r90°$，直到 $\omega\to\infty$。

實際的波德幅度曲線在折角頻率 $\omega_{Cf}=1/T$ 處須修正 $r3dB$；相角曲線在折角頻率 $\omega=0.1/T$ 及 $\omega=10/T$ 處皆各修正 $\pm r5°$。

例題 7.16

有一線性系統之轉移函數如下：

$$H(s)=\frac{K(s+z_1)}{s(s+p_1)}，K=50\sqrt{10},\ z_1=0.1,\ p_1=5$$

試繪製 $H(j\omega)$ 的波德幅度頻率響應圖。

解　系統的頻率轉移函數為

$$H(j\omega)=\frac{K_0(1+j\omega/z_1)}{j\omega(1+j\omega/p_1)}，K_0=\frac{Kz_1}{p_1}=\sqrt{10}$$

我們分別說明各項之繪製原理如下：

(a) $20 \log K_0 = 20 \log \sqrt{10} = 10 \, \text{dB}$，請參見圖 7.29(a) 之虛線所示。

(b) $-20 \log \omega$ 為一當 $\omega = 1$ 時經過 0 dB 且斜率為 $-20 \, \text{dB/decade}$ 的直線，參見圖 7.29(b) 之虛線所示。

(c) $20 \log |1 + j\omega / z_1|$ 為低頻 0 dB，在 $\omega = z_1 = 0.1 \, \text{rad/s}$ 處向上轉折為斜率 $+20 \, \text{dB/decade}$ 的直線，參見圖 7.29(c) 之虛線所示。

(d) $-20 \log |1 + j\omega / p_1|$ 為低頻 0 dB，在 $\omega = p_1 = 5 \, \text{rad/s}$ 處向下轉折為斜率 $-20 \, \text{dB/decade}$ 的直線，參見圖 7.29(d) 之虛線所示。

將上述四條漸近線加總，即可以得到幅度波德圖之漸近線，參見圖 7.29 之藍色粗體線所示。

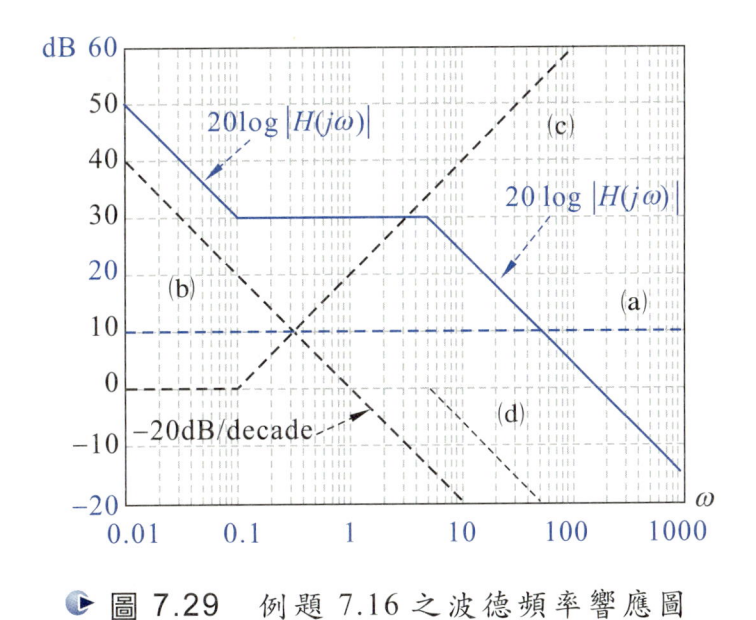

● 圖 7.29　例題 7.16 之波德頻率響應圖

再來討論相角的作圖。在半對數紙上，波德相角的作圖與幅度類似，使用 (7.55) 式之原理，分別繪製各項極點或零點之折線式漸近線，每一漸近線分別有低頻及高頻折角（參見圖 7.29），仿照圖 7.30 之方法建構之。

4. **二次系統**

最後我們考慮二階系統，其波德式為

$$A(j\omega) = [1 + j2\zeta\omega/\omega_n + (j\omega/\omega_n)^2]^{\pm 1} \tag{7.56}$$

如果 $\zeta = 1$，則上式變成

$$A = [1 + j(\omega/\omega_n)]^{\pm 2} \tag{7.57}$$

因此可以用二重根：$(1 + j\omega/\omega_n)^{\pm 2}$ 之圖形繪製。二次極點之漸近線，折角頻率在 $\omega = \omega_n$，然後以 $-40\,\text{dB/decade}$ 斜率直線向下拐彎，成為二次系統（二階極點）幅度響應的漸近線，繪製方式參見圖 7.29。

對於相角響應的漸近線，在中心頻率 $\omega = \omega_n$ 處，相角 $\phi = -90°$，而在低頻折角頻率 $(\omega_1 = \omega_n/10)$ 及高頻折角頻率 $(\omega_2 = 10\omega_n)$ 處，相角分別用 $\phi = 0°$ 及 $\phi = -180°$ 近似描述之。考慮一般欠阻尼情形（$0 < \xi < 1$），則實際的波德曲線只需要在上述的漸近線上做修正，參見圖 7.30。

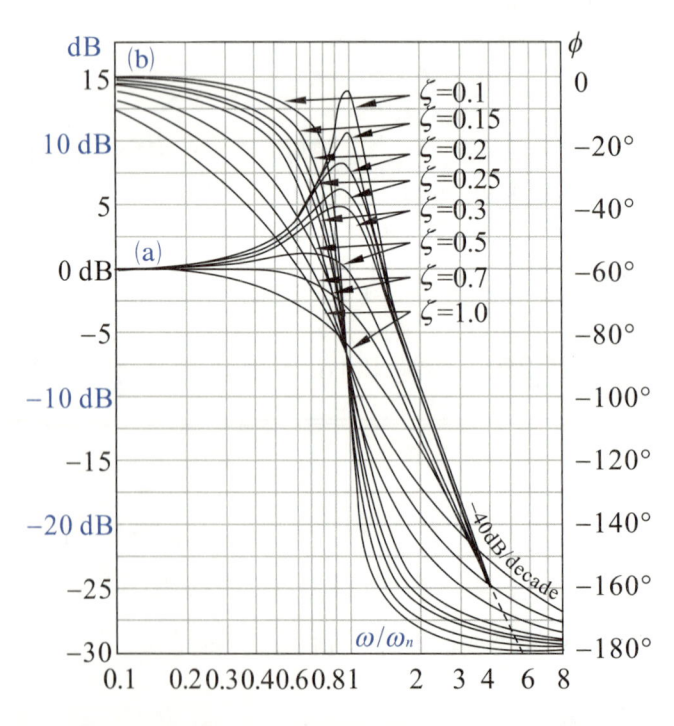

▶ 圖 7.30　二階系統之波德響應圖

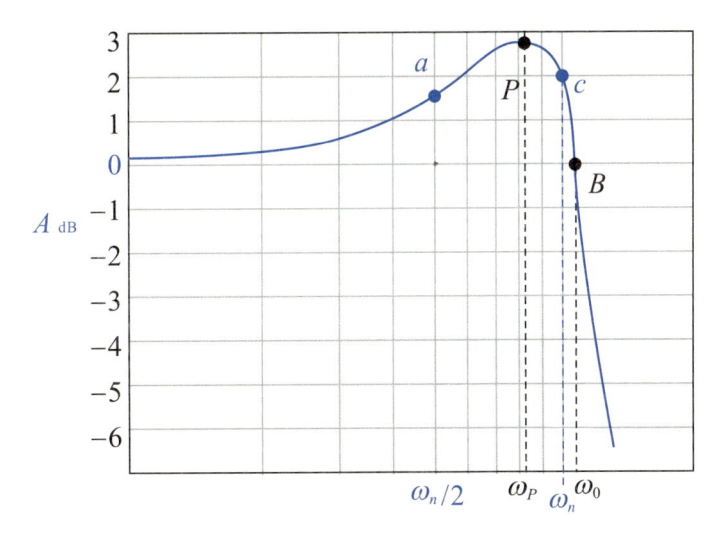

● 圖 7.31　二次系統在 ω_n 附近之共振峰響應

$$A|_{dB} = -20 \log |1 + j2\zeta\omega/\omega_n + (j\omega/\omega_n)^2| \tag{7.58}$$

由圖 7.30 可看出，於實際的二階系統（欠阻尼情形），波德幅度曲線在 $\omega=\omega_n$ 附近發生共振峰，這種情形當 ζ 愈小（低阻尼比），共振峰愈陡峭，共振峰值也愈高。我們用圖 7.31 說明曲線在 $\omega=\omega_n$ 附近的情形，幅度響應為

1. 當 $\omega = \omega_n/2$（圖中 a 點）：

$$A|_{dB} = -10 \log (\xi^2 + 0.5625) \tag{7.59}$$

2. 當 $\omega = \omega_P$（圖中 P 點，共振峰頻：$\omega_P = \omega_n\sqrt{1-2\xi^2}$）：

$$A|_{dB} = -10 \log [4\xi^2(1-\xi^2)] \tag{7.60}$$

3. 當 $\omega = \omega_n$（圖中 c 點，折角頻率）：

$$A|_{dB} = -20 \log (2\xi) \tag{7.61}$$

4. 當 $\omega = \omega_0$（圖中 B 點），曲線與 0 dB 軸交越，ω_0 稱為單位增益頻寬：

$$\omega_0 = \omega_n\sqrt{2(1-2\xi^2)} = \sqrt{2}\omega_P \text{。} \tag{7.62}$$

7-6 本章重點回顧

1. 若控制系統輸入為 $r(t) = R\sin\omega t$，穩態輸出響應為 $c(t) = C\sin(\omega t + \phi)$。輸出與輸入信號的幅度 (magnitude)：$M = |C/R|$ 及相位 (phase) θ 與信號頻率 ω 的關係便是頻率響應 (frequency response)。

2. 線性系統中，頻率響應與輸入信號的振幅及相位是無關的（非線性系統則不然），且輸出信號的頻率亦等於 ω，不發生頻率失真。

3. 若 $H(s)$ 為穩定線性系統的轉移函數，$M(\omega) = |H(j\omega)|$ 為幅度頻率響應，$\phi(\omega) = \arg\{H(j\omega)\}$ 為相角頻率響應。

4. 幅度頻率響應 $M(\omega) = |H(j\omega)|$ 為頻率的偶函數：$M(\omega) = |H(j\omega)| = |H(-j\omega)|$，相角頻率響應為頻率的奇函數：$\angle H(j\omega) = -\angle H(-j\omega)$。因此，$M(\omega) = |H(j\omega)|$ 曲線對虛軸對稱（左右對稱），$\phi(\omega) = \arg\{H(j\omega)\} = \angle H(j\omega)$ 曲線對原點對稱（一三象限對稱）。

5. 幅度頻率響應曲線一般在中間頻率區比較平坦，當其增益值下降到中頻帶的 $1/\sqrt{2} \approx 0.707$ 時，發生的頻率即為截止頻率。

6. 如果 ω_{C1} 為低頻截止頻率，ω_{C2} 高頻截止頻率，則頻寬 (BW) 定義為 $BW = \omega_{C2} - \omega_{C1}$；中心頻率為 $\omega_0 = \sqrt{\omega_{C1} \cdot \omega_{C2}}$；品質因素 (QF) 為 $Q = \omega_0/BW$。對於低頻通濾波器，其頻寬定義為 $BW = \omega_{C2}$。

7. 轉移函數的最高幅度值 M_P 定義為共振峰：$M_P = \max_\omega M(\omega)$。發生共振峰時之頻率 ω_P 稱為峰頻率。

8. 標準二次系統的轉移函數 $H(s) = \dfrac{\omega_n^2}{s^2 + 2\zeta\omega_n s + \omega_n^2}$，其峰頻率 ω_P、共振峰值 M_P 與阻尼比 ζ 之關係為

$$\omega_P = \sqrt{1-2\zeta^2}\,\omega_n, \quad M_P = 1/2\zeta\sqrt{1-\zeta^2}$$

極點為 $\quad \begin{matrix} s_1 \\ s_2 \end{matrix} = -\zeta\omega_n \pm j\omega_n\sqrt{1-\zeta^2}$

頻寬 $\quad BW\ \omega_b = [1-2\zeta^2 + \sqrt{2-4\zeta^2(1-\zeta^2)}]^{\frac{1}{2}}\omega_n$。

9. 如果開環轉移函數為 $GH(s)$，ω_π 稱為相角交越頻率，$\angle GH(j\omega_\pi) = -180°$，則增益邊際值為 $GM = 1/|GM(j\omega_\pi)|$。

10. 如果 $GH(s)$ 為開環轉移函數，ω_1 稱為增益交越頻率，$|GH(j\omega_1)|=1$，則相角邊際值定義為 $\phi_{PM} = 180° + \angle GH(j\omega_1)$。

11. 幅度響應曲線在截止頻率 ω_C 附近之斜率定義為截止速率。在波德圖中，若截止速率為 –20 dB/decade，系統穩定。

12. 當 $\omega = 0^+$ 時，類 0 系統的 $G(j\omega)$ 的極座標圖由實數軸上 (0°) 出發；類 1 系統從第三象限 (–90°) 出發；類 2 系統從第二象限 (–180°) 出發，依次類推。

13. 如果開環轉移函數 $G(s)$ 共計有 n 個零點，m 個極點 ($n > m$)，則當 $\omega \to \infty$ 時，$\angle G(j\infty) = -(n-m)\cdot 90°$。$r = (n-m)$ 稱為轉移函數 $G(j\omega)$ 的相對階次。

14. $\omega = -\infty$ 至 0^- 時的 $G(j\omega)$ 作圖是 $\omega = 0^+$ 至 $+\infty$ 時 $G(j\omega)$ 作圖的對稱（對於實軸）；且在 $\omega = 0^-$ 至 0^+，完整作圖應有 L 個無窮大半徑之半圓（類 L 系統）。

15. 奈奎斯特路徑用來將整個 s-平面的 RHP 圍繞進去，但必須避開所有虛軸上的極點。

16. 一路徑進行時，所有在其右邊之點皆被圍繞。沿著一路徑以順時鐘 (CW) 方向旅行是為正方向。

17. 幅角定理：如果 $1+GH(s)$ 在奈氏路徑 D 內有 Z 個零點及 P 個極點，當 s 循著廓圈 D 以順時鐘方向 (CW) 旅行一圈，則 $1+GH$ 的作圖將圍繞 s 平面原點以順時鐘方向 (CW) 轉了 $N = Z - P$ 次。

18. $1+GH(s)$ 作圖圍繞 s 平面原點的次數等於 $G(s)H(s)$ 作圖圍繞 $(-1+j0)$ 這一點的次數。

19. 奈奎斯特穩度準則：如果 $GH(s)$ 為開環轉移函數，$P=GH(s)$ 的極點在 RHP 的個數，$P \geq 0$；$N = GH(s)$ 作圖 CW 圍繞 $(-1+j0)$ 這一點（即 $GH(s)=-1$）的次數，則相對應閉路系統穩定的充要條件是：$N=-P \leq 0$。若 $N \geq 0$，則 $1+GH(s)=0$ 在 RHP 的零點個數 (Z) 為 $Z=N+P$；若 $N \leq 0$，則 $(-1+j0)$ 這一點未被 $GH(s)$ 作圖圍繞包含。如果 $N \leq 0$ 且 $P=0$，則系統穩定的充要條件是：$N=0$，亦即，$(-1+j0)$ 這一點沒有在 $GH(s)$ 曲線進行方向之右邊之被圍繞區域內。

20. 奈氏圖是否靠近 $(-1+j0)$ 這一點（但不圍繞），係用來量度閉路系統接近不穩定的程度，此種觀念就是相對穩定度。相對穩定度常用增益邊際值 (gain margin) 及相位邊際值 (phase margin) 度量之。

21. 一個穩定的系統應有足夠的相位邊際值及足夠的增益邊際值，否則稱為接近於不穩定。系統穩定的要求條件為：$PM > 0°$，且 $GM > 1$。實用的穩定要求條件可以使用：$GM \geq 2$，$PM \geq 45°$。

22. 做控制系統的分析及設計時，我們並不直接做 M 圓及 N 圓的製作、分析，而是將之轉變成對數座標，成為尼克圖 (Nichols chart) 方便於做波德圖 (Bode diagram) 頻率響應分析與補償設計。

23. 在波德圖中，橫座標使用 $\log \omega$，縱座標使用 $20 \log |M|$，即得幅度響應曲線；縱座標使用 $\phi(\omega)$，即得相角響應曲線。$|M|$ 為數值無單位，而 $20 \log |M|$ 的單位為分貝 (decibel)。

24. 考慮 $M=(1+j\omega T)^r$ 的情形，$r = 0, \pm 1, \pm 2, \cdots$，$M|_{dB} = 20 \log |(1+j\omega T)^r|$，其波德幅度曲線之製作可以先繪出漸近線，再修正：在低頻（$\omega \ll \omega_{Cf}$）時，用 0 dB 橫線漸近之，在高頻（$\omega \gg \omega_{Cf}$）時，用經過（0 dB，$\omega_{Cf} = 1/T$）且斜率為 $r \, 20 \, dB/decade$ 的直線漸近之，在折角頻率 ω_{Cf} 時，漸近線轉折，並修正 $3r$ dB 而得波德幅度曲線。

25. 考慮 $M = (1+j\omega T)^r$ 的情形，$r = 0, \pm 1, \pm 2, \cdots$，$\phi = r\tan^{-1}(\omega T)$，其波德相角曲線之製作可以先繪出漸近線，再修正：在低頻（$\omega \ll \omega_{Cf}$）時，用 $\phi = 0°$ 橫線漸近之，折角頻率為 $\omega_1 = 1/10T$，在高頻（$\omega \gg \omega_{Cf}$）時，用 $\phi = r \cdot 90°$ 橫線漸近之，折角頻率為 $\omega_2 = 10/T$，在中心頻 ω_{Cf}，$\phi = r \cdot 45°$；且在折角頻率 ω_1 及 ω_2 處修正 $\pm(r \cdot 5°)$。

26. 二次系統（二階極點）幅度響應曲線可先繪製二重根：$(1+j\omega/\omega_n)^{\pm 2}$ 之圖形漸近線，折角頻率在 $\omega = \omega_n$ 之斜率為 $-40\,\text{dB/decade}$，再根據阻尼比修正共振峰值 M_P 及峰頻率 ω_P。

習 題

Ⓐ 問 答 題 ▶▶▶

1. 何謂「頻率響應」？
2. 何謂「幅度頻率響應」與「相角頻率響應」？
3. 何謂「截止頻率」？

Ⓑ 習 作 題 ▶▶▶

1. 有一線性系統之輸入為 $x(t) = \sin \omega t$，轉移函數為 $H(s) = \dfrac{Y}{X} = \dfrac{1}{Ts+1}$。

   (a) 試求頻率轉移函數 $H(j\omega)$。
   (b) 試求幅度頻率響應 $M(\omega)$。
   (c) 試求相角頻率響應 $\phi(\omega)$。
   (d) 當 $\omega = 0, 1/T, 10/T, \infty$ 時，試分別求其穩態響應。
   (e) 當 $\omega = 2$，$T = 1$ 時，求其穩態響應。

2. 一帶通濾波器之品質因素 $Q = 20$，其中心頻率為 $f_0 = 15 \text{ kHz}$。

   (a) 求其頻寬。
   (b) 求其截止頻率。

3. 一系統之轉移函數為 $H(s) = \dfrac{5}{s^2 + 2s + 5}$，試求：

   (a) 共振峰。
   (b) 峰頻率。
   (c) 頻寬。

4. 有一線性系統之輸入為 $x(t) = \sin \omega t$，轉移函數為 $H(s) = \dfrac{Y}{X} = \dfrac{Ts}{Ts+1}$。

   (a) 試求頻率轉移函數 $H(j\omega)$。
   (b) 試求幅度頻率響應 $M(\omega)$。
   (c) 試求相角頻率響應 $\phi(\omega)$。

(d) 當 $\omega = 0, 1/T, 10/T, \infty$ 時，試分別求其穩態響應。

(e) 當 $\omega = 2$，$T = 1$ 時，求其穩態響應。

5. 若二次系統的轉移函數為 $H(s) = \dfrac{\omega_n^2}{s^2 + 2\zeta\omega_n s + \omega_n^2}$ ($\zeta \leq 1/\sqrt{2}$)，試證明：

   (a) 尖峰頻率為 $\omega_p = \omega_n\sqrt{1 - 2\zeta^2}$。

   (b) 共振峰值為 $M_p = \dfrac{1}{2\zeta\sqrt{1-\zeta^2}}$。

   (c) 頻寬 (BW) 為 $\omega_b = \omega_n\sqrt{1 - 2\zeta^2 + \sqrt{2 - 4\zeta^2(1-\zeta^2)}}$。

6. 試求下列系統的頻率響應 $H[j\omega]$，並大約繪出波德幅度頻率響應曲線：

   (a) $H(s) = \dfrac{s+1}{s+5}$

   (b) $H(s) = \dfrac{10s}{s^2 + 2s + 100}$

   (c) $H(s) = \dfrac{s^2 + 100}{s^2 + 2s + 100}$

7. 試大約繪出下列轉移函數波德幅度頻率響應曲線：

$$G(s) = \dfrac{10(s+10)}{s(s+2)(s+5)}$$

8. 如圖 P7B.8 之類型 0 開環系統波德圖，試求誤差常數及可能的轉移函數。

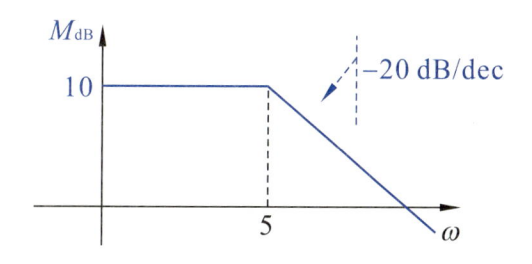

▶ 圖 P7B.8　類型 0 系統

9. 如圖 P7B.9 之類型 1 開環系統波德圖，試求誤差常數及可能的轉移函數。

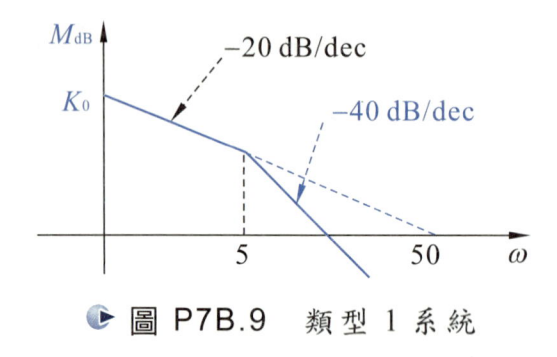

▶ 圖 P7B.9　類型 1 系統

10. 如圖 P7B.10 之類型 2 開環系統波德圖，試求誤差常數及可能的轉移函數。

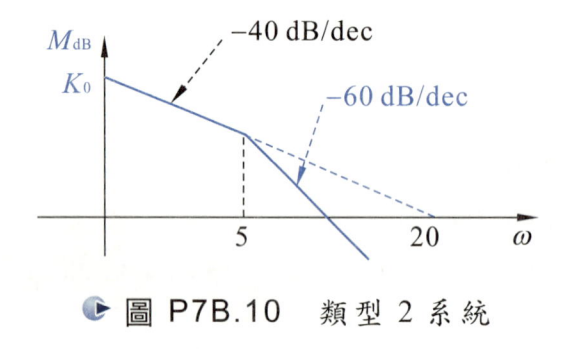

▶ 圖 P7B.10　類型 2 系統

11. 如圖 P7B.11 之開環系統波德圖，試求誤差常數。

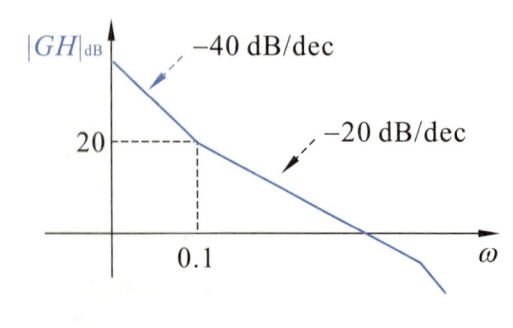

▶ 圖 P7B.11　習題 7B.11

12. 如圖 P7B.12 的開環系統波德幅度圖，試求轉移函數 GH(s)。

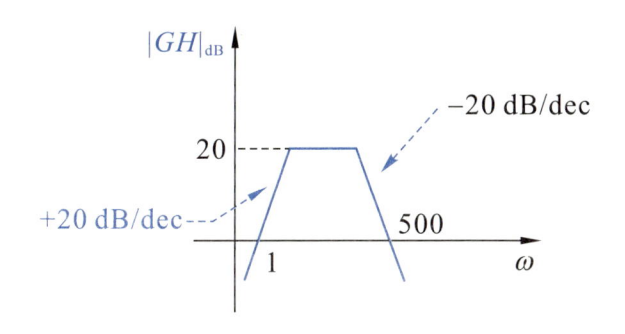

▶ 圖 P7B.12　習題 7B.12

13. 一單位回饋系統之開環轉移函數為

$$G(s) = \frac{K}{s(s+3)(s+5)}$$

試繪製奈氏圖，討論閉路系統在 (a) 穩定、(b) 臨界穩定與 (c) 不穩定時之增益 K 的範圍。

14. 圖 P7B.14 所示為單位回饋系統的奈氏圖 ($0<\omega<\infty$)，開環轉移函數無 RHP 極點及零點。試求系統的類型數，並討論回饋系統的穩定度。

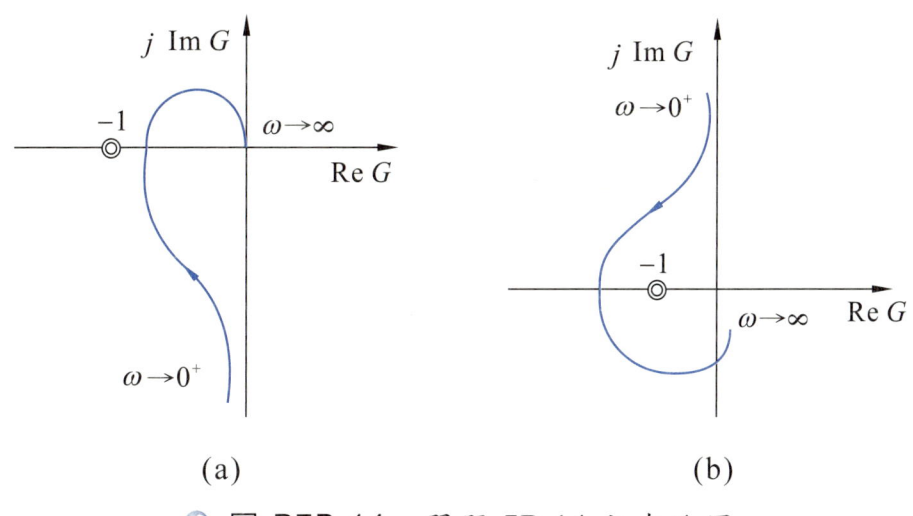

(a)　　　　　　　　(b)

▶ 圖 P7B.14　習題 7B.14 之奈氏圖

15. 圖 P7B.15 所示為單位回饋系統的奈氏圖 $(0<\omega<\infty)$，開環轉移函數無 RHP 極點及零點。試求系統的類型數，並討論回饋系統的穩定度。

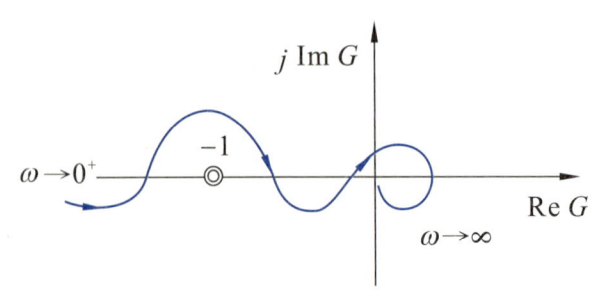

▶ 圖 P7B.15　習題 7B.15 之奈氏圖

16. 一單位回饋系統的開環轉移函數為

$$G(s) = \frac{K}{s(s+1)(s+2)}$$

當 (a) $K=3$，(b) $K=6$ 時，分別求增益邊際值。

17. 一開環系統的波德圖如圖 P7B.17 所示，試大約估計出增益邊際值 GM 及相位邊際值 GM。

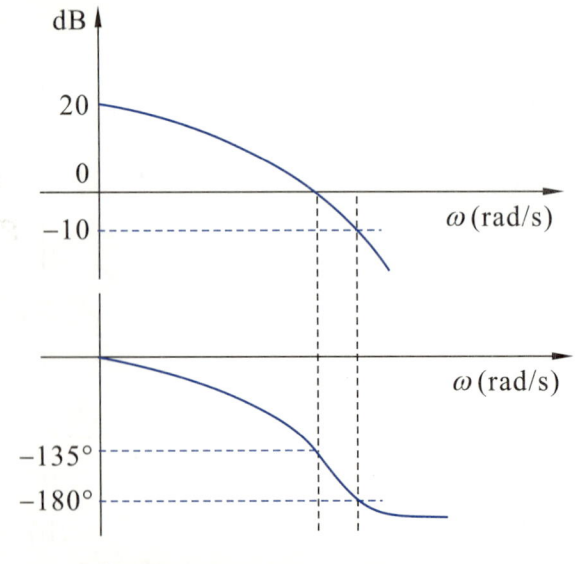

▶ 圖 P7B.17　習題 7B.17

18. 如圖 P7B.18 極座標圖中，試求：
   (a) 圍繞原點的圈數 N_0。
   (b) 圍繞 $(-1, 0)$ 這一點的圈數 N。

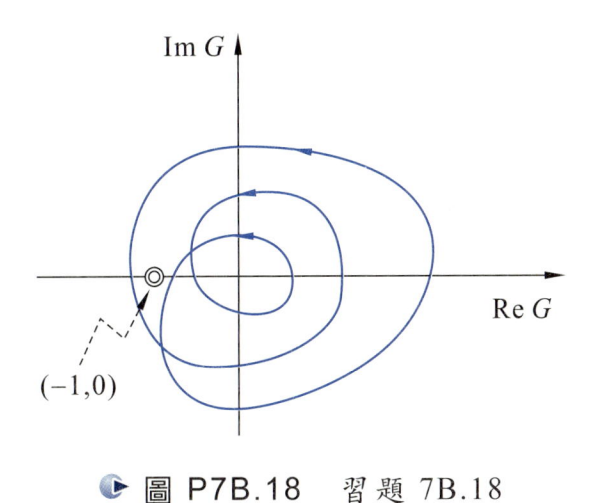

▶ 圖 P7B.18　習題 7B.18

19. 圖 P7B.19 所示為開環頻率響應作圖，P 為 RHP 開環極點，L 為類型數，試判斷閉路系統的穩定度。

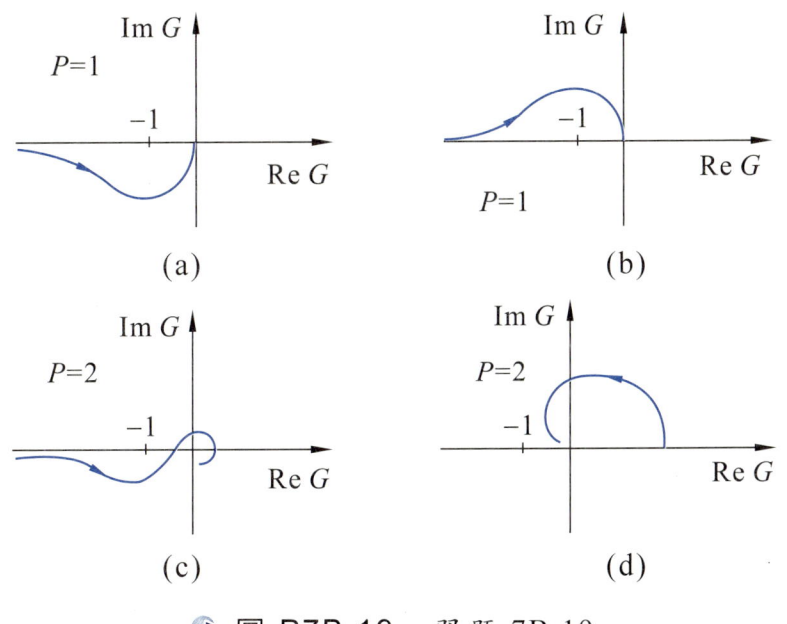

▶ 圖 P7B.19　習題 7B.19

第七章　頻域分析

20. 圖 P7B.20 所示為開環頻率響應作圖，其轉移函數為

$$G(s) = \frac{K}{(1+T_1 s)(1+T_2 s)(1+T_3 s)}$$

試判斷閉路系統的穩定度。

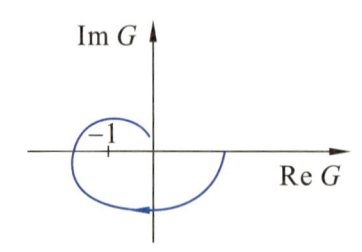

▶ 圖 P7B.20　習題 7B.20

21. 圖 P7B.21 所示為開環頻率響應作圖，其轉移函數為

$$G(s) = \frac{K}{s(1+T_1 s)(1+T_2)}$$

試判斷閉路系統的穩定度。

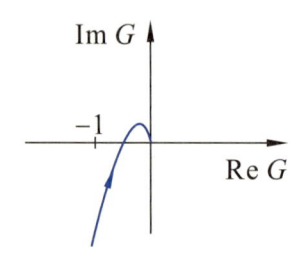

▶ 圖 P7B.21　習題 7B.21

22. 圖 P7B.22 所示為開環頻率響應作圖，其轉移函數為

$$G(s) = \frac{K}{s^2(1+T_1 s)}$$

試判斷閉路系統的穩定度。

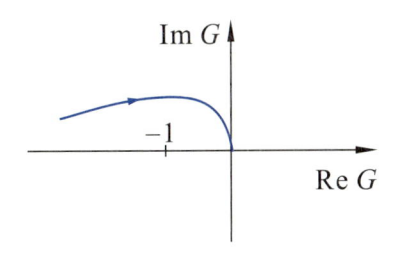

▶ 圖 P7B.22　習題 7B.22

23. 圖 P7B.23 所示為開環頻率響應作圖，其轉移函數為

$$G(s) = \frac{K(1+T_a s)}{s^2(1+T_1 s)}$$

試判斷閉路系統的穩定度。

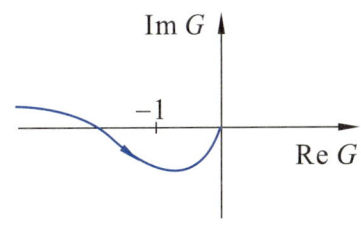

▶ 圖 P7B.23　習題 7B.23

24. 圖 P7B.24 所示為開環頻率響應作圖，其轉移函數為

$$G(s) = \frac{K(1+T_a s)(1+T_b s)}{s^2}$$

試判斷閉路系統的穩定度。

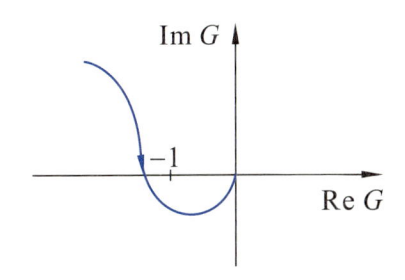

▶ 圖 P7B.24　習題 7B.24

25. 圖 P7B.25 所示為開環頻率響應作圖，其轉移函數為

$$G(s) = \frac{K(1+T_a s)(1+T_b s)}{s(1+T_1 s)(1+T_2 s)(1+T_3 s)(1+T_4 s)}$$

試判斷閉路系統的穩定度。

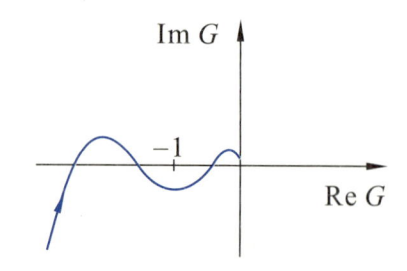

▶ 圖 P7B.25　習題 7B.25

第八章
控制系統的設計

在本章我們要討論下列主題:
1. 時域及頻域性能規格之總整理
2. PID 控制器及其調節規則
3. 滯相及進相補償器
4. 被動式及電子式補償器
5. 補償設計實例

8-1 引言

　　有關回饋控制系統的時間響應分析我們已經在第四章裡介紹過了。控制系統以拉氏變換及相關數學表示（如第二、三章介紹）後，接下來可用頻域分析。在時域分析中，系統對於各種輸入信號產生的暫態與穩態表現是我們所關心的。系統的標準輸入信號（測試輸入）有：單位脈衝函數、單位步階函數、單位斜坡函數與弦波函數信號等。系統的暫態表現通常可用單位脈衝響應或是單位步階響應討論之。經驗上，由系統單位步階響應的暫態表現可以評估其時域性能，或對其規格做必要的評鑑。

　　在質的分析方面，一個控制系統的**表現性能** (performance) 有：

1. **穩定性** (stability)
2. **準確性** (accuracy)
3. **速應性** (speed)
4. **干擾拒斥能力** (disturbance rejection)
5. **雜訊抑制能力** (noise suppression)
6. **強韌性** (robustness)

在另一方面，建立在標準二次系統之單位步階暫態響應，評估系統的**量化規格** (specification) 有：

1. **超擊** (overshoot)
2. **延遲時間** (delay-time)
3. **上升時間** (rise-time)
4. **安定時間** (settling-time)
5. **主宰時間常數** (dominated time-constant)

　　系統在單位步階、單位斜坡與單位拋物線函數輸入下的穩態表現可以由位置誤差常數 K_p、速度誤差常數 K_v 及加速度誤差常數 K_a 分

別討論之，並估計其**穩態誤差** e_{ss} 及輸出入的準確性。

系統的單位脈衝響應可以用來評估系統的速應性（響應速度）與穩定性，其經由拉氏變換後又可以估計出系統的轉移函數。在上述單位步階響應表現出來的**超擊度** (overshoot) 可以大約評估系統的阻尼情形，如二階系統的**阻尼比**。一般情形而言，低阻尼比的系統振盪較厲害，步階響應表現出來的超擊度較高，安定時間長，因此比較不穩定。針對此觀察，如果改良系統的阻尼比，可以改善系統的時域表現。此一修整可用跟軌跡法做設計補償，或使用 PID 控制器調節之。

討論回饋控制系統的穩定性有時以相對穩定度為之。評估系統的相對穩定度可用極坐標圖、奈氏穩度圖及波德頻率響應圖等頻域分析法為之。頻域分析所使用的圖解工具有：極座標圖、奈氏穩度圖、波德頻率響應圖、尼克圖等。作頻域分析通常所使用的測試輸入信號是弦波函數，系統的頻率響應可藉著觀察輸出弦波函數的幅量（幅度增一值）與相角（相位遷移量）隨著信號頻率的變化得之。經由這種頻率響應的觀測也可以經由頻率分析之圖解法，估計出系統的轉移函數。

評估系統的頻率響應常使用的性能規格（參見第七章）有：

1. 截止頻率 (cutoff frequency) ω_C
2. 頻寬 (BW) 與品質因素 (Q)
3. 共振峰值 M_P 與尖峰頻率 ω_P
4. 平均延遲時間 T_d
5. 增益邊際值（餘裕量） GM 與相位交越頻率 ω_π
6. 相位邊際值（餘裕量） PM 與增益交越頻率 ω_1

如果系統的表現不如理想（如超擊度太大、響應太慢），或其性能不良（如穩態誤差過大、相位邊餘裕量 PM 不足，震盪太大），則系統需要做補償修正，使得閉路系統修整達到需要的規格要求，此即

第八章 控制系統的設計

為本章之目的。系統的修整常用串接控制器、順授控制器、回授控制器等方法，其實體裝置有相位**滯後** (lag)、相位**超前** (lead)、比例、微分、積分 (PID) 控制器，或是以上這些補償器的組合。

8-2 補償設計實例

為了介紹回饋控制系統的補償原理、程序，我們以下列的設計實例解釋之。

一、系統敘述

圖 8.1 是為**齒條** (rack) 與小齒輪帶動的線性**定位** (positioning) 伺服控制系統。工作物的實際位置經動滑輪擷取，在電橋電位計中產生誤差電壓，再經伺服放大器做功率放大以推動伺服馬達，驅動負載工作，使齒條與小齒輪機構做定位之工作。

如果工作物過於左邊使得動滑輪下降，造成負的誤差電壓使馬達反轉而將齒條右移；反之，工作物過右，造成正的誤差電壓使得齒條左移。如此反覆地做左右修正，一段時間後，在平衡時誤差電壓等於零，工作物位置與刻度尺上設定值相同，達成了定位伺服控制。

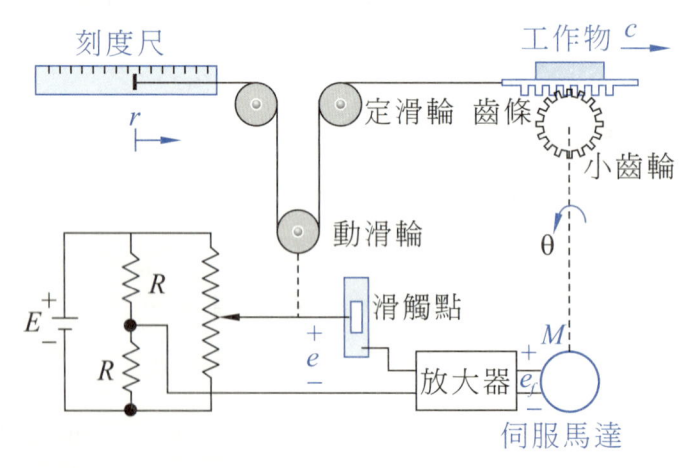

▶ 圖 8.1　齒條、小齒輪 DC 位置伺服控制系統

二、數學描述

再來我們要對圖 8.1 的 DC 位置伺服控制系統做數學描述,以轉移函數表示之。圖中 r 及 c 分別代表至定點參考輸入及控制位移變數;e 為上述兩信號的誤差信號。假設放大器電壓增益為 A,DC 馬達及其推動的齒條齒輪列、工作物(負載)形成的轉移函數為 $G_P(s)$,則圖 8.1 的控制系統可用圖 8.2 方塊圖系統代表之。如果馬達及其機械負載之參數分別如下述:

K_T = 馬達電流力矩常數
J, B = 機械負載的轉動慣量及摩差係數
L_f, R_f = 馬達轉軸之電感量及電阻值
N = 馬達轉軸與齒條齒輪列之減速比
θ, ω = 馬達轉軸之轉角及角轉速

則

$$\frac{\Omega(s)}{E_f(s)} = \frac{K_T/BR_f}{(1+(J/B)s)(1+(L_f/R_f)s)} \tag{8.1}$$

所以,由 e_f 至 c 的轉移函數為

$$\frac{C(s)}{E_f(s)} = \frac{K_M}{s(1+\tau_M s)(1+\tau_f s)} := G_P(s) \tag{8.2}$$

上式中,

$K_M = K_T/NBR_f :=$ 馬達負載增益

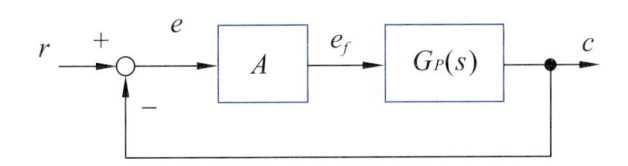

▶ 圖 8.2 位置伺服控制系統方塊圖

$\tau_M = J/B :=$ 馬達時間常數

$\tau_f = L_f/R_f :=$ 馬達**電樞場** (field) 時間常數

因為

$$e = r - c \tag{8.3}$$

且

$$e_f = Ae \tag{8.4}$$

因此，開環轉移函數為，$G(s) = AG_P(s)$。如果上述各參數皆已知，如下所給予：

$$G(s) = \frac{0.1A}{s(1+0.5s)(1+10^{-4}s)} \approx \frac{(0.2)A}{s(s+2)} := \frac{K}{s(s+2)} \tag{8.5}$$

式中，開環增益為 $K = (0.2)A$，閉路轉移函數為

$$\frac{C}{R}(s) = \frac{K}{s^2 + 2s + K} \text{。} \tag{8.6}$$

三、分　析

在此系統中，$K = (0.2)A$ 視為**開環增益**，可以調節之（調整放大器之增益 A 即可調節 K）。使用根軌跡法（第六章），可知閉路極點為：

$$\begin{matrix} s_1 \\ s_2 \end{matrix} = -1 \pm j\sqrt{K-1} \quad (K \geq 1) \tag{8.7}$$

其實部恆等於 -1，因此系統的上升時間反應甚慢（≥ 3秒）。如果開環增益為 K 調節得太大，則振盪劇烈（阻尼比太小，ω_d 太快），安定時間過長，系統的時間響應不符實際工作所需。此系統需要進一步施行頻率補償，在不影響穩定度及準確性下，需要改善響應速度。

四、補償設計

現在我們參考第六章根軌跡之零點極點對消技術作補償，將圖 8.2 中的放大器更改成如下頻率補償器 $K(s)$：

$$K(s) = \frac{A(s+2)}{s+a} \tag{8.8}$$

式中，A 是可調節的放大器增益，$s=-a$ 是補償器的極點，開環轉移函數變成

$$G(s) = \frac{A}{s(s+a)} \tag{8.9}$$

閉路轉移函數為

$$\frac{C}{R}(s) = \frac{A}{s^2+as+A} := \frac{\omega_n^2}{s^2+2\zeta\omega_n s+\omega_n^2} \tag{8.10}$$

式中，

$$A = \omega_n^2 \tag{8.11}$$

$$a = 2\zeta\omega_n \tag{8.12}$$

由 (8.10) 式可知，此二次系統的時間響應表現取決於參數 ζ（阻尼比）及 ω_n（無阻自然頻率）。如果要求安定時間 $T_S = 1$ 秒，由 (4.35) 式可知，

$$T_S = \frac{3}{\zeta\omega_n} = 1 \quad (5\% \text{ 穩態容許誤差範圍})$$

即，

$$\zeta\omega_n = 3 \quad (5\% \text{ 穩態容許誤差範圍}) \tag{8.13}$$

又如果要求單位步階響應的超擊度在 5% 內，由圖 4.20 查得：

$$\zeta \approx 0.7 \quad (5\% \text{ 超擊度}) \tag{8.14}$$

因此,解得

$$\zeta \approx 0.7 \text{ 及 } \omega_n = 4.29 \tag{8.15}$$

已滿足安定時間 $T_S = 1$ 秒及 5% 超擊度之要求。再由 (8.11) 式及 (8.12) 式可得:

$$A = 18.4 \text{ , } a = 6$$

因此,所設計的串接頻率補償器 $K(s)$ 為:

$$K(s) = \frac{18.6(s+2)}{s+6} \tag{8.16}$$

上述的補償設計係使用根軌跡法為之,我們也可以使用第七章的頻率響應圖解法設計之。

五、再分析

當我們設計出補償器後,要回頭過來再做分析,檢驗一下所設計的補償器是否真實地改善系統的性能,使其表現合乎要求。如果分析的結果不滿意,則要回到前一個步驟,尋求其他的補償器或其他的補償方法。如果分析的結果發現補償後的系統之表現確實合乎規格要求,那麼補償器的設計便大功告成了。

現在我們檢驗補償器 (8.16) 式是否使得閉路系統滿足規格要求:

1. 開環轉移函數(補償後的系統)

$$K(s)\,G(s) = \frac{18.4(s+2)}{s(s+2)(s+6)} = \frac{18.4}{s(s+6)} \tag{8.17}$$

2. 此為類型 1 系統，單位回饋在單位步階輸入下，其穩態誤差為零，系統的伺服控制完全準確，達到要求。

3. 閉路系統轉移函數

$$\frac{C}{R}(s) = \frac{18.4}{s^2+6s+18.4} := \frac{\omega_n^2}{s^2+2\zeta\omega_n s+\omega_n^2} \tag{8.18}$$

其閉路極點為

$$\begin{matrix} s_1 \\ s_2 \end{matrix} = -3 \pm j3.1 \tag{8.19}$$

4. 二次系統的阻尼比及無阻尼自然頻率分別是 $\zeta = 0.69$，$\omega_n = 4.29$。因此安定時間為 $T_s = \dfrac{3}{\zeta\omega_n} = 1$ 秒。對照圖 4.20 查得百分超擊度約為 5%，因此 (8.16) 式的補償器確能竟功。

8-3 PID 控制器設計法簡介

一、PI 控制器

比例控制器 (PI controller) 廣用於程序控制系統，在一定的**基準值設定** (reference setting) 輸入下，欲使得控制輸出變數，如溫度、壓力、液位等物理性質的**受控變數** (controlled variable) 維持於某一定程度，且不受外界干擾或不明因素的參數變化而有所影響。

通常 PI 控制器使用於一階或二階延遲系統，尤其是類型 0 系統，其穩態誤差不甚理想。若純作增益調節（P 控制器）提高開環增益，雖可降低穩態誤差、改善精確度，但是系統的阻尼減少，變得不穩定。欲修整此一缺陷，開環系統須更改為類型 1，以改良精確度，使穩態誤差等於零。亦即，PI 控制器對於開環系統貢獻出一個 $s = 0$ 的極點，以改善精確度降低穩態誤差。

PI 控制器的轉移函數為

$$G_C(s) = K_P + \frac{K_I}{s} := \frac{K_P(s+z)}{s} \qquad (8.20)$$

式中，K_P 為比例常數（P 係數），K_I 為積分常數（I 係數）。因此 PI 控制器貢獻一個 $s=0$ 的極點及一個 $s=-z$ 的開環零點：

$$z = K_P K_I \qquad (8.21)$$

我們用下列的例題說明之。

例題 8.1

一階延遲系統的開環轉移函數為 $G_P(s) = 1/(s+1)$，試設計 PI 控制器使得單位回饋系統的穩態誤差恆等於 0，且 5% 誤差範圍安定時間約 1.5 秒。

解 使用 (8.20) 的 PI 控制器，開環轉移函數變為

$$G(s) = \frac{K_P(s+z)}{s(s+1)} \qquad (8.22)$$

其位置誤差常數為 $k_p = \lim G(0) = \infty$，穩態誤差恆等於 0，與比例常數 K_P 無關，因此 P 係數可以單獨調節，以獲得其他性能。系統的閉路轉移函數變為

$$\frac{C}{R}(s) = \frac{K_P(s+z)}{s^2 + (1+K_P)s + K_P z} \qquad (8.23)$$

1.5 秒的 5% 誤差範圍安定時間使得極點的實數部分為

$$\sigma = \frac{-1}{1.5/3} = -2$$

令極點的虛部為 a，則

$$(s+2+ja)(s+2-ja) = s^2 + 4s + (4+a^2)$$
$$= s^2 + (1+K_P)s + K_P z$$

因此，

$$K_P = 3 , \quad z = \frac{1}{3}(4+a^2) \tag{8.24}$$

單位步階響應式為下述形式：

$$c(t) = 1 + Ae^{-2t} \cos(at + \theta) \tag{8.25}$$

圖 8.3 所示分別為 $z = 1, 2, 3, 4$ 時的單位步階響應。如果選擇 $z = 1$，則開環轉極點 $(s+1)$ 被消去了，當 $K_P = 3$ 時，閉路轉移函數變為

$$\frac{C}{R}(s) = \frac{3/s}{1+3/s} = \frac{3}{s+3}$$

其單位步階響應式為

$$c(t) = 1 - e^{-3t} \quad (t \geq 0) \tag{8.26}$$

參見圖 8.3。

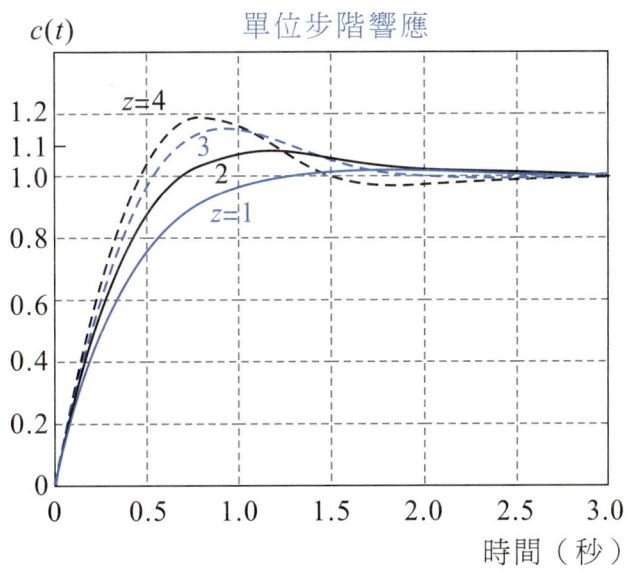

▶ 圖 8.3　例題 8.1 的單位步階響應

二、PD 控制器

PD 控制器對於開環系統貢獻出一個零點以補償受控本體（程序）的極點，其轉移函數為

$$G_C(s) = K_P + K_D s \tag{8.27a}$$

$$= K_D(s+z) = K_P(1+\tau_d s) \tag{8.27b}$$

式中，K_P 為比例常數（P 係數），K_D 為微分常數（D 係數）：

$$z = K_P / K_D \tag{8.28a}$$

$$\tau_d = \frac{K_D}{K_P} := 微分時間常數 \tag{8.28b}$$

PD 控制器可以改善系統的穩定性及速應性，但因為有微分的動作，故其抗拒高頻干擾的能力不足，常需配合 PI 控制器補償之。我們用下列的例題說明之。

例題 8.2

有一個二次延遲系統，其轉移函數為

$$G_P(s) = \frac{1}{(1+s)(1+0.5s)} = \frac{2}{(s+1)(s+2)}$$

解 (a) 如果我們用如下 PI 控制器補償

$$G_C(s) = \frac{K_P(s+z)}{s} \tag{8.29}$$

開環轉移函數為

$$G(s) = \frac{2K_P(s+z)}{s(s+1)(s+2)} \tag{8.30}$$

其為類型 1 系統，在單位步階輸入下，穩態誤差必為零。令 $z=4$，K_P 可以自由調節，使得響應符合規格要求。閉路系統轉移函數為

$$\frac{C}{R}(s) = \frac{K_P(s+4)}{0.5s^3 + 1.5s^2 + (1+K_P)s + 4K_P} \tag{8.31}$$

如果 K_P 太大，步階響應震盪劇烈，穩定性不好，因為 K_P 有限定範圍：$0 < K_P < 3$。圖 8.4 所示為 $K_P = 1$ 時的單位步階響應。

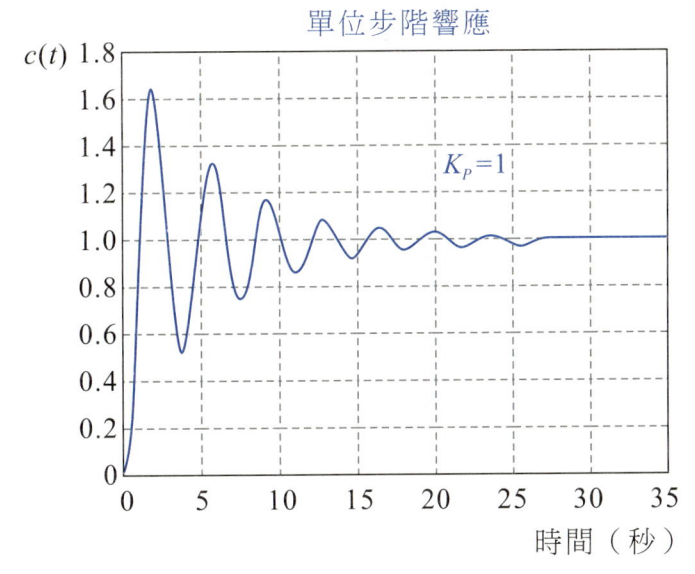

● 圖 8.4　例題 8.2 的單位步階響應（$K_P = 1$）

(b) 現在我們使用 PD 控制器如下：

$$G_C(s) = K_D(s+z) \tag{8.32}$$

開環轉移函數為

$$G(s) = \frac{2K_D(s+z)}{(s+1)(s+2)} \tag{8.33}$$

第八章　控制系統的設計

令 $z=1$，做零點與極點對消，則開環轉移函數

$$G(s) = \frac{2K_D}{(s+2)} \tag{8.34}$$

變成類型 0 系統。閉路系統轉移函數為

$$\frac{C}{R}(s) = \frac{2K_D}{s+2(1+K_D)} \tag{8.35}$$

其為類型 0 系統，在單位步階輸入下，穩態輸出為

$$c_{ss} = \lim_{s \to 0} \frac{2K_D}{s+2(1+K_D)} = \frac{K_D}{1+K_D} \tag{8.36}$$

圖 8.5 所示為 $K_D=10$ 時的單位步階響應，可以看出穩態誤差為 $e_{ss}=1/(1+K_D) \approx 10\%$。

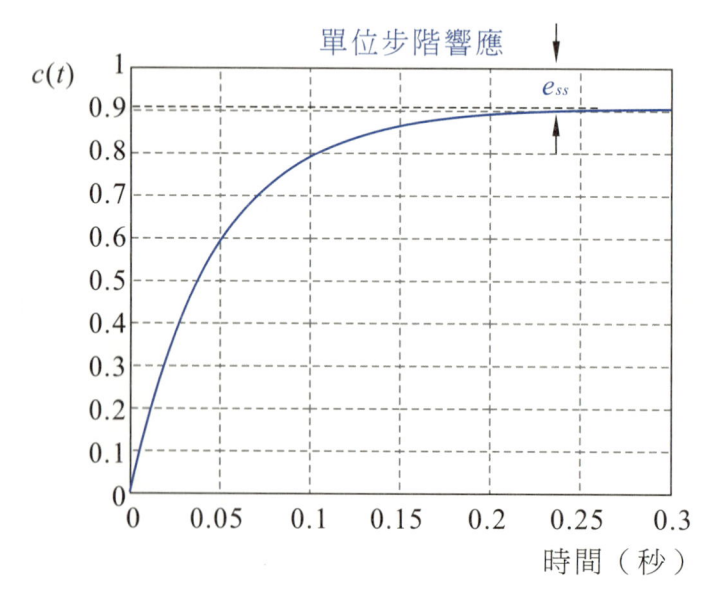

● 圖 8.5　$K_D=10$ 時的單位步階響應

三、PID 控制器及其調節法則

時至今日,各行實業界的類比控制器幾乎還在使用 PID 控制器,尤其是化工程序控制及一些非線性系統控制。這些類比控制器有電機式、氣壓式、油壓式等實體裝置。這些 PID 控制器係使用於現場自動控制,有些甚至於施行 PID 控制參數的**自動調節** (automatic tuning),或**自動增益排程** (automatic gain scheduling) 工作。

圖 8.6 所示為單位回饋 PID 控制系統的方塊示意圖,如果控制本體轉移函數 $G_P(s)$ 已知,則所需的 PID 控制器 $G_c(s)$ 的設計參數可以經由各種設計法計算、推導出來。有時系統情況太複雜,甚至於是非線性系統,本體轉移函數 $G_P(s)$ 不方便得知,就需要使用實驗法,調節 PID 參數,使閉路系統能滿足行能要求。這時候就要使用到**齊格勒** (Ziegler) 及**尼可氏** (Nichols) 倡議的 PID 調節規則,稱為齊格勒-尼可氏規則(ZN 規則),利用系統的步階響應量測,施行 PID 參數(即 K_P、T_I、T_D)之估計與決定。以下我們要介紹齊格勒-尼可氏規則。

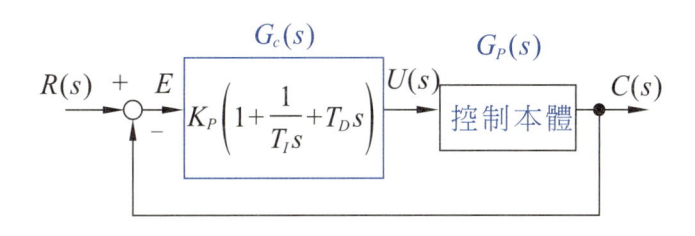

▶ 圖 8.6 PID 控制系統方塊圖

1. 齊格勒-尼可氏 PID 參數調節規則(ZN 規則)

齊格勒-尼可氏規則係建立於控制體(程序)的暫態響應特性,以決定比例增益 K_P、積分時間係數 T_I、微分時間係數 T_D。工程人員通常可以在工作現場做實驗,並參照齊格勒-尼可氏所建議的**參數調節規則** (parameter tuning rules),就可以估計出 PID 控制器的參數。

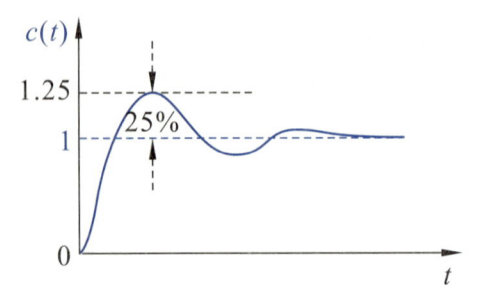

▶ 圖 8.7　單位步階響應，表現最高 25% 超擊度

齊格勒-尼可氏參數調節規則有兩項法則，皆建立於對系統做單位步階響應，估測其最高 25% 超擊度表現特性為之，參見圖 8.7。

2. **齊格勒-尼可氏第一規則（ZN 第一規則）**

在 ZN 第一規則，我們對系統做單位步階響應之實驗或動態模擬，估測出如圖 8.8 形式的響應曲線。如果系統無積分式極點，亦無共軛複數主極點，則其單位步階響應之曲線會呈現如圖 8.8 之 S-形狀曲線（如果單位步階響應曲線無法出現所述 S-形狀曲線，則此規則不能適用）。

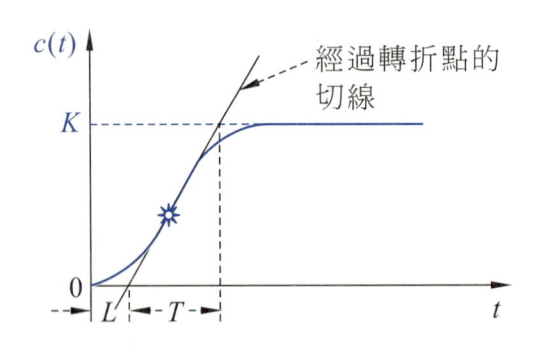

▶ 圖 8.8　S-形狀響應曲線

在圖 8.8 的 S-形狀曲線中，有兩個特性參數非常重要，其為**延遲時間** (delay time) L 及**時間常數** (time constant) T。經過 S-形狀曲線的轉折點所做的切線與 t-軸之交點可以估計出延遲時間 L 及時間常數 T 這兩個重要的特性常數。根據圖 8.8 的 S-形狀曲線

及 L 與 T 這兩個參數，控制本體之轉移函數近似描述如下：

$$\frac{C(s)}{U(s)} = \frac{Ke^{-Ls}}{1+Ts} \tag{8.37}$$

基於此估測值，齊格勒-尼可氏建議的 PID 控制器各係數參見表 8.1 所示；由 ZN 第一規則建造出來的 PID 控制器為

$$G_C(s) = K_P(1 + \frac{1}{T_I s} + T_D s) = 1.2\frac{T}{L}(1 + \frac{1}{2Ls} + 0.5Ls)$$

$$= 0.6T\frac{(s+1/L)^2}{s} \tag{8.38}$$

▶ 表 8.1　ZN 第一規則建議之 PID 參數

控制器型式	K_P	T_I	T_D
P	$\frac{T}{L}$	∞	0
PI	$0.9\frac{T}{L}$	$\frac{L}{0.3}$	0
PD	$1.2\frac{T}{L}$	$2L$	$0.5L$

3. 齊格勒-尼可氏第二規則

施用 ZN 第二規則時，首先令積分時間係數 $T_I = \infty$，微分時間係數 $T_D = 0$，亦即先只施用比例控制，參見圖 8.6，此時 $G_C(s) = K_P$。將比例控制係數 K_P 由 0 開始逐漸增加，到達某一臨界值 K_{cr} 時，輸出出現如圖 8.9 所述的持續震盪，並估計其震盪頻率 P_{cr}。（如果響應無法出現持續震盪，則此規則不能適用。）基於此估測值，齊格勒-尼可氏建議的 PID 控制器各係數參見表 8.2 所示。

▶ 表 8.2　ZN 第二規則建議之 PID 參數

控制器型式	K_P	T_I	T_D
P	$0.5 K_{cr}$	∞	0
PI	$0.45 K_{cr}$	$\dfrac{1}{1.2} P_{cr}$	0
PD	$0.6 K_{cr}$	$0.5 P_{cr}$	$0.125 P_{cr}$

由 ZN 第二規則建造出來的 PID 控制器為

$$G_C(s) = K_P(1+\frac{1}{T_I s}+T_D s) = 0.6 K_{cr}(1+\frac{1}{0.5 P_{cr} s}+0.125 P_{cr} s)$$

$$= 0.075 K_{cr} P_{cr} \frac{(s+\frac{4}{P_{cr}})^2}{s} \tag{8.39}$$

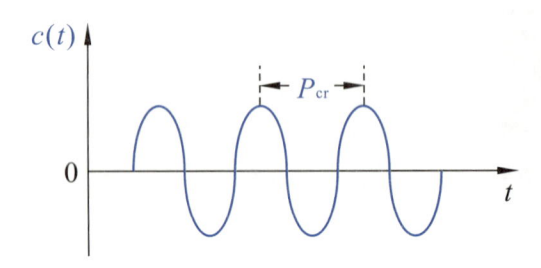

▶ 圖 8.9　持續震盪，震盪頻率 P_{cr}

例題 8.3

如圖 8.6 的回饋系統，受控本體之轉移函數為 $G_P(s) = \dfrac{1}{(s+1)}$。

試設計 PID 控制器使閉路系統表現滿足下列性能：

(a) 單位步階輸入響應之穩態誤差為零。

(b) 單位斜坡輸入響應之穩態誤差為 0.05。

(c) 系統阻尼比為 0.5。

(d) 安定時間 1 秒。

解 (a) PID 控制器之轉移函數為

$$G_C(s) = K_P + \frac{K_I}{s} + K_D s \tag{8.40}$$

因此開環轉移函數

$$G(s) = G_C G_P(s) = \frac{K_D s^2 + K_P s + K_I}{s(s+1)}$$

為類型 1 系統，閉路系統之步階響應穩態誤差恆為零，滿足要求的條件 1。

(b) 欲滿足要求的條件 2：

$e_{ss} = 0.05 = \frac{1}{K_V}$，而 $K_V = \lim_{s \to 0} sG(s) = K_I$，因此解得 $K_I = 20$。

(c) 欲滿足要求的條件 3：系統的阻尼比為 $\zeta = 0.5$。

(d) 欲滿足要求的條件 4：$T_S = 1 = \frac{4}{\zeta \omega_n}$，解得 $\omega_n = 8$ rad/s

閉路系統特性方程式為

$$s^2 + \frac{1+K_P}{1+K_D}s + \frac{K_I}{1+K_D} := s^2 + 2\zeta\omega_n s + \omega_n^2 = 0$$

因此，$\omega_n^2 = \frac{K_I}{1+K_D}$，解得 $K_D = -11/16$

$$2\zeta\omega_n = \frac{1+K_P}{1+K_D}$$，解得 $K_P = 3/2$

所以，欲求的 PID 控制器為 $G_C(s) = \frac{3}{2} + \frac{20}{s} - \frac{11}{16}s$。

8-4　吉爾敏-突魯克索設計法

在之前我們介紹了 PID 控制器的串接補償設計，利用開環轉移函數頻率響應特性，探討串接補償器的合成，以滿足閉路系統表現的性能要求。有關系統的時間響應或頻率響應規格，我們已經分別在第四章及第七章討論介紹過了。其實，所需的串接補償器也可以經由要求的閉路系統性能（轉移函數）探討之。**吉爾敏-突魯克索設計法**(Guillemin and Truxal design procedure) 就是這種重要的設計方式，現在以圖 8.10 的控制系統方塊圖介紹如下。

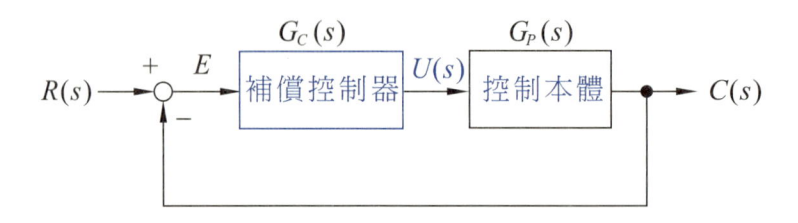

▶ 圖 8.10　回饋控制系統方塊圖

經由第四章及第七章討論的系統時間響應或頻率響應規格，則如圖 8.10 單位回饋系統之轉移函數 $M(s)$ 可以確知，因此

$$M(s) = \frac{C}{R}(s) = \frac{N(s)}{D(s)} = \frac{G_C(s)G_P(s)}{1+G_C(s)G_P(s)} \tag{8.41}$$

式中，$N(s)$ 及 $D(s)$ 分別指定出所需閉路系統轉移函數之必要零點與極點。由上式可以解得所需的串接補償控制器如下：

$$G_C(s) = \frac{M(s)}{[1-M(s)]G_P(s)} = \frac{N(s)}{[D(s)-N(s)]G_P(s)} \tag{8.42}$$

亦即，所需的閉路零點與極點一經 $N(s)$ 與 $D(s)$ 分別指定出來後，所需的串接補償器 $G_C(s)$ 可以經由上式求出，然後再以 RC 電子電路實現之。我們利用下面的例題說明此設計方法。

例題 8.4

如圖 8.10 的回饋系統，受控本體之轉移函數為 $G_P(s)=\dfrac{4}{s(s+1)(s+5)}$。試設計補償控制器 $G_C(s)$ 使閉路系統的轉移函數為

$$M(s)=\frac{N(s)}{D(s)}=\frac{210(s+1.5)}{(s+1.75)(s+16)(s+1.5\pm j3)}$$

解 由 (8.42) 式解得補償控制器的轉移函數為

$$G_C(s)=\frac{52.5s(s+1)(s+1.5)(s+5)}{s^4+20.8s^3+92.6s^2+73.7s}$$

$$=\frac{52.5s(s+1)(s+1.5)(s+5)}{s(s+1.02)(s+4.88)(s+14.86)}$$

$$\approx \frac{52.5(s+1.5)}{s+14.86}$$

此為**相位超前** (phase-lead) 補償器，以上我們所做的一階近似與原三階補償器之波德頻率響應（波德圖）比較幾乎無分別，參見圖 8.11。圖 8.12 所示係原始的被控本體 $G_P(s)$，指定的閉路系統的轉移函數 $M(s)$，及經由上述控制器 $G_C(s)$ 做補償的閉路系統單位步階響應之比較。

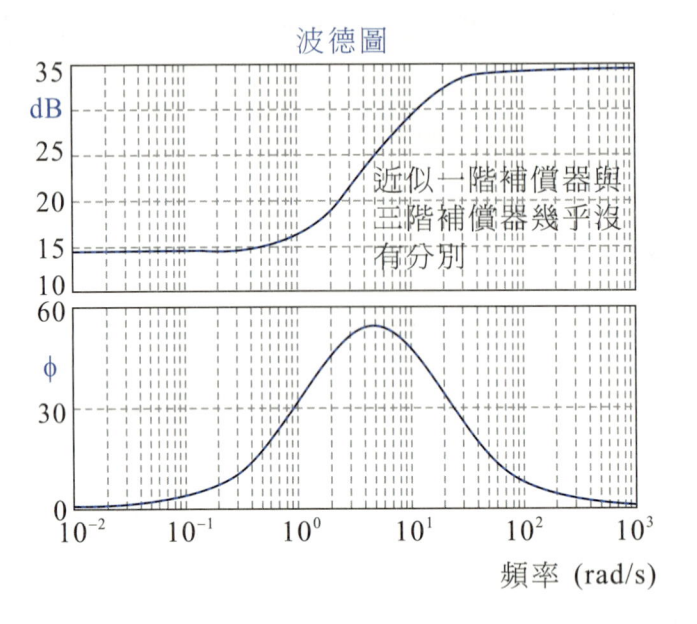

▶ 圖 8.11　補償器波德頻率響應之比較

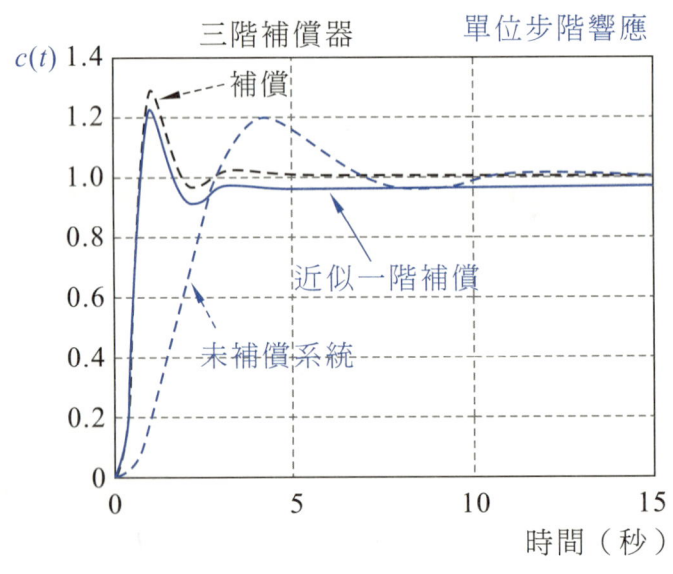

▶ 圖 8.12　例題 8.4 各轉移函數系統單位步階響應之比較

8-5 頻率補償器

本節介紹幾種頻率補償器，以做為串接補償之基礎。前所介紹的 PI 或 PD 補償器，或 PID 控制器施行 ZN-規則補償調節時，有時仍然無法竟功，這時需要一再地施行相位滯後或超前，或其組合的補償。

一、滯相補償器

圖 8.13 所示為**滯相補償器** (phase lag compensator)，在某一帶頻率區域提供相位落後，其轉移函數為

$$\frac{V_0(s)}{V_1(s)} = \frac{1+sT_1}{1+sT_2} \tag{8.43}$$

其中，

$$T_1 = R_2 C \tag{8.44a}$$

$$T_2 = (R_1 + R_2)C > T_1 \tag{8.44b}$$

因此，(8.43) 式提供一個零點 $z = -1/T_1$ 及一個 $p = -1/T_2$ 的極點，$p < z$。

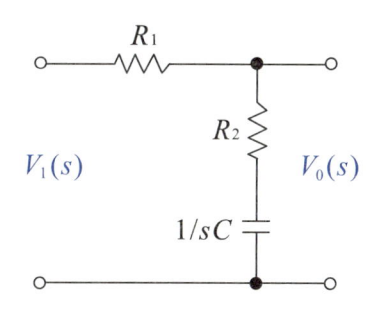

▶ 圖 8.13　滯相補償器

圖 8.14 為此滯相補償器的波德圖，幅度曲線從 0 dB/dec 開始，在折角頻率 $\omega_1 = 1/T_1$，以 −20 dB/dec 斜率下降，而在折角頻率 $\omega_1 = 1/T_2$ 以後恢復 0 dB/dec 的直線。相位曲線在中心頻率：

$$\omega_m = \frac{1}{\sqrt{T_1 T_2}} \text{ rad/s} \tag{8.45}$$

貢獻最大的相位滯後量：

$$\phi_{\max} = -\tan^{-1}\sqrt{\frac{T_2}{T_1}} + \tan^{-1}\sqrt{\frac{T_1}{T_2}} \tag{8.46}$$

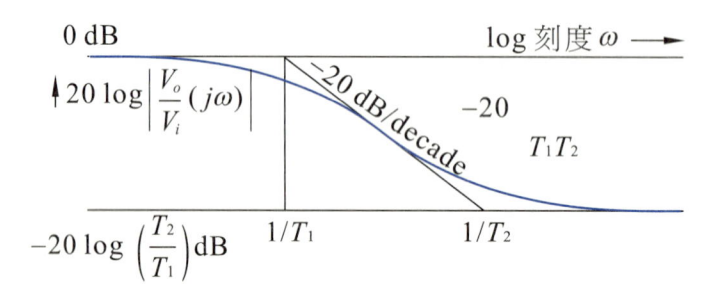

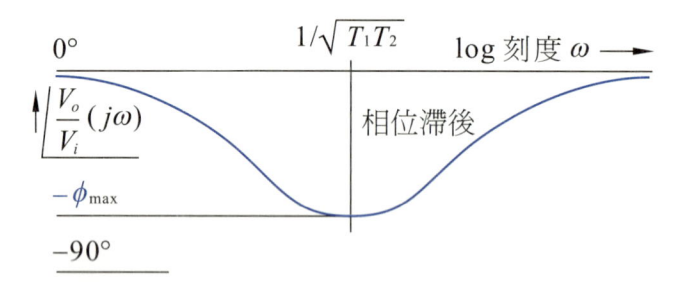

▶ 圖 8.14　滯相補償器的波德圖

二、進相補償器

進相補償器 (phase lead compensator) 或稱為相位超前補償器，如圖 8.15 所示，在某一帶頻率區域提供提供超前的相位遷移，其轉移函數為

$$\frac{V_o(s)}{V_i(s)} = \frac{T_2}{T_1} \cdot \frac{1+sT_1}{1+sT_2} \tag{8.47}$$

其中，

$$T_1 = R_1 C \tag{8.48a}$$

$$T_2 = (R_1 // R_2)C < T_1 \tag{8.48b}$$

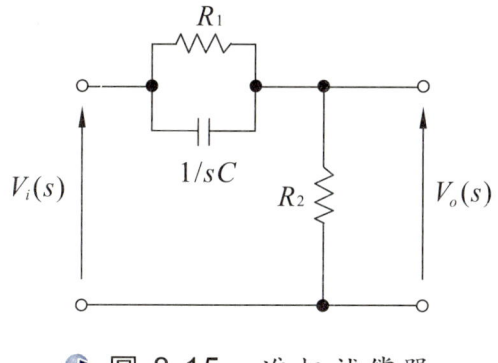

◆ 圖 8.15　進相補償器

因此，(8.47) 式提供一個零點 $z=-1/T_1$ 及一個 $p=-1/T_2$ 的極點，$p>z$。

圖 8.16 為此進相補償器的波德圖，幅度曲線從 0 dB/dec 開始，在折角頻率 $\omega_1=1/T_1$，以 +20 dB/dec 斜率上升，而在折角頻率 $\omega_1=1/T_2$ 以後恢復 0 dB/dec 的直線。相位曲線在中心頻率

$$\omega_m = \frac{1}{\sqrt{T_1 T_2}} \text{ rad/s} \tag{8.49}$$

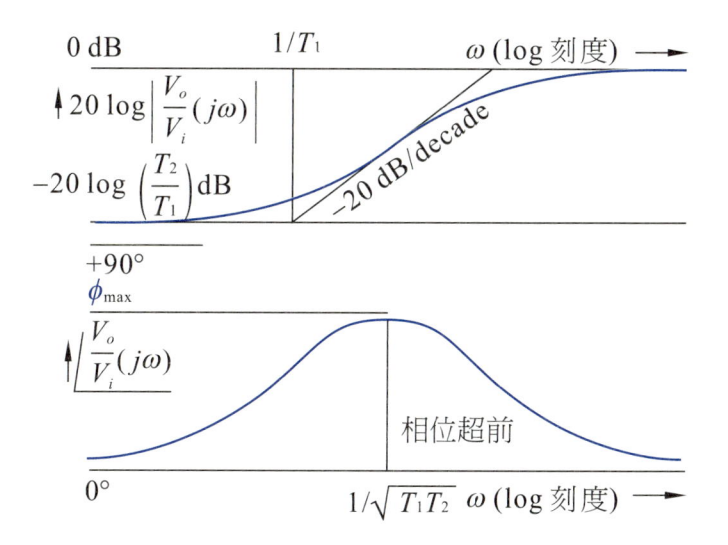

◆ 圖 8.16　進相補償器的波德圖

貢獻最大的相位超前量：

$$\phi_{max} = \tan^{-1}\sqrt{\frac{T_1}{T_2}} - \tan^{-1}\sqrt{\frac{T_2}{T_1}} \text{。} \tag{8.50}$$

例題 8.5

在進相或是滯相補償器中，欲得最大相角
(a) $\phi_{max} = 55°$，(b) $\phi_{max} = 30°$，則 T_1 與 T_2 之關係為何？

解 (a) 將 $\phi_{max} = 55°$ 代入 (8.50) 式，可以得到 $T_2 = 0.1T_1$。
(b) 將 $\phi_{max} = 30°$ 代入 (8.50) 式，可以得到 $T_2 = 0.3T_1$。

例題 8.6

欲在 $\omega_m = 10$ rad/s 提供 $\phi_{max} = 30°$ 的相角超前，則其轉移函數為何？

解 由上例，$T_2 = 0.3T_1$，由 (8.49) 式可知 $T_1T_2 = 0.01$。

因此，$T_1 \approx 0.018$ 秒，$T_2 \approx 0.054$ 秒，轉移函數為

$$G_C(s) = \frac{s + 1/T_1}{s + 1/T_2} = \frac{s + 5.54}{s + 16.6}$$

其波德頻率響應參見圖 8.17。

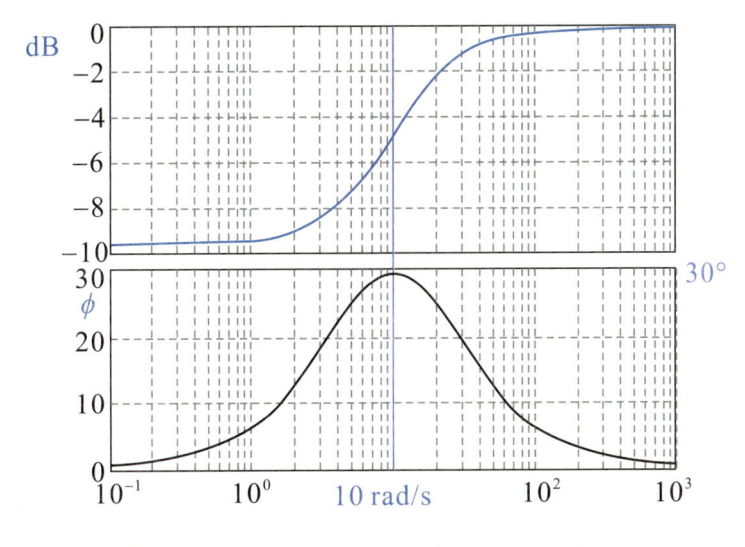

▶ 圖 8.17　進相補償器的波德圖

三、滯相進相補償器

圖 8.18 所示為滯相補償器與進相補償器組合而成的**滯相進相補償器** (lag-lead compensator)，其波德頻率響應參見圖 8.19。通常使得 $T_{11}T_{12}=T_{21}T_{22}$，此補償器之轉移函數為

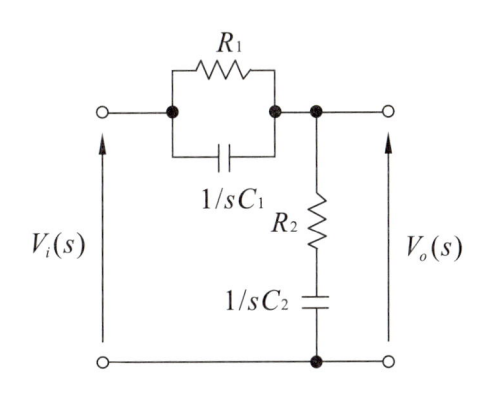

▶ 圖 8.18　滯相進相補償器

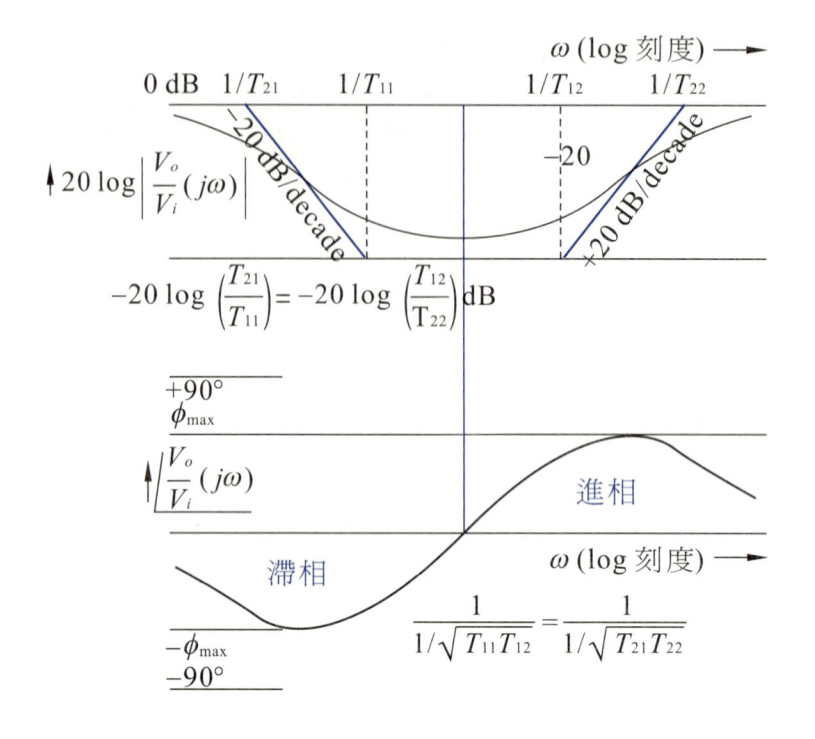

▶ 圖 8.19　滯相進相補償器的波德圖

$$\frac{V_o}{V_i}(s) = \frac{(1+sR_1C_1)(1+sR_2C_2)}{(1+sR_1C_1)(1+sR_2C_2)+sR_1C_2}$$

$$= \frac{(1+sT_{11})(1+sT_{12})}{(1+sT_{21})(1+sT_{22})} \tag{8.51}$$

式中，

$$T_{21} > T_{11} > T_{12} > T_{22}, \quad T_{11}T_{12} = T_{21}T_{22} \tag{8.52}$$

其他參數，如最大相移 ϕ_m、中心頻率 ω_m 等，請參見 (8.45)、(8.46) 滯相器及 (8.49)、(8.50) 式進相器之相關公式，並參考例題 8.5 的設計。

四、電子式頻率補償器（主動濾波器）

前面所介紹的滯相、進相及滯近組合補償器亦可使用電子電路實

現之，由運算放大器 (OPAMP) 的利用，提供更大的增益範圍。圖 8.20 所示為 (a) 電子式滯相補償器，(b) 電子式進相補償器。

電子式滯相或進相補償器基本上是由運算放大器 (OPAMP)，如 UA741 實現出來的**主動濾波器** (active filter) 合成之。

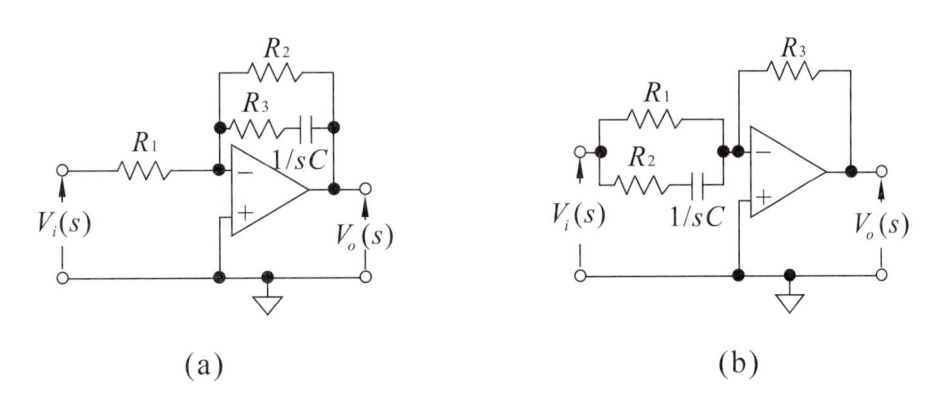

▶ 圖 8.20　電子式頻率補償：(a) 滯相，(b) 進相補償器

8-6 本章重點回顧

1. 在質的分析方面，一個回饋控制系統的表現性能(performance) 有：穩定性、準確性、速應性、干擾拒斥能力、雜訊抑制能力及強韌性。

2. 建立在標準二次系統之單位步階暫態響應，評估系統的量化規格有：超擊、延遲時間、上升時間、安定時間、主宰時間常數等。

3. 系統在單位步階、單位斜坡與單位拋物線函數輸入下的穩態表現可以由位置誤差常數 K_P、速度誤差常數 K_V 及加速度誤差常數 K_a 分別討論之，並估計其**穩態誤差** e_{ss} 及輸出入的準確性。

4. 評估系統的頻率響應性能規格有：截止頻率 ω_C、頻寬 (BW) 與品質因素 (Q)、共振峰值 M_P 與尖峰頻率 ω_P、平均延遲時間 T_d、增

益邊際值（餘裕量）GM 與相位交越頻率 ω_π、相位邊際值（餘裕量）PM 與增益交越頻率 ω_1。

5. PI 控制器的轉移函數為

$$G_C(s) = K_P + \frac{K_I}{s} := \frac{K_P(s+z)}{s}$$

K_P 為比例常數（P 係數），K_I 為積分常數（I 係數）。PI 控制器通常用來改善系統的穩態誤差。

6. PD 控制器轉移函數為

$$G_C(s) = K_P + K_D s = K_D(s+z) = K_P(1+\tau_d s)$$

K_P 為比例常數（P 係數），K_D 為微分常數（D 係數）。PD 控制器通常用來改善系統的穩定度及速應性。但因為有微分的動作，故其抗拒高頻干擾的能力不足，常需配合 PI 控制器補償之。

7. PID 控制器係使用於現場自動控制，可以施行 PID 控制參數的自動調節或自動增益排程工作。時至今日，各行實業界的類比控制器幾乎還在使用 PID 控制器。

8. 工程人員可在工作現場做實驗，並參照齊格勒-尼可氏參數調節規則（ZN 規則）估計出 PID 控制器的參數。

9. 如果系統無積分式極點，亦無共軛複數主極點，則其單位步階響應之曲線會呈現出 S-形狀曲線，以施行 ZN 第一規則估計出延遲時間 L 及時間常數 T，控制本體之轉移函數近似描述為：$\dfrac{C(s)}{U(s)} = \dfrac{Ke^{-Ls}}{1+Ts}$。

10. 由 ZN 第一規則建造出來的 PID 控制器為 $G_C(s) = 0.6T\dfrac{(s+1/L)^2}{s}$。

11. 施用 ZN 第二規則時，首先只施用比例控制，比例控制係數 K_P 由 0 開始逐漸增加，到達某一臨界值 K_{cr} 時，輸出出現持續震盪，可以估計其震盪頻率 P_{cr}。

12. 由 ZN 第二規則建造出來的 PID 控制器為

$$G_C(s) = 0.075 K_{cr} P_{cr} \frac{(s + \frac{4}{P_{cr}})^2}{s}$$

13. 吉爾敏-突魯克索設計法的設計方式是由要求的閉路系統性能（轉移函數）出發，探討所需的串接補償器，再以補償器實現之。

14. 如果單位回饋系統要求的轉移函數為 $M(s) = N(s)/D(s)$，$G_P(s)$ 為原來本體，則由吉爾敏-突魯克索設計法的設計出串接補償器 $G_C(s)$ 為 $G_C(s) = \frac{M(s)}{[1-M(s)]G_P(s)} = \frac{N(s)}{[D(s)-N(s)]G_P(s)}$。

15. 滯相補償器轉移函數為 $\frac{V_o(s)}{V_i(s)} = \frac{1+sT_1}{1+sT_2}$，在中心頻率 $\omega_m = \frac{1}{\sqrt{T_1 T_2}}$ 貢獻最大的相位滯後量：$\phi_{\max} = -\tan^{-1}\sqrt{\frac{T_2}{T_1}} + \tan^{-1}\sqrt{\frac{T_1}{T_2}}$。

16. 滯相補償器特性為：(a) 增加開環增益，減少穩態誤差，(b) ω_n 減少使得安定時間增加，系統速度變慢。

17. 進相補償器轉移函數為 $\frac{V_o(s)}{V_i(s)} = \frac{T_2}{T_1} \cdot \frac{1+sT_1}{1+sT_2}$，在中心頻率 $\omega_m = \frac{1}{\sqrt{T_1 T_2}}$ 貢獻最大的相位超前量：$\phi_{\max} = \tan^{-1}\sqrt{\frac{T_1}{T_2}} - \tan^{-1}\sqrt{\frac{T_2}{T_1}}$。

18. 進相補償器特性為：(a) 開環增益增加少許，減少穩態誤差，(b) ω_n 增高使得安定時間減少，系統速度變快，(c) 使用被動式（RC 電機網路）時要配合電子放大器矯正損失的增益。

19. 滯相進相補償器轉移函數為 $G_C(s) = \frac{(1+sT_{11})(1+sT_{12})}{(1+sT_{21})(1+sT_{22})}$，其最大相移量 ϕ_m，中心頻率 ω_m 等參數的設計可參考滯相補償器及進相補償器之相關公式為之。

20. 滯相進相補償器特性為：(a) 開環增益增加，穩態誤差減少，(b) ω_n 增高使得安定時間減少，系統速度變快。

21. 電子式滯相或進相補償器基本上是由運算放大器 (OPAMP)，如 $\mu A741$ 實現出來的主動濾波器合成之。

習 題

Ⓐ 問 答 題 ▶▶▶

1. 已知補償器的轉移函數為 $G_C(s) = \dfrac{1.45s + 0.25}{s + 0.05}$，此補償器屬性為何？

2. 如果受控本體 $G_P(s) = \dfrac{1}{s(s+1)}$，$G_C(s)$ 為控制器，則：
   (a) 僅做積分控制，$G_C(s) = 1/s$，系統是否穩定？
   (b) 加入 PI 控制，系統為何類型？
   (c) 僅加入比例控制，$G_C(s) = K_P$，位置穩態誤差為何？

3. 圖 P8.3 的控制系統中，如果控制器 $G_C(s) = K_P$，受控本體之轉移函數為 $G_P(s) = \dfrac{8}{s^2 + 14.14s + 5}$，欲使得控制系統的阻尼比為 $1/\sqrt{2}$，試求比例增益 K_P。

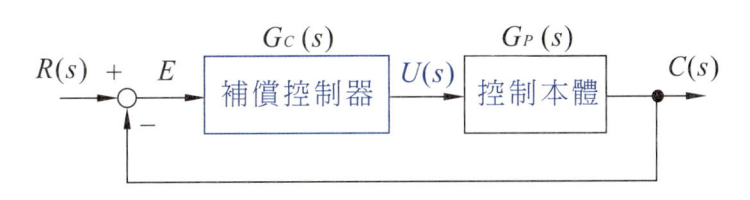

▶ 圖 P8.3　回饋控制系統方塊圖

4. 如果受控本體 $G_P(s) = \dfrac{1000}{s(s+10)}$，控制器 $G_C(s) = K_P + K_D s$，欲使得系統的速度誤差常數為 500，阻尼比為 0.5，試求 K_P 及 K_D。

5. 如果受控本體 $G_P(s) = \dfrac{10}{s(s+4)}$，控制器 $G_C(s) = K_P$，欲使得單位斜坡輸入之穩態誤差值為 0.4，試求 K_P。

6. 如上題之本體 $G_P(s)$，使用 PD 控制器 $G_C(s) = K_P + K_D s$，欲使得系統的阻尼比為 1，單位斜坡輸入之穩態誤差值為 0.01，試求 K_P 及 K_D。

7. 受控本體 $G_P(s) = \dfrac{1}{s(s+1)}$，使用 PID 控制器 $G_C(s) = K_P + K_I/s + K_D s$。若微分時間常數為 $\tau_D = 0.5$ 秒，積分時間常數為 $\tau_I = 2$ 秒，試求 (a) 開環轉移函數，(b) 單位步階輸入之穩態誤差值，(c) 單位斜坡輸入之穩態誤差值，(d) 系統的穩定度，(e) 製作根軌跡圖。

8. 如圖 P8.8 之回饋系統，試求 K 及 k 使得閉路系統滿足下列特性：(a) 阻尼比為 $\zeta = 0.7$，(b) 無阻尼振盪頻率 $\omega_n = 4$ rad/s。

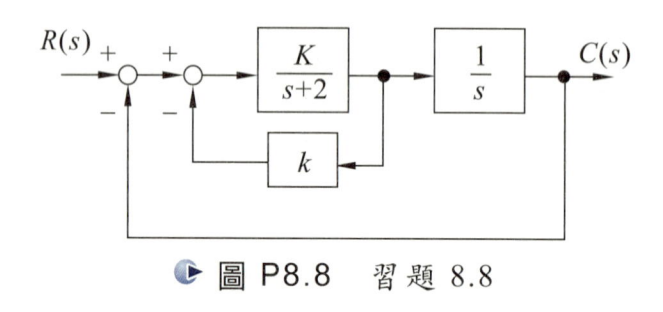

圖 P8.8　習題 8.8

9. 如圖 P8.9 之回饋系統，欲使得單位步階響應之最大超擊度為 25%，發生於 $t_P = 2$ 秒，試求 K 及 k 之值。

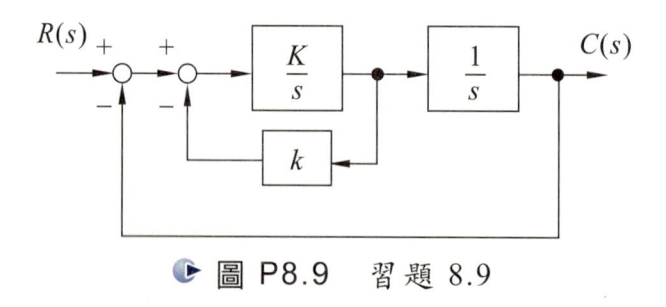

圖 P8.9　習題 8.9

10. 如圖 P8.3 的單位回饋控制系統中，如果受控本體之轉移函數為 $G_P(s) = \dfrac{5}{s(1+0.5s)}$，欲使得控制系統的閉路主極點為 $s = -2 \pm j2\sqrt{3}$，試求控制器 $G_C(s)$ 以竟其功，以單位步階響應圖說明之。

11. 若進相補償器的轉移函數為 $G_C(j\omega) = \dfrac{\dfrac{a}{b}(1+j\omega/a)}{(1+j\omega/b)}$，試證明在頻率 $\omega = \omega_m = \sqrt{ab}$ 時，提供最大超前相角 $\phi_{\max} = (90 - 2\tan^{-1}\sqrt{a/b})$ 度，且此時之幅量為 $|G_C(j\omega_m)| = \sqrt{ab}$。

12. 如圖 P8.3 的單位回饋控制系統中，如果受控本體之轉移函數為 $G_P(s) = \dfrac{1}{s^2}$，欲使得控制系統的閉路主極點為 $s = -1 \pm j$，試求控制器 $G_C(s)$ 以竟其功，以單位步階響應圖說明之。

附 錄

附錄 A

A1. LCDE 之古典解法

表 A1.1　自由響應與特性根的關係

齊次解	特性根 s	自由響應形式：$y_h(t)$
1.	實數單根：α	$Ce^{\alpha t}$
2.	共軛複數：$\alpha \pm j\omega$	$e^{\alpha t}(C_1 \cos \omega t + C_2 \sin \omega t)$
3.	實數重根：α^M	$e^{\alpha t}(C_0 + C_1 t + \cdots + C_{M-1} t^{M-1})$
4.	複數重根：$(\alpha \pm j\omega)^M$	$e^{\alpha t}\cos \omega t(A_0 + A_1 t + \cdots + A_{M-1} t^{M-1}) +$ $e^{\alpha t}\sin \omega t(B_0 + B_1 t + \cdots + B_{M-1} t^{M-1})$

例題 A1.1（自由響應）

若系統的輸入輸出關係描述為：$(D+2)y(t) = 0$，$y(0) = 2$，試求自由響應 $y(t)$。

解　特性方程式 $L(s) = s + 2 = 0$，因此特性根 $s = -2$，則齊次解 $y(t) = Ce^{-2t}$。
由初始條件：$t = 0$ 時，$y(0) = 2$，可得 $2 = C$，
所以 LCDE 之解 $y(t) = 2e^{-2t}$，$t \geq 0$。

▶ 表 A1.2　特解與激勵函數的關係

註記：如果 LCDE 等號的右邊激勵函數為 $e^{\alpha t}$ 形式，且 α 亦為特性根，且重複 r 次，則特解響應式必須再乘上 t^r。	
特解	激勵函數 $x(t)$ / 特解響應式 $y_P(t)$

特解	激勵函數 $x(t)$	特解響應式 $y_P(t)$
1.	C_0（常數）	C_1（常數）
2.	$e^{\alpha t}$（見上述註記）	$Ce^{\alpha t}$
3.	$\cos(\omega t + \theta)$	$[C_1 \cos \omega t + C_2 \sin \omega t]$ 或 $A \cos(\omega t + \phi)$
4.	$e^{\alpha t} \cos(\omega t + \theta)$（見上述註記）	$e^{\alpha t}[C_1 \cos \omega t + C_2 \sin \omega t]$ 或 $Ae^{\alpha t} \cos(\omega t + \phi)$
5.	t	$C_0 + C_1 t$
6.	t^P	$C_0 + C_1 t + \cdots + C t^P$
7.	$te^{\alpha t}$（見上述註記）	$e^{\alpha t}(C_0 + C_1 t)$
8.	$t^P e^{\alpha t}$（見上述註記）	$e^{\alpha t}(C_0 + C_1 t + \cdots + C t^P)$
9.	$t \cos(\omega t + \theta)$	$(C_1 + C_2 t)\cos(\omega t) + (C_3 + C_4 t)\sin(\omega t)$

例題 A1.2（強迫響應）

若系統的輸入輸出關係描述為 $(D+2)y(t) = 2$，$y(0) = 2$，試求 $y(t)$ 的強迫響應 $y_P(t)$。

解 右方激勵函數為 $x = 2$，因此 $X = 2$，$S_P = 0$。

由 (2.15) 式：$Y = L(0)X = \dfrac{1}{0+2} \cdot 2 = 1$，

因此，$y_P(t) = Ye^{S_P t} = 1$。

例題 A1.3（完全響應）

若一系統的輸入輸出關係描述為 $(D+2)y(t)=2$，$y(0)=0$，試求完全響應 $y(t)$。

解 我們仿照上述四個步驟解題。

1. 特性方程式為 $L(s)=s+2=0$，因此特性根為 $s=-2$，則齊次解為 $y_h(t)=Ce^{-2t}$，C 為未定係數。
2. 強迫響應為 $y_P(t)=Ye^{s_Pt}=1$。
3. 因此，完全解為 $y(t)=y_h(t)+y_P(t)=Ce^{-2t}+1$。
4. 將初始條件 $y(0)=0$ 代入上式。令 $t=0$ 時，$y=0$：
   因此 $0=C+1$，解得 $C=-1$，所以 $y(t)=1-e^{-2t}$ $(t\geq 0)$。

例題 A1.4（完全響應）

若一系統的輸入輸出關係描述為 $(D+2)y(t)=2e^{-t}$，$y(0)=1$，試求響應 $y(t)$。

解 我們仿照上述四個步驟解題。

1. 如前例，特性方程式為 $s+2=0$，特性根為 $s=-2$，則齊次解為 $y_h(t)=Ce^{-2t}$，C 為未定係數。
2. 激勵函數為 $x(t)=Xe^{s_Pt}=2e^{-t}$，故知：$X=2$，$s_P=-1$。

   令特解為 $y_P(t)=Ye^{s_Pt}$，由轉移函數可得 $Y=\dfrac{2}{-1+2}=2$

   因此，$y_P(t)=Ye^{s_Pt}=2e^{-t}$。

3. 完全解為 $y(t)=y_h(t)+y_P(t)=Ce^{-2t}+2e^{-t}$。
4. 由初始條件 $y(0)=1$，即 $1=C+2$，解得 $C=-1$，
   因此 $y(t)=2e^{-t}-e^{-2t}$ $(t\geq 0)$

例題 A1.5（弦波穩態響應）

求下述系統的特解 $y_P(t)$。

$$(D+2)y(t) = 10\cos(t)$$

解 因為 $x(t) = 10\cos t = \text{Re}[10e^{jt}]$，即 $X=10$，$s_P = j$，
故令特解 $y_P(t) = \text{Re}[Ye^{s_P t}]$，由轉移函數可得

$$Y = \frac{X}{s_P + 2} = \frac{10}{j+2} = \frac{10}{\sqrt{5}} \angle \tan^{-1}(1/2)$$

因此，$y_P(t) = \text{Re}[Ye^{s_P t}] = \text{Re}[\frac{10}{j+2}e^{jt}] = \text{Re}[\frac{10}{\sqrt{5}}e^{j(t-\phi)}]$

式中相角 $\phi = \tan^{-1}(1/2)$，所以特解為 $y_P(t) = \frac{10}{\sqrt{5}}\cos(t-\phi)$。

A2. 二階系統之古典解法

例題 A2.1（過阻尼）

試解下述 LCDE。

$$D^2 y + 3Dy + 2y(t) = 0$$

初始條件為 $y(0) = 1$，$Dy(0) = \frac{dy}{dt}(0) = 0$。

解 特性方程式為 $L(s) = s^2 + 3s + 2 = (s+1)(s+2)$，
因此，特性根為 $s_1 = -1$ 及 $s_2 = -2$，齊次解為

$$y_h(t) = C_1 e^{s_1 t} + C_2 e^{s_2 t}$$

使得

$$Dy_h(t) = s_1 C_1 e^{s_1 t} + s_2 C_2 e^{s_2 t}$$

代入初始條件：$y(0) = 1$ 及 $Dy(0) = \dfrac{dy}{dt}(0) = 0$，可得聯立方程式：

$$C_1 + C_2 = y(0)$$

$$s_1 C_1 + s_2 C_2 = Dy(0)$$

解得

$$C_1 = \frac{s_2 y(0) - Dy(0)}{s_2 - s_1} = \frac{(-2)(1) - 0}{-2 - (-1)} = 2$$

$$C_2 = \frac{s_1 y(0) - Dy(0)}{s_1 - s_2} = \frac{(-1)(1) - 0}{-1 - (-2)} = -1$$

所以，$y(t) = 2e^{-t} - e^{-2t}$ $(t \geq 0)$。

例題 A2.2（臨界阻尼）

試解下述 LCDE。

$$D^2 y + 4Dy + 4y(t) = 0$$

初始條件為 $y(0) = 3$，$Dy(0) = \dfrac{dy}{dt}(0) = 1$。

解 特性方程式為

$$L(s) = s^2 + 4s + 4 = (s+2)^2$$

因此，特性根為 $\lambda = -2$（二重根），齊次解為

$$y_h(t) = (C_1 + C_2 t) e^{\lambda t}$$

使得
$$Dy_h(t) = (\lambda C_1 + C_2)e^{\lambda t} + \lambda C_2 e^{\lambda t}$$

代入初始條件：$y(0) = 3$ 及 $Dy(0) = \dfrac{dy}{dt}(0) = 1$，可得聯立方程式：

$$C_1 = y(0) = 3$$

$$\lambda C_1 + C_2 = Dy(0) = 1$$

解上述聯立方程式得 $C_1 = 3$，$C_2 = 7$。

因此，齊次解為 $y_h(t) = (3 + 7t)e^{-2t}$ $(t \geq 0)$。

例題 A2.3（阻尼振盪）

試解下述 LCDE。

$$D^2 y + 2Dy + 10 y(t) = 0$$

初始條件為 $y(0) = 4$，$Dy(0) = \dfrac{dy}{dt}(0) = 2$。

解 特性方程式為

$$L(s) = s^2 + 2s + 10 = 0$$

因此，特性根為

$$\begin{matrix}\lambda\\\lambda^*\end{matrix} = \alpha \pm j\beta = -1 \pm j3 \quad (\alpha = -1,\ \beta = 3)$$

齊次解為

$$y_h(t) = e^{\alpha t}(C_1 \cos(\beta t) + C_2 \sin(\beta t))$$

使得

$$Dy_h(t) = e^{\alpha t}((\alpha C_1 + \beta C_2)\cos(\beta t) + (-\beta C_2 + \alpha C_1)\sin(\beta t))$$

代入初始條件：$y(0) = 3$ 及 $Dy(0) = \dfrac{dy}{dt}(0) = 1$，可得聯立方程式：

$$C_1 = y(0) = 4$$

$$\alpha C_1 + \beta C_2 = Dy(0) = 2$$

解得 $C_1 = 4$，$C_2 = 2$，因此，$t \geq 0$ 時，齊次解為

$$y_h(t) = e^{-t}(4\cos 3t + 2\sin 3t) = \sqrt{20}\,e^{-t}\cos(3t - \tan^{-1}(-1/2))\text{。}$$

例題 A2.4（強迫響應）

試解下述二階 LCDE。

$$D^2 y + 2\zeta\omega_n Dy + \omega_n^2 y(t) = \omega_n^2 x(t) \quad (0 < \zeta < 1)$$

$y(0) = Dy(0) = 0$（初始靜止）。

解 特性方程式為

$$L(s) = s^2 + 2\zeta\omega_n s + \omega_n^2 = 0$$

因此，特性根為

$$\begin{matrix}\lambda\\ \lambda^*\end{matrix} = -\zeta\omega_n \pm j\omega_n\sqrt{1-\zeta^2} := -\alpha \pm j\beta \tag{A2.1}$$

齊次解為

$$y_h(t) = e^{-\alpha t}(C_1 \cos\beta t + C_2 \sin\beta t)$$

特解設為

$$y_p(t) = Y e^{s_p t} \quad (s_p = 0)$$

則

$$Y = \frac{1}{L(s_p)} X = \frac{\omega_n^2}{0 + 0 + \omega_n^2} = 1$$

因此，完全解之通式為

$$y(t) = 1 + e^{-\alpha t}(C_1 \cos\beta t + C_2 \sin\beta t)$$

將初始條件 $y(0) = Dy(0) = 0$ 代入上式及 $Dy(t)$ 即可以解得未定係數 C_1 及 C_2。最後，

$$y(t) = 1 - \frac{1}{\sqrt{1-\zeta^2}} e^{-\zeta\omega_n t} \sin(\omega_n \sqrt{1-\zeta^2}\, t + \cos^{-1}\zeta) \tag{A2.2}$$

註：上式為標準二次系統的**單位步級響應式**(unit-step response)，參見圖 A2.1，非常重要，請牢記之。

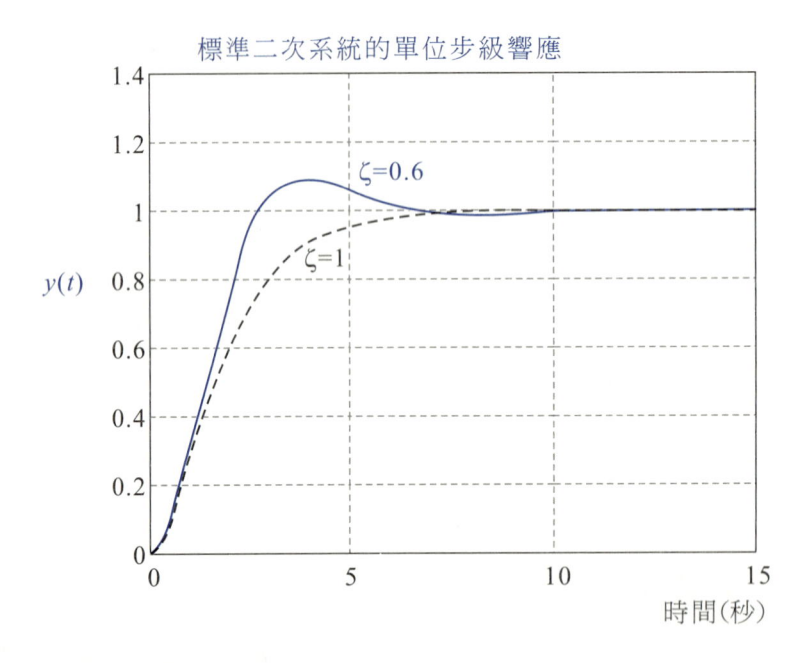

● 圖 A2.1　標準二次系統的單位步級響應

　　圖 A2.1 所示為標準二次系統的單位步級時間響應圖，圖中虛線所示為阻尼比 $\zeta=1$ 的情形，實線所示為阻尼比 $\zeta=0.6$ 的情形。當 $\zeta=1$ 時，兩特性根為相等實根，響應曲線沒有振盪之情形；而當 $\zeta=0.6$ 時，兩特性根為共軛複數根，響應曲線為阻尼振盪。

A3.　高階系統之古典解法

例題 A3.1（特性根重根）

試求下述 LCDE 解答之形式。

$$D^5y + 3D^4y + 3D^2y + D^2y(t) = 0$$

解 特性方程式為 $L(s) = s^2(s+1)^3 = 0$，特性根為 $s_1 = 0$（重複次數：$m_1 = 2$），$s_2 = -1$（重複次數 $m_2 = 3$）

因此，齊次解為如下形式：

$$y(t) = (C_{11} + C_{12}t) + (C_{21} + C_{22}t + C_{23}t^2)e^{-t} \quad (t \geq 0)。$$

例題 A3.2（信號頻率與特性根重合）

試求下述 LCDE 解答。

$$D^2y - 2Dy + y(t) = e^t + t$$

解 特性方程式為 $L(s) = (s-1)^2 = 0$，
因此特性根為 $s_1 = s_2 = 1$（二重根），

齊次解為　　$y_h(t) = (C_1 + C_2t)e^t$

右邊的激勵項 $x(t) = e^t + t$ 中，e^t 與齊次解 $y_h(t)$ 之部分有重合根，故特解之形式為

$$y_P(t) = (K_0 + K_1t) + Yt^2e^t$$

上式代入原 LCDE 可解得：$Y = 1/2$，$K_0 = 2$，$K_1 = 1$。因此強迫響應為

$$y_P(t) = (2+t) + 0.5t^2e^t$$

完全解為

$$y(t) = (C_1 + C_2t)e^t + \frac{1}{2}t^2e^t + (t+2)$$

式中，未定係數 C_1 與 C_2 可由初始條件 $y(0)$ 及 $Dy(0)$ 決定之。

附錄 B

B1. 常用函數的拉氏變換表

表 B.1　常用函數的拉氏變換表

	$f(t), t \geq 0$	$F(s)$
1	單位脈衝函數 $\delta(t)$	1
2	單位步級函數 $u(t)$	$1/s$
3	單位斜坡函數 $tu(t)$	$1/s^2$
4	$\dfrac{t^n}{n!}$ （$n=1,2,3,\cdots$）	$1/s^{n+1}$
5	指數函數 $e^{-\alpha t}$	$\dfrac{1}{s+\alpha}$
6	$te^{-\alpha t}$	$\dfrac{1}{(s+\alpha)^2}$
7	$\dfrac{t^n}{n!}e^{-\alpha t}$ （$n=1,2,3,\cdots$）	$\dfrac{1}{(s+\alpha)^{n+1}}$
8	$\sin \omega t$	$\dfrac{\omega}{s^2+\omega^2}$
9	$\cos \omega t$	$\dfrac{s}{s^2+\omega^2}$
10	$\sinh \omega t$	$\dfrac{\omega}{s^2-\omega^2}$
11	$\cosh \omega t$	$\dfrac{s}{s^2-\omega^2}$
12	$\dfrac{1}{a}(1-e^{-at})$	$\dfrac{1}{s(s+a)}$

	$f(t), t \geq 0$	$F(s)$
13	$\dfrac{1}{b-a}(e^{-at} - e^{-bt})$	$\dfrac{1}{(s+a)(s+b)}$
14	$\dfrac{1}{b-a}(be^{-bt} - ae^{-at})$	$\dfrac{s}{(s+a)(s+b)}$
15	$\dfrac{1}{a^2}(at - 1 + e^{-at})$	$\dfrac{1}{s^2(s+a)}$
16	$e^{-at} \sin \omega t$	$\dfrac{\omega}{(s+a)^2 + \omega^2}$
17	$e^{-at} \cos \omega t$	$\dfrac{s+\omega}{(s+a)^2 + \omega^2}$
18	$1 - \dfrac{\omega_n^2}{\sqrt{1-\zeta^2}} e^{-\zeta \omega_n t} \sin(\omega_n \sqrt{1-\zeta^2} t - \phi)$ $\phi = \tan^{-1} \dfrac{\sqrt{1-\zeta^2}}{\zeta}$	$\dfrac{\omega_n^2}{s(s^2 + 2\zeta \omega_n s + \omega_n^2)}$
19	$\dfrac{\omega_n^2}{\sqrt{1-\zeta^2}} e^{-\zeta \omega_n t} \sin \omega_n \sqrt{1-\zeta^2} t$	$\dfrac{\omega_n^2}{s^2 + 2\zeta \omega_n s + \omega_n^2}$
20	$1 - \cos \omega t$	$\dfrac{\omega^2}{s(s^2 + \omega^2)}$
21	$\dfrac{1}{2\omega} t \sin \omega t$	$\dfrac{s}{(s^2 + \omega^2)^2}$
22	$t \cos \omega t$	$\dfrac{s^2 - \omega^2}{(s^2 + \omega^2)^2}$
23	$\dfrac{1}{2\omega}(\sin \omega t + \omega t \cos \omega t)$	$\dfrac{s^2}{(s^2 + \omega^2)^2}$

附錄 C

C1. 以拉氏變換求轉移函數

將(3.30)式做拉氏變換可得

$$sV(s) - v_0 = AV(s) + BX(s) \tag{C1.1a}$$

$$Y(s) = CV(s) + DU(s) \tag{C1.1b}$$

因為 $sV(s)$ 為行向量,將之寫成 $sIV(s)$,以便往後可以跟矩陣 A 合併,I 為 $n \times n$ 單位矩陣。上式可以寫成

$$(sI - A)V(s) = v_0 + BX(s)$$

對於 $n \times n$ 階矩陣 $A = [a_{ij}]$,$(sI - A)$ 形如

$$sI - A = \begin{bmatrix} s - a_{11} & -a_{12} & \cdots & -a_{1n} \\ -a_{21} & s - a_{22} & \cdots & -a_{2n} \\ \vdots & \vdots & \ddots & \vdots \\ -a_{n1} & -a_{n2} & \cdots & s - a_{nn} \end{bmatrix} \tag{C1.2}$$

由矩陣代數可知,$sI - A$ 的反矩陣為

$$(sI - A)^{-1} = \frac{\text{adj}(sI - A)}{|sI - A|} \tag{C1.3}$$

上式中,行列式 $|sI - A|$ 可以寫成

$$\Delta(s) := |sI - A| = s^n + \alpha_{n-1} s^{n-1} + \cdots + \alpha_1 s + \alpha_0 \tag{C1.4}$$

稱為矩陣 A 的**特性多項式**(characteristic polynomial),因此

$$\Delta(s) = s^n + \alpha_{n-1} s^{n-1} + \cdots + \alpha_1 s + \alpha_0 = 0 \tag{C1.5}$$

是為**特性方程式**(characteristic equation)。上式可再分解因式如下：

$$\Delta(s) = (s-\lambda_1)(s-\lambda_2)\cdots(s-\lambda_n) = 0$$

則 $\{\lambda_i, i=1\cdots n\}$ 是為**特性根**(characteristic roots)，或是矩陣 **A** 的**特徵值**(eigenvalues)。亦即，$\Delta(s) = |s\mathbf{I} - \mathbf{A}| = 0$ 的根即為特性根，或特徵值。

由(C1.16)式可知，

$$\mathbf{Y}(s) = \mathbf{C}\mathbf{V}(s) + \mathbf{D}\mathbf{X}(s)$$
$$= \mathbf{C}(s\mathbf{I}-\mathbf{A})^{-1}\mathbf{v}_0 + \{\mathbf{C}(s\mathbf{I}-\mathbf{A})^{-1}\mathbf{B}+\mathbf{D}\}\mathbf{X}(s)$$

不考慮初始條件，即令 $\mathbf{v}_0 = \mathbf{0}$，則

$$\mathbf{Y}(s) = \{\mathbf{C}(s\mathbf{I}-\mathbf{A})^{-1}\mathbf{B}+\mathbf{D}\}\mathbf{X}(s) := \mathbf{H}(s)\mathbf{X}(s) \tag{C1.6}$$

此時，$\mathbf{H}(s)$ 稱為**轉移函數矩陣** (transfer function matrix)

$$\mathbf{H}(s) = \mathbf{C}(s\mathbf{I}-\mathbf{A})^{-1}\mathbf{B}+\mathbf{D} \tag{C1.7}$$

系統的**單位脈衝響應** (unit-impulse response) 為

$$h(t) = \mathcal{L}^{-1}\{\mathbf{H}(s)\}, \quad t \geq 0 \tag{C1.8}$$

C2. 凱利－漢彌爾敦（Caley-Hamilton）定理

如果一個 $n \times n$ 矩陣 **A** 的特性方程式為

$$\Delta(s) = |s\mathbf{I}-\mathbf{A}| = s^n + a_{n-1}s^{n-1} + \cdots + a_1 s + a_0 = 0 \tag{C2.1}$$

則

$$\Delta(\mathbf{A}) = \mathbf{A}^n + a_{n-1}\mathbf{A}^{n-1} + \cdots + a_1\mathbf{A} + a_0\mathbf{I} = 0 \tag{C2.2}$$

此定理在一般「線性代數」或「工程數學」的教科書上皆有討論，請讀者自行查照。

附錄 D　根軌跡製作之推導

如果開環轉移函數表示成

$$GH(s) = \frac{K(s-z_1)(s-z_2)\cdots(s-z_m)}{(s-p_1)(s-p_2)\cdots(s-p_n)}$$

$$= \frac{KN(s)}{D(s)} \tag{D1.1}$$

上式中，$N(s)=0$ 的根（$s=z_1, z_2, \cdots, z_m$）為開環零點；$D(s)=0$ 的根（$s=p_1, p_2, \cdots, p_n$）為開環極點，K 為開環增益。特性方程式：

$$\Delta(s) := 1 + GH(s) = 0 \tag{D1.2a}$$

即，

$$\text{巴克豪生準則：} GH(s) = -1 \tag{D1.2b}$$

係用以判斷回饋系統的穩定性準則，又可以改寫成：

$$\text{幅度準則：} |GH(s)| = 1 \tag{D1.3a}$$

及

$$\text{相角準則：} \angle GH(s) = \begin{cases} (1+2h)180°, & h=0, \pm1, \pm2, \cdots \quad \text{當 } K>0 \\ h \cdot 360°, & h=0, \pm1, \pm2, \cdots \quad \text{當 } K<0 \end{cases} \tag{D1.3b}$$

回饋系統的特性根（極點）在 s- 平面上隨著開環增益 K 形成的根軌跡須滿足幅度準則 (D1.3a) 式及相角準則 (D1.3b) 式。根軌跡之繪製規則如下：

規則 1：（根軌跡始末點） $K=0$ 的極點即為 $GH(s)$ 的極點，而 $K \to \pm\infty$ 的極點為 $GH(s)$ 的零點。

證 由幅度準則(D1.3a)式，

$$\frac{\prod_{i=1}^{m}|s-z_i|}{\prod_{j=1}^{n}|s-p_j|}=\frac{1}{|K|} \tag{D1.4}$$

所以當 $K \to 0$ 時，上式趨近於 ∞，對應於 $GH(s)$ 的極點 p_j；即，$K \to 0$ 時，特性根為 $s=p_j$ ($j=1, 2, \cdots, n$)。

又當 $K \to \infty$ 時，上式趨近於 0，對應於 $GH(s)$ 的零點 z_i；即，$K \to \pm\infty$ 時，特性根為 $s=z_i$ ($i=1, 2, \cdots, m$)。

規則 2：（根軌跡支數）若 $GH(s)$ 有 n 個極點，m 個零點($m \leq n$)，則特性根有 n 支根軌跡，且有 $(n-m)$ 個零點在無窮大的地方。

證 由規則 1 可知，在 s-平面的極零點構圖上，回授系統的根軌跡由 n 個開環極點出發($K=0$)，至 m 個開環零點為止 ($K \to \infty$)。因此特性根有 n 支根軌跡，且有 $(n-m)$ 個零點在無窮大的地方。

規則 3：（實數軸根軌跡）當 $K>0$ 時，實軸軌跡之右方應有奇數個極點或且零點。當 $K<0$ 時，實軸軌跡之右方應有偶數個極點或且零點。

證 由相角準則(D1.3b)式，當 $K>0$ 時，因為每一個開環極點及零點對實軸軌跡上的每一點 σ 貢獻 $\pm 180°$，所以其右方須有奇數個奇數個極點或且零點，才可以使得 $\angle GH(\sigma) = -180° + h \cdot 360°$。

同理，當 $K<0$ 時，相角條件為 $\angle GH(\sigma) = h \cdot 360°$，所以其右方須有偶數個奇數個極點或且零點。

規則 4：（漸近線）每一支軌跡在遠離 s- 平面原點（無窮大處）皆可用直線漸近之。此漸近線可由實軸上的漸近線中心 σ_0 引發：

$$\sigma_0 = \frac{\sum(\text{GH 的有限極點}) - \sum(\text{GH 的有限零點})}{n-m} \tag{D1.5}$$

每一支漸近線與實軸之張角 β 為

$$\beta = \begin{cases} \dfrac{(2k-1)180°}{n-m} & K > 0 \\[6pt] \dfrac{(2k)180°}{n-m} & K < 0 \ (k = 0, 1, 2, \cdots) \end{cases} \tag{D1.6}$$

證 根據根軌跡的條件 (D1.2) 式，則

$$\frac{s^n + a_1 s^{n-1} + \cdots + a_n}{s^m + b_1 s^{m-1} + \cdots + b_m} + K = 0$$

將上式做長除，對於甚大 s，保持前兩項而忽略其他項，可得，

$$s^{n-m} + (a_1 - b_1)s^{n-m-1} \approx -K$$

因此

$$s(1 + \frac{a_1 - b_1}{s})^{1/(n-m)} \approx (-K)^{1/(n-m)}$$

改寫上式左方成為

$$s[1 + \frac{a_1 - b_1}{(n-m)s} + \cdots] \approx (-K)^{1/(n-m)}$$

現在僅保持前兩項而忽略其他項，可得

$$s + \frac{a_1 - b_1}{(n-m)} \approx (-K)^{1/(n-m)} \tag{D1.7}$$

設 $s = \sigma + j\omega$，由狄美弗(De Moive's)定理可得

$$\sigma + j\omega + \frac{a_1 - b_1}{(n-m)} \approx \begin{cases} (K)^{1/(n-m)}[\cos\frac{(2k+1)\pi}{n-m}] + j\sin\frac{(2k+1)\pi}{n-m} & , K > 0 \\ (K)^{1/(n-m)}[\cos\frac{2k\pi}{n-m}] + j\sin\frac{2k\pi}{n-m} & , K < 0 \end{cases}$$

上式中，$k = 0, \pm 1, \pm 2, \cdots$。

先考慮 $K > 0$，由上式可知

$$\sigma + \frac{a_1 - b_1}{n-m} \approx K^{1/(n-m)} \cos\frac{(2k+1)\pi}{n-m} \tag{D1.8a}$$

及

$$\omega \approx K^{1/(n-m)} \sin\frac{(2k+1)\pi}{n-m} \tag{D1.8b}$$

上述兩式再改寫成

$$K^{1/(n-m)} \approx \frac{\omega}{\sin\frac{(2k+1)\pi}{n-m}} \approx \frac{\sigma + \frac{a_1 - b_1}{n-m}}{\cos\frac{(2k+1)\pi}{n-m}}$$

因此，

$$\omega \approx \tan\frac{(2k+1)\pi}{n-m} \cdot (\sigma + \frac{a_1 - b_1}{n-m}) \tag{D1.9}$$

上式係表示在 s- 平面上的直線，其方程式形如：

$$\omega \approx \beta(\sigma - \sigma_o) \tag{D1.10}$$

上式中，β 代表漸近線的斜率，σ_0 為實數軸（s- 軸）上的交點，因此

$$\sigma_o = -\frac{a_1 - b_1}{n - m} \tag{D1.11}$$

$$\beta = \begin{cases} \tan\dfrac{(2k+1)\pi}{n-m} &, K > 0 \ (k = 0, \pm 1, \pm 2, \cdots) \\ \tan\dfrac{2k\pi}{n-m} &, K < 0 \ (k = 0, \pm 1, \pm 2, \cdots) \end{cases} \tag{D1.12}$$

因為 $-a_1$ 為 $[s^n + a_1 s^{n-1} + \cdots + a_n = 0]$ 根之和，即是：$-a_1$ 為 $GH(s) = 0$ 之有限極點之和；$-b_1$ 為 $[s^m + b_1 s^{m-1} + \cdots + b_m = 0]$ 根之和，即是：$-b_1$ 為 $GH(s) = 0$ 之有限零點之和。由 (D1.11) 式推導出 (D1.5) 式：

$$\sigma_0 = \frac{\sum(GH\ \text{的有限極點}) - \sum(GH\ \text{的有限零點})}{n - m}$$

規則 5：（分離點、交匯點）在實軸上，兩支軌跡會交匯或分離之，此一點稱為分離點 σ_b，可以利用如下公式求出：

$$\frac{d}{ds}GH(s)\big|_{s=\sigma_b} = 0 \tag{D1.13}$$

或

$$N(s)D'(s) - D(s)N'(s)\big|_{s=\sigma_b} = 0 \tag{D1.14}$$

上式中，$D'(s)$ 及 $N'(s)$ 分別為

$$D'(s) = \frac{d}{ds}D(s) \ \text{及} \ N'(s) = \frac{d}{ds}N(s)。$$

證 開環轉移函數為 $GH(s) = \dfrac{KN(s)}{D(s)}$

若 K 改變了 ΔK，且 $GH(s) = -1$，因此

$$D(s) + (K + \Delta K)N(s) = 0$$

即
$$1 + \frac{(\Delta K)N(s)}{D(s) + KN(s)} := 1 + (\Delta K)F(s) = 0 \tag{D1.15}$$

對應於 n- 階跟 $s = s_i$ 的某一點，即 n- 個軌跡的分離點，$F(s)$ 可表示為

$$F(s) \approx \frac{A_i}{(s - s_i)^n} = \frac{A_i}{(\Delta s)^n}$$

代入 (D1.15) 式可得

$$1 + \frac{(\Delta K)A_i}{(\Delta s)^n} = 0$$

因此，
$$\frac{\Delta K}{\Delta s} = -\frac{(\Delta s)^{n-1}}{A_i}$$

使得
$$\frac{dK}{ds} = \lim_{\Delta s \to 0} \frac{\Delta K}{\Delta s} = 0 \tag{D1.16}$$

由於 $GH(s) = -1$，因此 $-K = D(s)/N(s)$。又由於 (D1.16) 式，$-\dfrac{dK}{ds} = 0$，使得 (D1.14) 式成立：

$$N(s)D'(s) - D(s)N'(s)|_{s = \sigma_b} = 0$$

例如

$$GH(s) = \frac{K}{s(s+1)(s+2)}$$，因此當 $GH(s) = \frac{K}{s(s+1)(s+2)} = -1$，

令
$$W(s) = -K = s(s+1)(s+2)$$

則由 $W'(s) = 3s^2 + 6s + 2 = 0$ 解出 $\sigma_b = -0.43, -1.57$。

當 $K > 0$，實軸軌跡不能在 $[-1, -2]$ 之間，所以分離點為 $\sigma_b = -0.43$，參見例題 6.2。

另一方面，因為 $N(s) = 1$，$D(s) = s^3 + 3s^2 + 2$，分離點 σ_b 亦可由 (D1.14) 式

$$N(s)D'(s) - D(s)N'(s) = D'(s) = 0$$

即，$3s^2 + 6s + 2 = 0$ 解出。

規則 6：（起始角與到達角）軌跡在 s-平面上之某一複數極點 p 出發時之起始角為

$$\theta_D = 180° + \angle GH'|_{s=p}, \quad GH' = (s-p)GH(s) \tag{D1.17}$$

而軌跡到達某複數零點 z 之到達角為

$$\theta_A = 180° - \angle GH''|_{s=z}, \quad GH'' = GH(s)/(s-z) \tag{D1.18}$$

證 跟軌跡之角度條件為

$$\angle GH(s) = \begin{cases} (1+2h)180° \ (h=0, \pm 1, \pm 2, \cdots) & \text{當 } K > 0 \\ h \pm 360° \ (h=0, \pm 1, \pm 2, \cdots) & \text{當 } K < 0 \end{cases}$$

若 $s = -p$ 為某一複數極點，則在其附近此點所張的角度為其他極點與零點對此一極點所張的角度之總和。由向量圖之關係不難推導出 (D1.17) 與 (D1.18) 式。

習題解答

第一章

Ⓐ 填充題 ▶▶▶

1. 控制意味著：<u>命令</u>、<u>追隨</u>、<u>操縱與調整</u>等行為。
2. 反饋系統就是具有<u>自動矯正</u>控制行為的閉路系統。
3. 伺服機構之受控對象為<u>電動機或油壓器具</u>，可提供較高功率或能量以驅動笨重的機械負載。
4. 類比信號使用<u>類比至數位轉換器 (ADC)</u> 轉化成數位信號；數位信號使用<u>數位至類比轉換器 (DAC)</u> 轉化成類比信號。
5. 線性非時變 (LTI) 系統使用<u>線性常係數常微分方程式(LCDE)</u> 描述其數學模式。
6. 機械運動系統區分為<u>平移式</u>及<u>轉動式</u>二種。
7. 平移機械元件有：<u>慣性質量(M)</u>、<u>線性摩擦(B)</u>及<u>線性彈簧(k)</u>等三種功率消耗的元件。
8. 轉動機械元件有：<u>轉動慣量(J)</u>、<u>轉動摩擦(B')</u>及<u>扭轉彈簧(k')</u>等三種消耗功率的元件。
9. 平移式運動系統的耦合元件為<u>槓桿</u>，轉動系統則為<u>齒輪組</u>。
10. 伺服機構中，馬達轉軸經<u>減速齒輪</u>耦合，推動機械負載。
11. 直線位移與旋轉運動之轉換可使用<u>小齒輪及齒條</u>達成之。
12. 直流伺服馬達之控制法有：<u>電樞控制</u>及<u>磁場控制</u>二種。
13. 伺服控制系統中常使用<u>電位計</u>擔任誤差產生器。
14. 油壓放大器有：<u>噴射管</u>、<u>噴嘴檔葉</u>、<u>短管閥及活塞圓缸</u>等。
15. 氣壓放大器有：<u>噴嘴檔葉</u>、<u>柯恩德放大器</u>、<u>氣壓放大器</u>等。

16. 液（氣）壓轉換器有：<u>差壓式壓力計</u>、<u>壓電式壓力計</u>、<u>布爾登管</u>、<u>膜片</u>、<u>伸縮囊及扁囊</u>等形式。
17. 流量、流動率轉換器有：<u>差壓式流量計</u>、<u>可變面積式流量計</u>、<u>主動式位移流量計</u>、<u>速率式流量計及熱質量式流量計</u>等形式。
18. 液位測定方式有：<u>目測式</u>、<u>力感測式</u>、<u>壓力感測式</u>、<u>電機電子式</u>及<u>輻射感應式</u>等。
19. 3C 產品就是：<u>計算機</u>、<u>通訊</u>與<u>生活消費性產品</u>。
20. 電腦系統處理的資料型態有：<u>文字</u>、<u>圖形</u>、<u>語音</u>與<u>視訊</u>等四種。
21. 軟體(S/W)區分為<u>作業系統(O/S)軟體</u>及<u>應用軟體(A/P)</u>等。
22. 自動控制系統要求的工作性能為：<u>穩定性</u>、<u>準確性</u>、<u>速應性</u>、<u>干擾拒斥</u>、<u>雜訊抑制</u>及<u>強韌性</u>。
23. 自動控制依應用範圍可分為：<u>順序控制</u>、<u>程序控制</u>、<u>自動調整</u>、與<u>伺服控制</u>。
24. 油壓系統用<u>油壓泵浦</u>將機械能轉換成為流體壓力能，經由<u>伺服控制閥</u>調節流體的流向、壓力或流量，以此含有能量的高壓油傳輸至<u>油壓缸</u>或<u>油壓馬達</u>驅動笨重的機械負載。
25. 程序變數種類也多，涵蓋了<u>聲</u>、<u>光</u>、<u>力</u>、<u>熱</u>、<u>化學</u>與<u>電學</u>等各種變數。
26. 伺服機構控制工作性能著重於<u>追蹤</u>是否準確、<u>速應性</u>是否足夠；而自動調整系統則注重<u>干擾拒斥</u>、<u>雜訊抑制</u>及<u>適應性</u>。

B 問答題 ▶▶▶

1. 自動控制系統的輸出響應可以跟隨著輸入或命令信號的變化而作相對應改變。
2. 閉路式控制系統中，驅動信號則與由輸出檢測回來的<u>反饋信號</u>有關連，輸入信號與檢測回來的反饋信號做比較而產生誤差信號，以做為控制器動作之自動矯正所依，達成<u>反饋控制</u>。
3. 描述系統的輸出與輸入行為之數學即為此系統的<u>數學模式</u>。

4. 在資源限制下設計系統使其性能指標達到最佳化,稱為**最佳控制**。
5. 設計系統使其表現隨環境或干擾改變下無往不利,稱為**適應控制**。
6. **強韌控制**同時達到系統的穩定度及性能表現不受外界干擾或不明因素參數變化的影響。
7. **德愛侖伯特**定理:對一質量 M,加諸其上的外力扣掉所有因運動產生的反抗力,所得的淨力才可產生加速度。
8. 兩個同樣物理性質的系統藉**耦合元件**可以做能量的傳遞與交換。平移式運動系統的耦合元件為**槓桿**,轉動系統則為**齒輪組**。
9. 電子式前置放大器用於信號處理、移位、放大、雜訊及干擾消除、阻抗匹配及頻率響應補償等。
10. 伺服放大器之輸出有變壓器耦合式、推挽式或電橋式以 DC 交連,直接推動大功率電負載:如大電力馬達之線圈、電磁伺服閥之線圈及其他電螺管驅動器。
11. DC 發電機又稱旋轉放大器,將機械能轉換成電能,產生大電力之輸出。
12. 轉部切割磁場而在電樞線圈上產生的感應電壓稱為**反電動勢**。
13. 依照物理原理,轉換器又區分有:
    (1)電阻變換式、(2)電容變換式、(3)電感變換式、
    (4)電磁變換式、(5)磁阻變換式、(6)張力或應變計變換式、
    (7)壓電變換式、(8)光電變換式等。
14. 速度 (v) 與電壓類 (e) 類比,電導 ($G=1/R$) 與摩擦 (B) 類比,電感 (L) 與應變 ($1/k$) 類比,電容 (C) 與慣性質量 (M) 類比。
15. 流量 (Q) 類比於電流 (i),液位 (h) 類比於電壓 (e),容量 (c) 類比於電容 (C),阻尼 (R) 類比於電阻值 (R),慣性 (L) 類比於電感值 (L)。

16. 流量 (w) 類比於電流 (i)，氣壓 (p) 類比於電壓 (e)；儲存容量 (c) 類比於電容值 (C)，阻尼 (R) 類比於電阻值 (R)，慣性 (L) 類比於電感值 (L)。

17. 以微電腦為基礎，集結區域網路、電腦圖形、人機介面及容錯等技術，即形成了分散式控制系統(DCS)，又稱是整合式控制系統，達成彈性化製造及整體工廠管理自動化。

18. 系統置入晶片(SoC)技術廣用於 3C 事務機器中，成為嵌入式設計。

19. 順序控制的控制對象為電磁、電動器具（機械）或開關，油（氣）壓器具（機械）或閥體。其受控變數為：開關 ON、OFF 狀態，電動器具作動順序及其狀態遷移條件。

20. 程序控制的控制對象為產品製造程序，其受控變數為：溫度、壓力、流量、流速、密度、成分、溼度等程序變數。

21. 伺服控制的控制對象為電動（電磁閥作動）機械、油（氣）壓機械等伺服機構，其受控變數為：位移、速度、力矩、轉角、轉速、轉矩等。

22. 自動調整的控制對象為電源供給器、電動機械油（氣）壓機械，泵及馬達，其受控變數為：速度、力矩、轉速、電壓、頻率、壓力等。

23. 程序控制的實際應用範圍有：鍋爐與燃燒控制、食品製造、水質處理、石油加工業、造紙工業、織物與染整，及其他如倉儲溫度及溼度控制、集油塔處理及控制、冷氣中央空調控制、反應爐控制等。

24. 常見的伺服控制應用實例：位置、轉角控制系統、速率、轉速控制系統及加速度控制與力矩控制等。

第二章

Ⓐ 問 答 題 ▶▶▶

1. 系統的數學描述稱為數學模型。LCDE 為常用的時域模型，轉移函數則為常用的頻域模型。

2. 在頻域分析，系統輸出與輸入變數之間的描述關係稱為轉移函數。因此輸出的拉氏變換 $Y(s)$ 與輸入的拉氏變換 $X(s)$ 之比即是。

3. 稱為齊次性 LCDE，此時響應 $y(t) = y_h(t)$ 稱為齊次解。由某一初始條件所造成的響應及為自由響應。

4. 滿足 $L(D)[y] = x$ ($x(t) \neq 0$) 之解：$y(t) = y_p(t)$ 稱為特解或強迫響應。

5. $L(D)y = x(t)$ 之完全解為 $y(t) = y_h(t) + y_p(t)$，其中 $y_h(t)$ 為齊次解，$y_p(t)$ 為特解。

6. 二階 CT-LTI 系統中，若
   (1)二特性根為相異不等根，則其自由響應為過阻尼響應之形式；
   (2)二特性根為相等實數根，則其自由響應為臨界阻尼響應之形式；
   (3)二特性根為共軛複數根，則其自由響應為阻尼震盪之形式。

7. 拉氏變換法之重要性為：
   (1)將初值條件及激勵函數輸入項一併考慮。
   (2)解答為代數程序，比較方便。
   (3)可利用查表的方式做拉氏變換或反變換。
   (4)暫態響應及穩態響應可一併地解答之。

8. 對於複變數 $s = \sigma + j\omega$，σ 為 s 的實部：$\sigma = \text{Re}[s]$；ω 為虛部：$\omega = \text{Im}[s]$。

9. 對於有理係數函數

$$F(s) = \frac{N(s)}{D(s)} = \frac{N_m s^m + N_{m-1} s^{m-1} + \cdots + N_1 s + N_0}{s^n + D_{n-1} s^{n-1} + \cdots + D_1 s + D_0}$$

$N(s)$ 及 $D(s)$ 分別為分子及分母多項式,當 $m<n$,$F(s)$ 稱為嚴格適當,即真分式。

10. 有理係數函數
$$F(s) = \frac{N(s)}{D(s)} = \frac{K(s+z_1)(s+z_2)\cdots(s+z_m)}{(s+p_1)(s+p_2)\cdots(s+p_n)}$$

K 稱為增益;$s=-p_i$ $(i=1,2,\cdots,n)$,稱為極點;$s=-z_i$ $(i=1,2,\cdots,m)$,稱為零點。

11. 若有理係數函數 $F(s)$ 有單根極點 $s=-p_k$,則此極點之餘值為
$$A_k = [(s+p_k)\frac{N(s)}{D(s)}]|_{s=-p_k}$$,使得 $F(s) = \frac{A_k}{s+p_k} + Q(s)$。

B 習作題 ▶▶▶

1. $L(D) = D^2 + 3D + 1$。

2. (a) $\sin(\omega t + \theta) = \sin(\omega t)\cos\theta + \cos(\omega t)\sin\theta \Leftrightarrow \frac{s\sin\theta + \omega\cos\theta}{s^2 + \omega^2}$

    (b) $\frac{1}{(s+a)(s+b)} = \frac{1/(b-a)}{(s+a)} + \frac{1/(a-b)}{(s+b)} \Leftrightarrow \frac{1}{b-a}(e^{-at} - e^{-bt})$

    (c) $\frac{s}{(s+a)(s+b)} = \frac{a/(a-b)}{(s+a)} + \frac{b/(b-a)}{b(s+b)} \Leftrightarrow \frac{1}{b-a}(be^{-bt} - ae^{-at})$

    $\frac{1}{s(s+a)(s+b)} = \frac{1}{ab}(\frac{1}{s}) + \frac{1}{a(a-b)}(\frac{1}{s+a}) + \frac{1}{b(b-a)}(\frac{1}{s+b})$

    $\Leftrightarrow \frac{1}{ab}[1 + \frac{1}{a-b}(be^{-at} - ae^{-bt})]$

    (d) $\frac{1}{s(s+a)(s+b)} = \frac{1}{ab}(\frac{1}{s}) + \frac{1}{a(a-b)}(\frac{1}{s+a}) + \frac{1}{b(b-a)}(\frac{1}{s+b})$

    $\Leftrightarrow \frac{1}{ab}[1 + \frac{1}{a-b}(be^{-at} - ae^{-bt})]$

    (e) $\frac{1}{s(s+a)} = \frac{1}{a}[\frac{1}{s} + \frac{-1}{s+a}]$,

    所以,$\frac{1}{s^2(s+a)} = \frac{1}{a}(\frac{1}{s^2}) - \frac{1}{a^2}(\frac{1}{s}) + \frac{1}{a^2}(\frac{1}{s+a}) \Leftrightarrow \frac{1}{a^2}(at - 1 + e^{-at})$。

3. 原 LCDE 取拉氏變換可得，

$$[s^2 Y(s) - as - b] + 3[sY(s) - a] + 2Y(s) = 0$$

亦即 $Y(s) = \dfrac{as + b + 3a}{s^2 + 3s + 2} = \dfrac{2a+b}{s+1} - \dfrac{a+b}{s+2}$

$\Leftrightarrow y(t) = (2a+b)e^{-t} - (a+b)e^{-2t}$，$t \geq 0$。

4. (a) $\dfrac{d^2 y}{dt^2} + 2\dfrac{dy}{dt} + 5y(t) = 5$，$y(0) = 0$，$Dy(0) = 1$。取拉氏變換可得

$$Y(s) = \dfrac{5}{s^2 + 2s + 5} = \dfrac{\frac{5}{2}(2)}{(s+1)^2 + 2^2} \Leftrightarrow y(t) = \dfrac{5}{2}e^{-t}\sin(2t)，t \geq 0。$$

(b) $\dfrac{d^2 y}{dt^2} + 2\dfrac{dy}{dt} + y(t) = 1$；$y(0) = 0$，$Dy(0) = 1$。取拉氏變換可得

$$Y(s) = \dfrac{1}{s^2 + 2s + 1} = \dfrac{1}{(s+1)^2} \Leftrightarrow y(t) = te^{-t}，t \geq 0。$$

(c) $\dfrac{d^2 y}{dt^2} + 1.5\dfrac{dy}{dt} + 0.5y(t) = 0.5$；$y(0) = 0$，$Dy(0) = 0$。取拉氏變換可得

$$Y(s) = \dfrac{0.5}{(s+1)(s+0.5)} = \dfrac{-1}{s+1} + \dfrac{1}{s+0.5} \Leftrightarrow y(t) = e^{-0.5t} - e^{-t}，t \geq 0。$$

(d) $\dfrac{d^2 y}{dt^2} + \dfrac{dy}{dt} - 2y(t) = 2$；$y(0) = 0$。取拉氏變換可得

$$Y(s) = \dfrac{\frac{2}{3}}{s-1} + \dfrac{-\frac{2}{3}}{s+2} \Leftrightarrow y(t) = \dfrac{2}{3}(e^t - e^{-2t})，t \geq 0。$$

5. $F(s) = \dfrac{A}{s - \sigma - j\omega} + \dfrac{A^*}{s - \sigma + j\omega} = \dfrac{(A + A^*)(s - \sigma) + j\omega(A - A^*)}{(s - \sigma)^2 + \omega^2}$。

因為，$|A|e^{j\theta} = |A|\cos\theta + j|A|\sin\theta$，

故 $A + A^* = 2|A|\cos\theta$，$A - A^* = j2|A|\sin\theta$，

因此，$F(s) = 2|A|\dfrac{(s-\sigma)\cos\theta - \omega\sin\theta}{(s-\sigma)^2 + \omega^2}$

$\Leftrightarrow f(t) = 2|A|e^{\sigma t}\cos(\omega t + \theta)$，$t \geq 0$。

6. $F(s)$之部分分式展開如下：

$$F(s) = \frac{A_1}{s^2} + \frac{A_2}{s} + \frac{Bs+C}{s^2+2s+10}$$

係數 A_1 之求法如下： $A_1 = \frac{2s^2+4s+6}{s^2+2s+10}\Big|_{s=0} = 0.6$

因此， $F(s) = \frac{0.6}{s^2} + \frac{A_2}{s} + \frac{Bs+C}{s^2+2s+10}$

$$= \frac{(A_2+B)s^3 + (0.6+2A_2+C)s^2 + (1.2+10A_2)s + 6}{s^2(s^2+2s+10)}$$

與原來的函數 $F(s)$ 比較分子的係數，可得如下方程式：
$A_2 + B = 0$， $0.6 + 2A_2 + C = 2$， $1.2 + 10A_2 = 4$

解聯立方程式可得： $A_2 = 0.28$， $B = -0.28$， $C = 0.84$

因此， $F(s) = \frac{0.6}{s^2} + \frac{0.28}{s} + \frac{-0.28s + 0.84}{s^2+2s+10}$

$$= \frac{0.6}{s^2} + \frac{0.28}{s} + \frac{-0.28(s+1) + (1.12/3) \times 3}{(s+1)^2 + 3}$$

$f(t) = 0.6t + 0.28 - 0.28e^{-t}\cos 3t + \frac{1.12}{3}e^{-t}\sin 3t$ $(t \geq 0)$

7. $F(s)$之部分分式展開如下：

$$F(s) = \frac{0.5 - j0.25}{s+1-j2} + \frac{0.5 + j0.25}{s+1+j2} + \frac{1}{s+1}$$

$$= \frac{s+2}{s^2+2s+5} + \frac{1}{s+1} = \frac{(s+1) + \frac{1}{2} \times 2}{(s+1)^2 + 2^2} + \frac{1}{s+1}$$

所以， $f(t) = e^{-t}(1 + \cos 2t + \frac{1}{2}\sin 2t)$， $t \geq 0$ 。

8. $x(t) \Leftrightarrow X(s) = 4/(s+2)^2$，$s(0) = 0$

   (a) $x(t) \Leftrightarrow X(s) = 4/(s+2)^2$，故 $x(t-2) \Leftrightarrow \dfrac{4e^{-2s}}{(s+2)^2}$（時間移位）。

   (b) $x(2t) \Leftrightarrow \dfrac{\frac{1}{2}(4)}{(\frac{1}{2}s+2)^2} = \dfrac{8}{(s+4)^2}$（時間縮比）。

   (c) $x(2t) \Leftrightarrow \dfrac{8}{(s+4)^2}$，所以 $x(2t-2) \Leftrightarrow \dfrac{8e^{-2s}}{(s+4)^2}$（時間移位）。

   (d) $\dfrac{d}{dt}x(t) \Leftrightarrow sX(s)-x(0) = \dfrac{4s}{(s+2)^2}$（時間微分）。

   (e) $x(t-2) \Leftrightarrow \dfrac{4e^{-2s}}{(s+2)^2}$，所以 $\dfrac{d}{dt}x(t-2) \Leftrightarrow \dfrac{4se^{-2s}}{(s+2)^2}$（時間微分）。

   (f) $x(2t) \Leftrightarrow \dfrac{8}{(s+4)^2}$，所以 $\dfrac{d}{dt}x(2t) \Leftrightarrow \dfrac{8s}{(s+4)^2}$（時間微分）。

9. $x(t) = e^{-2t}u(t) \Leftrightarrow X(s)$，$x(0) = 0$

   (a) $X(2s) \Leftrightarrow \dfrac{1}{2}x(\dfrac{t}{2}) = \dfrac{1}{2}e^{-2(1/2)t}u(t/2) = \dfrac{1}{2}e^{-t}u(t)$（頻率縮比）。

   (b) $\dfrac{d}{ds}X(x) \Leftrightarrow -tx(t) = -te^{-2t}u(t)$（複頻微分）。

   (c) $sX(s) \Leftrightarrow \dfrac{d}{dt}x(t) = \delta(t) - 2e^{-2t}u(t)$（時間微分）。

   (d) $s\dfrac{d}{ds}X(s) \Leftrightarrow \dfrac{d}{dt}[-tx(t)] = \dfrac{d}{dt}[-te^{-2t}u(t)] = (2t-1)e^{-2t}u(t)$。

10. (a) $f(0^+) = \lim\limits_{s\to\infty} sF(s) = \lim\limits_{s\to\infty} \dfrac{s^2+3s}{s^2+3s+2} = 1$。

    (b) $f(\infty) = \lim\limits_{s\to 0} sF(s) = \lim\limits_{s\to 0} \dfrac{s^2+3s}{s^2+3s+2} = 0$。

11. (a) $f(0^+) = sF(s)|_{s \to \infty} = \dfrac{2(s+2)}{(s+1)(s+2)}\Big|_{s \to \infty} = 0$。

(b) $f(\infty) = sF(s)|_{s \to 0} = \dfrac{2(s+2)}{(s+1)(s+2)}\Big|_{s \to 0} = 2$。

12. $H(s) = \dfrac{2s+2}{s^2 + 4s + 4}$，輸出響應為 $Y(s) = H(s)X(s)$。

(a) $x(t) = \delta(t) \Leftrightarrow X(s) = 1$，$Y(s) = H(s)X(s) = \dfrac{-2}{(s+2)^2} + \dfrac{2}{s+2}$，

故 $y(t) = (2 - 2t)e^{-2t}u(t)$。

(b) $x(t) = e^{-t}u(t) \Leftrightarrow X(s) = \dfrac{1}{s+1}$，$Y(s) = H(s)X(s) = \dfrac{2}{(s+2)^2}$，

故 $y(t) = 2t\,e^{-2t}u(t)$。

(c) $X(s) = \dfrac{2}{(s+1)^2}$，$Y(s) = H(s)X(s) = \dfrac{-2}{(s+2)^2} + \dfrac{-2}{s+2} + \dfrac{2}{s+1}$，

故 $y(t) = 2(e^{-t} - te^{-2t} - e^{-2t})u(t)$。

(d) $x(t) = [4\cos(2t) + 4\sin(2t)]u(t) \Leftrightarrow X(s) = \dfrac{4s+8}{s^2+4}$。

$Y(s) = H(s)X(s) = \dfrac{0.5 + j1.5}{s + j2} + \dfrac{0.5 - j1.5}{s - j2} + \dfrac{-1}{s+2}$，

所以，$y(t) = [\cos(2t) + 3\sin(2t) - e^{-2t}]u(t)$。

第三章

Ⓐ 問 答 題 ▶▶▶

1. 方塊圖可以進一步地簡化為圖 PA3.1，所以轉移函數為

$$\dfrac{C}{R} = \dfrac{G_A G_B}{1 + G_A G_B H_2} = \dfrac{G_1(G_3 + G_4 G_2)}{1 + G_1 G_4 H_1 + G_1 G_4 G_2 H_2 + G_1 G_3 H_2}$$。

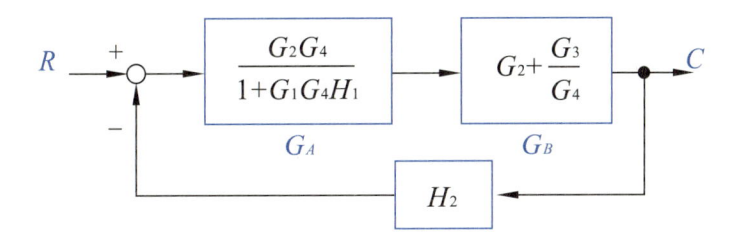

▶ 圖 PA3.1　習題 3.1 之簡化方塊圖

2. 轉移函數為 $\dfrac{C}{R} = \dfrac{G_1 G_2 G_3 G_4}{(1+G_1 G_2 H_1)\cdot(1+G_3 G_4 H_2) + G_2 G_3 G_4 H_3}$

3. (a) L_1 有 3 個：$-G_1 G_4 H_1$，$-G_1 G_4 G_2 H_2$，$-G_1 G_3 H_2$，因此

   $\sum L_1 = -G_1 G_4 H_1 - G_1 G_4 G_2 H_2 - G_1 G_3 H_2$。

   (b) R 至 C 之間有 2 個順向路徑：

   $T_1 = G_1 G_3$，$\Delta_1 = 1$，$T_2 = G_1 G_4 G_2$，$\Delta_1 = 1$

   因此轉移函數為

   $\dfrac{C}{R} = \dfrac{G_1(G_3 + G_4 G_2)}{1 + G_1 G_4 H_1 + G_1 G_4 G_2 H_2 + G_1 G_3 H_2}$。

4. (a) L_1 有 3 個：$-G_1 G_2 H_1$，$-G_3 G_4 G_2$，$-G_2 G_3 H_3$，

   因此 $\sum L_1 = -G_1 G_2 H_1 - G_3 G_4 G_2 - G_2 G_3 H_3$。

   (b) 迴路 $G_1 G_2 H_1$ 及 $G_3 G_4 H_2$ 不相接觸，

   故 $\sum L_2 = (-G_1 G_2 H_1)(-G_3 G_4 H_2)$

   (c) R 至 C 之間只有 1 個順向路徑：

   $T_1 = G_1 G_2 G_3 G_4$，$\Delta_1 = 1$

   因此轉移函數為：

   $\dfrac{C}{R} = \dfrac{G_1 G_2 G_3 G_4}{1 + (G_1 G_2 H_1 + G_3 G_4 H_2 + G_2 G_3 G_4 H_3) + G_1 G_2 H_1 G_3 G_4 H_2}$

   即，$\dfrac{C}{R} = \dfrac{G_1 G_2 G_3 G_4}{(1+G_1 G_2 H_1)\cdot(1+G_3 G_4 H_2) + G_2 G_3 G_4 H_3}$。

5. (a) 轉移函數為 $\dfrac{C}{R} = \dfrac{G_1 G_2 G_3}{1 + G_2 H_2 + G_1 G_2 H_1 + G_2 G_3 H_3}$

(b) 參見圖 PA3.5 的信號流程圖，由梅生公式可得：

$\Delta = 1 + G_1 G_2 H_1 + G_2 H_2 + G_2 G_3 H_3$ ； $T_1 = G_1 G_2 G_3$ ， $\Delta_1 = 1$ ，

故 $\dfrac{C}{R} = \dfrac{G_1 G_2 G_3}{1 + G_2 H_2 + G_1 G_2 H_1 + G_2 G_3 H_3}$ 。

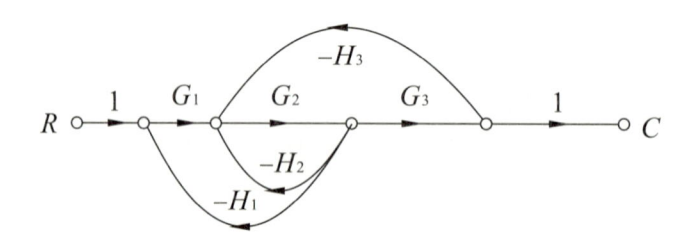

▶ 圖 PA3.5　習題 3.5 的 SFG

6. 參見圖 PA3.6 的信號流程圖，由梅生公式可得：

$$C = \dfrac{G_1 G_2 R_1 + G_2 R_2 - G_2 R_3 - G_1 G_2 H_1 R_4}{1 + G_2 H_2 + G_1 G_2 H_1}$$ 。

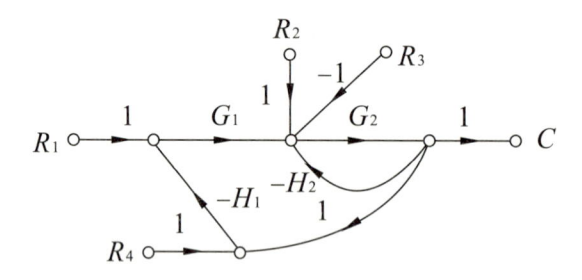

▶ 圖 PA3.6　習題 3.6 之 SFG

7. 先考慮 R 至 C_1 及 E 之轉移函數：

$\dfrac{C_1}{R} = \dfrac{G_1}{1 - G_1 H}$ ，因此， $C_1 = \dfrac{G_1}{1 - G_1 H} R$ ；

$\dfrac{E}{R} = \dfrac{1}{1-G_1 H}$，因此，$C_2 = G_2 E = \dfrac{G_2}{1-G_1 H} R$。

所以，$C = C_1 + C_2 = (\dfrac{G_1 + G_2}{1-G_1 H})R$，轉移函數為 $\dfrac{C}{R} = \dfrac{(G_1 + G_2)}{1-G_1 H}$。

8. 先考慮 R 至 C_1 及 E 之轉移函數：

$\dfrac{C_1}{R} = \dfrac{G_1}{1-G_1 H}$，因此，$C_1 = \dfrac{G_1}{1-G_1 H} R$；

因為 $C_2 = G_2 R$，所以，$C = C_1 + C_2 = (\dfrac{G_1}{1-G_1 H} + G_2)R$。

轉移函數為 $\dfrac{C}{R} = \dfrac{G_1}{1-G_1 H} + G_2$。

9. 先將並聯方塊 G_1 與 G_2 合併為 $G = G_1 + G_2$，

因此，$\dfrac{C}{R} = \dfrac{G}{1-GH} = \dfrac{G_1 + G_2}{1-(G_1 + G_2)H}$。

10. 方塊圖可以進一步地簡化為圖 PA3.10，所以轉移函數為

$\dfrac{C}{R} = (1 + \dfrac{G_2}{G_1})\dfrac{G_1}{1-G_1 H} = \dfrac{G_1 + G_2}{1-G_1 H}$。

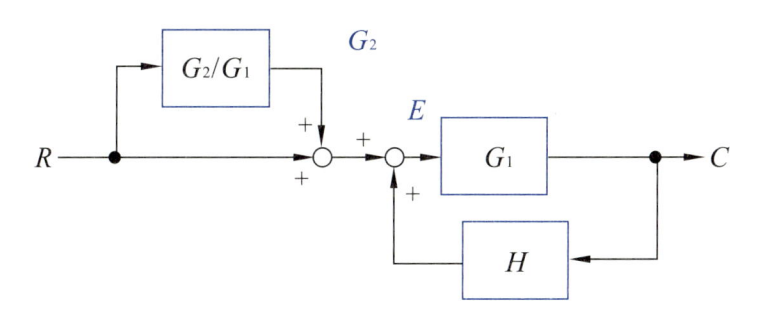

◆ 圖 PA3.10　習題 3.10

11. 此信號流程圖只有 L_1 一階封閉路徑如下：

$-G_1 G_2 H_1$，$-G_2 G_3$，$-G_1 G_2 G_3$，$-G_4$，$G_4 G_2 H_1$

有二個順向路徑，皆與皆與各封閉迴路相接觸，因此 T_n 及 Δ_n 分別為

$T_1 = G_1 G_2 G_3$，$\Delta_1 = 1$，$T_2 = G_4$，$\Delta_2 = 1$。

由 MGR 公式可得出轉移函數如下：

$$\frac{C}{R} = \frac{G_1 G_2 G_3 + G_4}{1 + G_1 G_2 H_1 + G_2 G_3 + G_1 G_2 G_3 + G_4 + G_2 G_4 H_1}。$$

註：此題中，閉迴路 $G_4 G_2 H_1$ 易於被忽略，請特別小心。

12. (a) $H(s) = \dfrac{Y(s)}{X(s)} = \dfrac{10}{s^3 + 3s^2 + 4s + 2}$

　　(b) $H(s) = \dfrac{Y(s)}{X(s)} = \dfrac{s+3}{(s^2 + 2s + 2)(s+5)} = \dfrac{s+3}{s^3 + 7s^2 + 12s + 10}$

　　(c) $H(s) = \dfrac{Y(s)}{X(s)} = \dfrac{2s^2 - 6s + 1}{s^3 + 11s^2 + 38s + 40}$

13. 轉移函數為：

$$\frac{Y(s)}{X(s)} = \frac{b_3 s^3 + b_2 s^2 + b_1 s + b_0}{s^3 + a_2 s^2 + a_1 s + a_0} = \frac{b_3 + b_2 s^{-1} + b_1 s^{-2} + b_0 s^{-3}}{1 + a_2 s^{-1} + a_1 s^{-2} + a_0 s^{-3}}$$

信號流程圖如圖 PA3.13。

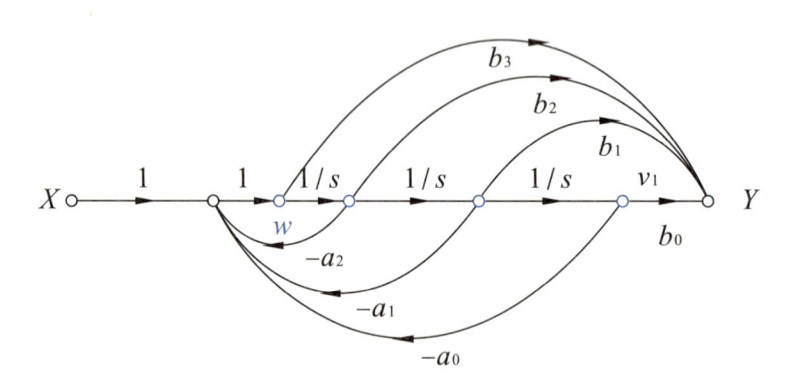

▶ 圖 PA3.13　習題 3.13

14. (a) 令狀態變數為：

　　　$v_1(t) = y(t)$，$v_2(t) = Dy(t)$，$v_3(t) = D^2 y(t)$，則狀態方程式為：

$$\frac{d}{dt}\begin{bmatrix}v_1\\v_2\\v_3\end{bmatrix}=\begin{bmatrix}0&1&0\\0&0&1\\-2&-4&-3\end{bmatrix}\begin{bmatrix}v_1(t)\\v_2(t)\\v_3(t)\end{bmatrix}+\begin{bmatrix}0\\0\\1\end{bmatrix}x(t),\quad y(t)=\begin{bmatrix}10&0&0\end{bmatrix}\begin{bmatrix}v_1(t)\\v_2(t)\\v_3(t)\end{bmatrix}$$

(b) 轉移函數為 $\dfrac{Y(s)}{X(s)}=\dfrac{s+3}{s^3+7s^2+12s+10}$，則狀態方程式為：

$$\frac{d}{dt}\begin{bmatrix}v_1\\v_2\\v_3\end{bmatrix}=\begin{bmatrix}0&1&0\\0&0&1\\-10&-12&-7\end{bmatrix}\begin{bmatrix}v_1(t)\\v_2(t)\\v_3(t)\end{bmatrix}+\begin{bmatrix}0\\0\\1\end{bmatrix}x(t),\quad y(t)=\begin{bmatrix}3&1&0\end{bmatrix}\begin{bmatrix}v_1(t)\\v_2(t)\\v_3(t)\end{bmatrix}$$

(c) 轉移函數為 $\dfrac{Y(s)}{X(s)}=\dfrac{2s^2-6s+1}{s^3+11s^2+38s+40}$，則狀態方程式為：

$$\frac{d}{dt}\begin{bmatrix}v_1\\v_2\\v_3\end{bmatrix}=\begin{bmatrix}0&1&0\\0&0&1\\-40&-38&-11\end{bmatrix}\begin{bmatrix}v_1(t)\\v_2(t)\\v_3(t)\end{bmatrix}+\begin{bmatrix}0\\0\\1\end{bmatrix}x(t),\quad y(t)=\begin{bmatrix}1&-6&2\end{bmatrix}\begin{bmatrix}v_1(t)\\v_2(t)\\v_3(t)\end{bmatrix}$$

15. 轉移函數為 $\dfrac{Y(s)}{X(s)}=\dfrac{s^2+2s-1}{s^3+6s^2+11s+6}$。

16. 轉移函數為 $\dfrac{Y(s)}{X(s)}=\dfrac{s^2+2s-1}{s^3+6s^2+11s+6}+6=\dfrac{6s^3+37s^2+68s+35}{s^3+6s^2+11s+6}$。

17. $H(s)=\dfrac{Y}{X}=\dfrac{2s^2-s-10}{s^3+8s^2+17s+10}=\dfrac{(s+2)(2s-5)}{(s+2)(s^2+6s+5)}=\dfrac{2s-5}{s^2+6s+5}$

(a) 此系統最簡階次等於 2（最簡系統為二次系統）。

(b) 狀態方程式為：

$$\dot{\mathbf{v}}(t)=\begin{bmatrix}0&1\\-5&-6\end{bmatrix}\mathbf{v}(t)+\begin{bmatrix}0\\1\end{bmatrix}x(t),\quad y(t)=\begin{bmatrix}-5&2\end{bmatrix}\mathbf{v}(t)$$

(c) 只需用 2 積分器合成此系統。

18. 轉移函數為：

$$H(s) = \frac{Y}{X} = \frac{36}{(s+1)^2(s+2)(s+3)^2} = \frac{9}{(s+1)^2} + \frac{-18}{s+1} + \frac{-18}{s+3} + \frac{9}{(s+3)^2} + \frac{36}{s+2}$$

$$= (\frac{9}{s+1} - 18)(\frac{1}{s+1}) + (\frac{9}{s+3} - 18)(\frac{1}{s+3}) + \frac{36}{s+2}$$

其模擬方塊圖參見圖 PA3.18，狀態方程式為：

$$\frac{d}{dt}\begin{bmatrix} v_{11} \\ v_{12} \\ v_{21} \\ v_{22} \\ v_3 \end{bmatrix} = \begin{bmatrix} -1 & 1 & 0 & 0 & 0 \\ 0 & -1 & 0 & 0 & 0 \\ 0 & 0 & -3 & 1 & 0 \\ 0 & 0 & 0 & -3 & 0 \\ 0 & 0 & 0 & 0 & -2 \end{bmatrix} \begin{bmatrix} v_{11}(t) \\ v_{12}(t) \\ v_{21}(t) \\ v_{22}(t) \\ v_3(t) \end{bmatrix} + \begin{bmatrix} 0 \\ 1 \\ 0 \\ 1 \\ 1 \end{bmatrix} x(t)$$

$$y(t) = \begin{bmatrix} -18 & 9 & -18 & 9 & 36 \end{bmatrix} \mathbf{v}(t)$$

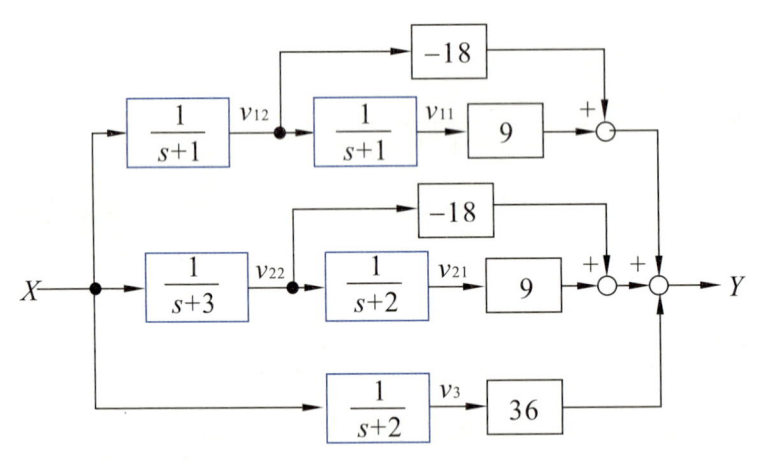

▶ 圖 PA3.18　習題 3.18

第四章

Ⓐ 填 充 題 ▶▶▶

1. 時間響應分析目的在評估系統的 <u>性能</u> 及 <u>規格</u> 之要求。

2. 控制系統的典型測試輸入信號有：<u>單位步階函數 $u(t)$</u>、<u>單位斜坡函數 $r(t)$</u>、<u>單位拋物線函數 $a(t)$</u>、<u>單位脈衝函數 $\delta(t)$</u> 及 <u>弦波函數</u>。

3. <u>單位步階函數 $u(t)$</u> 係作為控制系統的參考位置輸入，以評估響應速度、穩定度及準確性。<u>單位斜坡函數 $r(t)$</u> 係作為控制系統的參考速度輸入，以評估響應速度及穩態誤差。

4. 弦波函數 $x(t) = A\sin(\omega t + \phi) = A\sin(2\pi t/T + \phi) = A\sin(2\pi f t + \phi)$，振幅為 <u>$A$</u>，角頻率為 <u>$\omega$</u>，相角為 <u>$\phi$</u>，週期為 <u>$T$</u>，頻率為 <u>$f$</u>，延遲時間 t_0 為 <u>ϕ/ω</u>。

5. 控制系統表現的性能在質的分析方面有：<u>穩定性</u>、<u>準確性</u>、<u>速應性</u>、<u>干擾拒斥能力</u>、<u>雜訊抑制能力</u> 及 <u>強韌性</u>。

6. 控制系統的表現可用如下量化分析評估其規格：<u>超擊</u>、<u>延遲時間</u>、<u>上升時間</u>、<u>安定時間</u> 及 <u>主宰時間常數</u>。

7. 若二次系統的無阻尼自然頻率為 ω_n，阻尼比為 ζ，則其振盪角頻率為 <u>$\omega_d = \omega_n\sqrt{1-\zeta^2}$</u>。

8. 第 L 類型回饋控制系統，在其開環轉移函數有 <u>L</u> 個 $s=0$ 之開路極點。

9. 單位回饋控制系統之開環轉移函數為 $G(s)$，則位置誤差常數 <u>$K_P = \lim_{s \to 0} G(s) = G(0)$</u>，速度誤差常數 <u>$K_v = \lim_{s \to 0} sG(s)$</u>，加速度誤差常數 <u>$K_a = \lim_{s \to 0} s^2 G(s)$</u>。

10. 回饋控制系統在單位步階輸入下所產生的位置式誤差 e_P 與位置誤差常數 K_P 的關係為 <u>$e_P = 1/(1+K_P)$</u>。

11. 單位斜坡函數產生的穩態速度式誤差 e_{ss} 與速度誤差常數 K_v 的關係為 <u>$e_{ss} = A/K_v$</u>。

12. 在 A 單位的拋物線函數信號輸入下所產生的穩態誤差 e_{ss} 與加速度誤差常數 K_a 的關係為 <u>$e_{ss} = A/K_a$</u>。

B 習 作 題 ▶▶▶

1. $v(t) = -1/2 + r(t) - 2r(t-1) + r(t-2)$ 伏特，波形詳見圖 PA4B.1。

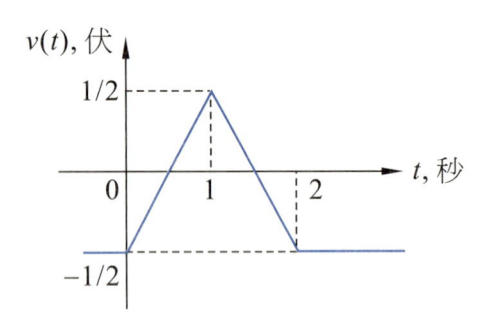

▶ 圖 PA4B.1　習題 4B.1 之波形

2. 參見圖 PA4B.2。

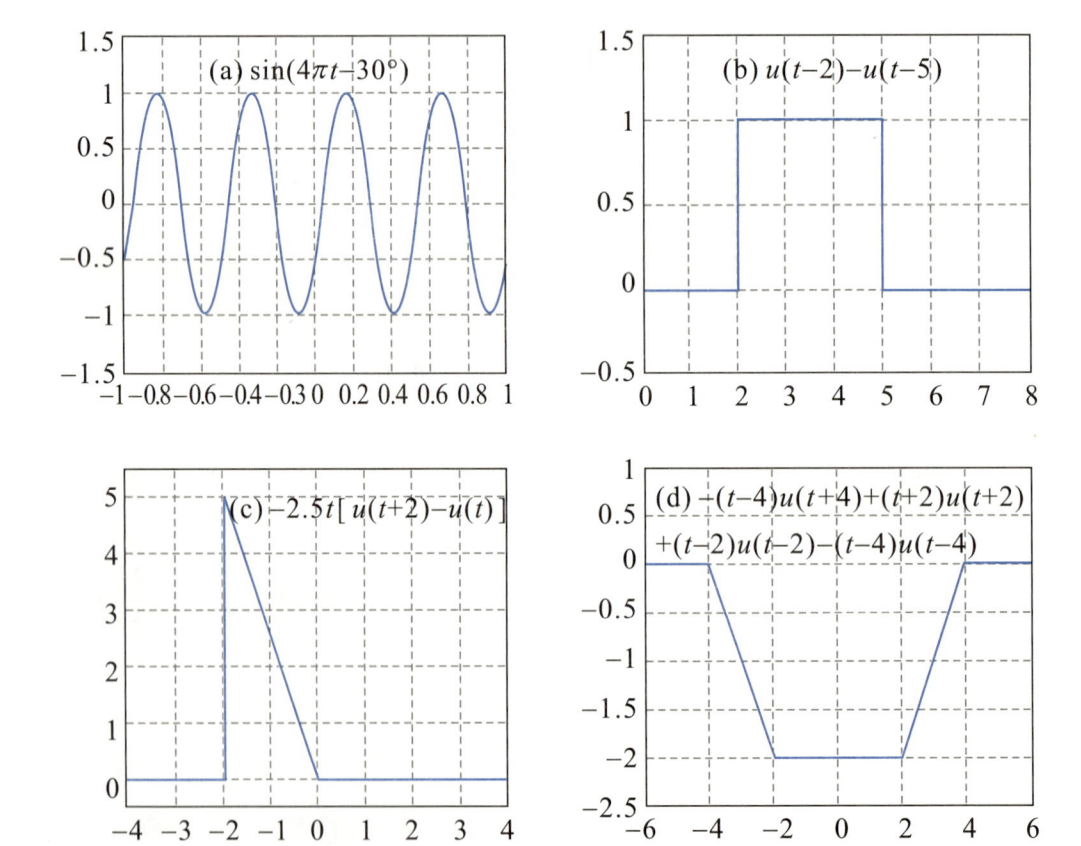

(a) $\sin(4\pi t - 30°)$

(b) $u(t-2) - u(t-5)$

(c) $-2.5t\,[\,u(t+2) - u(t)\,]$

(d) $-(t-4)u(t+4) + (t+2)u(t+2) + (t-2)u(t-2) - (t-4)u(t-4)$

▶ 圖 PA4B.2　習題 4B.2 之圖形

3. 參見圖 PA4B.3。

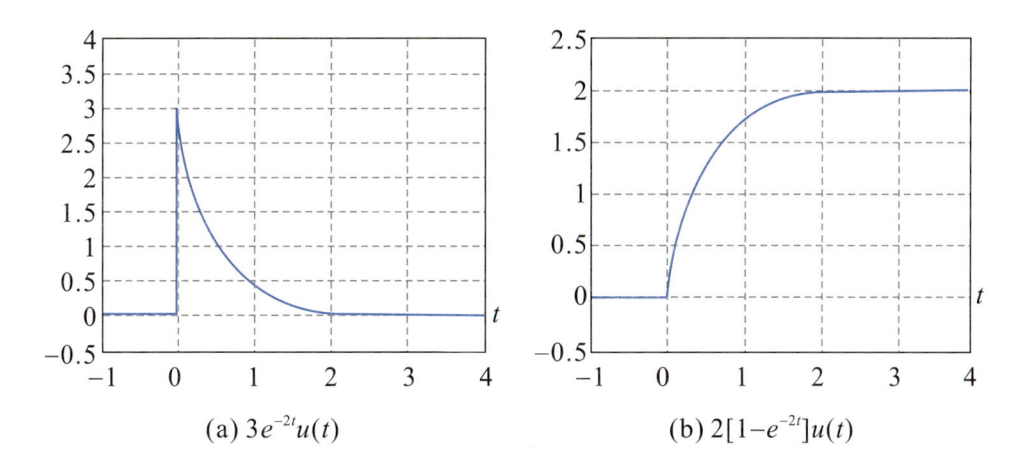

(a) $3e^{-2t}u(t)$

(b) $2[1-e^{-2t}]u(t)$

▶ 圖 PA4B.3　習題 4B.3 之圖形

4. 參見圖 PA4B.4。

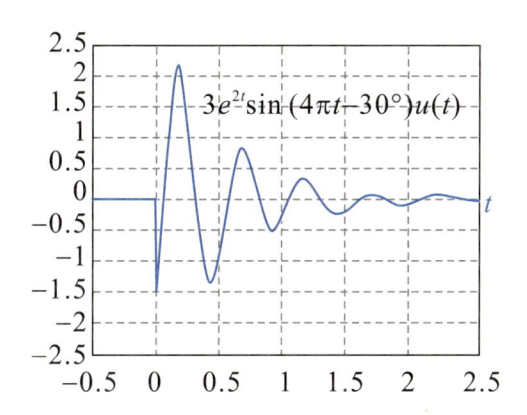

$3e^{2t}\sin(4\pi t - 30°)u(t)$

▶ 圖 PA4B.4　習題 4B.4 之圖形

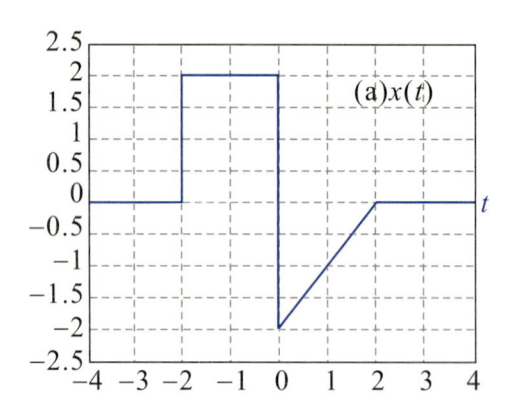

5. 參見圖 PA4B.5。

● 圖 PA4B.5　習題 4B.5 之圖形

6. (a) 信號 $z(t)$ 定義如下：$z(t) = \begin{cases} 2t, & 0 \leq t < 2 \\ 2, & 2 \leq t \leq 4 \\ -2(t-6), & 4 \leq t \leq 6 \\ 0, & 其他 \end{cases}$

   (b) $z(t)$ 時間微分定義如下：$\dfrac{d}{dt}z(t) = \begin{cases} 2, & 0 \leq t < 2 \\ 0, & 2 \leq t \leq 4 \\ -2, & 4 \leq t \leq 6 \\ 0, & 其他 \end{cases}$

   參見圖 PA4B.6。

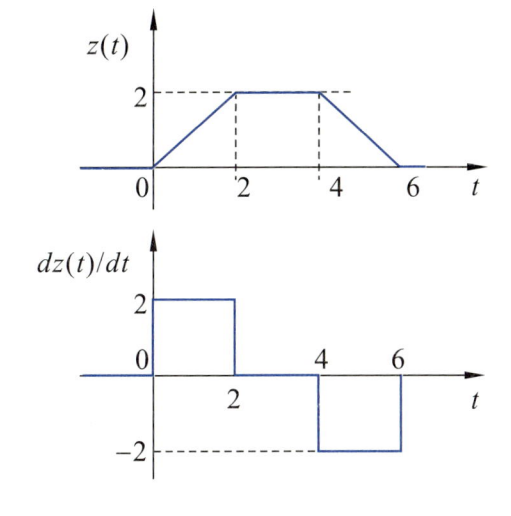

▶ 圖 PA4B.6　習題 4B.6 之波形

7. 參見例題 2.20，$H(s) = \dfrac{s+3}{(s+1)(s+2)} = \dfrac{2}{s+1} + \dfrac{-1}{s+2}$

   所以單位脈衝響應 h(t)為

   $$h(t) = \mathscr{L}^{-1}[\dfrac{2}{s+1}] + \mathscr{L}^{-1}[\dfrac{-1}{s+2}] = 2e^{-t} - e^{-2t} , \quad t \geq 0 。$$

8. 參見例題 2.22，$H(s) = \dfrac{2s+8}{s^2+2s+5} = \dfrac{6+2(s+1)}{(s+1)^2+2^2}$，

   由表 2.3 可知，單位脈衝響應 h(t)為

   $$h(t) = 3e^{-t}\sin 2t + 2e^{-t}\cos 2t = \sqrt{13} \cdot e^{-t}(\dfrac{3}{\sqrt{13}}\sin 2t + \dfrac{2}{\sqrt{13}}\cos 2t)$$
   $$= \sqrt{13} \cdot e^{-t} \sin(2t + \tan^{-1}(\dfrac{2}{3})) , \quad t \geq 0 。$$

9. 參見例題 2.21，

   $$H(s) = \dfrac{3s^2+12s+11}{s^3+6s^2+11s+6} = \dfrac{1}{s+1} + \dfrac{1}{s+2} + \dfrac{1}{s+3}$$

   所以單位脈衝響應 h(t)為

$h(t) = h(t) = (e^{-t} + e^{-2t} + e^{-3t})u(t)$。

10. $\mathscr{L}[\sigma(t)] = \dfrac{5(s+2)}{s(s+1)(s+3)} = \dfrac{10/3}{s} + \dfrac{-5/2}{s+1} + \dfrac{-5/6}{s+3}$

故單位步階響應為

$\sigma(t) = \dfrac{10}{3} - \dfrac{5}{2}e^{-t} - \dfrac{5}{6}e^{-3t}$，$t \geq 0$。

11. $\mathscr{L}[\sigma(t)] = \dfrac{100}{s(s^2+12s+100)} = \dfrac{1}{s} - \dfrac{s+12}{s^2+12s+100}$

$= \dfrac{1}{s} - \dfrac{s+6}{(s+6)^2+8^2} - \dfrac{3}{4} \cdot \dfrac{8}{(s+6)^2+8^2}$

故單位步階響應為

$\sigma(t) = 1 - e^{-6t}(\cos 8t + 0.75 \sin 8t) \approx 1 - 1.25 e^{-6t} \sin(8t + \tan^{-1} 1.33)$。

12. $\mathscr{L}[\rho(t)] = \dfrac{5(s+2)}{s^2(s+1)(s+3)} = \dfrac{10}{3}\dfrac{1}{s^2} - \dfrac{25}{9}\dfrac{1}{s} + \dfrac{5}{2}\dfrac{1}{s+1} + \dfrac{5}{18}\dfrac{1}{s+3}$

故單位斜坡響應為

$\rho(t) = \dfrac{10}{3}t - \dfrac{25}{9} + \dfrac{5}{2}e^{-t} - \dfrac{5}{18}e^{-3t}$，$t \geq 0$。

13. $\mathscr{L}[\rho(t)] = \dfrac{2s^2+4s+6}{s^2(s^2+2s+10)} = \dfrac{0.6}{s^2} + \dfrac{0.28}{s} + \dfrac{-0.28s+0.84}{s^2+2s+10}$

$= \dfrac{0.6}{s^2} + \dfrac{0.28}{s} + \dfrac{-0.28(s+1)+(1.12/3)\times 3}{(s+1)^2+3^2}$

故單位斜坡響應為

$\rho(t) = 0.6t + 0.28 + -0.28e^{-t}\cos 3t + \dfrac{1.12}{3}e^{-t}\sin 3t$，$t \geq 0$。

14. (a) 閉路系統轉移函數 $H(s) := C(s)/R(s) = \dfrac{1}{\tau s + 1}$。

(b) $\mathscr{L}[\sigma(t)] = \dfrac{1}{s} \cdot \dfrac{1}{\tau s + 1} = \dfrac{1}{s} - \dfrac{1}{s + 1/\tau}$，因此單位步階響應為

$\sigma(t) = 1 - e^{-t/\tau}$，$t \geq 0$。

(c) 單位步階響應之最終值為 $c_{ss} = \sigma(\infty) = 1$。在延遲時間 T_d 時，響應達到最終值得 50%：$0.5 = 1 - e^{-t/\tau}$，因此解得 $T_d \approx 0.7\tau$。

(d) 因為單位步階響應沒有振盪，上升時間為輸出由 10% 至 90% 所需時間。由 $\sigma(t) = 1 - e^{-t/\tau}$：$0.1 = 1 - e^{-t_1/\tau}$，$0.9 = 1 - e^{-t_2/\tau}$，所以上升時間 $T_d = t_2 - t_1 \doteq 2.2\tau$。

(e) 安定時間 $T_s \approx 3\tau$（5% 可容許誤差）；

安定時間 $T_s \approx 4\tau$（2% 可容許誤差）。

(f) 單位步階響應曲線初始斜率：$\dfrac{d\sigma}{dt} = \dfrac{1}{\tau} e^{-\frac{t}{\tau}}\big|_{t=0} = \dfrac{1}{\tau}$。

15. (a) 由上題可知：時間常數 $\tau = 3\,\text{sec}$，因此單位步階響應

$\sigma(t) = 1 - e^{-t/3}$，$t \geq 0$。

(b) 延遲時間 $T_d \approx 0.7\tau = 2.1$ 秒。

(c) 上升時間 $T_r \approx 2.2\tau = 6.6$ 秒。

(d) 安定時間 $T_s \approx 3\tau = 9$ 秒（5% 可容許誤差）。

16. 閉路系統轉移函數為

$$H(s) = \dfrac{\dfrac{k}{s(s+12)}}{1 + \dfrac{k}{s(s+12)}} = \dfrac{k}{s^2 + 12s + k} := \dfrac{\omega_n^2}{s^2 + 2\xi\omega_n + \omega_n^2}$$

比較係數可得 $2\xi\omega_n = 12$，$\omega_n^2 = k$。因此，$\omega_n = \sqrt{k}$，$\xi = 6/\omega_n$。

(1) $k = 10$，$\omega_n = \sqrt{10} = 3.16$ rad/sec.，$\zeta = 6/3.16 \approx 1.9$（過阻尼）。

(2) $k = 36$，$\omega_n = \sqrt{36} = 6$ rad/sec.，$\zeta = 6/6 = 1$（臨界阻尼）。

(3) $k = 100$，$\omega_n = \sqrt{100} = 10$ rad/sec.，$\zeta = 6/10 \approx 0.6$（欠阻尼）。

17. (a) 閉路系統轉移函數為

$$H(s) = \frac{25}{s^2 + 6s + 25} := \frac{\omega_n^2}{s^2 + 2\xi\omega_n + \omega_n^2},$$

因此解得 $\omega_n = \sqrt{25} = 5$，$\xi = 6/(2 \cdot 5) = 0.6$。

振盪頻率 $\omega_d = \omega_d = \omega_n\sqrt{1-\xi^2} = 5\sqrt{1-0.36} = 4$ rad/sec，

因此振盪週期為 $T_d = \dfrac{2\pi}{\omega_d} = \dfrac{6.28}{4} \approx 1.57$ sec。

(b) 峰時間 $T_p = \dfrac{\pi}{\omega_d} = \dfrac{\pi}{\omega_n\sqrt{1-\zeta^2}} = 0.785$ sec。

(c) 最大百分超擊 $M_p = e^{-\zeta\pi/\sqrt{1-\zeta^2}} \times 100\% \approx 9.5\%$。

(d) 上升時間 $T_r = \dfrac{\pi - \tan^{-1}(\frac{\sqrt{1-\xi^2}}{\xi})}{\omega_d} = \dfrac{3.14 - 0.925}{4} = 0.554$ sec。

(e) 容許範圍為 0.05，安定時間可用 $T_s = 3/\zeta\omega_n \approx 1$ sec。

(f) 單位步階響應曲線約略如圖 PA4B.17。

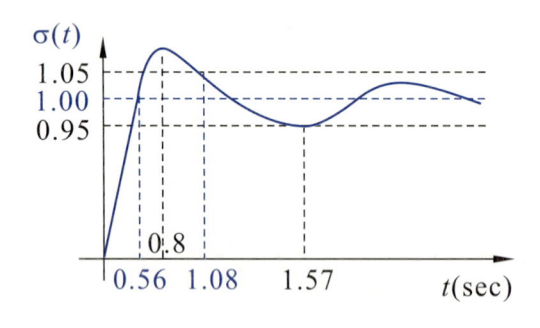

● 圖 PA4B.17

18. 閉路系統轉移函數為

$$H(s) = \frac{K}{s^2 + (2+KA)s + K} := \frac{\omega_n^2}{s^2 + 2\xi\omega_n + \omega_n^2}$$

所以 $\omega_n = \sqrt{K}$ ， $2\xi\omega_n = 2 + KA$ 。

由此解得， $K = \omega_n^2 = 4^2 = 16$ ， $2 + KA = 2 \times 0.7 \times 4 = 5.6$ ， $A = 0.225$ 。

19. 閉路系統轉移函數為

$$H(s) = \frac{K}{s^2 + KAs + K} := \frac{\omega_n^2}{s^2 + 2\xi\omega_n + \omega_n^2}$$

因此， $\omega_n = \sqrt{k}$ ， $2\xi\omega_n = KA$ 。

最大百分超擊為 25%： $M_p = 0.25 = e^{-\xi\pi/\sqrt{1-\zeta^2}}$ ，

解得 $\zeta = 0.404$ 峰值時間 2 秒： $T_P = \pi/\omega_d = 2$ ，

因此 $\omega_d = \omega_n\sqrt{1-\zeta^2} = 1.57$ ，解得 $\omega_n = 1.72$ rad/s。

因此， $K = \omega_n^2 = 1.72^2 = 2.95$ N-m，

$$A = \frac{2\xi\omega_n}{K} = \frac{2 \times 0.404 \times 1.72}{2.95} = 0.47 \text{ s}$$

20. 由圖 4.20 查得：25.4% 之最大超擊發生於 $\zeta = 0.4$ 。

由圖 P4B.20(b) 查得： $T_P = \dfrac{\pi}{\omega_d} = \dfrac{\pi}{\omega_n\sqrt{1-\zeta^2}} = 3$ ，解得 $\omega_n = 1.143$ rad/s。

閉路系統轉移函數為

$$H(s) = \frac{K}{Ts^2 + s + K} := \frac{\omega_n^2}{s^2 + 2\xi\omega_n + \omega_n^2}$$

解得： $T = \dfrac{1}{2\xi\omega_n} \approx 1.1$ ， $K = \omega_n^2 \approx 1.43$ 。

21.

系統	K_P	K_v	K_a
(a) $G(s) = \dfrac{10}{(0.4s+1)(0.5s+1)}$	10	0	0
(b) $G(s) = \dfrac{108}{s^2(s^2+4s+4)(s^2+3s+12)}$	∞	∞	2.25
(c) $G(s) = \dfrac{20}{s(s+2)(0.4s+1)}$	∞	10	0
(d) $G(s) = \dfrac{20(s+3)}{(s+2)(s^2+2s+2)}$	15	0	0
(e) $G(s) = \dfrac{14(s+3)}{s(s+6)(s^2+2s+2)}$	∞	3.5	0

22. 開環轉移函數 $G(s) = \dfrac{12(s+4)}{s(s+1)(s+3)(s^2+2s+2)}$

　(a) 穩態誤差常數 $K_P = \infty$，$K_v = 8$，$K_a = 0$。

　(b) $e_P = 0$，$e_v = 1/8$，$e_a = \infty$。所以當 $r(t) = (16+2t)\,u(t)$ 時，穩態誤差為 $e_v = 16e_P + 2e_v = 0.25$。

23. (a) 開環轉移函數為 $G(s) = \dfrac{12(s+4)}{s(s+1)(s+3)}$，穩態誤差常數：

$$K_P = \lim_{s \to 0} G(s) = \infty$$

$$K_v = \lim_{s \to 0} sG(s) = \frac{12 \times 4}{3} = 16$$

$$K_a = \lim_{s \to 0} s^2 G(s) = 0$$

　(b) 當輸入為 $r(t) = (16+2t+t^2)\,u(t)$ 時，其穩態誤差為

$$e_{ss} = 16e_P + 2e_v + 2e_a = \frac{16}{1+K_P} + \frac{2}{K_v} + \frac{2}{K_a} = \frac{16}{\infty} + \frac{2}{16} + \frac{2}{0} = \infty$$

24. (a) 單位步階響應為 $c(t) = 5 - 8e^{-t} + 3e^{-3t}$，故

$$\frac{1}{s} H(s) = \mathscr{L}[5 - 8e^{-t} + 3e^{-3t}] = \frac{-s+15}{s(s+1)(s+3)}$$

因此轉移函數為 $H(s) = \dfrac{-s+15}{(s+1)(s+3)}$。

(b) 單位斜坡響應為：

$$\rho(t) = \mathscr{L}^{-1}[\dfrac{-s+15}{s^2(s+1)(s+3)}] = \mathscr{L}^{-1}[\dfrac{5}{s^2} + \dfrac{-5}{s} + \dfrac{8}{s+1} + \dfrac{-3}{s+3}]$$

$$= 5t - 5 + 8e^{-t} - 3e^{-3t} \ (\ t \geq 0\ )。$$

第五章

A 問答題 ▶▶▶

1. 系統在有限輸入下造成有限輸出是為 BIBO 穩定。

2. 系統在有限的初始條件下，其零輸入響應為有限，且當時間趨近無窮大時，其輸出會趨近於零，是為漸進式穩定。

3. 系統的初始條件及其輸入皆為有限，造成的外輸出及內部狀態亦皆為有限，則此系統稱為全穩定。

4. 穩定系統的單位脈衝響應 $h(t)$ 在一段時間後，應回歸到靜止狀態（穩態靜止），即：$\lim\limits_{t \to \infty} h(t) \to 0$。

5. 若 $GH(s) = G(s)H(s)$ 為反饋（回授）系統的開環轉移函數，$|GH(s)| = 1$ 稱為幅度準則，$\angle GH(s) = -180°$ 稱為相角準則。

6. 若 $GH(s) = G(s)H(s)$ 為開環轉移函數，$GH(s) = -1$ 是為巴克豪生準則，係用來鑑察反饋系統是否發生振盪的必要條件。

7. 若特性根只有一個 $s = 0$ 或一對共軛虛根 $s = \pm j\omega$，無其他 RHP 極點，系統為臨界穩定。

8. 若特性根 λ_i，$\mathrm{Re}\{\lambda_i\} = \sigma_i > 0$，稱為 RHP 極點，系統不穩定。

9. (a) 特性根只有一對共軛虛根 $s = \pm j$，無 RHP 極點，為臨界穩定。
   (b) 虛軸上有 3 個特性根，系統不穩定。

10. 羅斯行列為：

s^5 列	1	14	200
s^4 列	**2**	88	800
s^3 列	**−30**	−200	
s^2 列	**74.7**	800	
s 列	121		
s^0 列	800		

有 2 個 RHP 特性根，系統不穩定。

11. 特性方程式有 2 個 RHP 特性根，系統不穩定。

12. 羅斯行列中有兩列成比例 2：8，故有輔助方程式 $2s^2+8=0$ 及共軛虛根 $\pm j2$。因此

$$s^4+3s^3+6s^2+12s+8=(s^2+4)(s^2+3s+2)=(s\pm j2)(s+1)(s+2)$$

系統有一對虛根 $\pm j2$ 及 2 個 LHP 特性根：$s=-1,-2$。

13. 羅斯行列為：

1	2	−11
2	4	−10
4	−16	
−4	−10	
−26		
−10		

第一行有 3 個變號，因此有 3 個 RHP 特性根，系統不穩定。

14. 有 2 個 RHP 特性根，系統不穩定。

15. 羅斯行列為：

1	5	−36
1	5	−36
0	0	
?		

有兩列成比例 1：5：−36，故有輔助方程式：

$\Delta_1(s) = s^4 + 5s^2 - 36 = (s^2+9)(s^2-4) = 0$ 及對稱根：$\pm j3$，± 2。

因為，$\Delta(s) = s^5 + s^4 + 5s^3 + 5s^2 - 36s - 36 = (s+1)\Delta_1 = 0$，
有 1 個 RHP 特性根，系統不穩定。

16. 回饋系統的特性方程式
$$\Delta(s) = s(s+1)(0.2s+1) + 10 = 0$$
即 $\quad 0.2s^3 + 1.2s^2 + s + 10 = 0$

羅斯行列為：

0.2	1
1.2	10
−0.8	
10	

第一行有 2 次變號（2 個 RHP 特性根），系統不穩定。

17. 羅斯行列為：

1	6
$4+K$	$16+8K$
$(8-2K)/(4+K)$	
$16+8K$	

令 $8-2K = 0$，即 $K = 4$，則輔助方程式 $s^2 + 6 = 0$，
振盪頻率為 $\omega = \sqrt{6}$ rad/s。

18. 特性方程式為 $1 + \dfrac{K(s+1)}{s(s-1)(s^2+4s+16)} = 0$，

即 $\quad s(s-1)(s^2+4s+16) + K(s+1) = 0$

或 $\quad \Delta(s) = s^4 + 3s^3 + 12s^2 + (K-16)s + K = 0$

羅斯行列為：

$$\begin{array}{ccc} 1 & 12 & K \\ 3 & K-16 & \\ \dfrac{52-K}{3} & K & \\ \dfrac{-K^2+59K-832}{52-K} & & \\ K & & \end{array}$$

欲穩定工作則必使得：$52>K$，$35.68<K<23.32$，且 $K>0$。
因此，開環增益 K 的穩定工作範圍為：$35.68>K>23.32$。

第六章

Ⓐ 問 答 題 ▶▶▶

1. 在 s-平面中，閉路極點隨著開環增益 K 變化，表現出來的軌跡曲線稱為**根軌跡**。

2. 若閉路系統的輸入與輸出變數分別為 $r(t)$ 與 $c(t)$，則輸出入轉移函數，又稱控制比轉移函數，為 $G(s)=C(s)/R(s)$。

3. 開環增益 K 增大可以降低回饋系統的穩態誤差，增高控制系統做伺服控制的精確度，系統的速應性也可以變快，但其穩定性就相對變得不理想了。系統的穩定性與速應性及精確性之間常相互衝突。

4. 如果 $\zeta<1$，若二次控制系統轉移函數中，兩根為共軛複根為：$s_{1,2}=\sigma+j\omega_d=-\zeta\omega_n\pm j\omega_n\sqrt{1-\zeta^2}$，特性根的阻尼比為 ζ，則其與 s-平面的原點做一直線，必與負實數軸夾一角 $\phi=\cos^{-1}\zeta$，稱為**阻尼角**。

5. 反饋（回授）系統中，若 $G(s)$ 為順向轉移函數，$H(s)$ 為回饋轉移函數，開環轉移函數定義為 $GH(s) := G(s)H(s)$。

6. 負反饋（回授）系統中，若 $G(s)$ 為順向轉移函數，$H(s)$ 為回饋轉移函數，$GH(s) = -1$ 用來判斷回饋系統是否發生振盪，稱為**巴克豪生準則**。

7. 負反饋（回授）系統中，若 $G(s)$ 為順向轉移函數，$H(s)$ 為回饋轉移函數，$|GH(s)|=1$ 之條件稱為幅度準則，相角準則為

$$\angle GH(s) = \begin{cases} (1+2h)\,180° \,, & h = 0, \pm 1, \pm 2, \cdots \quad \text{當 } k > 0 \\ h \cdot 360° \,, & h = 0, \pm 1, \pm 2, \cdots \quad \text{當 } k > 0 \end{cases}$$

8. 在 s- 平面上點繪製開環極點與零點的位置，極點以 × 符記點出位置，零點以 ○ 符記點出位置，是為**極零點構圖**。

9. 當 $K > 0$ 時，實軸軌跡之右方應有奇數個極點或且零點。當 $K < 0$ 時，實軸軌跡之右方應有偶數個極點或且零點，K 為開環增益。

10. 在 s- 平面的極零點構圖上，回授系統的根軌跡由 × 點（開環極點）出發 $(K = 0)$，至 ○ 點（開環零點）為止 $(K \to \infty)$。當開環零點少於開環極點時，根軌跡趨近於直線，稱為漸近線。漸近線由實軸上漸近線中心 σ_0 與實軸之張角 β 直線決定之。

11. 開環系統中添加一個極點使得根軌跡遠離該極點之方向偏移；添加一個零點使得根軌跡趨向該零點之方向偏移、趨近。

12. PD 控制器 $G_c(s) = K_p + K_d s$ 的工作原理係為：添加了一個零點 $z = -K_p / K_d$。

13. PI 控制器 $G_c(s) = K_p + \dfrac{K_i}{s}$ 可以使開環轉移函數添加了一個極點 $s = 0$ 及一個零點 $s = -z$：$z = K_i / K_p$，使得閉路系統之單位步階響應無穩態誤差，系統的追值性能準確。

14. 在高階次的系統中，如果距離虛軸最近的極點附近沒有其他的閉路零點，而其他的極點又遠離了虛軸，這種距離虛軸很近的極點稱為**主極點**。

B 習 作 題 ▶▶▶

1. 開環轉移函數 $GH(s) = 1/s$

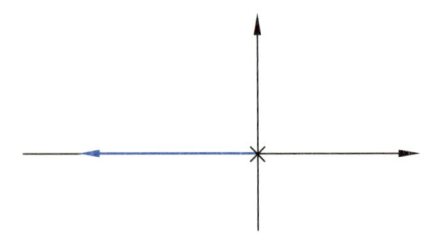

   圖 PA6B.1

2. $GH(s) = \dfrac{K}{s+1}$

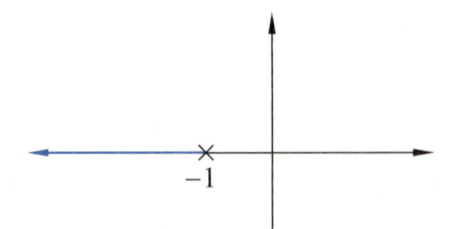

   圖 PA6B.2

3. $GH(s) = \dfrac{K}{s-1}$

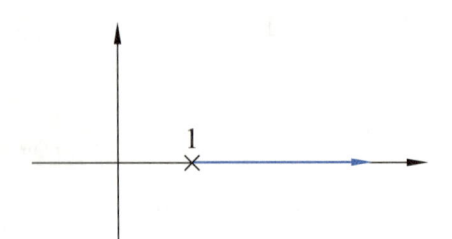

   圖 PA6B.3

4. $GH(s) = \dfrac{K}{s^2 + 4}$

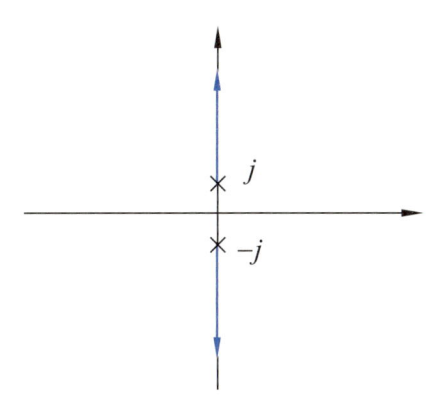

▶ 圖 PA6B.4

5. $GH(s) = \dfrac{K}{s^2 - 4}$

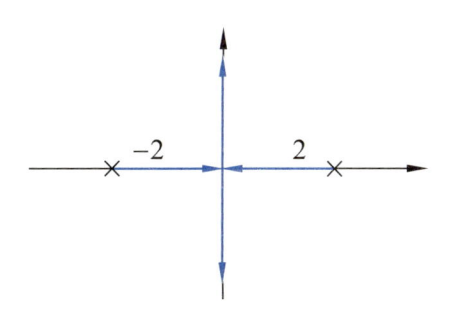

▶ 圖 PA6B.5

6. $GH(s) = \dfrac{K}{s^2 + 2s + 2}$

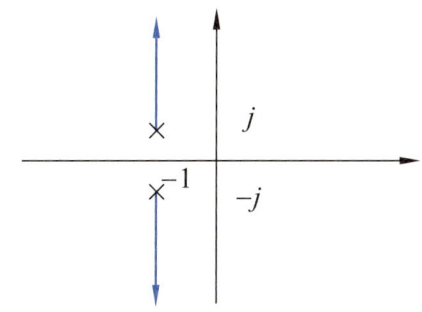

▶ 圖 PA6B.6

7. $GH(s) = \dfrac{K(s+2)}{s(s+3)}$

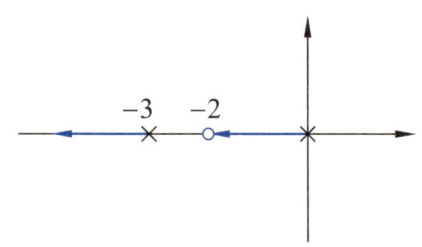

▶ 圖 PA6B.7

8. $GH(s) = \dfrac{K}{s^4 - 1}$

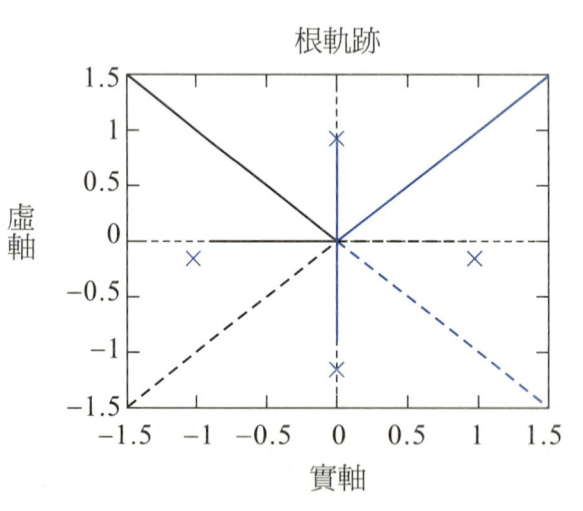

▶ 圖 PA6B.8

9. $GH(s) = \dfrac{K}{s^4 + 1}$

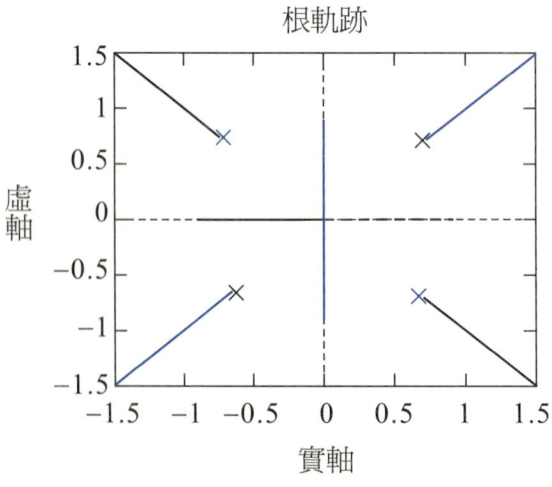

▶ 圖 PA6B.9

10. (a) $G_c(s) = K$，根軌跡圖如圖 PA6B.10(a)。閉路系統之根軌跡皆在 LHP，當開環增益 K 增大時，閉路極點之實數部分為 -0.5。在所有的 K 值下，系統絕對穩定。

(b) $G_c(s) = K/(s+2)$，根軌跡圖如圖 PA6B.11(b)。當開環增益 K 增大超過 $K=6$ 時，閉路系統之根軌跡開始進入 RHP，因而不穩定。

(c) $G_c(s) = K(s+2)$，根軌跡圖如圖 PA6B.10(c)。當開環增益 K 增大時，閉路系統之根軌跡進入 LHP 之更左方，然後有一支趨近於零點，$s=-3$，使得閉路系統非常穩定。

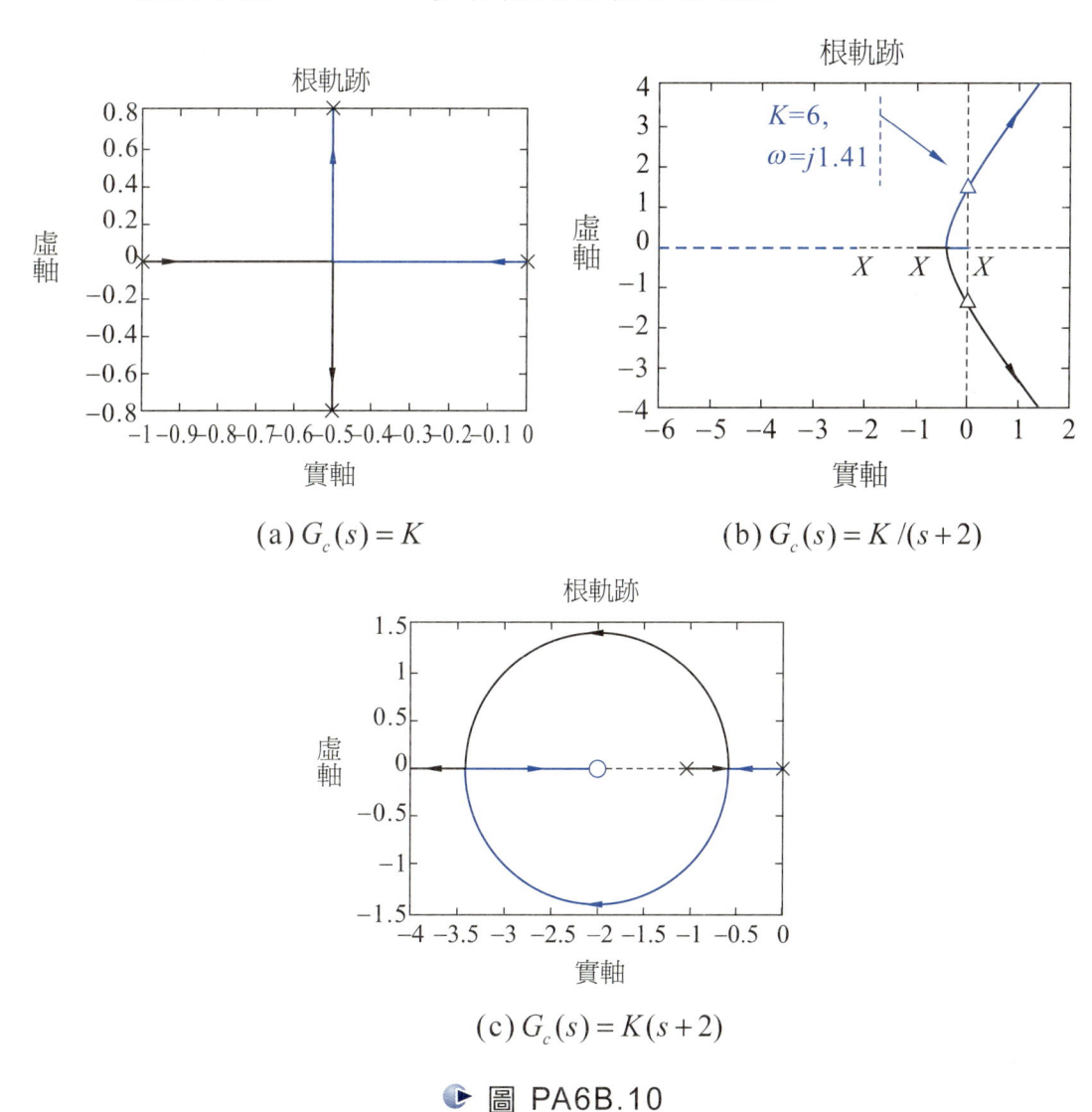

(a) $G_c(s) = K$

(b) $G_c(s) = K/(s+2)$

(c) $G_c(s) = K(s+2)$

▶ 圖 PA6B.10

11. 當 $K=30$，閉路轉移函數為

$$\frac{C}{R}(s) = \frac{30(s+2)}{(s+28.9)(s+2.07)} \approx \frac{29}{s+29} := G_1(s)$$

單位步階響應參見圖 PA6B.11。

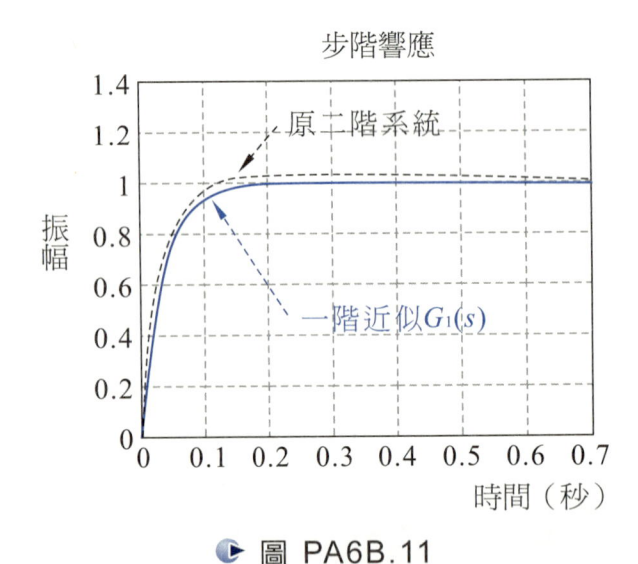

▶ 圖 PA6B.11

12. 開環轉移函數為

$$GH(s) = \frac{K(s+3)}{s(s+5)(s+6)(s^2+2s+2)}$$

其根軌跡圖參見圖 PA6B.12。此系統有 $n=5$ 個開環極點：$s=0, -5, -6, -1 \pm j$ 及 $m=1$ 個開環零點。

(a) 根軌跡之起點為 $s=0, -5, -6, -1 \pm j$。

(b) 根軌跡之終點為 $s=-3$ 及 $n-m=5-1=4$ 支在無窮遠處（有 4 個開環零點在無窮遠處）。

(c) 漸近線與實軸之交點在 $\sigma = -0.25$。

(d) 漸近線與實軸之張角 $\beta = \pm 180°/4 = \pm 45°$。

根軌跡

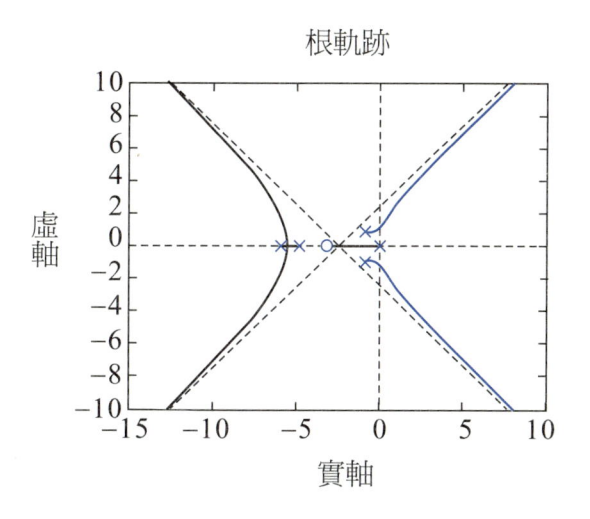

虛軸

實軸

● 圖 PA6B.12

13. 開環轉移函數為 $GH(s) = G(s) = \dfrac{K(s+1)}{s(s-1)(s^2+4s+16)}$，其根軌跡圖參見圖 PA6B.13。閉路系統之特性方程式為

$$1 + \dfrac{K(s+1)}{s(s-1)(s^2+4s+16)} = 0$$

即 $\quad s(s-1)(s^2+4s+16) + K(s+1) = 0$

或 $\quad \Delta(s) = s^4 + 3s^3 + 12s^2 6(K-16)s + K = 0$

其羅斯行列為：

$$\begin{array}{ccc} 1 & 12 & K \\ 3 & K-16 & \\ \dfrac{52-K}{3} & K & \\ \dfrac{-K^2+59K-832}{52-K} & & \\ K & & \end{array}$$

欲穩定工作則必使得：$52 > K$，$35.68 > K > 23.32$，且 $K > 0$，因此根軌跡與虛軸相交時，$K = 23.32$ 或 35.68，可由羅斯表驗證得之，參見習題 5.18。

根軌跡

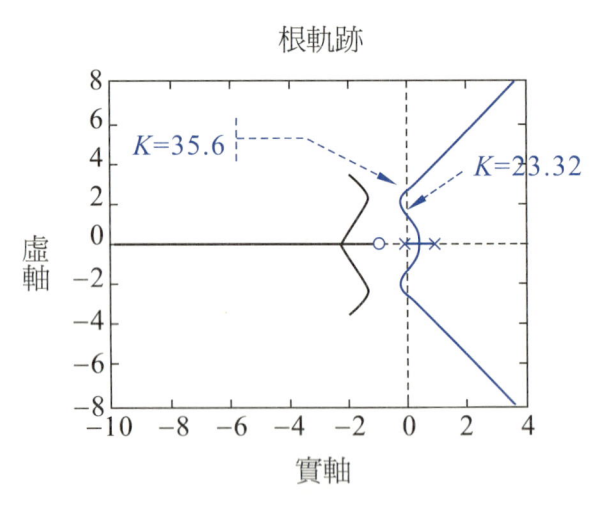

▶ 圖 PA6B.13

第七章

Ⓐ 問 答 題 ▶▶▶

1. 若系統輸入為 $r(t) = R\sin\omega t$，穩態輸出響應為 $c(t) = C\sin(\omega t + \phi)$。輸出與輸入信號的幅度：$M = |C/R|$ 及相位 θ 與信號頻率 ω 的關係便是**頻率響應**。

2. 若 $H(s)$ 為穩定線性系統的轉移函數，$M(\omega) = |H(j\omega)|$ 為**幅度頻率響應**，$\phi(\omega) = \arg\{H(j\omega)\}$ 為**相角頻率響應**。

3. 當幅度頻率響應曲線增益值下降到中頻帶的 $1/\sqrt{2} \approx 0.707$ 時，發生的頻率即為**截止頻率**。

Ⓑ 習 作 題 ▶▶▶

1. (a) 頻率轉移函數 $H(j\omega) = H(s)|_{s=j\omega} = \dfrac{1}{j\omega T + 1}$。

   (b) 幅度頻率響應 $M(\omega) = |H(j\omega)| = (HH^*)^{1/2} = \dfrac{1}{\sqrt{\omega^2 T^2 + 1}}$。

   (c) 相角頻率響應 $\phi(\omega) = \angle H(j\omega) = \tan^{-1}(\omega T)$。

(d) 當輸入為 $x(t) = \sin \omega t$，穩態響應為 $c(t) = C\sin(\omega t + \phi)$，且

$\omega = 0,\quad C = M(0) = 1,\quad \phi = 0°$

$\omega = 1/T,\quad C = M(1/T) = 1/\sqrt{2},\quad \phi = -45°$；

$\omega = 10/T,\quad C = M(10/T) = 1/\sqrt{101} \approx 0.1,\quad \phi = -\tan^{-1}(10) \approx -84°$；

$\omega \to \infty\quad C = M(\infty) = 0,\quad \phi = -\tan^{-1}(\infty) \approx -90°$。

(e) $C = M(2) = \dfrac{1}{\sqrt{2^2 \times 1 + 1}} = \dfrac{1}{\sqrt{5}}$，$\phi = -\tan^{-1}(2) \approx -63°$，

穩態響應為 $c(t) = \dfrac{1}{\sqrt{5}} \sin(2t - 63°)$。

2. (a) 頻寬為 $BW = \dfrac{f_0}{Q} = \dfrac{15 \text{ kHz}}{15} = 1 \text{ kHz}$。

(b) 因為 $f_1 f_2 = f_0^2 = 225 \times 10^6$ 且 $f_2 - f_1 = BW = 10^3$，解上面聯立方程式得：高頻截止頻率 $f_2 = 15.5$ kHz，低頻截止頻率 $f_1 = 14.5$ kHz。

3. $M(\omega) = |H(k\omega)| = \dfrac{5}{|-\omega^2 + 2j\omega + 5|} = \dfrac{5}{\sqrt{\omega^4 - 6\omega^2 + 25}}$

上式對 ω 微分後，令之為零，可得峰頻率：$\omega = \omega_p = \pm\sqrt{3}$（取正值）

因此，共振峰為 $M_p = \max_\omega M(\omega) = M(\sqrt{3}) = \dfrac{5}{\sqrt{16}} = \dfrac{5}{4}$。

此標準二次系統 $H(s) = \dfrac{5}{s^2 + 2s + 5} = \dfrac{\omega_n^2}{s^2 + 2\zeta\omega_n + \omega_n^2}$ 之無阻自然頻率與阻尼比分別為：$\omega_n = \sqrt{5}$，$\zeta = 1/\sqrt{5} \approx 0.45$，亦可得知峰頻率為

$\omega_p = (\sqrt{1 - 2\zeta^2})\omega_n = (\sqrt{1 - 2/5})\sqrt{5} = \sqrt{3} \approx 1.73$ rad/s

(a) 共振峰值：$M_p = \dfrac{1}{2\zeta\sqrt{1-\zeta^2}} = \dfrac{5}{4}$

(b) 極點 $\begin{matrix} s_1 \\ s_2 \end{matrix} = -\zeta\omega_n \pm j\omega_n\sqrt{1-\zeta^2} = -1 \pm j2$

(c) 頻寬：$BW = \omega_b = [1 - 2\zeta^2 + \sqrt{2 - 4\zeta^2(1-\zeta^2)}]^{\frac{1}{2}} \omega_n \approx 3$ rad/s。

4. (a) $H(j\omega) = H(s)|_{j\omega} = \dfrac{j\omega T}{1+j\omega T} = M(\omega)\angle\phi$。

(b) 幅度頻率響應 $M(\omega) = \dfrac{\omega T}{\sqrt{1+\omega^2 T^2}}$。

(c) 相角頻率響應 $\phi(\omega) = \pi/2 - \tan^{-1}(\omega T)\,\text{rad}$。

(d) 輸入為 $x(t) = \sin\omega t$ 時，穩態響應為 $y_{ss}(t) = Y\sin(\omega t + \phi)$，

$\omega = 0$	$Y = M(0) = 0$	$\phi = 90°$
$\omega = 1/T$	$Y = M(1/T) = 1/\sqrt{2}$	$\phi = 45°$
$\omega = 10/T$	$Y \approx 0.1$	$\phi \approx 6°$
$\omega \to \infty$	$Y \approx 1$	$\phi = 0°$

(e) $\omega = 2$，$T = 1$ 時，

$$Y = M(2) = \dfrac{2}{\sqrt{1+2^2 \times 1}} = \dfrac{2}{\sqrt{5}},\quad \phi = 90° - \tan^{-1}(2) \approx 27°$$

穩態響應為 $y_{ss}(t) = \dfrac{2}{\sqrt{5}}\sin(2t + 27°)$。

5. $H(s) = \dfrac{\omega_n^2}{s^2 + 2\zeta\omega_n s + \omega_n^2}$，所以

(a) $M(\omega) = |H(j\omega)| = \dfrac{\omega_n^2}{\sqrt{(\omega_n^2 - \omega^2)^2 + (2\zeta\omega\omega_n)^2}} := \dfrac{1}{\sqrt{(1-x)^2 + (2\zeta x)^2}},\ (x := \dfrac{\omega^2}{\omega_n^2})$

上式最大值發生於 $x = 1/(1-2\zeta)$，因此 $(\omega_p/\omega_n)^2 = \dfrac{1}{1-2\zeta}$，

峰頻率為 $\omega_p = \dfrac{1}{\sqrt{1-2\zeta}}\omega_n$。

(b) 將 $x = 1/(1-\zeta)$ 代入(a)式，可得 $M_p = |H(j\omega_p)| = \dfrac{1}{2\zeta\sqrt{1-\zeta^2}}$

(c) 欲求頻寬 ω_b，令 $M(\omega) = |H(j\omega)| = 1/\sqrt{2}$，即

$$\dfrac{\omega_n^2}{\sqrt{(\omega_n^2 - \omega^2)^2 + (2\zeta\omega\omega_n)^2}} = \dfrac{1}{\sqrt{2}}$$

解得 $(\dfrac{\omega_b}{\omega_n})^2 = -2\zeta^2 + 1 \pm \sqrt{4\zeta^4 - 4\zeta^2 + 2}$，

只取正根化簡而得 $\omega_b = \omega_n(1-2\zeta^2+\sqrt{2-4\zeta^2(1-\zeta^2)})^{\frac{1}{2}}$。

6. (a) $H(j\omega) = \dfrac{j\omega+1}{j\omega+5}$，其幅度響應為 $M(\omega) = \dfrac{\sqrt{1+\omega^2}}{\sqrt{25+\omega^2}}$，

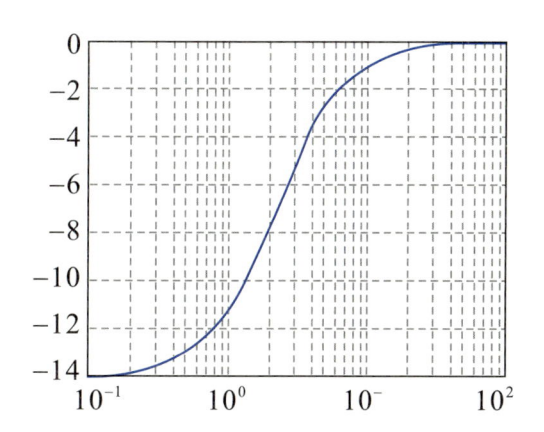

   波德圖請參見圖 PA7B.6(a)。

▶ 圖 PA7B.6(a)　習題 7.6(a)的幅度響應波德圖

(b) $H(j\omega) = \dfrac{10j\omega}{(j\omega)^2+2(j\omega)+100}$，

   其幅度響應波德圖請參見圖 PA7B.6(b)，藍色曲線所示。

(c) $H(j\omega) = \dfrac{(j\omega)^2+100}{(j\omega)^2+2(j\omega)+100}$，

   其幅度響應波德圖請參見圖 PA7B.6(c)，黑色曲線所示。

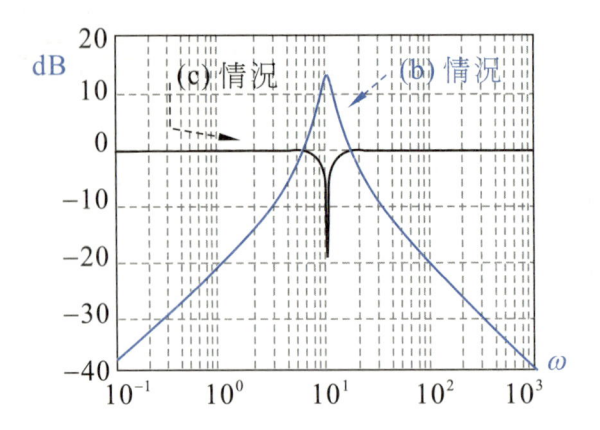

▶ 圖 PA7B.6(b)　習題 7.6(b) 及 (c) 的幅度響應波德圖

7. $G(s) = \dfrac{10(s+10)}{s(s+2)(s+5)}\Big|_{s=j\omega} = \dfrac{10(1+j\dfrac{\omega}{10})}{j\omega(1+j\dfrac{\omega}{2})(1+j\dfrac{\omega}{5})}$。

各個分項分析如下：

(a) 常數增益 10： $20\log 10 = 20\,\text{dB}$。

(b) $1/j\omega$：經過 $\omega=1$，斜率 $-20\,\text{dB}$/十倍頻之值線。

(c) $1+j\dfrac{\omega}{10}$：折角頻率 $\omega=10$，然後斜率 $+20\,\text{dB}$/十倍頻之漸近線。

(d) $\dfrac{1}{1+j\dfrac{\omega}{2}}$：折角頻率 $\omega=2$，然後斜率 $-20\,\text{dB}$/十倍頻之漸近線。

(e) $\dfrac{1}{1+j\dfrac{\omega}{5}}$：折角頻率 $\omega=5$，然後斜率 $-20\,\text{dB}$/十倍頻之漸近線。

波德圖請參見圖 PA7B.7。

波德圖

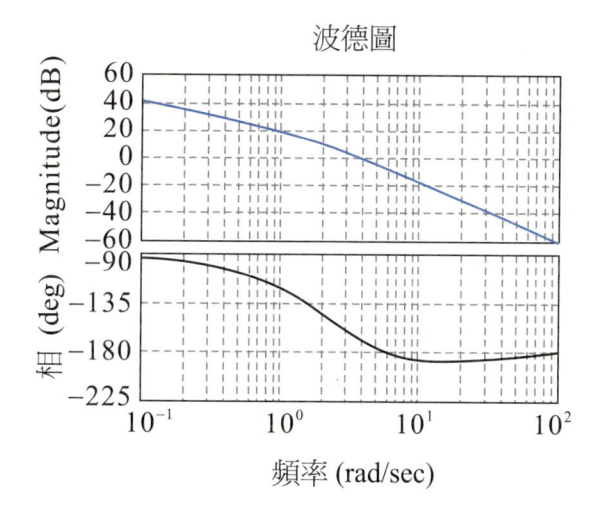

▶ 圖 PA7B.7

8. 開環系統轉移函數可能的形式為

$$G(j\omega) = \frac{K}{1+j\frac{\omega}{5}}, \quad G(s) = \frac{K}{1+\frac{s}{5}}, \quad \text{因為 } G(0)_{dB} = 10, \quad G(0) = \sqrt{10},$$

所以位置誤差常數 $K_P = G(0) = K = \sqrt{10}$。

9. 開環系統轉移函數可能的形式為 $G(j\omega) = \dfrac{K_V}{j\omega(1+j\dfrac{\omega}{5})}$，$K_V$ 為速度誤差常數。

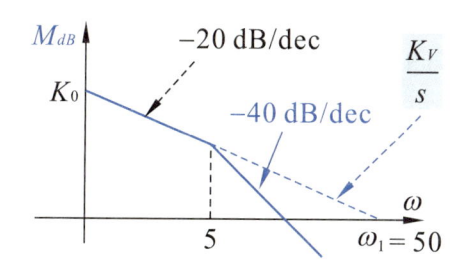

▶ 圖 PA7B.9　類型 1 系統

因為 $20\log\left|\dfrac{K_V}{j\omega}\right|_{\omega=50} = 0$，故 $\dfrac{K_V}{50} = 1$，可得 $K_V = 50$，即

$$G(j\omega) = \dfrac{K_V}{j\omega(1+j\dfrac{\omega}{5})} = \dfrac{50}{j\omega(1+j\dfrac{\omega}{5})}, \quad G(s) = \dfrac{250}{s(s+5)}。$$

10. 開環系統轉移函數可能的形式為

$$G(j\omega) = \dfrac{K_a}{(j\omega)^2(1+j\dfrac{\omega}{5})}, \quad K_a \text{ 為加速度誤差常數。}$$

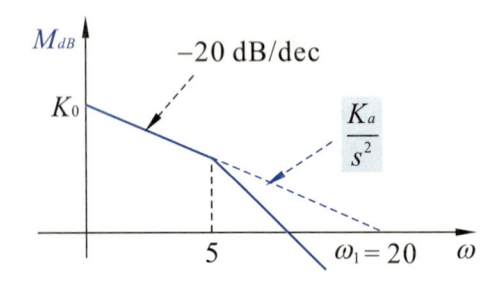

◉▶ 圖 PA7B.10　類型 2 系統

參考上一題之解法，$\dfrac{K_a}{\omega_1^2} = 1$，可得 $K_a = 400$，因此

$$G(j\omega) = \dfrac{K_a}{(j\omega)^2(1+j\dfrac{\omega}{5})}, \quad G(s) = \dfrac{2000}{s^2(s+5)}。$$

11. 因為當 $\omega \to 0^+$ 時，曲線的斜率為 $-40\,\text{dB/dec}$，此為第 2 類型 ($L=2$) 系統，假設其加速度誤差常數為 K_a。現在將 $-40\,\text{dB/dec}$ 的直線延長，與 ω 軸交於 $\omega_1 = 1$，如圖 PA7B.11 所示。由此斜率推知：幅量由 20 dB 下降至 −20 dB，相當於頻率 ω 由 0.1 增大到 1 rad/s（頻率增加 10 倍，幅量下降 −40 dB）。所以 $20\log K_a = -20$，解得 $K_a = 0.1$。

● 圖 PA7B.11

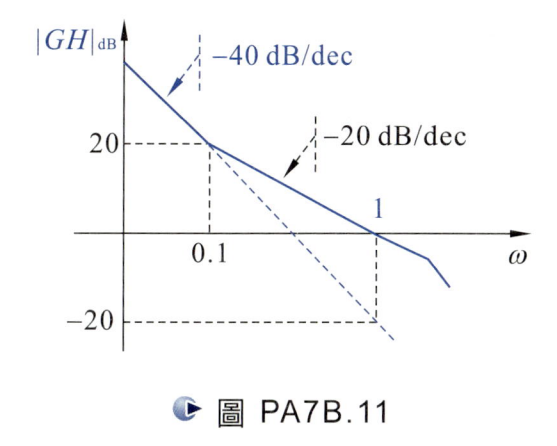

12. 由斜率推知：+20 dB/dec 的直線在 A 點所對應的頻率為 $\omega_1 = 10$；而斜率 −20 dB/dec 的直線在 B 點所對應的頻率為 $\omega_1 = 50$。

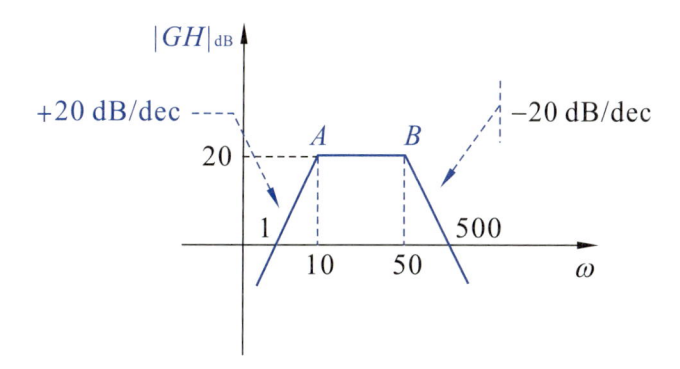

● 圖 PA7B.12　習題 7.12

所以波德幅度頻率響應式為 $GH(j\omega) = \dfrac{K(j\omega)}{(1+j\dfrac{\omega}{10})(1+j\dfrac{\omega}{50})}$

因為 $20\log |K(j\omega)|_{\omega=1} = 0 \text{ dB}$，可解得 $K = 1$。轉移函數 $GH(s)$ 為

$$GH(s) = \dfrac{s}{(1+\dfrac{s}{10})(1+\dfrac{s}{50})} = \dfrac{500s}{(s+10)(s+50)}$$

13. 類型 $L=1$，$G(s)=\dfrac{K}{s(s+3)(s+5)}$ 之開環極點為：$s=0,-3,-5$；無開環零點，奈氏路徑 D 如圖 PA7B.13(a) 所示，避開虛軸上極點 $s=0$。

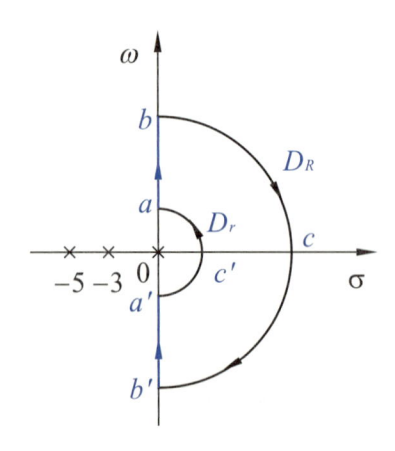

圖 PA7B.13(a)　習題 7.13 的奈氏路徑

首先討論 $G(j\omega)$-平面的映射，以繪製奈氏圖。

(a) 路徑 $\overline{ab}$：$s=j\omega$　$(\omega=0^+ \to +\infty)$，

$$GH(j\omega)=\dfrac{K}{j\omega(j\omega+3)(j\omega+5)}=\dfrac{K}{-8\omega^2+j\omega(15-\omega^2)}$$

幅度函數 $M(\omega)=\dfrac{K}{\omega\sqrt{\omega^2+9}\sqrt{\omega^2+25}}$　（$K>0$）

相角函數 $\phi(\omega)=-90°-\tan^{-1}(\omega/3)-\tan^{-1}(\omega/5)$

令 $15-\omega^2=0$，即當 $\omega=\sqrt{15}$ rad/s，$G(j\omega)$ 曲線與實數軸相交於 $(-\dfrac{K}{8\omega^2}+j0)|_{\omega=\sqrt{15}}=(-\dfrac{K}{120}+j0)$ 這一點。

當 $\omega=0^+$，$M\to\infty$，$\phi\leq -90°$，

當 $\omega\to +\infty$，$M\to 0^+$，$\phi=-270°$，

因此路徑 $\overline{ab}$ 映射成為如圖 PA7B.13(b) 之奈氏圖。

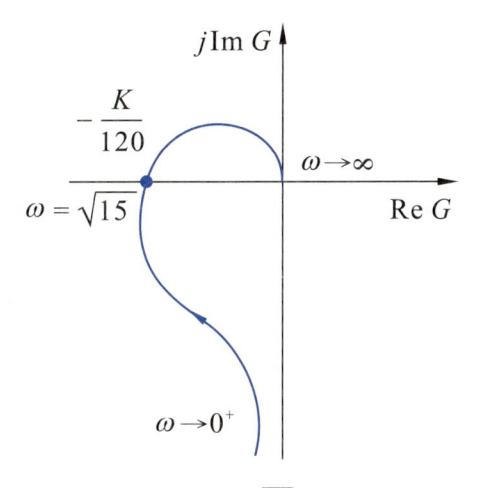

● 圖 PA7B.13(b)　路徑 $\overline{ab}$ 映射之 $G(j\omega)$ 奈氏圖

(b) 路徑 $\overline{bcb'}$ (D_R)：$s = \lim_{R \to \infty} Re^{i\theta}$　($90° \geq \theta \geq -90°$)

$$G(s) = \frac{K}{s(s+3)(s+5)} \to 0 \angle -3\theta \text{（相當於 } G(j\omega)\text{-平面的原點）。}$$

(c) 路徑 $\overline{b'a'}$：$s = j\omega$　($\omega = -\infty \to 0^-$)，

映射於 GH 奈氏圖與路徑 $\overline{ab}$ 映射之 GH 奈氏圖對稱（對稱於實軸）。

(d) 路徑 $\overline{a'c'a}$ (D_r)：$s = \lim_{r \to 0} re^{i\theta}$　($-90° \leq \theta \leq 90°$)

$$G(s) = \frac{K}{s(s+3)(s+5)} \to \infty \angle -\theta$$

（在 $G(j\omega)$-平面上有 $L=1$ 個半徑無窮大之半圓）。

完整的 $G(j\omega)$ 奈氏圖如圖 PA7B.13(c) 所示。

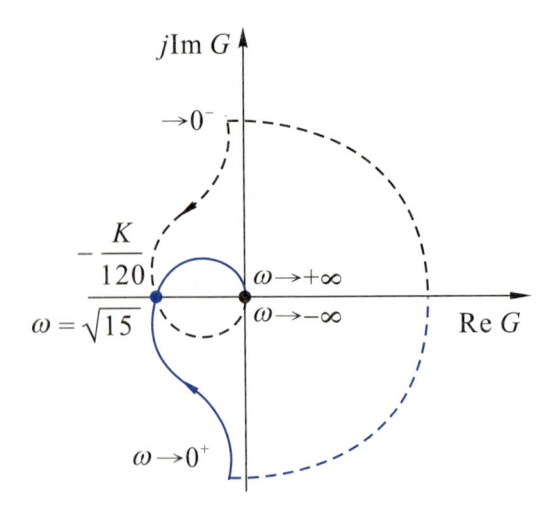

▶ 圖 PA7B.13(c)　完整 $G(j\omega)$ 奈氏圖

再來討論穩定度，因為 $G(j\omega)$ 曲線與實數軸相交於 $(-\dfrac{K}{120}+j0)$：

1. 當 $-\dfrac{K}{120} > -1$，即 $K < 120$，則 $(-1+j0)$ 這一點不會被 $-\dfrac{K}{120}+j0$ $G(j\omega)$ 圍繞，故閉路系統穩定的條件為 $0 < K < 120$。
2. 當 $K = 120$ 時，$G(j\omega)$ 曲線經過 $(-1+j0)$，閉路系統為臨界穩定。
3. 當 $K > 120$，$G(j\omega)$ 曲線圍繞 $(-1+j0)$，閉路系統不穩定。

此閉路系統的特性方程式為

$$\Delta(s) = s^3 + 8s^2 + 15s + K = 0$$

如果我們使用第五章介紹的羅斯穩定準則，建造羅斯表，也可以驗證得知，此閉路系統穩定的條件為 $0 < K < 120$，請讀者自行為之。

14. (a) $(-1+j0)$ 這一點在 $G(j\omega)$ 極座標圖進行方向的左邊，不被 $G(j\omega)$ 圍繞，閉路系統穩定；系統類型 1。

   (b) -1 這一點在 $G(j\omega)$ 極座標圖進行方向的左邊，不被 $G(j\omega)$ 圍繞，閉路系統穩定；系統類型 3。

15. $(-1+j0)$ 這一點在 $G(j\omega)$ 極座標圖進行方向的右邊，被 $G(j\omega)$ 圍繞，閉路系統不穩定；系統類型 2。

16. 首先求頻率轉移函數

$$G(j\omega) = \frac{K}{j\omega(1+j\omega)(2+j\omega)} = \frac{K}{-3\omega^2 + j\omega(2-\omega^2)}$$

令 $\omega^2 - 2 = 0$，則 $G(j\omega)$ 與實軸相交，

相位交越頻率 $\omega = \omega_\pi = \sqrt{2}$ rad/s，$\angle G(j\omega_\pi) = -180°$，

$|G(j\omega_\pi)| = \dfrac{K}{3 \times 2} = \dfrac{K}{6}$，增益邊際值 $GM = 1/|G(j\omega_\pi)|$。

(a) 當 $K = 3$，$GM = 6/3 = 2$，相當於 $20\log 2 = 6$ dB。

(b) 當 $K = 6$ 時，$GM = 1$，相當於 $20\log 1 = 0$ dB。此說明了閉路系統穩定的增益範圍是 $0 < K < 6$。

17. 相位 $-180°$ 時，$|G(j\omega_\pi)| = 10$ dB，因此 $GM = 10$ dB。

增益在 0 dB 時，$\angle G(j\omega_1) = -135°$，因此 $PM = 180° + (-135°) = 45°$。

18. (a) 圍繞原點的圈數 $N_0 = -3$（CCW 3 圈），

(b) 圍繞 $(-1, 0)$ 這一點的圈數 $N = -1$（CCW 一圈）。

19. (a) 穩定，(b) 不穩定，(c) 穩定，(d) 不穩定。

20. 不穩定。

21. 穩定。

22. 不穩定。

23. 穩定。

24. 穩定。

25. 穩定。

第八章

Ⓐ 問答題 ▶▶▶

1. $G_C(s) = \dfrac{1.45s + 0.25}{s + 0.05} = \dfrac{0.25}{0.05} \cdot \dfrac{1 + 5.8s}{1 + 20s} := 5 \cdot \dfrac{1 + Ts}{1 + \alpha Ts}$ ($\alpha > 1$)，所以是滯相補償器。

2. (a) 不穩定，(b) 類型 2，(c) 0。

3. $K_P = 11.9$

4. $K_P = 5$，$K_D = 0.06$

5. $K_P = 1$

6. $K_P = 40$，$K_D = 3.6$

7. (a) 開環轉移函數 $G(s) = (K_P + K_I/s + K_D s) \cdot \dfrac{1}{s(s+1)}$，因為 $\tau_D = 0.5$，且 $\tau_I = 2$，所以 $G(s) = \dfrac{K_P(s+1)}{2s^2}$。

   (b) 類型 $L = 2$，單位步階輸入之穩態誤差等於 0。

   (c) 類型 $L = 2$，單位斜坡輸入之穩態誤差等於 0。

   (d) 系統特性方程式：$s^2 + K_P s + K_P = 0$，當 $K_P > 0$ 時，系統可以穩定。

   (e) 根軌跡如圖 PA8.7。

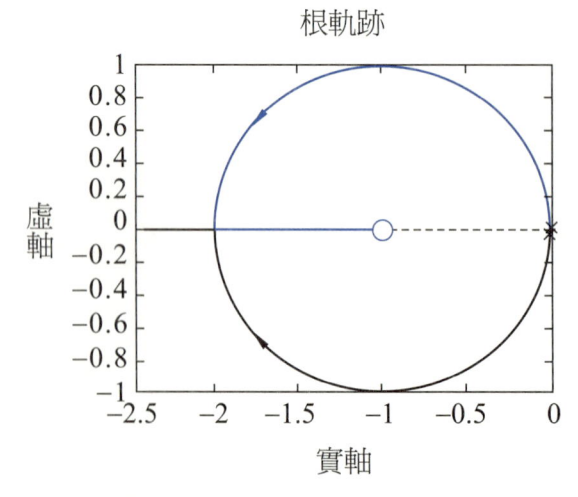

▶ 圖 PA8.7　根軌跡圖

8. 閉路系統的轉移函數為

$$\frac{C}{R}(s) = \frac{K}{s^2 + (2+Kk)s + K} := \frac{\omega_n^2}{s^2 + 2\zeta\omega_n s + \omega_n^2},$$

因此，$K = \omega_n^2 = 4^2 = 16$，$2 + Kk = 2\zeta\omega_n = 2 \times 0.7 \times 4 = 5.6$，解得 $k = \frac{3.6}{16} = 0.225$。

9. 閉路系統的轉移函數為

$$\frac{C}{R}(s) = \frac{K}{s^2 + Kks + K} := \frac{\omega_n^2}{s^2 + 2\zeta\omega_n s + \omega_n^2},$$

因此，$\omega_n = \sqrt{K}$，$2\zeta\omega_n = Kk$。

最大超擊度 $M_P = e^{-\zeta\pi/\sqrt{1-\zeta^2}} = 0.25$，即 $\frac{\zeta\pi}{\sqrt{1-\zeta^2}} = 1.386$。

解得 $\zeta = 0.404$。尖峰時間 $t_P = \frac{\pi}{\omega_n\sqrt{1-\zeta^2}} = \frac{\pi}{\omega_d} = 2$，

解得 $\omega_d = 1.57$，且 $\omega_n = \frac{\omega_d}{\sqrt{1-\zeta^2}} = \frac{1.57}{\sqrt{1-(0.404)^2}} = 1.72$

因此，$K = \omega_n^2 = 2.95$，$k = \frac{2\zeta\omega_n}{K} = \frac{2 \times 0.404 \times 1.72}{2.95} = 0.471$。

10. 受控本體之轉移函數為 $G_P(s) = \frac{5}{s(1+0.5s)} = \frac{10}{s(s+2)}$，

此時閉路根之實部為 -1。欲使得閉路主極點為 $s = -2 \pm j2\sqrt{3}$，其實部為 -2，利用零點極點對銷法，令控制器 $G_C(s) = K\frac{(s+2)}{s+4}$，

則開環轉移函數為 $G(s) = G_C(s)G_P(s) = \frac{10K}{s(s+4)}$，

閉路轉移函數為 $\frac{C}{R}(s) = \frac{10K}{s^2 + 4s + 10K} := \frac{\omega_n^2}{s^2 + 2\zeta\omega_n s + \omega_n^2}$，

極點為 $s = -\zeta\omega_n \pm j\omega_n\sqrt{1-\zeta^2} = -2 \pm j2\sqrt{3}$

所以，$\zeta\omega_n = 2$，且 $\omega_n\sqrt{1-\zeta^2} = 2\sqrt{3}$，

解得：$\zeta = 0.5$，$\omega_n = 4$。
因此，$K = 1.6$，
使得閉路轉移函數為 $\dfrac{C}{R}(s) = \dfrac{16}{s^2 + 4s + 16}$。

11. 此進相補償器的相角為

$$\phi = \tan^{-1}(\omega/a) - \tan^{-1}(\omega/b) ，$$

因此令 $\quad \dfrac{d}{d\omega}\phi = \dfrac{1}{a[1+(\omega/a)^2]} - \dfrac{1}{b[1+(\omega/b)^2]} = 0$

可以得到 $\omega^2 = \sqrt{ab}$，因此發生最大相角遷移之頻率 $\omega = \omega_m = \sqrt{ab}$。
因為 $\tan^{-1}\sqrt{b/a} = \dfrac{\pi}{2} - \tan^{-1}\sqrt{a/b}$，所以貢獻的最大相角量為

$$\phi_{\max} = \tan^{-1}(\omega/a) - \tan^{-1}(\omega/b) = (90 - 2\tan^{-1}\sqrt{a/b})$$

此時之幅量為 $|G_C(j\sqrt{ab})| = \left|\dfrac{(a/b)(1+j\sqrt{b/a})}{(1+j\sqrt{a/b})}\right| = \dfrac{a}{b}\cdot\sqrt{\dfrac{1+b/a}{1+a/b}} = \sqrt{\dfrac{a}{b}}$。

12. 欲使得控制系統的閉路主極點為 $s = -1 \pm j$，
    轉移函數可為

$$\dfrac{C}{R}(s) = \dfrac{2}{(s+1+j)(s+1+j)} = \dfrac{2}{s^2 + 2s + 2}$$

受控本體為 $G_P(s) = \dfrac{1}{s^2}$，利用突魯克索設計法

$$G_C(s) = \dfrac{M(s)}{[1-M(s)]G_P(s)} = \dfrac{N(s)}{[D(s)-N(s)]G_P(s)}$$

$$= \dfrac{2}{s(s+1)} \cdot \dfrac{s^2}{1} = \dfrac{2s}{s+2} \quad \text{（進相補償）}$$

參考文獻

1. Ambardar A., *Analog and Digital Signal Processing*, 2nd ed., CA: Brooks/Cole Publishing Co., 1999.
2. Chesmon C. J., *Control System Technology*, Edward Arnold Ltd., 1982.
3. D'Azzo J. J. and Houpis C. H., *Linear Control System Analysis and Design, Conventional and Modern*, NY: McGraw-Hill Book Co., Inc., 1995.
4. Distefano, Stubberud, and Williams, *Feedback and Control Systems*, McGraw-Hill Book Co., Inc., 1976.
5. Frederick D., and Chow J., *Feedback Control Problems Using MATLAB and Control System Toolbox*, CA: Brooks/Cole Publishing Co., Thomson Learning, 2000.
6. Ogata, K., *System Dynamics*, 3rd ed., Upper Saddle River, NJ: Prentice Hall, 1998.
7. Noble B., and Daniel J. W., *Applied Linear Algebra*, 3rd. ed., Prentice-Hall Inc., Englewood Cliffs, New Jersey, 1988.
8. Ogata, K., *Solving Control Engineering Problems with MATLAB*, Upper Saddle River, NJ: Prentice-Hall, 1994.
9. Roberts M. J., *Signals and Systems, Analysis Using Transform Method and MATLAB*, NY: McGraw-Hill Book Co., Inc., 2004.
10. Strum R. D., and Kirk D. E., *Contemporary Linear Systems Using MATLAB*, CA: Brooks/Cole, Thomson Learning, 2000.
11. 莊政義，自動控制，東華書局印行，1986。
12. 莊政義，線性系統，東華書局印行，2005。